# 线 性 代 数

## （第二版）

韩红伟 田 琳 主 编
冯向东 赵艳丽 王志龙 副主编

科 学 出 版 社
北 京

# 内 容 简 介

本书内容包括行列式、矩阵及其运算、矩阵的初等变换与线性方程组、向量组及其相关性、相似矩阵及二次型、线性空间与线性变换、MATLAB 简介及综合应用，前章均配有基于 MATLAB 的数学实验和习题，书末附有习题答案. 第 1 至 5 章满足教学的基本要求，第 6 章是选学内容，供数学要求较高的专业选用，第 7 章是 MATLAB 简介及综合应用，通过上机操作，加深学生对所学内容的理解，培养学生的建模思想和应用能力. 本次再版增加了考研例题选讲，供学有余力的学生备考，还通过二维码将教材与数字化资源深度融合，方便学生自学.

本书可作为高等院校各专业的线性代数教材，也可供自学者和科技工作者参考.

**图书在版编目（CIP）数据**

线性代数/韩红伟，田琳主编. —2 版. —北京：科学出版社，2022.1
ISBN 978-7-03-070872-4

Ⅰ.①线… Ⅱ.①韩… ②田… Ⅲ.①线性代数-高等学校-教材 Ⅳ. O151.2

中国版本图书馆 CIP 数据核字(2021)第 256623 号

责任编辑：王胡权 贾晓瑞／责任校对：彭珍珍
责任印制：霍 兵／封面设计：陈 敬

科学出版社 出版
北京东黄城根北街 16 号
邮政编码：100717
http://www.sciencep.com
石家庄继文印刷有限公司印刷
科学出版社发行 各地新华书店经销
*
2015 年 1 月第 一 版 开本: 720 × 1000 1/16
2022 年 1 月第 二 版 印张: 19 1/4
2025 年 1 月第十三次印刷 字数: 388 000

**定价: 49.00 元**

(如有印装质量问题，我社负责调换)

# 第二版前言

《线性代数》第一版自 2015 年出版以来, 得到了广大读者和同行的认可, 让我们倍感欣慰. 线性代数作为新工科建设非常重要的基础课程, 必须在新理念、新行动引领下开展自觉的教学改革, 以适应新时代提出的新要求. 为了激发学生的学习兴趣和提高教师在教学过程中的效率, 根据近年来成都理工大学工程技术学院广大学生的反馈和同行教师的教学体会, 在新工科建设的背景下, 我们对本书进行了再版, 这次再版通过二维码技术和移动互联网技术, 将纸质版教材与数字化资源进行深度融合, 方便教师教学和学生自学, 同时增加了考研内容, 便于学有余力的学生备考. 关于具体内容, 我们作了以下的修改.

(1) 教材中的部分重难点配置了小视频, 读者可以通过扫描二维码获得, 这些小视频是由多名经验丰富的一线教师录制的, 具有内容准确、语言精简、逻辑性强、生动形象的特点, 可以帮助学生深入理解课程内容.

(2) 为了增强学生的实践能力和激发学生的学习兴趣, 我们在第 1 至 5 章每章的最后一节增加了数学实验.

(3) 校正了第一版中语言描述的不当之处, 删除了第 1 至 5 章最后一节的应用举例, 补充完善了知识点, 增加了部分例题, 删除了习题中难度大的题目使得总体难度适中.

(4) 在教学的过程中, 我们发现有很大一部分学生有考研的需求. 为了满足这部分学生, 同时也为了激励其他学生努力学习, 我们在第 1 至 5 章每章中加入了一节考研例题选讲. 例题均选自考研真题, 每道题目都有分析和详细解答, 使学生真正掌握解决问题的方式方法.

(5) 本次再版弱化理论推导, 突出应用, 因而我们对第一版的第 7 章作了重大修改. 再版第 7 章增加了综合应用举例, 目的是使学生把所学知识用于实践, 掌握解决实际问题的综合能力, 激发学生的学习兴趣.

本次再版由韩红伟和田琳统稿, 各章编写情况如下：第 1 章由田琳编写; 第 2 章由兰丙申编写; 第 3 章由赵艳丽编写; 第 4 章由王志龙编写; 第 5 章由马致远编写; 第 6 章由韩红伟编写; 第 7 章由冯向东编写; 第 1 至 5 章中的数学实验由张红霞编写; 最后由韩红伟和田琳定稿.

本书的再版得到了成都理工大学工程技术学院基础部和教务处领导的大力支持, 得到了数学教研室全体教师的支持和帮助, 在此表示衷心的感谢. 同时感谢科学出版社为本书再版付出的辛勤劳动.

由于编者水平有限, 书中难免有不足和疏漏之处, 恳请读者批评指正.

编　者

2021 年 10 月

# 第一版前言

“线性代数”的内容是讲授行列式、矩阵和向量空间的基本理论,它是高等院校理工类和经济管理类学科的一门重要基础课,它不仅是其他数学课程的基础,而且也是物理、力学等其他自然科学与经济科学的基础. 线性代数中常用的公理化定义、特有的理论体系、严格的推理论证及抽象的思维方法都有它自身的特色,在实际应用中具有其他数学类课程无法取代的功能. 通过线性代数课程的学习,不仅可以让学生学到该课程的基本理论和技能,掌握这种数学工具,而且对于培养学生的逻辑推理能力、抽象思维能力、空间的直观观察和想象能力、科学计算能力等都具有重要的作用. 随着计算机的飞速发展与广泛应用,许多实际问题可以离散化、线性化,并通过数值计算得到定量的解. 作为离散化和数值计算理论基础之一的线性代数,为解决实际问题提供了强有力的数学工具,并为进一步学习后继的专业课程和工作实践奠定必要的数学基础.

进入 21 世纪以来,随着高等院校扩招和我国改革开放的深入,我国高等教育形势发生了很大的变化,如学生的构成由精英型向大众型转化,对学生的培养由理论型向理论与应用相结合型转化,市场需要能解决大量工程技术和经济管理问题的应用型人才,但高等教育的改革在许多方面还远远没有同步跟上. 高等教育改革最重要的部分是教材的改革,目前国内大部分线性代数教材还是 20 世纪的体系和内容,主要通过学习一些基本理论和基本计算方法训练学生的逻辑思维能力,学生学习后无法解决实际问题,造成理论和实践脱节. 相比而言,国外一些教材发生了很大的变化,主要表现在两个方面:① 通过大量的实际问题突出数学的应用,引导学生建立线性代数模型解决各种实际问题;② 大量地使用计算机,用 Maple, MATLAB, Mathematica 等数学软件进行图示、求解和推理,提高了应用线性代数理论知识的能力.

多年从事线性代数的教学过程中,我们对这门课程的教学方式、教材的优缺点和学生的特点有了较深入的了解,收集和研究国外一些优秀的教材,积累了线性代数课程、数学建模课程和数学实验课程的经验和素材. 在这些经验和素材的基础上,结合我国高等教育的新形势,我们编写了这本适合教师教学和学生学习的教材. 本书有如下特点:

(1) 注重教材的系统性和学生的可接受性. 对重要的基础理论以学生乐于接受的例子引入概念和理论,再给出详细的理论证明,每一节配有丰富的例题和习题, 例题和习题的选取具有较强的层次性.

(2) 注重教材的应用性, 使理论与实践紧密结合. 部分章最后一节为应用举例, 列举本章知识在几何学、理工科领域和经济管理领域的应用, 如行列式表示初等数学分解因式及证明不等式问题, 高等数学中的微分中值定理, 解析几何中共线共面问题, 矩阵在解决逻辑推理和密码学方面的优势, 线性方程组的数值解法解决离散化的微分方程, 通过建立线性方程组并利用计算机解决复杂的经济和交通网络问题, 相似矩阵进行人口稳定性分析和解微分方程组的应用.

(3) 注重数学建模过程的能力训练. 第 7 章介绍利用 MATLAB 计算线性代数相应的问题, 包括常用的命令、程序设计、计算机实现和数学建模过程等. 可以在计算机上完成行列式、矩阵线性方程组、矩阵特征值和特征向量的计算, 在解决实际问题时本书利用从实际问题到数学模型, 再利用数学模型求解的基本建模过程.

(4) 注重教学的灵活性. 为了适应不同专业学生的教学需要, 我们对书中的部分内容用 * 标出, 教师可以根据实际情况选择讲解, 学生也可以自学这些内容.

本书由韩红伟和马致远主编, 苗加庆组织编写, 各章编写情况如下：第 1 章由苗加庆编写; 第 2 章由兰丙申编写; 第 3 章由赵艳丽编写; 第 4 章由王志龙编写; 第 5 章由马致远编写; 第 6 章由韩红伟编写; 第 7 章由冯向东编写; 最后由田琳老师进行定稿.

本书在编写过程中, 获得了成都理工大学工程技术学院基础部杨志军主任和教务处各位领导的大力支持和帮助, 在此表示感谢.

由于编者水平有限, 书中难免有疏漏和不妥之处, 恳请读者不吝赐教, 我们表示深深的感谢.

编　者

2014 年 10 月

# 目　　录

第二版前言
第一版前言
第 1 章　行列式 ········· 1
1.1　二阶与三阶行列式 ········· 1
1.2　排列及其逆序数 ········· 7
1.3　$n$ 阶行列式 ········· 10
1.4　行列式的性质 ········· 17
1.5　行列式按行 (列) 展开 ········· 29
1.6　克拉默法则 ········· 41
1.7　考研例题选讲 ········· 48
1.8　数学实验 ········· 48
第 2 章　矩阵及其运算 ········· 55
2.1　矩阵的概念 ········· 55
2.2　矩阵的运算 ········· 59
2.3　逆矩阵 ········· 70
2.4　矩阵的分块 ········· 79
2.5　考研例题选讲 ········· 87
2.6　数学实验 ········· 87
第 3 章　矩阵的初等变换与线性方程组 ········· 95
3.1　矩阵的初等变换 ········· 95
3.2　矩阵的秩 ········· 110
3.3　线性方程组的解 ········· 116
3.4　考研例题选讲 ········· 126
3.5　数学实验 ········· 126
第 4 章　向量组及其相关性 ········· 134
4.1　向量组及其线性组合 ········· 134
4.2　向量组的线性相关性 ········· 143
4.3　向量组的秩 ········· 149
4.4　线性方程组解的结构 ········· 154

4.5 向量空间 …… 164
4.6 考研例题选讲 …… 168
4.7 数学实验 …… 168
**第 5 章 相似矩阵及二次型** …… 175
5.1 向量的内积、长度及正交性 …… 175
5.2 方阵的特征值与特征向量 …… 184
5.3 相似矩阵 …… 191
5.4 对称矩阵的对角化 …… 200
5.5 二次型及其标准形 …… 204
5.6 用配方法化二次型成标准形 …… 212
5.7 正定二次型 …… 213
5.8 考研例题选讲 …… 217
5.9 数学实验 …… 217
**第 6 章 线性空间与线性变换** …… 225
6.1 线性空间的定义与性质 …… 225
6.2 基、维数与坐标 …… 234
6.3 基变换与坐标变换 …… 240
6.4 线性变换 …… 244
6.5 线性变换的矩阵表示 …… 250
**第 7 章 MATLAB 简介及综合应用** …… 259
7.1 MATLAB 入门 …… 259
7.2 综合应用：昆虫繁殖问题 …… 276
7.3 综合应用：碎纸片的拼接复原 …… 280
**习题参考答案** …… 287
**参考文献** …… 300

# 第 1 章　行　列　式

行列式实质上是由一些数字按一定的方式排列成的方形数表按一定的法则计算得到的一个数. 这个思想早在 1683 年和 1693 年就分别由日本数学家关孝和与德国数学家莱布尼茨提出, 比成形的独立理论体系的矩阵理论大约早 160 年. 行列式主要出现在线性方程组的讨论中. 因此, 行列式最初称为线性方程组的系数的结式. 如今, 它在数学的许多分支中都有着非常广泛的应用, 是一种常用的计算工具. 特别是在本门课程中, 它是研究后面线性方程组、矩阵及向量组的线性相关性的一种重要工具.

本章主要学习行列式的计算. 为了简化行列式的计算就必须研究行列式的性质. 对行列式的性质重点是要学会应用. 不必太多地关注其证明过程. 在计算技巧上重点掌握化三角形法和降阶法. 不要过多地追求行列式的计算技巧.

## 1.1　二阶与三阶行列式

### 1.1.1　二元线性方程组与二阶行列式

首先我们通过求解二元线性方程组来引入二阶行列式的概念.

**引例 1**　首先我们用消元法求解二元线性方程组

$$\begin{cases} a_{11}x_1 + a_{12}x_2 = b_1, & ① \\ a_{21}x_1 + a_{22}x_2 = b_2. & ② \end{cases} \tag{1.1}$$

为了消去未知数 $x_2$, 我们以 $a_{22}$ 与 $a_{12}$ 分别乘上式两个方程的两端, 可得

$$① \times a_{22}: a_{11}a_{22}x_1 + a_{12}a_{22}x_2 = b_1a_{22}, \quad ② \times a_{12}: a_{12}a_{21}x_1 + a_{12}a_{22}x_2 = b_2a_{12},$$

将两式相减消去 $x_2$, 可得

$$(a_{11}a_{22} - a_{12}a_{21})x_1 = b_1a_{22} - a_{12}b_2;$$

类似地可以消去 $x_1$, 得

$$(a_{11}a_{22} - a_{12}a_{21})x_2 = a_{11}b_2 - b_1a_{21},$$

当 $a_{11}a_{22}-a_{12}a_{21}\neq 0$ 时, 原二元方程组有唯一解

$$x_1=\frac{b_1a_{22}-a_{12}b_2}{a_{11}a_{22}-a_{12}a_{21}},\quad x_2=\frac{b_2a_{11}-a_{21}b_1}{a_{11}a_{22}-a_{12}a_{21}}. \tag{1.2}$$

(1.2) 式中的分子、分母都是四个数分两对相乘再相减而得到, 其中分母 $a_{11}a_{22}-a_{12}a_{21}$ 是由线性方程组 (1.1) 的四个系数所确定的, 把这四个数按它们在方程组 (1.1) 中的相对位置不变, 排成 2 行 2 列 (横排称行, 竖排称列) 的数表:

$$\begin{matrix} a_{11} & a_{12} \\ a_{21} & a_{22} \end{matrix} \tag{1.3}$$

下面给出二阶行列式的定义.

**定义 1**　由 $2^2=4$ 个数, 按下列形式排成 2 行 2 列的方形: $\begin{vmatrix} a_{11} & a_{12} \\ a_{21} & a_{22} \end{vmatrix}$, 记作 $D_2$, 其被定义为一个数

$$\begin{vmatrix} a_{11} & a_{12} \\ a_{21} & a_{22} \end{vmatrix}=a_{11}a_{22}-a_{12}a_{21}, \tag{1.4}$$

称之为**二阶行列式**, 其中数 $a_{ij}$ 称为行列式 (1.4) 的**元素**, 它的第一个下标 $i$ 称为该元素的**行标**, 表明该元素位于第 $i$ 行, 第二个下标 $j$ 称为该元素的**列标**, 表明该元素位于第 $j$ 列. 位于第 $i$ 行, 第 $j$ 列的元素称为行列式 (1.4) 的 $(i,j)$ **元**.

利用二阶行列式的概念, 在 (1.2) 式之中 $x_1,x_2$ 的分子也可写成二阶行列式的形式, 即

$$b_1a_{22}-a_{12}b_2=\begin{vmatrix} b_1 & a_{12} \\ b_2 & a_{22} \end{vmatrix},\quad a_{11}b_2-b_1a_{21}=\begin{vmatrix} a_{11} & b_1 \\ a_{21} & b_2 \end{vmatrix}.$$

记

$$D=\begin{vmatrix} a_{11} & a_{12} \\ a_{21} & a_{22} \end{vmatrix},\quad D_1=\begin{vmatrix} b_1 & a_{12} \\ b_2 & a_{22} \end{vmatrix},\quad D_2=\begin{vmatrix} a_{11} & b_1 \\ a_{21} & b_2 \end{vmatrix}.$$

我们看到, 在引入行列式这样的代数符号后, 可以用非常简洁的形式来表示线性方程组的解, 更为关键的是, 这种符号系统有一个好处: 当行列式 $D=\begin{vmatrix} a_{11} & a_{12} \\ a_{21} & a_{22} \end{vmatrix}\neq 0$ 时, 得到二元方程组的解 (1.2) 式可以直接写成

$$x_1=\frac{D_1}{D},\quad x_2=\frac{D_2}{D}. \tag{1.5}$$

**例 1** 求解二元线性方程组 $\begin{cases} 3x_1 - 2x_2 = 12, \\ 2x_1 + x_2 = 1. \end{cases}$

**解** $D = \begin{vmatrix} 3 & -2 \\ 2 & 1 \end{vmatrix} = 3 \times 1 - (-2) \times 2 = 7, D_1 = \begin{vmatrix} 12 & -2 \\ 1 & 1 \end{vmatrix} = 12 \times 1 - (-2) \times 1 = 14, D_2 = \begin{vmatrix} 3 & 12 \\ 2 & 1 \end{vmatrix} = 3 \times 1 - 12 \times 2 = -21$. 因为 $D = 7 \neq 0$, 故而所给出的二元线性方程组有唯一的解 $x_1 = \dfrac{D_1}{D} = \dfrac{14}{7} = 2, x_2 = \dfrac{D_2}{D} = \dfrac{-21}{7} = -3$.

**例 2** 求解二元线性方程组 $\begin{cases} x_1 + 2x_2 = 2, \\ x_1 - 3x_2 = 1. \end{cases}$

**解** $D = \begin{vmatrix} 1 & 2 \\ 1 & -3 \end{vmatrix} = -5, D_1 = \begin{vmatrix} 2 & 2 \\ 1 & -3 \end{vmatrix} = -8, D_2 = \begin{vmatrix} 1 & 2 \\ 1 & 1 \end{vmatrix} = -1, x_1 = \dfrac{8}{5}, x_2 = \dfrac{1}{5}$.

### 1.1.2 三阶行列式

**引例 2** 与二元线性方程组完全类似, 利用消元法解三元线性方程组

$$\begin{cases} a_{11}x_1 + a_{12}x_2 + a_{13}x_3 = b_1, \\ a_{21}x_1 + a_{22}x_2 + a_{23}x_3 = b_2, \\ a_{31}x_1 + a_{32}x_2 + a_{33}x_3 = b_3, \end{cases} \tag{1.6}$$

用加减消元法分别消去方程组 (1.6) 中的 $x_2$ 与 $x_3$, $x_3$ 与 $x_1$, $x_1$ 与 $x_2$, 当 $a_{11}a_{22}a_{33} + a_{12}a_{23}a_{31} + a_{13}a_{21}a_{32} - a_{13}a_{22}a_{31} - a_{12}a_{21}a_{33} - a_{11}a_{23}a_{32} \neq 0$ 时, 方程组 (1.6) 有唯一一组解:

$$\begin{cases} x_1 = \dfrac{b_1a_{22}a_{33} + a_{12}a_{23}b_3 + a_{13}b_2a_{32} - a_{13}a_{22}b_3 - a_{12}b_2a_{33} - b_1a_{23}a_{32}}{a_{11}a_{22}a_{33} + a_{12}a_{23}a_{31} + a_{13}a_{21}a_{32} - a_{13}a_{22}a_{31} - a_{12}a_{21}a_{33} - a_{11}a_{23}a_{32}}, \\ x_2 = \dfrac{a_{11}b_2a_{33} + b_1a_{23}a_{31} + a_{13}a_{21}b_3 - a_{13}b_2a_{31} - b_1a_{21}a_{33} - a_{11}a_{23}b_3}{a_{11}a_{22}a_{33} + a_{12}a_{23}a_{31} + a_{13}a_{21}a_{32} - a_{13}a_{22}a_{31} - a_{12}a_{21}a_{33} - a_{11}a_{23}a_{32}}, \\ x_3 = \dfrac{a_{11}a_{22}b_3 + a_{12}b_2a_{31} + b_1a_{21}a_{32} - b_1a_{22}a_{31} - a_{12}a_{21}b_3 - a_{11}b_2a_{32}}{a_{11}a_{22}a_{33} + a_{12}a_{23}a_{31} + a_{13}a_{21}a_{32} - a_{13}a_{22}a_{31} - a_{12}a_{21}a_{33} - a_{11}a_{23}a_{32}}, \end{cases} \tag{1.7}$$

我们用记号 $\begin{vmatrix} a_{11} & a_{12} & a_{13} \\ a_{21} & a_{22} & a_{23} \\ a_{31} & a_{32} & a_{33} \end{vmatrix}$ 表示代数和 $a_{11}a_{22}a_{33} + a_{12}a_{23}a_{31} + a_{13}a_{21}a_{32} -$

$a_{13}a_{22}a_{31}-a_{12}a_{21}a_{33}-a_{11}a_{23}a_{32}$ 得到三阶行列式的定义如下.

**定义 2** 由 $3^3=9$ 个数, 按下列形式排成 3 行 3 列的方形: $\begin{vmatrix} a_{11} & a_{12} & a_{13} \\ a_{21} & a_{22} & a_{23} \\ a_{31} & a_{32} & a_{33} \end{vmatrix}$, 记作 $D_3$, 其被定义为一个数

$$D_3=\begin{vmatrix} a_{11} & a_{12} & a_{13} \\ a_{21} & a_{22} & a_{23} \\ a_{31} & a_{32} & a_{33} \end{vmatrix}=a_{11}a_{22}a_{33}+a_{12}a_{23}a_{31}+a_{13}a_{21}a_{32}$$
$$-a_{13}a_{22}a_{31}-a_{11}a_{23}a_{32}-a_{12}a_{21}a_{33}, \tag{1.8}$$

称 (1.8) 式为数表所确定的**三阶行列式**.

上述定义表明三阶行列式含有 6 项, 每项均为不同行不同列的三个元素的乘积再冠以正负号, 其规律遵循图 1.1 所示的对角线法则: 图中每一条实线上的三个元素的乘积冠以正号, 每一条虚线上的三个元素的乘积冠以负号, 所得的六项的代数和就是所求的三阶行列式的值.

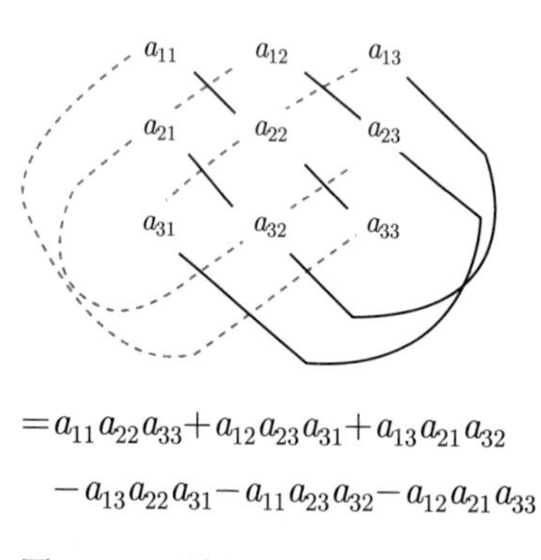


$$=a_{11}a_{22}a_{33}+a_{12}a_{23}a_{31}+a_{13}a_{21}a_{32}$$
$$-a_{13}a_{22}a_{31}-a_{11}a_{23}a_{32}-a_{12}a_{21}a_{33}$$

图 1.1 三阶行列式的对角线法则

对角线法则只适合用于二阶与三阶行列式, 并不能推广到更高阶的行列式.

**例 3** 计算三阶行列式 $\begin{vmatrix} 1 & 2 & 3 \\ 4 & 0 & 5 \\ -1 & 0 & 6 \end{vmatrix}$.

**解** $\begin{vmatrix} 1 & 2 & 3 \\ 4 & 0 & 5 \\ -1 & 0 & 6 \end{vmatrix}=1\times 0\times 6+2\times 5\times(-1)+3\times 4\times 0$

$$-3\times 0\times(-1)-1\times 5\times 0-4\times 2\times 6$$
$$=-10-48=-58.$$

**例 4** 若 $\begin{vmatrix} 1 & 1 & 1 \\ 2 & 3 & x \\ 4 & 9 & x^2 \end{vmatrix} = \begin{vmatrix} x & -2 \\ 3 & x \end{vmatrix}$, 求 $x$.

**解** $\begin{vmatrix} 1 & 1 & 1 \\ 2 & 3 & x \\ 4 & 9 & x^2 \end{vmatrix} = x^2-5x+6, \begin{vmatrix} x & -2 \\ 3 & x \end{vmatrix} = x^2+6, x=0.$

可以利用消元法证明, 当三元线性方程组的系数行列式不等于零时三元线性方程组有唯一解, 且有类似于二元线性方程组的求解公式成立, 即

$$x_j=\frac{D_j}{D} \quad (j=1,2,3),$$

其中 $D$ 为系数行列式, $D_j$ 是利用常数列分别替换掉系数行列式的第 $j$ 列 $(j=1,2,3)$, 得到新的行列式.

**例 5** 求解三元线性方程组 $\begin{cases} x_1-2x_2+x_3=-2, \\ 2x_1+x_2-3x_3=1, \\ -x_1+x_2-x_3=0. \end{cases}$

**解** 由于方程组的系数行列式

$$D=\begin{vmatrix} 1 & -2 & 1 \\ 2 & 1 & -3 \\ -1 & 1 & -1 \end{vmatrix} = 1\times 1\times(-1)+(-2)\times(-3)\times(-1)+1\times 2\times 1$$
$$-(-1)\times 1\times 1-1\times(-3)\times 1-(-2)\times 2\times(-1)$$
$$=-5\neq 0,$$

$$D_1=\begin{vmatrix} -2 & -2 & 1 \\ 1 & 1 & -3 \\ 0 & 1 & -1 \end{vmatrix}=-5, \quad D_2=\begin{vmatrix} 1 & -2 & 1 \\ 2 & 1 & -3 \\ -1 & 0 & -1 \end{vmatrix}=-10,$$

$$D_3=\begin{vmatrix} 1 & -2 & -2 \\ 2 & 1 & 1 \\ -1 & 1 & 0 \end{vmatrix}=-5,$$

故所求方程组的解为: $x_1=\frac{D_1}{D}=1, x_2=\frac{D_2}{D}=2, x_3=\frac{D_3}{D}=1.$

现在的问题是, 对于 $n$ 元线性方程组, 是否也有类似的求解公式. 但要讨论 $n$ 元线性方程组, 首先就要把二阶和三阶行列式加以推广, 引入 $n$ 阶行列式的概念.

## 习题 1.1

1. 计算下列二阶行列式的值.

(1) $\begin{vmatrix} 5 & -1 \\ 3 & 2 \end{vmatrix}$; (2) $\begin{vmatrix} a^2 & ab \\ ab & b^2 \end{vmatrix}$; (3) $\begin{vmatrix} \cos\alpha & -\sin\alpha \\ \sin\alpha & \cos\alpha \end{vmatrix}$; (4) $\begin{vmatrix} a+b\mathrm{i} & b \\ 2a & a-b\mathrm{i} \end{vmatrix}$;

(5) $\begin{vmatrix} 1 & \log_b a \\ \log_a b & 1 \end{vmatrix}$; (6) $\begin{vmatrix} a+1 & 1 \\ a^3 & a^2-a+1 \end{vmatrix}$; (7) $\begin{vmatrix} \dfrac{1-t^2}{1+t^2} & \dfrac{2t}{1+t^2} \\ \dfrac{-2t}{1+t^2} & \dfrac{1-t^2}{1+t^2} \end{vmatrix}$.

2. 计算下列三阶行列式的值.

(1) $\begin{vmatrix} 3 & 2 & -4 \\ 2 & 1 & -2 \\ -4 & 2 & -3 \end{vmatrix}$; (2) $\begin{vmatrix} 1 & 2 & 3 \\ 4 & 5 & 6 \\ 7 & 8 & 9 \end{vmatrix}$; (3) $\begin{vmatrix} 2 & 2 & 1 \\ 4 & 1 & -1 \\ 202 & 199 & 101 \end{vmatrix}$; (4) $\begin{vmatrix} 1 & w & w^2 \\ w^2 & 1 & w \\ w & w^2 & 1 \end{vmatrix}$;

(5) $\begin{vmatrix} 1 & x & x \\ x & 2 & x \\ x & x & 3 \end{vmatrix}$; (6) $\begin{vmatrix} 1 & -c & -b \\ c & 1 & -a \\ b & a & 1 \end{vmatrix}$; (7) $\begin{vmatrix} a & b & b \\ b & a & b \\ b & b & a \end{vmatrix}$; (8) $\begin{vmatrix} a & a^2 & a^3 \\ b & b^2 & b^3 \\ c & c^2 & c^3 \end{vmatrix}$.

3. 当 $\lambda$ 为何值时, 行列式 $D = \begin{vmatrix} \lambda^2 & \lambda \\ 3 & 1 \end{vmatrix}$ 的值为 0?

4. 已知 $D = \begin{vmatrix} x-3 & 1 & -1 \\ 1 & x-5 & 1 \\ -1 & 1 & x-3 \end{vmatrix} = 0$, 求 $x$.

5. $a, b$ 满足什么条件时, 有 $\begin{vmatrix} a & b & 0 \\ -b & a & 0 \\ 1 & 0 & 1 \end{vmatrix} = 0$.

6. $a$ 满足什么条件时, 有 $\begin{vmatrix} a & 1 & 0 \\ 1 & a & 0 \\ 4 & 1 & 1 \end{vmatrix} > 0$.

7. 已知 $D = \begin{vmatrix} \lambda-1 & 2 & -a \\ 3 & \lambda-a & 3 \\ -a & 2 & \lambda-1 \end{vmatrix} = 0$, 求 $\lambda$.

8. 求解二元线性方程组 $\begin{cases} 5x+4y=8, \\ 4x+5y=6. \end{cases}$

9. 求解线性方程组 $\begin{cases} 5x_1+x_2+2x_3=2, \\ 2x_1+x_2+x_3=4, \\ 9x_1+2x_2+5x_3=3. \end{cases}$

10. 如果 $\begin{vmatrix} 1 & \cos\alpha & \cos\beta \\ \cos\alpha & 1 & \cos\gamma \\ \cos\beta & \cos\gamma & 1 \end{vmatrix} = \begin{vmatrix} 0 & \cos\alpha & \cos\beta \\ \cos\alpha & 0 & \cos\gamma \\ \cos\beta & \cos\gamma & 0 \end{vmatrix}$, 试求 $\cos^2\alpha+\cos^2\beta+\cos^2\gamma$ 的值.

# 1.2 排列及其逆序数

## 1.2.1 引例

**引例 1** 用 1, 2, 3 三个数字, 可以组成多少个没有重复数字的三位数?

**解** 这个问题相当于说, 把三个数字分别放在百位、十位与个位上, 有几种不同的放法? 显然, 百位上可以从 1, 2, 3 三个数字中任选一个, 所以有 3 种放法; 十位上只能从剩下的两个数字中选一个, 所以有 2 种放法; 而个位上只能放最后剩下的一个数字, 所以只有 1 种放法. 因此, 共有 $3\times2\times1=6$ 种放法. 这六个不同的三位数是 123, 231, 312, 132, 213, 321.

在数学中, 把考察的对象, 例如引例中的数字 1, 2, 3 叫做元素. 上述问题就是: 把 3 个不同的元素排成一列, 共有几种不同的排法?

## 1.2.2 全排列

对于 $n$ 个不同的元素, 我们也可以提出类似的问题: 把 $n$ 个不同的元素排成一列, 共有几种不同的排法? 为此我们先给出全排列的定义.

**定义 1** 由自然数 $1,2,\cdots,n$ 组成的不重复的每一种有确定次序的排列, 称为一个 $n$ 级排列 (简称为排列).

$n$ 个不同元素的所有排列的总数, 通常用 $\mathrm{A}_n$ 表示. 由引例的结果可知 $\mathrm{A}_3=3\times2\times1=6$.

为了得出计算 $\mathrm{A}_n$ 的公式, 可以仿照引例进行讨论:

从 $n$ 个元素中任取一个放在第一个位置上, 有 $n$ 种取法; 又从剩下的 $n-1$ 个元素中任取一个放在第二个位置上, 有 $n-1$ 种取法; 这样继续下去, 直到最后只剩下一个元素放在第 $n$ 个位置上, 只有 1 种取法. 于是

$$\mathrm{A}_n=n\cdot(n-1)\cdot\cdots\cdot3\cdot2\cdot1=n!.$$

例如, 1234 和 4312 都是 4 级排列, 而 24315 是一个 5 级排列.

## 1.2.3 逆序与逆序数

**定义 2** $n$ 个不同的自然数按从小到大的顺序排列, 称为 ($n$ 级) 排列的**标准序列**. 如 123 是一个 (3 级) 标准序列的排列.

**定义 3** 对于 $n$ 个不同的元素, 先规定各元素之间有一个标准次序 (例如 $n$ 个不同的自然数, 可规定由小到大为标准次序), 于是在一个 $n$ 级排列 $(i_1i_2\cdots i_t\cdots$

$i_s \cdots i_n)$ 中, 若数 $i_t > i_s$, 则称数 $i_t$ 与 $i_s$ 构成一个**逆序**. 一个 $n$ 级排列中逆序的总数称为该**排列的逆序数**, 记为 $N(i_1 i_2 \cdots i_n)$.

根据上述定义, 可按如下方法计算排列的逆序数:

设在一个 $n$ 级排列 $i_1 i_2 \cdots i_n$ 中, 比 $i_t (t = 1, 2, \cdots, n)$ 大的且排在 $i_t$ 前面的数由共有 $t_i$ 个, 则 $i_t$ 的逆序的个数为 $t_i$, 而该排列中所有自然数的逆序的个数之和就是这个排列的逆序数. 即

$$N(i_1 i_2 \cdots i_n) = t_1 + t_2 + \cdots + t_n = \sum_{i=1}^{n} t_i.$$

**定义 4**　逆序数为奇数的排列称为**奇排列**, 逆序数为偶数的排列称为**偶排列**.

排列与逆序

**例 1**　计算排列 325146 的逆序数.

**解**　在排列 325146 中, 3 排在首位, 故其逆序数为 0; 2 的前面比 2 大的数只有 3, 故其逆序数为 1; 5 的前面没有比 5 大的数, 故其逆序数为 0; 1 的前面比 1 大的数有 3 个, 故其逆序数为 3; 4 的前面比 4 大的数有 1 个, 故其逆序数为 1, 6 的前面没有比 6 大的数, 故 6 的逆序数为 0. 即

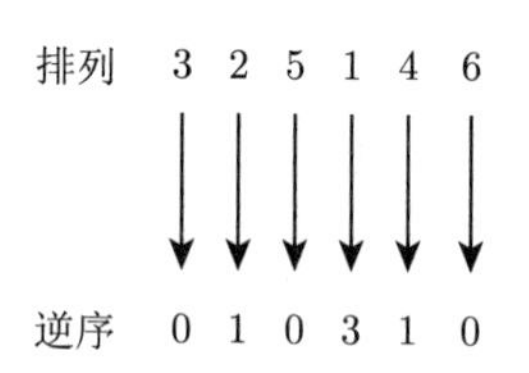


于是排列 325146 的逆序数为 $N = 0 + 1 + 0 + 3 + 1 + 0 = 5$.

**例 2**　计算排列 287916354 的逆序数, 并讨论其奇偶性.

**解**

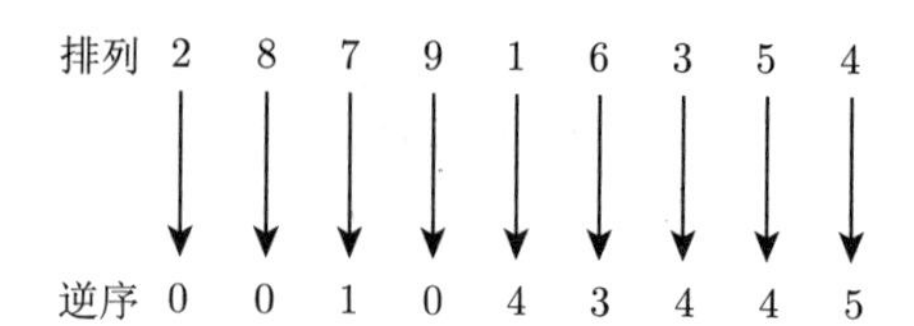

于是题设排列的逆序数为 $N = 0+0+1+0+4+3+4+4+5 = 21$, 该排列是奇排列.

**例 3** 求排列 $n(n-1)(n-2)\cdots 321$ 的逆序数, 并讨论其奇偶性.

**解**

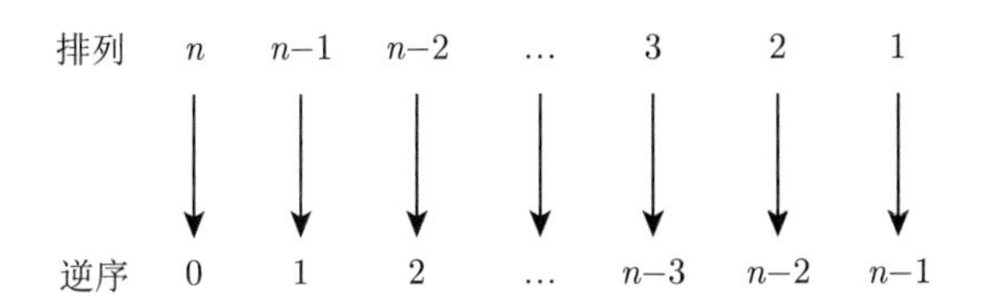


于是题设排列的逆序数为 $N=(n-1)+(n-2)+(n-3)+\cdots+2+1+0=\dfrac{n(n-1)}{2}$. 易见当 $n=4k,4k+1$ 时, 题设排列是偶排列; 当 $n=4k+2,4k+3$ 时, 题设排列是奇排列.

### 1.2.4 对换

为了研究 $n$ 阶行列式的性质, 先来讨论对换以及它与排列的奇偶性的关系.

**定义 5** 在某个 $n$ 级排列中, 任意对换两个元素的位置 (如对换 $p_s$ 与 $p_t$ 的位置), 其余元素不动, 称作该排列的一个**对换**. 可记作 $p_1\cdots p_s\cdots p_t\cdots p_n \xrightarrow{(p_s,p_t)} p_1\cdots p_t\cdots p_s\cdots p_n$, 将相邻两个元素对换, 叫做**相邻对换**.

**定理 1** 对换改变排列的奇偶性.

**证明** (1) 相邻位置元素的对换. 设 $a_1\cdots a_l pqb_1\cdots b_m \xrightarrow{(p,q)} a_1\cdots a_l qpb_1\cdots b_m$. 并设 $t_{l+1}=s_1, t_{l+2}=s_2$, 对换之后, $q,p$ 的逆序数分别是

$$\bar{t}_{l+1}=\begin{cases} s_2-1, & p>q, \\ s_2, & p<q, \end{cases} \quad \bar{t}_{l+2}=\begin{cases} s_1, & p>q, \\ s_1+1, & p<q, \end{cases}$$

两个元素逆序数之和在两个排列中相差 1, 其余没有变化, 故两个排列的奇偶性不同.

(2) 任意位置元素的对换. 设 $a_1\cdots a_l pc_1\cdots c_m qb_1\cdots b_k \xrightarrow{(p,q)} a_1\cdots a_l qc_1\cdots c_m pb_1\cdots b_k$. 该对换可以分解成: 先作 $m+1$ 次相邻元素的对换: $a_1\cdots a_l c_1\cdots c_m qpb_1\cdots b_k$; 再作 $m$ 次相邻元素的对换: $a_1\cdots a_l qc_1\cdots c_m pb_1\cdots b_k$, 共 $2m+1$ 次相邻位置对换, 由 (1) 可得, 两个排列的奇偶性不同.

例如: $N(123)=0$, 偶排列; $123 \xrightarrow{(1,2)} 213$, 奇排列.

**推论 1** 任意 $n$ 级排列 $p_1p_2\cdots p_n$, 都可以对换成标准顺序排列 $123\cdots n$, 且对换次数的奇偶性与排列 $p_1p_2\cdots p_n$ 具有相同的奇偶性.

**推论 2**　在全部 $n$ 级排列中 ($n \geqslant 2$), 奇偶排列各占一半.

**例 4**　把 32415 对换成标准顺序的排列.

**解**　$32415 \xrightarrow{(3,1)} 12435 \xrightarrow{(4,3)} 12345$ 是一个偶排列.

**注**　对换的次数和排列的逆序数不一定相等, 所以 $N(32415) = 2$ 不一定成立, 事实上, $N(32415) = 4$.

### 习题 1.2

1. 选择题.

(1) 下列排列是 5 级偶排列的是 (　　).

(A) 24315　　(B) 14325　　(C) 41523　　(D)24351

(2) 如果 $n$ 级排列 $j_1j_2\cdots j_n$ 的逆序数是 $k$, 则排列 $j_n\cdots j_2j_1$ 的逆序数是 (　　).

(A) $k$　　(B) $n-k$　　(C) $\dfrac{n!}{2}-k$　　(D) $\dfrac{n(n-1)}{2}-k$

2. 求下列排列的逆序数, 并讨论其奇偶性.

(1) 38162754; (2) 3712456; (3) $246\cdots(2n)135\cdots(2n–1)$; (4) $135\cdots(2n–1)246\cdots(2n)$.

3. 选择 $i, j, k$, 使排列 $21i36jk97$ 为偶排列.

## 1.3　$n$ 阶行列式

从三阶行列式的定义, 我们看到: ① 三阶行列式共有 $3! = 6$ 项; ② 行列式中的每一项都是取自不同行不同列的三个元素的乘积; ③ 行列式中的每一项的符号均与该项元素下标的排列顺序有关. 受此启示, 我们可以引入 $n$ 阶行列式的定义. 此外, 在本节中, 我们还要了解几个今后常用的特殊的 $n$ 阶行列式 (对角行列式与三角行列式等) 的计算方法.

### 1.3.1　三阶行列式定义形式

为了给出 $n$ 阶行列式的定义, 我们首先来研究三阶行列式的定义形式结构. 三阶行列式的定义为

$$\begin{vmatrix} a_{11} & a_{12} & a_{13} \\ a_{21} & a_{22} & a_{23} \\ a_{31} & a_{32} & a_{33} \end{vmatrix} = a_{11}a_{22}a_{33} + a_{12}a_{23}a_{31} + a_{13}a_{21}a_{32} - a_{13}a_{22}a_{31} - a_{12}a_{21}a_{33} - a_{11}a_{23}a_{32}.$$

很容易看出:

(1) 上式右边的每一项都恰是三个元素的乘积, 这三个元素位于不同的行、不同的列. 因此, 任一项除正负号外可写成 $a_{1p_1}a_{2p_2}a_{3p_3}$, 这里第一个下标 (行标) 排

成标准排列 123, 而第二个下标 (列标) 排成 $p_1p_2p_3$, 它是 1, 2, 3 这三个数的某个排列. 这样的排列共有 $3!=6$ 种, 故上式右端共有 6 项.

(2) 各项的正负号与列标的排列对照: 带正号的三项列标排列是: 123, 231, 312 (为偶排列); 带负号的三项列标排列是: 132, 213, 321 (为奇排列). 故三阶行列式可以写成

$$\begin{vmatrix} a_{11} & a_{12} & a_{13} \\ a_{21} & a_{22} & a_{23} \\ a_{31} & a_{32} & a_{33} \end{vmatrix} = \sum_{p_1p_2p_3} (-1)^{N(p_1p_2p_3)} a_{1p_1}a_{2p_2}a_{3p_3},$$

其中 $N(p_1p_2p_3)$ 为排列 $p_1p_2p_3$ 的逆序数, $\sum\limits_{p_1p_2p_3}$ 表示对 1, 2, 3 三个数的所有排列 $p_1p_2p_3$ 求和.

根据上述内容我们很容易得出, 三阶行列式定义的以下几点特征:

(1) 共有 $3!=6$ 项相加, 其结果是一个数;

(2) 每项有 3 个数相乘: $a_{1p_1}a_{2p_2}a_{3p_3}$, 而每个数取自不同行不同列, 即行标固定为 123, 列标则是数字 1, 2, 3 的某个排列 $p_1p_2p_3$;

(3) 每项的符号由列标排列 $p_1p_2p_3$ 的奇偶性决定, 即符号是 $(-1)^{N(p_1p_2p_3)}$. 故三阶行列式可写成

$$D_3 = \begin{vmatrix} a_{11} & a_{12} & a_{13} \\ a_{21} & a_{22} & a_{23} \\ a_{31} & a_{32} & a_{33} \end{vmatrix} = \sum_{p_1p_2p_3} (-1)^{N(p_1p_2p_3)} a_{1p_1}a_{2p_2}a_{3p_3}.$$

### 1.3.2 $n$ 阶行列式的定义

类似地, 可以把三阶行列式的这一定义推广到一般的情形, 得到 $n$ 阶行列式的定义.

**定义 1** 由 $n^2$ 个元素 $a_{ij}(i,j=1,2,\cdots,n)$ 组成的记号 $\begin{vmatrix} a_{11} & a_{12} & \cdots & a_{1n} \\ a_{21} & a_{22} & \cdots & a_{2n} \\ \vdots & \vdots & & \vdots \\ a_{n1} & a_{n2} & \cdots & a_{nn} \end{vmatrix}$ 称为 $n$ **阶行列式**, 其中横排称为**行**, 竖排称为**列**, 它表示所有取自不同行, 不同列的 $n$ 个元素乘积 $a_{1j_1}a_{2j_2}\cdots a_{nj_n}$ 的代数和, 各项的符号是: 当该项各元素的行标按自然顺序排列后, 若对应的列标构成的排列是偶排列则取正号; 是奇排列则取

负号. 即

$$D=\begin{vmatrix} a_{11} & a_{12} & \cdots & a_{1n} \\ a_{21} & a_{22} & \cdots & a_{2n} \\ \vdots & \vdots & & \vdots \\ a_{n1} & a_{n2} & \cdots & a_{nn} \end{vmatrix}=\sum_{j_1j_2\cdots j_n}(-1)^{N(j_1j_2\cdots j_n)}a_{1j_1}a_{2j_2}\cdots a_{nj_n},$$

其中 $\sum\limits_{j_1j_2\cdots j_n}$ 表示对所有 $n$ 级排列 $j_1j_2\cdots j_n$ 求和. 行列式有时也简记为 $\det(a_{ij})$ 或 $|a_{ij}|$, 这里数 $a_{ij}$ 称为行列式 $D$ 的**元素**, 称 $(-1)^{N(j_1j_2\cdots j_n)}a_{1j_1}a_{2j_2}\cdots a_{nj_n}$ 为行列式的**一般项**.

由 $n$ 阶行列式的定义很容易总结出以下几点:

(1) $n$ 阶行列式是 $n!$ 项的代数和, 且冠以正号的项和冠以负号的项 (不包括元素本身所带的符号) 各占一半;

(2) $a_{1j_1}a_{2j_2}\cdots a_{nj_n}$ 的符号为 $(-1)^{N(j_1j_2\cdots j_n)}$ (不包括元素本身所带的符号);

(3) 一阶行列式 $|a|=a$, 不要与绝对值记号相混淆.

按此定义的二阶、三阶行列式, 与用对角线法则定义的二阶、三阶行列式, 显然是一致的.

**定义 2** $n$ 阶行列式也可定义为如下两种形式:

$$D=\sum_{p_1p_2\cdots p_n}(-1)^{N(p_1p_2\cdots p_n)}a_{p_11}a_{p_22}\cdots a_{p_nn};$$

$$D=\sum_{\substack{i_1i_2\cdots i_n \\ j_1j_2\cdots j_n}}(-1)^{N(i_1i_2\cdots i_n)+N(j_1j_2\cdots j_n)}a_{i_1j_1}a_{i_2j_2}\cdots a_{i_nj_n}.$$

$n$ 阶行列式定义

**例 1** 试判断 $a_{14}a_{21}a_{33}a_{42}a_{56}a_{65}$ 和 $-a_{32}a_{43}a_{14}a_{51}a_{25}a_{66}$ 是不是六阶行列式中的项.

**解** $a_{14}a_{21}a_{33}a_{42}a_{56}a_{65}$ 下标的逆序数为 $N(413265)=0+1+1+2+0+1=5$. 所以 $a_{14}a_{21}a_{33}a_{42}a_{56}a_{65}$ 前面应带负号, 则它不是六阶行列式中的项. 而

$a_{32}a_{43}a_{14}a_{51}a_{25}a_{66}$ 两下标排列的逆序数和为 $N(341526)+N(234156)=5+3=8$, 所以 $-a_{32}a_{43}a_{14}a_{51}a_{25}a_{66}$ 不是六阶行列式中的项.

**例 2** 在六阶行列式中, 下列两项各应带什么符号 (1) $a_{23}a_{31}a_{42}a_{56}a_{14}a_{65}$; (2) $a_{32}a_{43}a_{14}a_{51}a_{66}a_{25}$.

**解** (1) $a_{23}a_{31}a_{42}a_{56}a_{14}a_{65}=a_{14}a_{23}a_{31}a_{42}a_{56}a_{65}$, 431265 的逆序数为 $N=0+1+2+2+0+1=6$, 所以 $a_{23}a_{31}a_{42}a_{56}a_{14}a_{65}$ 前边应带正号.

(2) $a_{32}a_{43}a_{14}a_{51}a_{66}a_{25}$ 行标排列 341562 的逆序数为 $N=0+0+2+0+0+4=6$, 列标排列 234165 的逆序数为 $N=0+0+0+3+0+1=4$, 所以 $a_{32}a_{43}a_{14}a_{51}a_{66}a_{25}$ 前边应带正号.

**例 3** 利用行列式的定义证明 $D_4=\begin{vmatrix} a_{11} & 0 & 0 & 0 \\ a_{21} & a_{22} & 0 & 0 \\ a_{31} & a_{32} & a_{33} & 0 \\ a_{41} & a_{42} & a_{43} & a_{44} \end{vmatrix}=a_{11}a_{22}a_{33}a_{44}$.

**证明** 由定义 $D_4=\sum\limits_{p_1p_2p_3p_4}(-1)^{N(p_1p_2p_3p_4)}a_{1p_1}a_{2p_2}a_{3p_3}a_{4p_4}$. 考察 $a_{1p_1}$ 的取值, 只形如 $a_{11}a_{2p_2}a_{3p_3}a_{4p_4}$ 的项才可能不为零, 有 3! 个. 由于 $p_1=1$ 已取定, 故 $p_2,p_3,p_4$ 只有在 2, 3, 4 中取值. 类似考察 $a_{2p_2},a_{3p_3},a_{4p_4}$ 的取值且 $p_2,p_3,p_4$ 只能对应取 2, 3, 4, 又由于 $N(1234)=0$, 从而成立 $D_4=a_{11}a_{22}a_{33}a_{44}$.

**例 4** 将例 3 的结论可推广到一般 $n$ **阶下三角行列式的计算**:

$$\begin{vmatrix} a_{11} & 0 & \cdots & 0 \\ a_{21} & a_{22} & \cdots & 0 \\ \vdots & \vdots & & \vdots \\ a_{n1} & a_{n2} & \cdots & a_{nn} \end{vmatrix}=a_{11}a_{22}\cdots a_{nn},$$

类似地, **上三角行列式**和**对角行列式**的值也有同样的结论.

**例 5** 计算 $D_1=\begin{vmatrix} a_{11} & a_{12} & \cdots & a_{1n} \\ & a_{22} & \cdots & a_{2n} \\ & & \ddots & \vdots \\ & & & a_{nn} \end{vmatrix}$

**解** $D_1$ 中只有一项 $a_{11}a_{22}\cdots a_{nn}$ 不含 0, 且列标构成排列的逆序数为

$$N(12\cdots n)=0,\ 故\ D_1=(-1)^0a_{11}a_{22}\cdots a_{nn}=a_{11}a_{22}\cdots a_{nn}.$$

**注** 以主对角线为分界线的上 (下) 三角行列式的值等于主对角线上元素的乘积.

例如 $\begin{vmatrix} 1 & -3 & 0 & 2 \\ 0 & 0 & 0 & -2 \\ 0 & 0 & -2 & 1 \\ 0 & 0 & 0 & 3 \end{vmatrix} = 1 \times 0 \times (-2) \times 3 = 0.$

注意例 4 和例 5 的结论很重要, 它们可以当作公式用, 以后我们在计算高阶行列式时, 很多时候总是想方设法把它化为三角行列式.

**例 6** 证明 $n$ 阶**反对角**行列式 $D$:

$$D = \begin{vmatrix} 0 & 0 & \cdots & 0 & d_1 \\ 0 & 0 & \cdots & d_2 & 0 \\ \vdots & \vdots & & \vdots & \vdots \\ 0 & d_{n-1} & \cdots & 0 & 0 \\ d_n & 0 & \cdots & 0 & 0 \end{vmatrix} = (-1)^{\frac{n(n-1)}{2}} d_1 \cdot d_2 \cdot \cdots \cdot d_n.$$

**证明** 由定义 $D = \sum\limits_{p_1 p_2 \cdots p_n} (-1)^{N(p_1 p_2 \cdots p_n)} a_{1p_1} a_{2p_2} \cdots a_{np_n}$, 只有 $p_1 = n$ 的项 $a_{1p_1} a_{2p_2} \cdots a_{np_n}$ 才可能不为零, 其他都为零. 因此所有 $n!$ 项中只剩下一项: $a_{1n} a_{2(n-1)} \cdots a_{n1} = d_1 \cdot d_2 \cdot \cdots \cdot d_n$. 由定义 1, 该项的符号是 $(-1)^{\frac{n(n-1)}{2}}$.

**例 7** 利用行列式的定义证明

$$D = \begin{vmatrix} a_{11} & 0 & 0 & 0 \\ a_{21} & a_{22} & \cdots & a_{2n} \\ \vdots & \vdots & & \vdots \\ a_{n1} & a_{n2} & \cdots & a_{nn} \end{vmatrix} = a_{11} \begin{vmatrix} a_{22} & \cdots & a_{2n} \\ \vdots & & \vdots \\ a_{n2} & \cdots & a_{nn} \end{vmatrix}.$$

**证明** 由定义 $D = \sum\limits_{p_1 p_2 \cdots p_n} (-1)^{N(p_1 p_2 \cdots p_n)} a_{1p_1} a_{2p_2} \cdots a_{np_n}$. 只有 $p_1$ 取 1 的项 $a_{1p_1} a_{2p_2} \cdots a_{np_n}$ 才可能不为零, 这些不为零的项有 $(n-1)!$. 当 $p_1$ 取定为 1 时, $p_2, \cdots, p_n$ 只能在 $2, \cdots, n$ 中取值. 又由于 $N(1p_2 \cdots p_4) = N(p_2 \cdots p_4)$, 于是

$$D = \sum_{1 p_2 p_3 \cdots p_n} (-1)^{N(1 p_2 \cdots p_n)} a_{11} a_{2p_2} \cdots a_{np_n} = a_{11} \sum_{p_2 p_3 \cdots p_n} (-1)^{N(p_2 \cdots p_n)} a_{2p_2} \cdots a_{np_n}$$

$$=a_{11}\begin{vmatrix} a_{22} & \cdots & a_{2n} \\ \vdots & & \vdots \\ a_{n2} & \cdots & a_{nn} \end{vmatrix}.$$

**例 8** 设

$$D_1=\begin{vmatrix} a_{11} & a_{12} & \cdots & a_{1n} \\ a_{21} & a_{22} & \cdots & a_{2n} \\ \vdots & \vdots & & \vdots \\ a_{n1} & a_{n2} & \cdots & a_{nn} \end{vmatrix}, \quad D_2=\begin{vmatrix} a_{11} & a_{12}b^{-1} & \cdots & a_{1n}b^{1-n} \\ a_{21}b & a_{22} & \cdots & a_{2n}b^{2-n} \\ \vdots & \vdots & & \vdots \\ a_{n1}b^{n-1} & a_{n2}b^{n-2} & \cdots & a_{nn} \end{vmatrix},$$

证明: $D_1=D_2$.

**证明** 由定义知, $D_1=\sum\limits_{j_1j_2\cdots j_n}(-1)^{N(j_1j_2\cdots j_n)}a_{1j_1}a_{2j_2}\cdots a_{nj_n}$, 再注意到 $D_2$ 中第 $i$ 行第 $j$ 列的元素可表为 $a_{ij}b^{i-j}$, 故 $D_2=\sum\limits_{j_1j_2\cdots j_n}(-1)^{N(j_1j_2\cdots j_n)}a_{1j_1}a_{2j_2}\cdots a_{nj_n}\cdot b^{(1+2+\cdots+n)-(j_1+j_2+\cdots+j_n)}$.

因为 $j_1+j_1+\cdots+j_n=1+2+\cdots+n$, 所以 $D_2=\sum\limits_{j_1j_2\cdots j_n}(-1)^{N(j_1j_2\cdots j_n)}a_{1j_1}\cdot a_{2j_2}\cdots a_{nj_n}$, $D_1=D_2$.

**例 9** 用行列式的定义计算 $D_n=\begin{vmatrix} 0 & 0 & \cdots & 0 & 1 & 0 \\ 0 & 0 & \cdots & 2 & 0 & 0 \\ \vdots & \vdots & & \vdots & \vdots & \vdots \\ n-1 & 0 & \cdots & 0 & 0 & 0 \\ 0 & 0 & \cdots & 0 & 0 & n \end{vmatrix}$.

**解** $D_n=(-1)^N a_{1,n-1}a_{2,n-2}\cdots a_{n-1,1}a_{nn}$

$$=(-1)^N 1\cdot 2\cdots(n-1)\cdot(n-2)\cdot n=(-1)^N n!,$$

$N=N[(n-1)(n-2)\cdots 21n]=0+1+2+\cdots+(n-2)+0=\dfrac{(n-1)(n-2)}{2}$,

所以

$$D_n=(-1)^{\frac{(n-1)(n-2)}{2}}n!.$$

## 习题 1.3

1. 在五阶行列式中, $a_{12}a_{23}a_{35}a_{41}a_{54}$ 与 $a_{12}a_{21}a_{35}a_{43}a_{54}$ 这两项各取什么符号?

2. 若 $(-1)^{N(i432k)+N(52j14)}a_{i5}a_{42}a_{3j}a_{21}a_{k4}$ 是五阶行列式 $|a_{ij}|$ 的一项, 则 $j, j, k$ 应为何值? 此时该项的符号是什么?

3. 选择题.

(1) $n$ 阶行列式的展开式中含 $a_{11}a_{12}$ 的项共有 (　　) 项.

(A) 0　　(B) $n-2$　　(C) $(n-2)!$　　(D) $(n-1)!$

(2) $\begin{vmatrix} 0 & 0 & 0 & 1 \\ 0 & 0 & 1 & 0 \\ 0 & 1 & 0 & 0 \\ 1 & 0 & 0 & 0 \end{vmatrix} =$ (　　).

(A) 0　　(B) $-1$　　(C) 1　　(D) 2

(3) $\begin{vmatrix} 0 & 0 & 1 & 0 \\ 0 & 1 & 0 & 0 \\ 0 & 0 & 0 & 1 \\ 1 & 0 & 0 & 0 \end{vmatrix} =$ (　　).

(A) 0　　(B) $-1$　　(C) 1　　(D) 2

(4) 在函数 $f(x) = \begin{vmatrix} 2x & x & -1 & 1 \\ -1 & -x & 1 & 2 \\ 3 & 2 & -x & 3 \\ 0 & 0 & 0 & 1 \end{vmatrix}$ 中 $x^3$ 项的系数是 (　　).

(A) 0　　(B) $-1$　　(C) 1　　(D) 2

4. 利用定义计算下列四阶行列式.

(1) $\begin{vmatrix} 0 & 1 & 0 & 1 \\ 1 & 0 & 1 & 0 \\ 0 & 1 & 0 & 0 \\ 0 & 0 & 1 & 1 \end{vmatrix}$;　(2) $\begin{vmatrix} 0 & 0 & 0 & a \\ 0 & 0 & b & 0 \\ 0 & c & 0 & 0 \\ d & 0 & 0 & 0 \end{vmatrix}$;　(3) $\begin{vmatrix} a & b & 0 & 0 \\ 0 & c & d & 0 \\ 0 & b & e & f \\ g & h & 0 & 0 \end{vmatrix}$.

5. 利用定义计算下列 $n$ 阶行列式.

(1) $\begin{vmatrix} 0 & 0 & \cdots & 0 & 1 \\ 0 & 0 & \cdots & 2 & 0 \\ \vdots & \vdots & & \vdots & \vdots \\ 0 & n-1 & \cdots & 0 & 0 \\ n & 0 & \cdots & 0 & 0 \end{vmatrix}$; (2) $\begin{vmatrix} 0 & 1 & 0 & \cdots & 0 \\ 0 & 0 & 2 & \cdots & 0 \\ \vdots & \vdots & \vdots & & \vdots \\ 0 & 0 & 0 & \cdots & n-1 \\ n & 0 & 0 & \cdots & 0 \end{vmatrix}$; (3) $\begin{vmatrix} 0 & \cdots & 0 & 1 & 0 \\ 0 & \cdots & 2 & 0 & 0 \\ \vdots & & \vdots & \vdots & \vdots \\ n-1 & \cdots & 0 & 0 & 0 \\ 0 & \cdots & 0 & 0 & n \end{vmatrix}$.

6. 设多项式 $f(x) = \begin{vmatrix} 5x & 1 & 2 & 3 \\ x & x & x & 1 \\ 1 & 0 & x & 3 \\ x & 2 & 1 & x \end{vmatrix}$, 则多项式的最高次数是多少?

7. 由行列式定义计算 $f(x)=\begin{vmatrix} 2x & x & 1 & 2 \\ 1 & x & 1 & -1 \\ 3 & 2 & x & 1 \\ 1 & 1 & 1 & x \end{vmatrix}$ 中 $x^4$ 与 $x^3$ 的系数, 并说明理由.

## 1.4 行列式的性质

由 $n$ 阶行列式的定义可知, 当 $n$ 较大时, 用定义计算行列式运算量很大. 因此如何有效地计算行列式, 这是我们要解决的一个重要课题. 为了解决这一问题, 需先研究行列式的性质. 本节主要介绍行列式的基本性质, 运用这些性质, 不仅可以简化行列式的计算, 而且对行列式的理论研究也很重要.

行列式的奥妙在于对行列式的行或列进行了某些变换 (如行与列互换、交换两行 (列) 位置、某行 (列) 乘以某个数、某行 (列) 乘以某数后加到另一行 (列) 等) 后, 行列式虽然会发生相应的变化, 但变换前后两个行列式的值却仍保持着线性关系, 这意味着, 我们可以利用这些关系大大简化高阶行列式的计算. 本节我们首先要讨论行列式在这方面的重要性质, 然后, 进一步讨论如何利用这些性质计算高阶行列式的值.

### 1.4.1 行列式的性质

将行列式 $D$ 的行与列互换后得到的行列式, 称为 $D$ 的转置行列式, 记为 $D^{\mathrm{T}}$ 或 $D'$, 即若

$$D=\begin{vmatrix} a_{11} & a_{12} & \cdots & a_{1n} \\ a_{21} & a_{22} & \cdots & a_{2n} \\ \vdots & \vdots & & \vdots \\ a_{n1} & a_{n2} & \cdots & a_{nn} \end{vmatrix}, \text{ 则 } D^{\mathrm{T}}=\begin{vmatrix} a_{11} & a_{21} & \cdots & a_{n1} \\ a_{12} & a_{22} & \cdots & a_{n2} \\ \vdots & \vdots & & \vdots \\ a_{1n} & a_{2n} & \cdots & a_{nn} \end{vmatrix}.$$

**性质 1** 行列式与它的转置行列式相等, 即 $D=D^{\mathrm{T}}$.

**证明** 记 $D^{\mathrm{T}}=\det(b_{ij})$, 则 $b_{ij}=a_{ji}$. 由定义 $D^{\mathrm{T}}=\sum\limits_{p_1p_2\cdots p_n}(-1)^{N(p_1p_2\cdots p_n)}\cdot b_{1p_1}b_{2p_2}\cdots b_{np_n}=\sum\limits_{p_1p_2\cdots p_n}(-1)^{N(p_1p_2\cdots p_n)}a_{p_11}a_{p_22}\cdots a_{p_nn}$. 交换和式中各项 $a_{p_11}\cdot a_{p_22}\cdots a_{p_nn}$ 的元素 $a_{p_ii}$ 的位置, 使得 $a_{p_11}a_{p_22}\cdots a_{p_nn}=a_{1q_1}a_{2q_2}\cdots a_{nq_n}$. 假设这些元素经过 $m$ 次的位置对换而完成. 于是 $p_1p_2\cdots p_n$ 经 $m$ 次对换成标准排列 $12\cdots n$, 同时 $12\cdots n$ 也经 $m$ 次对换成 $q_1q_2\cdots q_n$ (例如 $a_{31}a_{12}a_{23}=a_{12}a_{23}a_{31}$ 是经两次位置对换而成的, 故 $312\xrightarrow{2}123$; 同时 $123\xrightarrow{2}231$). 由 1.2 节推论 1,

$p_1p_2\cdots p_n$ 与 $q_1q_2\cdots q_n$ 有相同奇偶性. 故

$$\begin{aligned} D^{\mathrm{T}} &= \sum_{p_1p_2\cdots p_n}(-1)^{N(p_1p_2\cdots p_n)}a_{p_11}a_{p_22}\cdots a_{p_nn} \\ &= \sum_{q_1q_2\cdots q_n}(-1)^{N(q_1q_2\cdots q_n)}a_{1q_1}a_{2q_2}\cdots a_{nq_n} = D. \end{aligned}$$

**注** 由性质 1 知道, 行列式中的行与列具有相同的地位, 行列式的行具有的性质, 它的列也同样具有. 所以下面只讨论证明有关行列式行的性质.

**例 1** 若 $D = \begin{vmatrix} 1 & 4 & 6 \\ -1 & 0 & 1 \\ 0 & 1 & \sqrt{2} \end{vmatrix}$, 则 $D^{\mathrm{T}} = \begin{vmatrix} 1 & -1 & 0 \\ 4 & 0 & 1 \\ 6 & 1 & \sqrt{2} \end{vmatrix} = D$.

**性质 2** 交换行列式的两行 (列), 行列式变号, 互换 $i,j$ 两行 (列), 记为 $r_i \leftrightarrow r_j(c_i \leftrightarrow c_j)$.

**证明** 设 $D = \det(a_{ij})$. 交换第 $s$ 行与第 $t$ 行元素, 得到的新行列式为 $\bar{D} = \begin{vmatrix} b_{11} & b_{12} & \cdots & b_{1n} \\ b_{21} & b_{22} & \cdots & b_{2n} \\ \vdots & \vdots & & \vdots \\ b_{n1} & b_{n2} & \cdots & b_{nn} \end{vmatrix}$, 其中 $b_{ij} = a_{ij}(i \neq s, t, \forall j), b_{sj} = a_{tj}, b_{tj} = a_{sj}(\forall j)$. 于是

$$\begin{aligned} \bar{D} &= \sum_{p_1\cdots p_s\cdots p_t\cdots p_n}(-1)^{N(p_1\cdots p_s\cdots p_t\cdots p_n)}b_{1p_1}\cdots b_{sp_s}\cdots b_{tp_t}\cdots b_{np_n} \\ &= \sum_{p_1\cdots p_s\cdots p_t\cdots p_n}(-1)^{N(p_1\cdots p_s\cdots p_t\cdots p_n)}a_{1p_1}\cdots a_{tp_s}\cdots a_{sp_t}\cdots a_{np_n} \\ &= \sum_{p_1\cdots p_t\cdots p_s\cdots p_n}(-1)^{N(p_1\cdots p_t\cdots p_s\cdots p_n)}a_{1p_1}\cdots a_{sp_t}\cdots a_{tp_s}\cdots a_{np_n}. \end{aligned}$$

由 1.2 节定理 1, $N(p_1\cdots p_s\cdots p_t\cdots p_n) = N(p_1\cdots p_t\cdots p_s\cdots p_n) \pm 1$, 从而 $\bar{D} = -\sum\limits_{p_1\cdots p_t\cdots p_s\cdots p_n}(-1)^{N(p_1\cdots p_t\cdots p_s\cdots p_n)}a_{1p_1}\cdots a_{sp_t}\cdots a_{tp_s}\cdots a_{np_n} = -D$.

**例 2** (1) $\begin{vmatrix} 1 & 2 & 2 \\ 0 & 1 & -1 \\ 2 & -1 & 0 \end{vmatrix} = -\begin{vmatrix} 0 & 1 & -1 \\ 1 & 2 & 2 \\ 2 & -1 & 0 \end{vmatrix}$ (第一、二行互换);

(2) $\begin{vmatrix} 1 & 2 & 1 \\ 0 & 2 & -1 \\ 2 & -2 & 0 \end{vmatrix} = -\begin{vmatrix} 1 & 1 & 2 \\ 0 & -1 & 2 \\ 2 & 0 & -2 \end{vmatrix}$ (第二、三列互换).

**推论 1** 若行列式中有两行 (列) 的对应元素完全相同, 则此行列式的值为零.

**证明** 因为对调此两行 (列) 后, $D$ 的形式不变, 所以 $D=-D\Rightarrow D=0$.

例如, 对于任意的 $a,b,c$, 都有 $\begin{vmatrix} 1 & 2 & 3 \\ a & b & c \\ 1 & 2 & 3 \end{vmatrix}=0$.

**例 3** (1) $\begin{vmatrix} 1 & 1 & 6 \\ 1 & 1 & 6 \\ 5 & 5 & 7 \end{vmatrix}=0$ (第一、二行相等);

(2) $\begin{vmatrix} -2 & 1 & 1 \\ 4 & 2 & 2 \\ 7 & -3 & -3 \end{vmatrix}=0$ (第二、三列相等).

**性质 3** 用数 $k$ 乘行列式的某一行 (列), 等于用数 $k$ 乘此行列式, 即

$$D_1=\begin{vmatrix} a_{11} & a_{12} & \cdots & a_{1n} \\ \vdots & \vdots & & \vdots \\ ka_{i1} & ka_{i2} & \cdots & ka_{in} \\ \vdots & \vdots & & \vdots \\ a_{n1} & a_{n2} & \cdots & a_{nn} \end{vmatrix}=k\begin{vmatrix} a_{11} & a_{12} & \cdots & a_{1n} \\ \vdots & \vdots & & \vdots \\ a_{i1} & a_{i2} & \cdots & a_{in} \\ \vdots & \vdots & & \vdots \\ a_{n1} & a_{n2} & \cdots & a_{nn} \end{vmatrix}=kD.$$

第 $i$ 行 (列) 乘以 $k$, 记为 $r_i\times k$ (或 $c_i\times k$).

**证明** 左端 $=\sum(-1)^{N(p_1\cdots p_i\cdots p_n)}[a_{1p_1}\cdots(ka_{ip_i})\cdots a_{np_n}]$.

**推论 2** 行列式的某一行 (列) 中所有元素的公因子可以提到行列式符号的外面.

**推论 3** 行列式中若有两行 (列) 元素成比例, 则此行列式为零.

**例 4** (1) $\begin{vmatrix} 1 & -1 & 2 \\ 0 & 1 & 5 \\ 4 & -4 & 8 \end{vmatrix}=0$, 因为第三行是第一行的 4 倍.

(2) $\begin{vmatrix} 1 & 4 & 1 & 0 \\ 2 & 8 & 3 & 5 \\ 0 & 0 & 1 & 4 \\ -1 & -4 & -5 & 7 \end{vmatrix}=0$, 因为第一列与第二列成比例, 即第二列是第一列的 4 倍.

**例 5**　若 $D=\begin{vmatrix}1&0&2\\3&-1&0\\1&2&-1\end{vmatrix}$, 则 $\begin{vmatrix}-4&0&-8\\3&-1&0\\1&2&-1\end{vmatrix}=(-4)\begin{vmatrix}1&0&2\\3&-1&0\\1&2&-1\end{vmatrix}=-4D$.

又 $\begin{vmatrix}4&0&2\\12&-1&0\\4&2&-1\end{vmatrix}=4\begin{vmatrix}1&0&2\\3&-1&0\\1&2&-1\end{vmatrix}=4D$.

**例 6**　设 $\begin{vmatrix}a_{11}&a_{12}&a_{13}\\a_{21}&a_{22}&a_{23}\\a_{31}&a_{32}&a_{33}\end{vmatrix}=1$, 求 $\begin{vmatrix}6a_{11}&-2a_{12}&-10a_{13}\\-3a_{21}&a_{22}&5a_{23}\\-3a_{31}&a_{32}&5a_{33}\end{vmatrix}$.

**解**　利用行列式性质, 有 $\begin{vmatrix}6a_{11}&-2a_{12}&-10a_{13}\\-3a_{21}&a_{22}&5a_{23}\\-3a_{31}&a_{32}&5a_{33}\end{vmatrix}=-2\begin{vmatrix}-3a_{11}&a_{12}&5a_{13}\\-3a_{21}&a_{22}&5a_{23}\\-3a_{31}&a_{32}&5a_{33}\end{vmatrix}$

$=-2\times(-3)\times5\begin{vmatrix}a_{11}&a_{12}&a_{13}\\a_{21}&a_{22}&a_{23}\\a_{31}&a_{32}&a_{33}\end{vmatrix}=-2\times(-3)\times5\times1=30.$

**性质 4**　若行列式的某一行 (列) 的元素都是两数之和, 例如

$$D=\begin{vmatrix}a_{11}&a_{12}&\cdots&a_{1n}\\\vdots&\vdots&&\vdots\\b_{i1}+c_{i1}&b_{i2}+c_{i2}&\cdots&b_{in}+c_{in}\\\vdots&\vdots&&\vdots\\a_{n1}&a_{n2}&\cdots&a_{nn}\end{vmatrix}.$$

则

$$D=\begin{vmatrix}a_{11}&a_{12}&\cdots&a_{1n}\\\vdots&\vdots&&\vdots\\b_{i1}&b_{i2}&\cdots&b_{in}\\\vdots&\vdots&&\vdots\\a_{n1}&a_{n2}&\cdots&a_{nn}\end{vmatrix}+\begin{vmatrix}a_{11}&a_{12}&\cdots&a_{1n}\\\vdots&\vdots&&\vdots\\c_{i1}&c_{i2}&\cdots&c_{in}\\\vdots&\vdots&&\vdots\\a_{n1}&a_{n2}&\cdots&a_{nn}\end{vmatrix}=D_1+D_2.$$

**证明**　
$$\begin{aligned}\text{左端}&=\sum(-1)^N a_{1p_1}\cdots a_{ip_i}\cdots a_{np_n}\\&=\sum(-1)^N a_{1p_1}\cdots b_{ip_i}\cdots a_{np_n}\\&\quad+\sum(-1)^N a_{1p_1}\cdots c_{ip_i}\cdots a_{np_n}=\text{右端}(1)+\text{右端}(2).\end{aligned}$$

**注** 性质 4 对于列的情形也成立.

**例 7** (1) $\begin{vmatrix} 2 & 3 \\ 1 & 1 \end{vmatrix} = \begin{vmatrix} 1+1 & 3+0 \\ 1 & 1 \end{vmatrix} = \begin{vmatrix} 1 & 3 \\ 1 & 1 \end{vmatrix} + \begin{vmatrix} 1 & 0 \\ 1 & 1 \end{vmatrix}$.

(2) $$\begin{vmatrix} 1 & 1+\sqrt{2} & 5 \\ 0 & 3-2 & 7 \\ 2 & -1-\sqrt{2} & -1 \end{vmatrix} = \begin{vmatrix} 1 & 1+(\sqrt{2}) & 5 \\ 0 & 3+(-2) & 7 \\ 2 & -1+(-\sqrt{2}) & -1 \end{vmatrix}$$

$$= \begin{vmatrix} 1 & 1 & 5 \\ 0 & 3 & 7 \\ 2 & -1 & -1 \end{vmatrix} + \begin{vmatrix} 1 & \sqrt{2} & 5 \\ 0 & -2 & 7 \\ 2 & -\sqrt{2} & -1 \end{vmatrix}.$$

**例 8** 因为 $\begin{vmatrix} 3+1 & 2-2 \\ -1+2 & 3+0 \end{vmatrix} = \begin{vmatrix} 4 & 0 \\ 1 & 3 \end{vmatrix} = 12$, 而 $\begin{vmatrix} 3 & 2 \\ -1 & 3 \end{vmatrix} + \begin{vmatrix} 1 & -2 \\ 2 & 0 \end{vmatrix} =$ $(9+2)+(0+4)=15$. 所以 $\begin{vmatrix} 3+1 & 2-2 \\ -1+2 & 3+0 \end{vmatrix} \neq \begin{vmatrix} 3 & 2 \\ -1 & 3 \end{vmatrix} + \begin{vmatrix} 1 & -2 \\ 2 & 0 \end{vmatrix}$.

**注** 一般来说, 下式是不成立的

$$\begin{vmatrix} a_{11}+b_{11} & a_{12}+b_{12} \\ a_{21}+b_{21} & a_{22}+b_{22} \end{vmatrix} \neq \begin{vmatrix} a_{11} & a_{12} \\ a_{21} & a_{22} \end{vmatrix} + \begin{vmatrix} b_{11} & b_{12} \\ b_{21} & b_{22} \end{vmatrix}.$$

**性质 5** 将行列式的某一行 (列) 的所有元素都乘以数 $k$ 后加到另一行 (列) 对应位置的元素上, 行列式不变.

$$\begin{vmatrix} \vdots & & \vdots \\ a_{i1} & \cdots & a_{in} \\ \vdots & & \vdots \\ a_{j1} & \cdots & a_{jn} \\ \vdots & & \vdots \end{vmatrix} \xlongequal{r_i+kr_j} \begin{vmatrix} \vdots & & \vdots \\ a_{i1}+ka_{j1} & \cdots & a_{in}+ka_{jn} \\ \vdots & & \vdots \\ a_{j1} & \cdots & a_{jn} \\ \vdots & & \vdots \end{vmatrix} \quad (i \neq j).$$

例如三阶行列式 $\begin{vmatrix} 3 & 0 & 1 \\ 1 & -5 & 0 \\ 1 & 2 & -1 \end{vmatrix} = 22$, 将第三行元素的两倍加到第二行 (强

调, 第三行元素本身并不改变值), 则有 $\begin{vmatrix} 3 & 0 & 1 \\ 3 & -1 & -2 \\ 1 & 2 & -1 \end{vmatrix} = 3+0+6-(-1)-0-(-12)=22.$

**注**　以数 $k$ 乘第 $j$ 行加到第 $i$ 行上, 记作 $r_i + kr_j$; 以数 $k$ 乘第 $j$ 列加到第 $i$ 列上, 记作 $c_i + kc_j$.

**例 9**　(1) $\begin{vmatrix} 1 & 3 & -1 \\ 1 & 4 & -1 \\ 2 & 3 & 1 \end{vmatrix} \overset{r_2-r_1}{=\!=\!=} \begin{vmatrix} 1 & 3 & -1 \\ 0 & 1 & 0 \\ 2 & 3 & 1 \end{vmatrix}$, 上式表示第一行乘以 $-1$ 后加第二行上去, 其值不变.

(2) $\begin{vmatrix} 1 & 3 & -1 \\ 1 & 4 & -1 \\ 2 & 3 & 1 \end{vmatrix} \overset{c_3+c_1}{=\!=\!=} \begin{vmatrix} 1 & 3 & 0 \\ 1 & 4 & 0 \\ 2 & 3 & 3 \end{vmatrix}$, 上式表示第一列乘以 1 后加到第三列上去, 其值不变.

**例 10**　计算行列式 $D = \begin{vmatrix} 3 & 6 & 12 \\ 2 & -3 & 0 \\ 5 & 1 & 2 \end{vmatrix}$.

**解**　先将第一行的公因子 3 提出来: $\begin{vmatrix} 3 & 6 & 12 \\ 2 & -3 & 0 \\ 5 & 1 & 2 \end{vmatrix} = 3\begin{vmatrix} 1 & 2 & 4 \\ 2 & -3 & 0 \\ 5 & 1 & 2 \end{vmatrix}$, 再计算

$$D = 3\begin{vmatrix} 1 & 2 & 4 \\ 2 & -3 & 0 \\ 5 & 1 & 2 \end{vmatrix} = 3\begin{vmatrix} 1 & 2 & 4 \\ 0 & -7 & -8 \\ 0 & -9 & -18 \end{vmatrix} = 27\begin{vmatrix} 1 & 2 & 4 \\ 0 & 7 & 8 \\ 0 & 1 & 2 \end{vmatrix}$$

$$= 54\begin{vmatrix} 1 & 2 & 2 \\ 0 & 7 & 4 \\ 0 & 1 & 1 \end{vmatrix} = 54\begin{vmatrix} 1 & 0 & 2 \\ 0 & 3 & 4 \\ 0 & 0 & 1 \end{vmatrix} = 54 \times 3 = 162.$$

### 1.4.2　利用 “三角化” 计算行列式

计算行列式时, 常用行列式的性质, 把它化为三角行列式来计算. 例如化为上三角行列式的步骤是: 如果第一列第一个元素为 0, 先将第一行与其他行交换使得第一列第一个元素不为 0; 然后把第一行分别乘以适当的数加到其他各行, 使得第一列除第一个元素外其余元素全为 0.

再用同样的方法处理除去第一行和第一列后余下的低一阶行列式, 如此继续

下去, 直至使它成为上三角行列式, 这时主对角线上元素的乘积就是所求行列式的值.

**例 11** 计算 $D=\begin{vmatrix} -2 & -1 & 1 & 0 \\ 3 & 1 & -1 & -1 \\ 1 & 2 & -1 & 1 \\ 8 & 2 & 6 & -2 \end{vmatrix}$.

**解** $$D \xlongequal{c_1 \leftrightarrow c_2} -\begin{vmatrix} -1 & -2 & 1 & 0 \\ 1 & 3 & -1 & -1 \\ 2 & 1 & -1 & 1 \\ 2 & 8 & 6 & -2 \end{vmatrix} \xlongequal[r_4+2r_1]{\substack{r_2+r_1 \\ r_3+2r_1}} -\begin{vmatrix} -1 & -2 & 1 & 0 \\ 0 & 1 & 0 & -1 \\ 0 & -3 & 1 & 1 \\ 0 & 4 & 8 & -2 \end{vmatrix}$$

$$\xlongequal[r_4-4r_2]{r_3+3r_2} -\begin{vmatrix} -1 & -2 & 1 & 0 \\ 0 & 1 & 0 & -1 \\ 0 & 0 & 1 & -2 \\ 0 & 0 & 8 & 2 \end{vmatrix} \xlongequal{r_4-8r_3} -\begin{vmatrix} -1 & -2 & 1 & 0 \\ 0 & 1 & 0 & -1 \\ 0 & 0 & 1 & -2 \\ 0 & 0 & 0 & 18 \end{vmatrix} = 18.$$

**例 12** 计算行列式 $D=\begin{vmatrix} 1 & 2 & 3 & 4 \\ 5 & 6 & 7 & 8 \\ 9 & 10 & 11 & 12 \\ 13 & 14 & 15 & 16 \end{vmatrix}$ 的值 (特征: 行之间有公差).

**解** $$\begin{vmatrix} 1 & 2 & 3 & 4 \\ 5 & 6 & 7 & 8 \\ 9 & 10 & 11 & 12 \\ 13 & 14 & 15 & 16 \end{vmatrix} \xlongequal[r_4+(-1)r_3]{r_2+(-1)r_1} \begin{vmatrix} 1 & 2 & 3 & 4 \\ 4 & 4 & 4 & 4 \\ 9 & 10 & 11 & 12 \\ 4 & 4 & 4 & 4 \end{vmatrix} = 0.$$

**例 13** 计算 $D=\begin{vmatrix} 3 & 1 & 1 & 1 \\ 1 & 3 & 1 & 1 \\ 1 & 1 & 3 & 1 \\ 1 & 1 & 1 & 3 \end{vmatrix}$.

**解** 注意到行列式的各列 4 个数之和都是 6. 故把第二、三、四行同时加到第一行, 可提出公因子 6, 再由各行减去第一行化为上三角行列式.

$$D \xlongequal{r_1+r_2+r_3+r_4} \begin{vmatrix} 6 & 6 & 6 & 6 \\ 1 & 3 & 1 & 1 \\ 1 & 1 & 3 & 1 \\ 1 & 1 & 1 & 3 \end{vmatrix} = 6 \begin{vmatrix} 1 & 1 & 1 & 1 \\ 1 & 3 & 1 & 1 \\ 1 & 1 & 3 & 1 \\ 1 & 1 & 1 & 3 \end{vmatrix}$$

$$\xlongequal[\substack{r_3-r_1 \\ r_4-r_1}]{r_2-r_1} 6 \begin{vmatrix} 1 & 1 & 1 & 1 \\ 0 & 2 & 0 & 0 \\ 0 & 0 & 2 & 0 \\ 0 & 0 & 0 & 2 \end{vmatrix} = 48.$$

**例 14** 证明 $D = \begin{vmatrix} a_1+b_1 & b_1+c_1 & c_1+a_1 \\ a_2+b_2 & b_2+c_2 & c_2+a_2 \\ a_3+b_3 & b_3+c_3 & c_3+a_3 \end{vmatrix} = 2 \times \begin{vmatrix} a_1 & b_1 & c_1 \\ a_2 & b_2 & c_2 \\ a_3 & b_3 & c_3 \end{vmatrix}$.

**证明** 第一列元素分别加上第二、三列元素, 再提取第一列的公因子 2.

$$D = 2 \times \begin{vmatrix} a_1+b_1+c_1 & b_1+c_1 & c_1+a_1 \\ a_2+b_2+c_2 & b_2+c_2 & c_2+a_2 \\ a_3+b_3+c_3 & b_3+c_3 & c_3+a_3 \end{vmatrix}$$

$$\xlongequal[c_3+(-1)c_1]{c_2+(-1)c_1} 2 \times \begin{vmatrix} a_1+b_1+c_1 & -a_1 & -b_1 \\ a_2+b_2+c_2 & -a_2 & -b_2 \\ a_3+b_3+c_3 & -a_3 & -b_3 \end{vmatrix}$$

$$\xlongequal[c_1+c_3]{c_1+c_2} 2 \times \begin{vmatrix} c_1 & -a_1 & -b_1 \\ c_2 & -a_2 & -b_2 \\ c_3 & -a_3 & -b_3 \end{vmatrix} = 2 \times \begin{vmatrix} a_1 & b_1 & c_1 \\ a_2 & b_2 & c_2 \\ a_3 & b_3 & c_3 \end{vmatrix}.$$

**例 15** 计算行列式 $\begin{vmatrix} x & a & a & \cdots & a \\ a & x & a & \cdots & a \\ a & a & x & \cdots & a \\ \vdots & \vdots & \vdots & & \vdots \\ a & a & a & \cdots & x \end{vmatrix}$ 的值 (特征: 行和相等).

**解** 第一列的元素分别加上第二列, $\cdots$, 第 $n$ 列元素 (的 1 倍), 再提出第一列的公因子

$$D=[x+(n-1)a]\begin{vmatrix}1 & a & a & \cdots & a\\ 1 & x & a & \cdots & a\\ 1 & a & x & \cdots & a\\ \vdots & \vdots & \vdots & & \vdots\\ 1 & a & a & \cdots & x\end{vmatrix}$$

$$=[x+(n-1)a]\begin{vmatrix}1 & a & a & \cdots & a\\ 0 & x-a & 0 & \cdots & 0\\ 0 & 0 & x-a & \cdots & 0\\ \vdots & \vdots & \vdots & & \vdots\\ 0 & 0 & 0 & \cdots & x-a\end{vmatrix},$$

上三角化即可得 $D=[x+(n-1)a](x-a)^{n-1}$.

**例 16** 证明

$$\begin{vmatrix}a_{11} & \cdots & a_{1k} & 0 & \cdots & 0\\ \vdots & & \vdots & \vdots & & \vdots\\ a_{k1} & \cdots & a_{kk} & 0 & \cdots & 0\\ c_{11} & \cdots & c_{1k} & b_{11} & \cdots & b_{1m}\\ \vdots & & \vdots & \vdots & & \vdots\\ c_{m1} & \cdots & c_{mk} & b_{m1} & \cdots & b_{mm}\end{vmatrix}=\begin{vmatrix}a_{11} & \cdots & a_{1k}\\ \vdots & & \vdots\\ a_{k1} & \cdots & a_{kk}\end{vmatrix}\begin{vmatrix}b_{11} & \cdots & b_{1m}\\ \vdots & & \vdots\\ b_{m1} & \cdots & b_{mm}\end{vmatrix}.$$

**证明** 记上式左端行列式为 $C$, 右端行列式分别记为 $A=\det(a_{ij})$ 和 $B=\det(b_{ij})$. 将行列式 $A$ 化至下三角行列式: $A=(-1)^s\begin{vmatrix}p_{11} & & 0\\ \vdots & \ddots & \\ p_{k1} & \cdots & p_{kk}\end{vmatrix}=(-1)^s\cdot p_{11}\cdots p_{kk}$; 同样, 将行列式 $B$ 化至下三角行列式: $B=(-1)^t\begin{vmatrix}q_{11} & & 0\\ \vdots & \ddots & \\ q_{m1} & \cdots & q_{mm}\end{vmatrix}=(-1)^t q_{11}\cdots q_{mm}$. 现对 $C$ 的前 $k$ 行元素作与化 $A$ 为下三角的同样运算 (不影响后 $m$ 行的元素), 再对后 $m$ 行的元素作与化 $B$ 为下三角的同样运算 (不影响前 $k$

行的元素), 可得

$$C=(-1)^{s+t}\begin{vmatrix} p_{11} & & & & & \\ \vdots & \ddots & & & O & \\ p_{k1} & \cdots & p_{kk} & & & \\ d_{11} & \cdots & d_{1k} & q_{11} & & \\ \vdots & & \vdots & \vdots & \ddots & \\ d_{m1} & \cdots & d_{mk} & q_{m1} & \cdots & q_{mm} \end{vmatrix}=(-1)^{s+t}p_{11}\cdots p_{kk}q_{11}\cdots q_{mm},$$

故 $C=AB$.

例如, $\begin{vmatrix} 3 & 2 & 0 & 0 \\ -1 & 1 & 0 & 0 \\ 1 & 2 & 2 & -1 \\ 1 & -1 & 0 & 1 \end{vmatrix}=\begin{vmatrix} 3 & 2 \\ -1 & 1 \end{vmatrix}\begin{vmatrix} 2 & -1 \\ 0 & 1 \end{vmatrix}=5\times 2=10.$

**例 17**　证明奇数阶反对称行列式的值为零.

**证明**　设反对称行列式 $D=\begin{vmatrix} 0 & a_{12} & a_{13} & \cdots & a_{1n} \\ -a_{12} & 0 & a_{23} & \cdots & a_{2n} \\ -a_{13} & -a_{23} & 0 & \cdots & a_{3n} \\ \vdots & \vdots & \vdots & & \vdots \\ -a_{1n} & -a_{2n} & -a_{3n} & \cdots & 0 \end{vmatrix}$, 其中 $a_{ij}=-a_{ji}(i\neq j$ 时), $a_{ij}=0(i=j$ 时). 利用行列式性质 1 及性质 3 的推论 2, 有

$$D=D^{\mathrm{T}}=(-1)^n\begin{vmatrix} 0 & a_{12} & a_{13} & \cdots & a_{1n} \\ -a_{12} & 0 & a_{23} & \cdots & a_{2n} \\ -a_{13} & -a_{23} & 0 & \cdots & a_{3n} \\ \vdots & \vdots & \vdots & & \vdots \\ -a_{1n} & -a_{2n} & -a_{3n} & \cdots & 0 \end{vmatrix}=(-1)^nD,$$ 当 $n$ 为奇数时,

有 $D=-D$, 即 $D=0$.

**例 18**　计算 $\begin{vmatrix} a_1 & -a_1 & 0 & 0 \\ 0 & a_2 & -a_2 & 0 \\ 0 & 0 & a_3 & -a_3 \\ 1 & 1 & 1 & 1 \end{vmatrix}$.

**解**　根据行列式的特点, 可将第一列加至第二列, 然后将第二列加至第三列,

再将第三列加至第四列, 目的是使 $D_4$ 中的零元素增多.

$$D_4 \xlongequal{c_2+c_1} \begin{vmatrix} a_1 & 0 & 0 & 0 \\ 0 & a_2 & -a_2 & 0 \\ 0 & 0 & a_3 & -a_3 \\ 1 & 2 & 1 & 1 \end{vmatrix} \xlongequal{c_3+c_2} \begin{vmatrix} a_1 & 0 & 0 & 0 \\ 0 & a_2 & 0 & 0 \\ 0 & 0 & a_3 & -a_3 \\ 1 & 2 & 3 & 1 \end{vmatrix}$$

$$\xlongequal{c_4+c_3} \begin{vmatrix} a_1 & 0 & 0 & 0 \\ 0 & a_2 & 0 & 0 \\ 0 & 0 & a_3 & 0 \\ 1 & 2 & 3 & 4 \end{vmatrix} = 4a_1a_2a_3.$$

**例 19** 计算 $D = \begin{vmatrix} a & b & c & d \\ a & a+b & a+b+c & a+b+c+d \\ a & 2a+b & 3a+2b+c & 4a+3b+2c+d \\ a & 3a+b & 6a+3b+c & 10a+6b+3c+d \end{vmatrix}$.

**解** 从第四行开始, 后一行减前一行:

$$D \xlongequal[r_2-r_1]{\substack{r_4-r_3\\ r_3-r_2}} \begin{vmatrix} a & b & c & d \\ 0 & a & a+b & a+b+c \\ 0 & a & 2a+b & 3a+2b+c \\ 0 & a & 3a+b & 6a+3b+c \end{vmatrix} \xlongequal[r_3-r_2]{r_4-r_3} \begin{vmatrix} a & b & c & d \\ 0 & a & a+b & a+b+c \\ 0 & 0 & a & 2a+b \\ 0 & 0 & a & 3a+b \end{vmatrix}$$

$$\xlongequal{r_4-r_3} \begin{vmatrix} a & b & c & d \\ 0 & a & a+b & a+b+c \\ 0 & 0 & a & 2a+b \\ 0 & 0 & 0 & a \end{vmatrix} = a^4.$$

**例 20** 解方程

$$\begin{vmatrix} a_1 & a_2 & a_3 & \cdots & a_{n-1} & a_n \\ a_1 & a_1+a_2-x & a_3 & \cdots & a_{n-1} & a_n \\ a_1 & a_2 & a_2+a_3-x & \cdots & a_{n-1} & a_n \\ \vdots & \vdots & \vdots & & \vdots & \vdots \\ a_1 & a_2 & a_3 & \cdots & a_{n-2}+a_{n-1}-x & a_n \\ a_1 & a_2 & a_3 & \cdots & a_{n-1} & a_{n-1}+a_n-x \end{vmatrix} = 0,$$

其中 $a_1 \neq 0$.

**解**　从第二行开始每一行都减去第一行得

$$\begin{vmatrix} a_1 & a_2 & a_3 & \cdots & a_{n-1} & a_n \\ 0 & a_1-x & 0 & \cdots & 0 & 0 \\ 0 & 0 & a_2-x & \cdots & 0 & 0 \\ \vdots & \vdots & \vdots & & \vdots & \vdots \\ 0 & 0 & 0 & \cdots & a_{n-2}-x & 0 \\ 0 & 0 & 0 & \cdots & 0 & a_{n-1}-x \end{vmatrix}$$

$$= a_1(a_1-x)(a_2-x)\cdots(a_{n-2}-x)(a_{n-1}-x),$$

由 $a_1(a_1-x)(a_2-x)\cdots(a_{n-2}-x)(a_{n-1}-x)=0$, 解得方程的 $n-1$ 个根:

$$x_1=a_1, x_2=a_2, \cdots, x_{n-2}=a_{n-2}, x_{n-1}=a_{n-1}.$$

## 习题 1.4

1. 已知 $\begin{vmatrix} a & b & c \\ d & e & f \\ g & h & i \end{vmatrix}=7$. 求以下行列式的值.

(1) $\begin{vmatrix} a & b & c \\ d & e & f \\ 5g & 5h & 5i \end{vmatrix}$; (2) $\begin{vmatrix} a & b & c \\ g & h & i \\ d & e & f \end{vmatrix}$; (3) $\begin{vmatrix} a & b & c \\ 2d+a & 2e+b & 2f+c \\ g & h & i \end{vmatrix}$.

2. 如果 $\begin{vmatrix} a & 3 & 1 \\ b & 0 & 1 \\ c & 2 & 1 \end{vmatrix}=1$, 计算行列式 $\begin{vmatrix} a-3 & b-3 & c-3 \\ 5 & 2 & 4 \\ 1 & 1 & 1 \end{vmatrix}$ 的值.

3. 若 $D=\begin{vmatrix} a_{11} & a_{12} & a_{13} \\ a_{21} & a_{22} & a_{23} \\ a_{31} & a_{32} & a_{33} \end{vmatrix}=\dfrac{1}{2}$, 则 $D_1=\begin{vmatrix} 2a_{11} & a_{13} & a_{11}-2a_{12} \\ 2a_{21} & a_{23} & a_{21}-2a_{22} \\ 2a_{31} & a_{33} & a_{31}-2a_{32} \end{vmatrix}=(\quad)$.

(A) 4　　(B) $-4$　　(C) 2　　(D) $-2$

4. 若 $\begin{vmatrix} a_{11} & a_{12} \\ a_{21} & a_{22} \end{vmatrix}=a$, 则 $\begin{vmatrix} a_{12} & ka_{22} \\ a_{11} & ka_{21} \end{vmatrix}=(\quad)$.

(A) $ka$　　(B) $-ka$　　(C) $k^2a$　　(D) $-k^2a$

5. 如果 $D=\begin{vmatrix} a_{11} & a_{12} & a_{13} \\ a_{21} & a_{22} & a_{23} \\ a_{31} & a_{32} & a_{33} \end{vmatrix}=M$, 则 $D_1=\begin{vmatrix} a_{11} & a_{13}-3a_{12} & 3a_{12} \\ a_{21} & a_{23}-3a_{22} & 3a_{22} \\ a_{31} & a_{33}-3a_{32} & 3a_{32} \end{vmatrix}=$ ________.

6. 已知某五阶行列式的值为 5, 将其第一行与第五行交换并转置, 再用 2 乘所有元素, 则所得的新行列式的值为 ________.

7. 证明 $\begin{vmatrix} b+c & c+a & a+b \\ b_1+c_1 & c_1+a_1 & a_1+b_1 \\ b_2+c_2 & c_2+a_2 & a_2+b_2 \end{vmatrix} = 2\begin{vmatrix} a & b & c \\ a_1 & b_1 & c_1 \\ a_2 & b_2 & c_2 \end{vmatrix}$.

8. 计算下列四阶行列式.

(1) $\begin{vmatrix} 5 & 0 & 4 & 2 \\ 1 & -1 & 2 & 1 \\ 4 & 1 & 2 & 0 \\ 1 & 1 & 1 & 1 \end{vmatrix}$; (2) $\begin{vmatrix} 3 & 2 & 0 & 0 \\ 4 & 3 & 0 & 0 \\ 0 & 0 & 2 & 1 \\ 0 & 0 & 3 & 2 \end{vmatrix}$; (3) $\begin{vmatrix} 1 & 2 & 3 & 4 \\ 2 & 3 & 4 & 1 \\ 3 & 4 & 1 & 2 \\ 4 & 1 & 2 & 3 \end{vmatrix}$;

(4) $\begin{vmatrix} a^2 & (a+1)^2 & (a+2)^2 & (a+3)^2 \\ b^2 & (b+1)^2 & (b+2)^2 & (b+3)^2 \\ c^2 & (c+1)^2 & (c+2)^2 & (c+3)^2 \\ d^2 & (d+1)^2 & (d+2)^2 & (d+3)^2 \end{vmatrix}$; (5) $\begin{vmatrix} 1 & \frac{1}{2} & 1 & 1 \\ -\frac{1}{3} & 1 & 2 & 1 \\ \frac{1}{3} & 1 & -1 & \frac{1}{2} \\ -1 & 1 & 0 & \frac{1}{2} \end{vmatrix}$.

9. 计算下列 $n$ 阶行列式.

(1) $\begin{vmatrix} a_1-b_1 & a_1-b_2 & \cdots & a_1-b_n \\ a_2-b_1 & a_2-b_2 & \cdots & a_2-b_n \\ \vdots & \vdots & & \vdots \\ a_n-b_1 & a_n-b_2 & \cdots & a_n-b_n \end{vmatrix}$; (2) $\begin{vmatrix} 1 & 2 & 2 & \cdots & 2 \\ 2 & 2 & 2 & \cdots & 2 \\ 2 & 2 & 3 & \cdots & 2 \\ \vdots & \vdots & \vdots & & \vdots \\ 2 & 2 & 2 & \cdots & n \end{vmatrix}$;

(3) $\begin{vmatrix} 1 & 2 & 3 & \cdots & n-1 & n \\ 1 & -1 & 0 & \cdots & 0 & 0 \\ 0 & 2 & -2 & \cdots & 0 & 0 \\ \vdots & \vdots & \vdots & & \vdots & \vdots \\ 0 & 0 & 0 & \cdots & n-1 & 1-n \end{vmatrix}$.

## 1.5 行列式按行 (列) 展开

一般来说, 低阶行列式的计算比高阶行列式的计算要简便. 于是, 自然地考虑用低阶行列式来表示高阶行列式的问题. 本节我们要解决的问题是: 如何把高阶行列式降为低阶行列式, 从而把高阶行列式的计算转化为低阶行列式的计算. 为了解决这个问题, 先学习余子式和代数余子式的概念.

### 1.5.1 行列式按一行 (列) 展开

**定义 1** 在 $n$ 阶行列式 $D$ 中, 去掉元素 $a_{ij}$ 所在的第 $i$ 行和第 $j$ 列后, 余下的 $n-1$ 阶行列式, 称为 $D$ 中元素 $a_{ij}$ 的**余子式**, 记为 $M_{ij}$, 再记 $A_{ij}=(-1)^{i+j}M_{ij}$, 称 $A_{ij}$ 为元素 $a_{ij}$ 的**代数余子式**.

例如 $D=\begin{vmatrix} a_{11} & a_{12} & a_{13} \\ a_{21} & a_{22} & a_{23} \\ a_{31} & a_{32} & a_{33} \end{vmatrix}$, 则 $M_{23}=\begin{vmatrix} a_{11} & a_{12} \\ a_{31} & a_{32} \end{vmatrix}$ 和 $A_{23}=(-1)^{2+3}M_{23}$.

**例 1**　设有 5 阶行列式: $D=\begin{vmatrix} 1 & 0 & -1 & 3 & 1 \\ 0 & 2 & -5 & 4 & 1 \\ 3 & -2 & -1 & 1 & 0 \\ 0 & 0 & 2 & 1 & 3 \\ 1 & 3 & -1 & 5 & 1 \end{vmatrix}$.

**解**　(1) $a_{11}=1$, 其余子式 $M_{11}=\begin{vmatrix} 2 & -5 & 4 & 1 \\ -2 & -1 & 1 & 0 \\ 0 & 2 & 1 & 3 \\ 3 & -1 & 5 & 1 \end{vmatrix}$, 其代数余子式 $A_{11}=(-1)^{1+1}M_{11}=(-1)^2M_{11}=M_{11}$.

(2) $a_{34}=1$, 其余子式 $M_{34}=\begin{vmatrix} 1 & 0 & -1 & 1 \\ 0 & 2 & -5 & 1 \\ 0 & 0 & 2 & 3 \\ 1 & 3 & -1 & 1 \end{vmatrix}$, 其代数余子式 $A_{34}=(-1)^{3+4}M_{34}=(-1)^7M_{34}=-M_{34}$.

**引理 1**　一个 $n$ 阶行列式 $D$ , 若其中第 $i$ 行所有元素除 $a_{ij}$ 外都为零, 则该行列式等于 $a_{ij}$ 与它的代数余子式的乘积, 即 $D=a_{ij}A_{ij}$.

**证明**　(1) 当 $i=j=1$ 时, 这是 1.3 节例 7 的情形, 此时成立

$$D=\begin{vmatrix} a_{11} & 0 & \cdots & 0 \\ a_{21} & a_{22} & \cdots & a_{2n} \\ \vdots & \vdots & & \vdots \\ a_{n1} & a_{n2} & \cdots & a_{nn} \end{vmatrix}=a_{11}\begin{vmatrix} a_{22} & \cdots & a_{2n} \\ \vdots & & \vdots \\ a_{n2} & \cdots & a_{nn} \end{vmatrix}$$

$$=a_{11}M_{11}=a_{11}(-1)^{1+1}M_{11}=a_{11}A_{11}.$$

(2) 一般情形, 即 $D=\begin{vmatrix} a_{11} & \cdots & a_{1j} & \cdots & a_{1n} \\ \vdots & & \vdots & & \vdots \\ 0 & \cdots & a_{ij} & \cdots & 0 \\ \vdots & & \vdots & & \vdots \\ a_{n1} & \cdots & a_{nj} & \cdots & a_{nn} \end{vmatrix}$.

先对 $D$ 进行交换

$$D=(-1)^{i+j-2}\begin{vmatrix} a_{ij} & 0 & \cdots & 0 & 0 & \cdots & 0 \\ a_{1j} & a_{11} & \cdots & a_{1j-1} & a_{1j+1} & \cdots & a_{1n} \\ \vdots & \vdots & & \vdots & \vdots & & \vdots \\ a_{i-1j} & a_{i-11} & \cdots & a_{i-1j-1} & a_{i-1j+1} & \cdots & a_{i-1n} \\ a_{i+1j} & a_{i+11} & \cdots & a_{i+1j-1} & a_{i+1j+1} & \cdots & a_{i+1n} \\ \vdots & \vdots & & \vdots & \vdots & & \vdots \\ a_{nj} & a_{n1} & \cdots & a_{nj-1} & a_{nj+1} & \cdots & a_{nn} \end{vmatrix},$$

由 1.3 节例 7, 可得 $D=(-1)^{i+j-2}a_{ij}M_{ij}=a_{ij}(-1)^{i+j}M_{ij}=a_{ij}A_{ij}$.

例如 $\begin{vmatrix} a_{11} & a_{12} & a_{13} & a_{14} \\ a_{21} & a_{22} & a_{23} & a_{24} \\ 0 & a_{32} & 0 & 0 \\ a_{41} & a_{42} & a_{43} & a_{44} \end{vmatrix}=a_{32}A_{32}=-a_{32}\begin{vmatrix} a_{11} & a_{13} & a_{14} \\ a_{21} & a_{23} & a_{24} \\ a_{41} & a_{43} & a_{44} \end{vmatrix}$.

**定理 1** 行列式等于它的任一行 (列) 的各元素与其对应的代数余子式乘积之和, 即

$$D=a_{i1}A_{i1}+a_{i2}A_{i2}+\cdots+a_{in}A_{in} \quad (i=1,2,\cdots,n),$$

或

$$D=a_{1j}A_{1j}+a_{2j}A_{2j}+\cdots+a_{nj}A_{nj} \quad (j=1,2,\cdots,n).$$

**证明** 由行列式的性质 4 得

$$D=\begin{vmatrix} a_{11} & a_{12} & \cdots & a_{1n} \\ \vdots & \vdots & & \vdots \\ a_{i1} & 0 & \cdots & 0 \\ \vdots & \vdots & & \vdots \\ a_{n1} & a_{n2} & \cdots & a_{nn} \end{vmatrix}+\begin{vmatrix} a_{11} & a_{12} & \cdots & a_{1n} \\ \vdots & \vdots & & \vdots \\ 0 & a_{i2} & \cdots & 0 \\ \vdots & \vdots & & \vdots \\ a_{n1} & a_{n2} & \cdots & a_{nn} \end{vmatrix}+\cdots+\begin{vmatrix} a_{11} & a_{12} & \cdots & a_{1n} \\ \vdots & \vdots & & \vdots \\ 0 & 0 & \cdots & a_{in} \\ \vdots & \vdots & & \vdots \\ a_{n1} & a_{n2} & \cdots & a_{nn} \end{vmatrix},$$

根据引理 1 即得 $D=a_{i1}A_{i1}+a_{i2}A_{i2}+\cdots+a_{in}A_{in}(i=1,2,\cdots,n)$.

类似地, 若按列证明, 可得 $D=a_{1j}A_{1j}+a_{2j}A_{2j}+\cdots+a_{nj}A_{nj}(j=1,2,\cdots,n)$.

**推论 1** 行列式某一行 (列) 的元素与另一行 (列) 的对应元素的代数余子式乘积之和等于零, 即

$$a_{i1}A_{j1}+a_{i2}A_{j2}+\cdots+a_{in}A_{jn}=0, i\neq j, \quad 或 \quad a_{1i}A_{1j}+a_{2i}A_{2j}+\cdots+a_{ni}A_{nj}=0, i\neq j.$$

**证明** 由展开定理, 对 $D$ 按第 $j$ 行展开, 有

$$D=a_{j1}A_{j1}+a_{j2}A_{j2}+\cdots+a_{jn}A_{jn}=\begin{vmatrix} a_{11} & \cdots & a_{1n} \\ \vdots & & \vdots \\ a_{i1} & \cdots & a_{in} \\ \vdots & & \vdots \\ a_{j1} & \cdots & a_{jn} \\ \vdots & & \vdots \\ a_{n1} & \cdots & a_{nn} \end{vmatrix}.$$

上式中对第 $j$ 行元素 $a_{jk}$ 的任意取值都成立. 现取第 $j$ 行的元素值为 $a_{ik}$, 即取 $a_{jk}=a_{ik}, k=1,\cdots,n$, 由行列式性质的推论 1, 右端行列式为零. 从而成立.

综上所述, 可得到有关代数余子式的一个重要性质:

$$\sum_{k=1}^{n} a_{ki}A_{kj}=D\delta_{ij}=\begin{cases} D, & i=j, \\ 0, & i\neq j; \end{cases}$$

或

$$\sum_{k=1}^{n} a_{ik}A_{jk}=D\delta_{ij}=\begin{cases} D, & i=j, \\ 0, & i\neq j, \end{cases} \quad 其中 \ \delta_{ij}=\begin{cases} 1, & i=j, \\ 0, & i\neq j. \end{cases}$$

### 1.5.2 用降阶法计算行列式

直接应用按行 (列) 展开法则计算行列式, 运算量较大, 尤其是高阶行列式. 因此, 计算行列式时, 一般可先用行列式的性质将行列式中某一行 (列) 化为仅含有一个非零元素, 再按此行 (列) 展开, 化为低一阶的行列式, 如此继续下去直到化为三阶或二阶行列式.

**例 2** 计算行列式 $D=\begin{vmatrix} 5 & 3 & -1 & 2 & 0 \\ 1 & 7 & 2 & 5 & 2 \\ 0 & -2 & 3 & 1 & 0 \\ 0 & -4 & -1 & 4 & 0 \\ 0 & 2 & 3 & 5 & 0 \end{vmatrix}$.

**解** $D=\begin{vmatrix}5&3&-1&2&0\\1&7&2&5&2\\0&-2&3&1&0\\0&-4&-1&4&0\\0&2&3&5&0\end{vmatrix}=(-1)^{2+5}\cdot 2\begin{vmatrix}5&3&-1&2\\0&-2&3&1\\0&-4&-1&4\\0&2&3&5\end{vmatrix}$

$$=-2\cdot 5\begin{vmatrix}-2&3&1\\-4&-1&4\\2&3&5\end{vmatrix}\xlongequal[r_3+r_1]{r_2+(-2)r_1}-10\begin{vmatrix}-2&3&1\\0&-7&2\\0&6&6\end{vmatrix}$$

$$=-10\cdot(-2)\begin{vmatrix}-7&2\\6&6\end{vmatrix}=20\cdot(-42-12)=-1080.$$

**例 3** 求下列行列式的值:

(1) $\begin{vmatrix}2&-1&3\\-1&2&1\\4&1&2\end{vmatrix}$; (2) $\begin{vmatrix}3&2&7\\0&5&2\\0&2&1\end{vmatrix}$.

**解** (1) $\begin{vmatrix}2&-1&3\\-1&2&1\\4&1&2\end{vmatrix}=2\times\begin{vmatrix}2&1\\1&2\end{vmatrix}-(-1)\times\begin{vmatrix}-1&3\\1&2\end{vmatrix}+4\times\begin{vmatrix}-1&3\\2&1\end{vmatrix}=$ $2\times(4-1)+(-2-3)+4\times(-1-6)=6-5-28=-27.$

(2) $\begin{vmatrix}3&2&7\\0&5&2\\0&2&1\end{vmatrix}=3\times\begin{vmatrix}5&2\\2&1\end{vmatrix}=3\times(5-4)=3.$

**例 4** 试按第三列展开计算行列式 $D=\begin{vmatrix}1&2&3&4\\1&0&1&2\\3&-1&-1&0\\1&2&0&-5\end{vmatrix}$.

**解** 将 $D$ 按第三列展开, 则有 $D=a_{13}A_{13}+a_{23}A_{23}+a_{33}A_{33}+a_{43}A_{43}$, 其中 $a_{13}=3,a_{23}=1,a_{33}=-1,a_{43}=0$,

$$A_{13}=(-1)^{1+3}\begin{vmatrix}1&0&2\\3&-1&0\\1&2&-5\end{vmatrix}=19,\quad A_{23}=(-1)^{2+3}\begin{vmatrix}1&2&4\\3&-1&0\\1&2&-5\end{vmatrix}=-63,$$

$$A_{33}=(-1)^{3+3}\begin{vmatrix}1&2&4\\1&0&2\\1&2&-5\end{vmatrix}=18,\quad A_{43}=(-1)^{4+3}\begin{vmatrix}1&2&4\\1&0&2\\3&-1&0\end{vmatrix}=-10,$$

所以 $D=3\times19+1\times(-63)+(-1)\times18+0\times(-10)=-24$.

**例 5**　计算行列式 $D=\begin{vmatrix}1&2&3&4\\1&0&1&2\\3&-1&-1&0\\1&2&0&-5\end{vmatrix}$.

**解**　$$D=\begin{vmatrix}1&2&3&4\\1&0&1&2\\3&-1&-1&0\\1&2&0&-5\end{vmatrix}\xlongequal[r_4+2r_3]{r_1+2r_3}\begin{vmatrix}7&0&1&4\\1&0&1&2\\3&-1&-1&0\\7&0&-2&-5\end{vmatrix}$$

$$=(-1)\times(-1)^{3+2}\begin{vmatrix}7&1&4\\1&1&2\\7&-2&-5\end{vmatrix}\xlongequal[r_3+2r_2]{r_1-r_2}\begin{vmatrix}6&0&2\\1&1&2\\9&0&-1\end{vmatrix}$$

$$=1\times(-1)^{2+2}\begin{vmatrix}6&2\\9&-1\end{vmatrix}=-6-18=-24.$$

**例 6**　证明范德蒙德 (Vandermonde) 行列式

$$V_n=\begin{vmatrix}1&1&\cdots&1\\x_1&x_2&\cdots&x_n\\x_1^2&x_2^2&\cdots&x_n^2\\\vdots&\vdots&&\vdots\\x_1^{n-1}&x_2^{n-1}&\cdots&x_n^{n-1}\end{vmatrix}=\prod_{1\leqslant j<i\leqslant n}(x_i-x_j),$$

其中连乘积号是满足 $1\leqslant j<i\leqslant n$ 的所有因子 $(x_i-x_j)$ 的乘积, 如 $n=3$, $\prod\limits_{1\leqslant j<i\leqslant 3}(x_i-x_j)=(x_2-x_1)(x_3-x_1)(x_3-x_2)$.

**证明**　用归纳法证明, 当 $n=2$ 时, $V_2=\begin{vmatrix}1&1\\x_1&x_2\end{vmatrix}=x_2-x_1=\prod\limits_{1\leqslant j<i\leqslant 2}(x_i-x_j)$, 结论成立. 假设结论对 $n-1$ 阶成立, 现证明 $n$ 时的结论. 把 $V_n$ 第一列上三角化,

$$V_n = \begin{vmatrix} 1 & 1 & 1 & \cdots & 1 \\ 0 & x_2 - x_1 & x_3 - x_1 & \cdots & x_n - x_1 \\ 0 & x_2(x_2 - x_1) & x_3(x_3 - x_1) & \cdots & x_n(x_n - x_1) \\ \vdots & \vdots & \vdots & & \vdots \\ 0 & x_2^{n-2}(x_2 - x_1) & x_3^{n-2}(x_3 - x_1) & \cdots & x_n^{n-2}(x_n - x_1) \end{vmatrix}.$$

按第一列展开; 在余下的 $n-1$ 阶行列式中, 分别提取公因子

$$V_n = (x_2 - x_1) \cdot \cdots \cdot (x_n - x_1) \begin{vmatrix} 1 & 1 & \cdots & 1 \\ x_2 & x_3 & \cdots & x_n \\ \vdots & \vdots & & \vdots \\ x_2^{n-2} & x_3^{n-2} & \cdots & x_n^{n-2} \end{vmatrix},$$

上式右端的行列式已是一个 $n-1$ 阶范德蒙德行列式. 根据归纳法假设, 所以

$$V_n = (x_2 - x_1) \cdot \cdots \cdot (x_n - x_1) \prod_{2 \leqslant j < i \leqslant n} (x_i - x_j) = \prod_{1 \leqslant j < i \leqslant n} (x_i - x_j).$$

例如, $\begin{vmatrix} 1 & 1 & 1 \\ 2 & 3 & 5 \\ 2^2 & 3^2 & 5^2 \end{vmatrix} = (3-2) \times (5-2) \times (5-3) = 1 \times 3 \times 2 = 6.$

**例 7** 计算 $n$ 阶三对角行列式的值 $D_n = \begin{vmatrix} 2 & -1 & 0 & \cdots & 0 & 0 \\ -1 & 2 & -1 & \cdots & 0 & 0 \\ 0 & -1 & 2 & \ddots & 0 & 0 \\ \vdots & \vdots & \ddots & \ddots & \ddots & \vdots \\ 0 & 0 & 0 & \ddots & 2 & -1 \\ 0 & 0 & 0 & \cdots & -1 & 2 \end{vmatrix}.$

**解** 将行列式 $D_n$ 按第一列展开, 注意到 $A_{11} = D_{n-1}$, 于是建立递推关系: $D_n = 2 \cdot D_{n-1} - D_{n-2}$, $n = 3, 4, \cdots$, 其中 $D_1 = 2, D_2 = 3$. 事实上, 我们可以进一步得到

$$D_n - D_{n-1} = D_{n-1} - D_{n-2} = D_{n-2} - D_{n-3} = \cdots = D_2 - D_1 = 1,$$

即 $D_n$ 是一等差数列, 其公差 $d = 1$. 故成立 $D_n = D_1 + (n-1) \cdot d = n + 1$.

对于一般的三对角行列式, 可建立类似于本例的三项递推关系.

**例 8** 求证

$$\begin{vmatrix} 1 & 2 & 3 & 4 & \cdots & n \\ 1 & 1 & 2 & 3 & \cdots & n-1 \\ 1 & x & 1 & 2 & \cdots & n-2 \\ 1 & x & x & 1 & \cdots & n-3 \\ \vdots & \vdots & \vdots & \vdots & & \vdots \\ 1 & x & x & x & \cdots & 2 \\ 1 & x & x & x & \cdots & 1 \end{vmatrix} = (-1)^{n+1}x^{n-2}.$$

**证明**

$$D \xlongequal[\substack{r_3-r_4\\ \vdots \\ r_{n-1}-r_n}]{\substack{r_1-r_2\\ r_2-r_3}} \begin{vmatrix} 0 & 1 & 1 & 1 & \cdots & 1 & 1 \\ 0 & 1-x & 1 & 1 & \cdots & 1 & 1 \\ 0 & 0 & 1-x & 1 & \cdots & 1 & 1 \\ 0 & 0 & 0 & 1-x & \cdots & 1 & 1 \\ \vdots & \vdots & \vdots & \vdots & & \vdots & \vdots \\ 0 & 0 & 0 & 0 & \cdots & 1-x & 1 \\ 1 & x & x & x & \cdots & 1 & 1 \end{vmatrix}$$

$$= (-1)^{n+1} \begin{vmatrix} 1 & 1 & 1 & \cdots & 1 & 1 \\ 1-x & 1 & 1 & \cdots & 1 & 1 \\ 0 & 1-x & 1 & \cdots & 1 & 1 \\ 0 & 0 & 1-x & \cdots & 1 & 1 \\ \vdots & \vdots & \vdots & & \vdots & \vdots \\ 0 & 0 & 0 & \cdots & 1-x & 1 \end{vmatrix}$$

$$\xlongequal[\substack{r_3-r_4\\ \vdots \\ r_{n-1}-r_n}]{\substack{r_1-r_2\\ r_2-r_3}} (-1)^{n+1} \begin{vmatrix} x & 0 & 0 & \cdots & 0 & 0 \\ 1-x & x & 0 & \cdots & 0 & 0 \\ 0 & 1-x & x & \cdots & 0 & 0 \\ 0 & 0 & 1-x & \cdots & 0 & 0 \\ \vdots & \vdots & \vdots & & \vdots & \vdots \\ 0 & 0 & 0 & \cdots & x & 0 \\ 0 & 0 & 0 & \cdots & 1-x & 1 \end{vmatrix}$$

$$= (-1)^{n+1}x^{n-2}.$$

**例 9** 设 $D=\begin{vmatrix}3&-5&2&1\\1&1&0&-5\\-1&3&1&3\\2&-4&-1&-3\end{vmatrix}$, $D$ 中元素 $a_{ij}$ 的余子式和代数余子式依次记作 $M_{ij}$ 和 $A_{ij}$, 求 $A_{11}+A_{12}+A_{13}+A_{14}$ 及 $M_{11}+M_{21}+M_{31}+M_{41}$.

**解** 注意到 $A_{11}+A_{12}+A_{13}+A_{14}$ 等于用 1,1,1,1 代替 $D$ 的第 1 行所得的行列式, 即

$$
\begin{aligned}
&A_{11}+A_{12}+A_{13}+A_{14}\\
=&\begin{vmatrix}1&1&1&1\\1&1&0&-5\\-1&3&1&3\\2&-4&-1&-3\end{vmatrix}\overset{r_4+r_3}{\underset{r_3-r_1}{=\!=\!=}}\begin{vmatrix}1&1&1&1\\1&1&0&-5\\-2&2&0&2\\1&-1&0&0\end{vmatrix}\\
=&\begin{vmatrix}1&1&-5\\-2&2&2\\1&-1&0\end{vmatrix}\overset{c_2+c_1}{=\!=\!=}\begin{vmatrix}1&2&-5\\-2&0&2\\1&0&0\end{vmatrix}=\begin{vmatrix}2&-5\\0&2\end{vmatrix}=4.
\end{aligned}
$$

又按定义知

$$
M_{11}+M_{21}+M_{31}+M_{41}=A_{11}-A_{21}+A_{31}-A_{41}=\begin{vmatrix}1&-5&2&1\\-1&1&0&-5\\1&3&1&3\\-1&-4&-1&-3\end{vmatrix}
$$

$$
\overset{r_4+r_3}{=\!=\!=}\begin{vmatrix}1&-5&2&1\\-1&1&0&-5\\1&3&1&3\\0&-1&0&0\end{vmatrix}=(-1)\begin{vmatrix}1&2&1\\-1&0&-5\\1&1&3\end{vmatrix}\overset{r_1-2r_3}{=\!=\!=}-\begin{vmatrix}-1&0&-5\\-1&0&-5\\1&1&3\end{vmatrix}=0.
$$

### 1.5.3 拉普拉斯定理

**定义 2** 在 $n$ 阶行列式 $D$ 中, 任意选定 $k$ 行 $k$ 列 $(1\leqslant k\leqslant n)$, 位于这些行和列交叉处的 $k^2$ 个元素, 按原来顺序构成一个 $k$ 阶行列式 $M$, 称为 $D$ 的一个 $k$ 阶子式, 划去这 $k$ 行 $k$ 列, 余下的元素按原来的顺序构成 $n-k$ 阶行列式, 在其前

面冠以符号 $(-1)^{i_1+\cdots+i_k+j_1+\cdots+j_k}$, 称为 $M$ 的代数余子式, 其中 $i_1,\cdots,i_k$ 为 $k$ 阶子式 $M$ 在 $D$ 中的行标, $j_1,j_2,\cdots,j_k$ 为 $M$ 在 $D$ 中的列标.

**注** 行列式 $D$ 的 $k$ 阶子式与其代数余子式之间有类似行列式按行 (列) 展开的性质.

**定理 2** (拉普拉斯定理) 在 $n$ 阶行列式 $D$ 中, 任意取定 $k$ 行 (列)$(1\leqslant k\leqslant n-1)$, 由这 $k$ 行 (列) 组成的所有 $k$ 阶子式与它们的代数余子式的乘积之和等于行列式 $D$.

**例 10** 用拉普拉斯定理求行列式 $\begin{vmatrix} 2 & 3 & 0 & 0 \\ 1 & 2 & 3 & 0 \\ 0 & 1 & 2 & 3 \\ 0 & 0 & 1 & 2 \end{vmatrix}$ 的值.

**解** 按第一行和第二行展开

$$\begin{vmatrix} 2 & 3 & 0 & 0 \\ 1 & 2 & 3 & 0 \\ 0 & 1 & 2 & 3 \\ 0 & 0 & 1 & 2 \end{vmatrix} = \begin{vmatrix} 2 & 3 \\ 1 & 2 \end{vmatrix} \times (-1)^{1+2+1+2} \begin{vmatrix} 2 & 3 \\ 1 & 2 \end{vmatrix} + \begin{vmatrix} 2 & 0 \\ 1 & 3 \end{vmatrix}$$

$$\times (-1)^{1+2+1+3} \begin{vmatrix} 1 & 3 \\ 0 & 2 \end{vmatrix} + \begin{vmatrix} 3 & 0 \\ 2 & 3 \end{vmatrix} \times (-1)^{1+2+2+3} \begin{vmatrix} 0 & 3 \\ 0 & 2 \end{vmatrix}$$

$$= 1 - 12 + 0 = -11.$$

**例 11** 计算 $2n$ 阶行列式 $D_{2n} = \underbrace{\begin{vmatrix} a & & & & & b \\ & \ddots & & & ⋰ & \\ & & a & b & & \\ & & c & d & & \\ & ⋰ & & & \ddots & \\ c & & & & & d \end{vmatrix}}_{2n}$ (其中未写出的元素为 0).

**解** 把 $D_{2n}$ 中的第 $2n$ 行依次与第 $2n-1$ 行, $\cdots$, 第 2 行对调 (作 $2n-2$ 次相邻对换), 再把第 $2n$ 列依次与第 $2n-1$ 列, $\cdots$, 第 2 列对调, 得

$$D_{2n} = (-1)^{2(2n-2)} \begin{vmatrix} a & b & 0 & \cdots & \cdots & & 0 \\ c & d & 0 & \cdots & \cdots & & 0 \\ 0 & 0 & a & & & & b \\ & & & \ddots & & \iddots & \\ & & & a & b & & \\ & & & c & d & & \\ & & & \iddots & & \ddots & \\ 0 & 0 & c & & & & d \end{vmatrix}$$

$$= D_2 D_{2(n-1)} = (ad - bc) D_{2(n-1)}.$$

以此作递推公式, 得 $D_{2n} = (ad-bc)D_{2(n-1)} = \cdots = (ad-bc)^{n-1}D_2 = (ad-bc)^n$.

### 1.5.4 行列式的计算方法

到现在为止, 我们已能计算任意阶的行列式. 行列式的计算是这一章的重点, 也是我们必须掌握的基本技能.

行列式有以下三种计算方法: ① 直接用定义公式计算; ② 利用性质化为三角行列式; ③ 利用展开式定理降阶.

在这三种方法中:

方法①主要用于理论分析, 很少用来计算具体的行列式, 但对于低阶行列式 (如二阶、三阶) 或有很多零元素的高阶行列式, 有时也可用此法来计算;

方法②适用于行列式的阶不确定的高阶行列式的计算;

方法③主要用于阶为已知的高阶行列式的计算.

当然, 在计算一个行列式时, 应根据实际情况灵活选择计算方法.

## 习题 1.5

1. 已知四阶行列式中第一行元依次是 $-4, 0, 1, 3$, 第三行元的余子式依次为 $-2, 5, 1, x$, 则 $x = (\quad)$.

(A) 0 (B) $-3$ (C) 3 (D) 2

2. 若 $D = \begin{vmatrix} -8 & 7 & 4 & 3 \\ 6 & -2 & 3 & -1 \\ 1 & 1 & 1 & 1 \\ 4 & 3 & -7 & 5 \end{vmatrix}$, 则 $D$ 中第一行元的代数余子式的和为 $(\quad)$.

(A) $-1$ (B) $-2$ (C) $-3$ (D) 0

3. 若 $D=\begin{vmatrix} 3 & 0 & 4 & 0 \\ 1 & 1 & 1 & 1 \\ 0 & -1 & 0 & 0 \\ 5 & 3 & -2 & 2 \end{vmatrix}$, 则 $D$ 中第四行元的余子式的和为 (　　).

(A) $-1$　　(B) $-2$　　(C) $-3$　　(D) 0

4. 已知三阶行列式中第二列元素依次为 $1,2,3$, 其对应的余子式依次为 $3,2,1$, 则该行列式的值为 ________.

5. 设行列式 $D=\begin{vmatrix} 1 & 2 & 3 & 4 \\ 5 & 6 & 7 & 8 \\ 4 & 3 & 2 & 1 \\ 8 & 7 & 6 & 5 \end{vmatrix}$, $A_{4j}(j=1,2,3,4)$ 为 $D$ 中第四行元的代数余子式, 则 $4A_{41}+3A_{42}+2A_{43}+A_{44}=$ ________.

6. 已知 $D=\begin{vmatrix} a & b & c & a \\ c & b & a & b \\ b & a & c & c \\ a & c & b & d \end{vmatrix}$, $D$ 中第四列元的代数余子式的和为 ________.

7. 设行列式 $D=\begin{vmatrix} 1 & 2 & 3 & 4 \\ 3 & 3 & 4 & 4 \\ 1 & 5 & 6 & 7 \\ 1 & 1 & 2 & 2 \end{vmatrix}=-6$, $A_{4j}$ 为 $a_{4j}(j=1,2,3,4)$ 的代数余子式, 则 $A_{41}+A_{42}=$ ________, $A_{43}+A_{44}=$ ________.

8. 计算下列行列式的全部代数余子式.

(1) $\begin{vmatrix} 1 & 2 & 1 & 4 \\ 0 & -1 & 2 & 1 \\ 0 & 0 & 2 & 1 \\ 0 & 0 & 0 & 3 \end{vmatrix}$;　　(2) $\begin{vmatrix} 1 & -1 & 2 \\ 3 & 2 & 1 \\ 0 & 1 & 4 \end{vmatrix}$;　　(3) $\begin{vmatrix} 3 & -4 & 1 \\ 8 & 3 & 8 \\ 8 & 8 & 3 \end{vmatrix}$.

9. 求四阶行列式 $\begin{vmatrix} 3 & 0 & 4 & 0 \\ 2 & 2 & 2 & 2 \\ 0 & -7 & 0 & 0 \\ 5 & 3 & -2 & 2 \end{vmatrix}$ 的第四行各元素代数余子式之和的值.

10. 求四阶行列式 $D_4=\begin{vmatrix} a_1 & a_2 & a_3 & x \\ b_1 & b_2 & b_3 & x \\ c_1 & c_2 & c_3 & x \\ d_1 & d_2 & d_3 & x \end{vmatrix}$ 中第一列各元素的代数余子式之和 $A_{11}+A_{21}+A_{31}+A_{41}$.

11. 设四阶行列式 $D=\begin{vmatrix} 1 & 0 & -3 & 7 \\ 0 & 1 & 2 & 1 \\ -3 & 4 & 0 & 3 \\ 1 & -2 & 2 & -1 \end{vmatrix}$, 求 (1) $A_{11}-2A_{12}+2A_{13}-A_{14}$;

(2) $A_{11}+A_{21}+2A_{31}+2A_{41}$.

12. 利用降阶法计算行列式 $D_n=\begin{vmatrix} a_1 & b_1 & 0 & \cdots & 0 & 0 \\ 0 & a_2 & b_2 & \cdots & 0 & 0 \\ \vdots & \vdots & \vdots & & \vdots & \vdots \\ 0 & 0 & 0 & \cdots & a_{n-1} & b_{n-1} \\ b_n & 0 & 0 & \cdots & 0 & a_n \end{vmatrix}$.

13. 计算行列式的值 $D_n=\begin{vmatrix} 1+a_1 & 1 & \cdots & 1 \\ 1 & 1+a_2 & \cdots & 1 \\ \vdots & \vdots & & \vdots \\ 1 & 1 & \cdots & 1+a_n \end{vmatrix}$, 其中 $a_1a_2\cdots a_n\neq 0$.

14. 设 $A=\begin{vmatrix} -1 & 5 & 7 & -8 \\ 1 & 1 & 1 & 1 \\ 2 & 0 & -9 & 6 \\ -3 & 4 & 3 & 7 \end{vmatrix}$, 试证: $A_{41}+A_{42}+A_{43}+A_{44}=0$.

## 1.6 克拉默法则

在 1.1 节, 我们在引进了二阶、三阶行列式以后, 得到了二元、三元线性方程组的很好记忆的求解公式. 定义了 $n$ 阶行列式以后, 对于含有 $n$ 个未知数 $n$ 个方程的线性方程组, 也有类似的求解公式——克拉默法则. 克拉默法则在各种理论计算中是必需的.

### 1.6.1 $n$ 元线性方程组的概念

从三元线性方程组的解的讨论出发, 对更一般的线性方程组进行探讨. 在引入克拉默 (Cramer) 法则之前, 我们先介绍有关 $n$ 元线性方程组的概念.

**定义 1** 含有 $n$ 个未知数 $x_1,x_2,\cdots,x_n$ 的线性方程组

$$\begin{cases} a_{11}x_1+a_{12}x_2+\cdots+a_{1n}x_n=b_1, \\ a_{21}x_1+a_{22}x_2+\cdots+a_{2n}x_n=b_2, \\ \qquad\cdots\cdots \\ a_{n1}x_1+a_{n2}x_2+\cdots+a_{nn}x_n=b_n \end{cases} \tag{1.9}$$

称为 $n$ **元线性方程组**. 当其右端的常数项 $b_1,b_2,\cdots,b_n$ 不全为零时, 线性方程组 (1.9) 称为非齐次线性方程组, 当 $b_1,b_2,\cdots,b_n$ 全为零时, 线性方程组 (1.10) 称为

**齐次线性方程组**, 即

$$\begin{cases} a_{11}x_1 + a_{12}x_2 + \cdots + a_{1n}x_n = 0, \\ a_{21}x_1 + a_{22}x_2 + \cdots + a_{2n}x_n = 0, \\ \cdots\cdots \\ a_{n1}x_1 + a_{n2}x_2 + \cdots + a_{nn}x_n = 0. \end{cases} \tag{1.10}$$

**定义 2** 行列式 $D = \begin{vmatrix} a_{11} & a_{12} & \cdots & a_{1n} \\ a_{21} & a_{22} & \cdots & a_{2n} \\ \vdots & \vdots & & \vdots \\ a_{n1} & a_{n2} & \cdots & a_{nn} \end{vmatrix}$, 其中第 $i$ 行元素即为第 $i$ 个方程的系数; 第 $j$ 列元素即为第 $j$ 个未知量 $x_j$ 前的系数, 称为方程组的**系数行列式**.

### 1.6.2 克拉默法则

**定理 1** (克拉默法则) 若线性方程组

$$\begin{cases} a_{11}x_1 + a_{12}x_2 + \cdots + a_{1n}x_n = b_1, \\ a_{21}x_1 + a_{22}x_2 + \cdots + a_{2n}x_n = b_2, \\ \cdots\cdots \\ a_{n1}x_1 + a_{n2}x_2 + \cdots + a_{nn}x_n = b_n \end{cases}$$

的系数行列式 $D \neq 0$, 则线性方程组 (1.9) 有唯一解, 其解为

$$x_j = \frac{D_j}{D} \quad (j = 1, 2, \cdots, n), \tag{1.11}$$

其中 $D_j(j = 1, 2, \cdots, n)$ 是系数行列式 $D$ 中第 $j$ 列的元素用方程组右端的常数项代替后所得到的 $n$ 阶行列式, 即

$$D_j = \begin{vmatrix} a_{11} & \cdots & a_{1,j-1} & b_1 & a_{1,j+1} & \cdots & a_{1n} \\ \vdots & & \vdots & \vdots & \vdots & & \vdots \\ a_{n1} & \cdots & a_{n,j-1} & b_n & a_{n,j+1} & \cdots & a_{nn} \end{vmatrix}.$$

**证明** 分两步: (1) 证明 $x_j = \dfrac{D_j}{D}$ 是方程组的解, 即代入第 $i$ 个方程, 验证左端等于右端 $b_i$ 即可.

(2) 对于方程组的任意解 $x_j = c_j, j = 1, \cdots, n$, 都成立 $c_j = \dfrac{D_j}{D}, j = 1, \cdots, n$.

(1) 把 $D_j$ 按第 $j$ 列展开, 有 $D_j = b_1A_{1j} + b_2A_{2j} + \cdots + b_nA_{nj} = \sum\limits_{k=1}^{n} b_kA_{kj}$, 把 $x_j = \dfrac{1}{D}\sum\limits_{k=1}^{n} b_kA_{kj}$ 代入方程组左端第 $i$ 个方程, 得 (需要讲解和号的运算意义)

$$\begin{aligned}\sum_{j=1}^{n} a_{ij}\left(\frac{1}{D}\sum_{k=1}^{n} b_kA_{kj}\right) &= \frac{1}{D}\sum_{j=1}^{n}\sum_{k=1}^{n} a_{ij}b_kA_{kj} = \frac{1}{D}\sum_{k=1}^{n} b_k\left(\sum_{j=1}^{n} a_{ij}A_{kj}\right)\\ &= \frac{1}{D}b_i \cdot D = b_i,\end{aligned}$$

上面等号是当 $k = i$ 时, $\sum\limits_{j=1}^{n} a_{ij}A_{kj}$ 等于 $D$; 而当 $k \neq i$ 时, $\sum\limits_{j=1}^{n} a_{ij}A_{kj} = 0$.

(2) 由于 $x_j = c_j$ 是解, 故

$$\begin{cases} a_{11}c_1 + a_{12}c_2 + \cdots + a_{1n}c_n = b_1, \\ a_{21}c_1 + a_{22}c_2 + \cdots + a_{2n}c_n = b_2, \\ \qquad\qquad \cdots\cdots \\ a_{n1}c_1 + a_{n2}c_2 + \cdots + a_{nn}c_n = b_n, \end{cases}$$

$n$ 个等式分别依次乘 $A_{1j}, A_{2j}, \cdots, A_{nj}$, 再把 $n$ 个等式的两端相加, 得

$$\left(\sum_{i=1}^{n} a_{i1}A_{ij}\right)c_1 + \cdots + \left(\sum_{i=1}^{n} a_{ij}A_{ij}\right)c_j + \cdots + \left(\sum_{i=1}^{n} a_{in}A_{ij}\right)c_n = \sum_{i=1}^{n} b_iA_{ij}.$$

上式左端只有 $c_j$ 的系数 $\sum\limits_{i=1}^{n} a_{ij}A_{ij} = D$, 其余项的系数都为零, 而右端 $\sum\limits_{i=1}^{n} b_iA_{ij} = D_j$, 于是

$$Dc_j = D_j \Rightarrow c_j = \frac{D_j}{D}, \quad j = 1, \cdots, n,$$

其中 $D_j(j = 1, 2, \cdots, n)$ 是把 $D$ 中第 $j$ 列元素 $a_{1j}, a_{2j}, \cdots, a_{nj}$ 对应地换成常数项 $b_1, b_2, \cdots, b_n$, 而其余各列保持不变所得到的行列式.

一般来说, 用克拉默法则求线性方程组的解时, 计算量是比较大的. 对具体的数字线性方程组, 当未知数较多时往往可用计算机来求解. 用计算机求解线性方程组目前已经有了一整套成熟的方法. 克拉默法则在一定条件下给出了线性方程组解的存在性、唯一性, 与其在计算方面的作用相比, 克拉默法则更具有重大的理论价值. 撇开求解公式 (1.11), 克拉默法则可叙述为下面的定理.

**定理 2**　如果线性方程组 (1.9) 的系数行列式 $D \neq 0$, 则 (1.9) 一定有解, 且解是唯一的.

在解题或证明中, 常用到定理 2 的逆否定理.

**定理 2′**　如果线性方程组 (1.9) 无解或有两个不同的解, 则它的系数行列式必为零.

对齐次线性方程组 (1.10), 易见 $x_1 = x_2 = \cdots = x_n = 0$ 一定是该方程组的解, 称其为齐次线性方程组 (1.10) 的零解. 把定理 2 应用于齐次线性方程组 (1.10), 可得到下列结论.

**定理 3**　如果齐次线性方程组 (1.10) 的系数行列式 $D \neq 0$, 则齐次线性方程组 (1.10) 只有零解.

**定理 3′**　如果齐次方程组 (1.10) 有非零解, 则它的系数行列式 $D = 0$.

**注**　如果齐次线性方程组的系数行列式 $D = 0$, 则齐次线性方程组 (1.10) 有非零解.

非齐次线性方程组

$$\begin{cases} a_{11}x_1 + a_{12}x_2 + \cdots + a_{1n}x_n = b_1, \\ a_{21}x_1 + a_{22}x_2 + \cdots + a_{2n}x_n = b_2, \\ \quad\cdots\cdots \\ a_{n1}x_1 + a_{n2}x_2 + \cdots + a_{nn}x_n = b_n, \end{cases}$$

其中线性的含义是指方程组关于未知量 $x_i$ 都是一次 (线性) 的, 称作 $n$ 元线性方程组.

在齐次线性方程组

$$\begin{cases} a_{11}x_1 + a_{12}x_2 + \cdots + a_{1n}x_n = 0, \\ a_{21}x_1 + a_{22}x_2 + \cdots + a_{2n}x_n = 0, \\ \quad\cdots\cdots \\ a_{n1}x_1 + a_{n2}x_2 + \cdots + a_{nn}x_n = 0 \end{cases}$$

中, 其右端项都为零, 显然, 由克拉默法则知道, 齐次线性方程组的零解必然存在, 问题是齐次线性方程组是否存在非零解. 该问题的结论将在后面的学习中给出.

**例 1**　用克拉默法则求解线性方程组 $\begin{cases} 2x_1 + 3x_2 + 5x_3 = 2, \\ x_1 + 2x_2 = 5, \\ 3x_2 + 5x_3 = 4. \end{cases}$

**解**　$D = \begin{vmatrix} 2 & 3 & 5 \\ 1 & 2 & 0 \\ 0 & 3 & 5 \end{vmatrix} \xlongequal{r_1 - r_3} \begin{vmatrix} 2 & 0 & 0 \\ 1 & 2 & 0 \\ 0 & 3 & 5 \end{vmatrix} = 2\begin{vmatrix} 2 & 0 \\ 3 & 5 \end{vmatrix} = 2 \times 2 \times 5 = 20,$

$$D_1=\begin{vmatrix}2&3&5\\5&2&0\\4&3&5\end{vmatrix}\xlongequal{r_1-r_3}\begin{vmatrix}-2&0&0\\5&2&0\\4&3&5\end{vmatrix}=(-2)\times2\times5=-20,$$

$$D_2=\begin{vmatrix}2&2&5\\1&5&0\\0&4&5\end{vmatrix}\xlongequal{r_1-2r_2}\begin{vmatrix}0&-8&5\\1&5&0\\0&4&5\end{vmatrix}$$

$$\xlongequal{r_1\leftrightarrow r_2}-\begin{vmatrix}1&5&0\\0&-8&5\\0&4&5\end{vmatrix}=-\begin{vmatrix}-8&5\\4&5\end{vmatrix}=60,$$

$$D_3=\begin{vmatrix}2&3&2\\1&2&5\\0&3&4\end{vmatrix}\xlongequal{r_1-2r_2}\begin{vmatrix}0&-1&-8\\1&2&5\\0&3&4\end{vmatrix}$$

$$\xlongequal{r_1\leftrightarrow r_2}-\begin{vmatrix}1&2&5\\0&-1&-8\\0&3&4\end{vmatrix}=-\begin{vmatrix}-1&-8\\3&4\end{vmatrix}=-20.$$

由克拉默法则, $x_1=\dfrac{D_1}{D}=-1, x_2=\dfrac{D_2}{D}=3, x_3=\dfrac{D_3}{D}=-1.$

**例 2** 用克拉默法则解方程组 $\begin{cases}2x_1+x_2-5x_3+x_4=8,\\x_1-3x_2-6x_4=9,\\2x_2-x_3+2x_4=-5,\\x_1+4x_2-7x_3+6x_4=0.\end{cases}$

**解** $D=\begin{vmatrix}2&1&-5&1\\1&-3&0&-6\\0&2&-1&2\\1&4&-7&6\end{vmatrix}\xlongequal[r_4-r_2]{r_1-2r_2}\begin{vmatrix}0&7&-5&13\\1&-3&0&-6\\0&2&-1&2\\0&7&-7&12\end{vmatrix}$

$$=-\begin{vmatrix}7&-5&13\\2&-1&2\\7&-7&12\end{vmatrix}\xlongequal[c_3+2c_2]{c_1+2c_2}-\begin{vmatrix}-3&-5&3\\0&-1&0\\-7&-7&-2\end{vmatrix}$$

$$=\begin{vmatrix}-3&3\\-7&-2\end{vmatrix}=27.$$

$$D_1=\begin{vmatrix}8&1&-5&1\\9&-3&0&-6\\-5&2&-1&2\\0&4&-7&6\end{vmatrix}=81,\quad D_2=\begin{vmatrix}2&8&-5&1\\1&9&0&-6\\0&-5&-1&2\\1&0&-7&6\end{vmatrix}=-108,$$

$$D_3=\begin{vmatrix}2&1&8&1\\1&-3&9&-6\\0&2&-5&2\\1&4&0&6\end{vmatrix}=-27,\quad D_4=\begin{vmatrix}2&1&-5&8\\1&-3&0&9\\0&2&-1&-5\\1&4&-7&0\end{vmatrix}=27,$$

所以

$$x_1=\frac{D_1}{D}=\frac{81}{27}=3,\quad x_2=\frac{D_2}{D}=\frac{-108}{27}=-4,$$

$$x_3=\frac{D_3}{D}=\frac{-27}{27}=-1,\quad x_4=\frac{D_4}{D}=\frac{27}{27}=1.$$

**例 3**　设曲线 $y=a_0+a_1x+a_2x^2+a_3x^3$ 通过四点 $(1,3),(2,4),(3,3),(4,-3)$, 求系数 $a_0,a_1,a_2,a_3$.

**解**　把四个点的坐标代入曲线方程, 得线性方程组

$$\begin{cases}a_0+a_1+a_2+a_3=3,\\a_0+2a_1+4a_2+8a_3=4,\\a_0+3a_1+9a_2+27a_3=3,\\a_0+4a_1+16a_2+64a_3=-3,\end{cases}$$

其系数行列式 $D=\begin{vmatrix}1&1&1&1\\1&2&4&8\\1&3&9&27\\1&4&16&64\end{vmatrix}=1\times2\times3\times1\times2\times1=12$, 而

$$D_1=\begin{vmatrix}3&1&1&1\\4&2&4&8\\3&3&9&27\\-3&4&16&64\end{vmatrix}\xlongequal[c_1-3c_2]{\substack{c_4-c_3\\c_3-c_2}}\begin{vmatrix}0&1&0&0\\-2&2&2&4\\-6&3&6&18\\-15&4&12&48\end{vmatrix}=(-1)^3\begin{vmatrix}-2&2&4\\-6&6&18\\-15&12&48\end{vmatrix}$$

$$\xlongequal{c_1+c_2}-\begin{vmatrix}0&2&4\\0&6&18\\-3&12&48\end{vmatrix}=-(-3)\begin{vmatrix}2&4\\6&18\end{vmatrix}=36;$$

类似地, 计算得

$$D_2=\begin{vmatrix}1&3&1&1\\1&4&4&8\\1&3&9&27\\1&-3&16&64\end{vmatrix}=-18,\quad D_3=\begin{vmatrix}1&1&3&1\\1&2&4&8\\1&3&3&27\\1&4&-3&64\end{vmatrix}=24,$$

$$D_4=\begin{vmatrix}1&1&1&3\\1&2&4&4\\1&3&9&3\\1&4&16&-3\end{vmatrix}=-6,$$

故由克拉默法则, 得唯一解 $a_0=3,a_1=-\dfrac{3}{2},a_2=2,a_3=-\dfrac{1}{2}$, 即曲线方程为 $y=3-\dfrac{3}{2}x+2x^2-\dfrac{1}{2}x^3$.

**例 4** 已知 $\begin{cases}\lambda x_1+x_2+x_3=0,\\x_1+\lambda x_2+x_3=0,\\x_1+x_2+\lambda x_3=0\end{cases}$ 有非零解, 求 $\lambda$.

**解** 分析齐次线性方程组有非零解, 则 $D=0$, 即

$$D=\begin{vmatrix}\lambda&1&1\\1&\lambda&1\\1&1&\lambda\end{vmatrix}=(\lambda+2)(\lambda-1)^2=0,$$

故 $\lambda=1$ 或 $\lambda=2$.

## 习题 1.6

1. $k$ 等于下列选项中哪个值时, 齐次线性方程组 $\begin{cases}x_1+x_2+kx_3=0,\\x_1+kx_2+x_3=0,\\kx_1+x_2+x_3=0\end{cases}$ 有非零解 (　　).

(A) $-1$　　(B) $-2$　　(C) $-3$　　(D) 0

2. 用克拉默法则解线性方程组 $\begin{cases}x_1-2x_2+x_3=1,\\2x_1+x_2-x_3=1,\\x_1-3x_2-4x_3=-10.\end{cases}$

3. 试求用克拉默法则解线性方程组 $\begin{cases}ax+4y+z=0,\\2y+3z=1,\\3x-by=-2\end{cases}$ 的条件, 并解方程组.

4. 试求用克拉默法则解线性方程组 $\begin{cases} ax+2z=2, \\ 5x+2y=1, \\ x-2y+bz=3 \end{cases}$ 的条件, 并求其解.

5. 用克拉默法则解下列方程组.

(1) $\begin{cases} 2x_1-x_2+3x_3+2x_4=6, \\ 3x_1-3x_2+3x_3+2x_4=5, \\ 3x_1-x_2-x_3+2x_4=3, \\ 3x_1-x_2+3x_3-x_4=4; \end{cases}$　(2) $\begin{cases} x_1+x_2+x_3+x_4=5, \\ x_1+2x_2-x_3+4x_4=-2, \\ 2x_1-3x_2-x_3-5x_4=-2, \\ 3x_1+x_2+2x_3+11x_4=0; \end{cases}$

(3) $\begin{cases} 5x_1+6x_2=1, \\ x_1+5x_2+6x_3=0, \\ x_2+5x_3+6x_4=0, \\ x_3+5x_4+6x_5=0, \\ x_4+5x_5=1. \end{cases}$

6. 设方程 $\begin{cases} \lambda x+y+z=0, \\ x+\lambda y-z=0, \\ 2x-y+z=0, \end{cases}$ 则 $\lambda$ 为何值时方程组有非零解?

7. 问 $\lambda,\mu$ 为何值时, 齐次线性方程组 $\begin{cases} \lambda x_1+x_2+x_3=0, \\ x_1+\mu x_2+x_3=0, \\ x_1+2\mu x_2+x_3=0 \end{cases}$ 有非零解?

8. 问 $\lambda$ 为何值时, 齐次线性方程组 $\begin{cases} (1-\lambda)x_1-2x_2+4x_3=0, \\ 2x_1+(3-\lambda)x_2+x_3=0, \\ x_1+x_2+(1-\lambda)x_3=0 \end{cases}$ 有非零解?

## 1.7　考研例题选讲

在考研数学中, 行列式是线性代数的基础, 也是历年线性代数中非常基础和重要的一个知识点. 本节我们选择了行列式部分考研真题进行评讲.

1.7 考研例题选讲

## 1.8　数 学 实 验

### 1.8.1　实验目的

熟练掌握 MATLAB 解决下列关于行列式的计算和方法:

(1) 行列式的计算、命令和功能说明;
(2) 运用克拉默法则求解线性方程组;
(3) 行列式按行 (列) 展开定理以及符号变量在行列式中的应用.

### 1.8.2 实验相关的 MATLAB 命令和函数

(1) MATLAB 运算量.

| 操作符 | + | − | * | ^ | \ | / | ' |
|---|---|---|---|---|---|---|---|
| 功能说明 | 加 | 减 | 矩阵乘 | 矩阵乘方 | 矩阵左除 | 矩阵右除 | 矩阵转置 |

(2) MATLAB 命令.

| 命令 | 功能说明 |
|---|---|
| help 函数名 | 在命令窗口中显示函数的帮助信息 |
| [ ] | 构造向量或矩阵 |
| ; | 用于分隔矩阵行 |
| % | 注释 |
| = | 用于赋值 |
| clear | 清除工作空间的各种变量 |
| det(A) | 计算矩阵 A 的行列式 |
| det(sym(A)) | 计算符号矩阵 A 对应的符号值 |
| syms x | 定义符号变量 |
| M(i,:)= [ ] | 删除第 i 行的元素 |
| M(:,j) = [ ] | 删除第 j 列的元素 |

MATLAB 中主要用 det, determ 分别计算行列式的值.

### 1.8.3 实验内容

**例 1** 计算行列式 $D=\begin{vmatrix} 3 & 1 & -1 & 2 \\ -5 & 1 & 3 & -4 \\ 2 & 0 & 1 & -1 \\ 1 & -5 & 3 & -3 \end{vmatrix}$ 的值.

**解** 利用 MATLAB 软件计算如下.

在 MATLAB 命令窗口输入:

```
>> D=[3 1 -1 2;-5 1 3 -4;2 0 1 -1;1 -5 3 -3]  %矩阵同行元素以空
    格分隔, 以分号分隔每一行
D =  3     1     -1     2
```

```
    -5     1     3    -4
     2     0     1    -1
     1    -5     3    -3
>> det(D)
ans =
   40.0000
```

则该行列式的值 $D = 40$.

**例 2**　计算行列式 $D=\begin{vmatrix} 1 & 2 & 3 & 4 \\ 1 & 0 & 1 & 2 \\ 3 & -1 & -1 & 0 \\ 1 & 2 & 0 & -5 \end{vmatrix}$ 的值.

**解**　在 MATLAB 命令窗口中输入命令:

```
>> clear
>> D=[1 2 3 4;1 0 1 2;3 -1 -1 0;1 2 0 -5]
D =   1      2      3      4
      1      0      1      2
      3     -1     -1      0
      1      2      0     -5
>> det(D)
ans =
  -24.0000
```

则该行列式的值 $D = -24$.

当行列式中含有字母, 就不能直接键入数值矩阵, 需要利用命令 determ.

**例 3**　计算行列式 $D=\begin{vmatrix} a & b & c & d \\ a & a+b & a+b+c & a+b+c+d \\ a & 2a+b & 3a+2b+c & 4a+3b+2c+d \\ a & 3a+b & 6a+3b+c & 10a+6b+3c+d \end{vmatrix}$ 的值.

**解**　在 MATLAB 命令窗口中输入以下命令:

```
>> clear all
>> syms a b c d  %定义四个变量
>> A=[a b c d;a a+b a+b+c a+b+c+d;a 2*a+b 3*a+2*b+c 4*a+3*b+2*c+
   d;a 3*a+b 6*a+3*b+c 10*a+6*b+3*c+d ]
 A =
[ a,     b,            c,                    d   ]
[ a,   a + b,      a + b + c,         a + b + c + d]
[ a, 2*a + b, 3*a + 2*b + c,  4*a + 3*b + 2*c + d]
```

```
[ a, 3*a + b, 6*a + 3*b + c, 10*a + 6*b + 3*c + d]
>> det(sym(A))  %A为符号矩阵，计算符号矩阵对应的行列式的符号值
ans =
a^4
```

则该行列式的值 $D = a^4$.

本题中, 行列式中的元素是字母不是单纯的数值, 如果用 det 就不能计算其结果, 只能用 det(sym(A)) 命令来实现.

**例 4** 计算范德蒙德行列式 $D = \begin{vmatrix} 1 & 1 & 1 & 1 \\ a & b & c & d \\ a^2 & b^2 & c^2 & d^2 \\ a^3 & b^3 & c^3 & d^3 \end{vmatrix}$ 的值.

在 MATLAB 命令窗口中输入以下命令:

```
>> clear all
>> syms a b c d
>> A=[1 1 1 1;a b c d;a^2 b^2 c^2 d^2;a^3 b^3 c^3 d^3]

A =
[   1,   1,   1,   1]
[   a,   b,   c,   d]
[ a^2, b^2, c^2, d^2]
[ a^3, b^3, c^3, d^3]

>> D=det(sym(A))

D =
 a^3*b^2*c - a^3*b^2*d - a^3*b*c^2 + a^3*b*d^2 + a^3*c^2*d -
 a^3*c*d^2 - a^2*b^3*c + a^2*b^3*d + a^2*b*c^3 - a^2*b*d^3 -
 a^2*c^3*d + a^2*c*d^3 + a*b^3*c^2 - a*b^3*d^2 - a*b^2*c^3 +
 a*b^2*d^3 + a*c^3*d^2 - a*c^2*d^3 - b^3*c^2*d + b^3*c*d^2 +
 b^2*c^3*d - b^2*c*d^3 - b*c^3*d^2 + b*c^2*d^3
>> simple(det(A))
simplify:
 (a - b)*(a - c)*(a - d)*(b - c)*(b - d)*(c - d)
ans =
 (a - b)*(a - c)*(a - d)*(b - c)*(b - d)*(c - d)
```

则该行列式的值 $D = (a-b)(a-c)(a-d)(b-c)(b-d)(c-d)$.

**例 5** 用克拉默法则求方程的根 $\begin{cases} 2x_1 - x_2 + 3x_3 + 2x_4 = 6, \\ 3x_1 - 3x_2 + 3x_3 + 2x_4 = 5, \\ 3x_1 - x_2 - x_3 + 2x_4 = 3, \\ 3x_1 - x_2 + 3x_3 - x_4 = 4. \end{cases}$

**解** 根据克拉默法则计算, 当系数行列式 $D \neq 0$ 时, $x_j = \dfrac{D_j}{D}$.

由于命令行较多, 故在编辑器中编辑程序, 命名为 klm.m 文件. 具体程序如下:

```
clear        %清除变量
n=input('方程个数n=')  %输入方程个数
A=input('系数矩阵A=')  %输入方程组的系数矩阵
b=input('常数列向量b=')  %输入常数列向量
if(size(A)~=[n,n])|(size(b)~=[n,1])  %判断矩阵A和向量b的输入格式
    是否正确
    disp('输入不正确, 要求A是n阶方阵, b是n维列向量')
elseif det(A)==0  %判断系数行列式是否为0
    disp('系数行列式为零, 不能用克拉默法则解此方程')
else
    for i=1:n  %计算x1,x2
         B=A;  %构造与A相等的矩阵B
        B(:,i)=b;  %用列向量b替代矩阵B中的第i列
        x(i)=det(B)/det(A);  %根据克拉默法则计算
    end
    x=x'
end
```

编辑好后保存为 klm.m 文件, 在命令窗口中输入文件名.

然后按照提示输入矩阵.

```
>> klm
方程个数n=4
n =      4
系数矩阵A=[2 -1 3 2;3 -3 3 2;3 -1 -1 2;3 -1 3 -1]
A =   2     -1      3      2
      3     -3      3      2
      3     -1     -1      2
      3     -1      3     -1
常数列向量b=[6;5;3;4]
b =   6
      5
```

```
        3
        4
x = 1.0000
    1.0000
    1.0000
    1.0000
```

**注** 克拉默法则要求线性方程组的方程个数和变量个数相等; 在用克拉默法则解决线性方程组时如果系数矩阵的行列式为 0, 该方法就失效. 在第 3 章中将运用矩阵的初等变换法解矩阵方程.

**例 6** MATLAB 软件实现行列式按行展开

$$\begin{vmatrix} a_{11} & a_{12} & a_{13} & a_{14} \\ a_{21} & a_{22} & a_{23} & a_{24} \\ a_{31} & a_{32} & a_{33} & a_{34} \\ a_{41} & a_{42} & a_{43} & a_{44} \end{vmatrix} = a_{11}A_{11} + a_{12}A_{12} + a_{13}A_{13} + a_{14}A_{14}.$$

**解** 在 MATLAB 命令窗口, 输入以下命令:

```
>> clear
>> A=round(10*randn(4));%构造4阶随机方阵
>> D=det(A);%计算矩阵A的行列式
>> f=0;
>> for i=1:4
M=A;
M(1,:)=[];%删除矩阵第一行
M(:,i)=[];%删除第i列, M为矩阵A元素a1i的余子式
f=f+A(1,i)*(-1)^(1+i)*det(M);
end
>> s=D-f  %验证f的值与行列式A的结果是否一致
s = 0 %两者的差为0表示两种方法的计算结果相等
```

用 det 计算行列式的值与按照第一行展开得到的表达式的值相减, 其差为 0, 则这两种方法的结果相等.

**例 7** 用化简为三角行列式的方法, 求下列行列式:

$$D = \begin{vmatrix} 1 & -2 & -3 & -4 \\ 2 & 1 & -4 & 3 \\ 3 & 4 & 1 & -2 \\ 4 & -3 & 2 & 1 \end{vmatrix}.$$

**解**　在 MATLAB 命令窗口中输入以下命令:

```
>> clear all
>> D=[1 -2 -3 -4;2 1 -4 3;3 4 1 -2;4 -3 2 1];
>> [L,U]=lu(D);  %分解为上三角矩阵U和准下三角矩阵L
>> du=diag(U);  %提取出上三角矩阵U的主对角线上的元素
>> D=prod(du);  %主对角线上元素的乘积
>> L
L = 0.2500   -0.2000    0.7500    1.0000
    0.5000    0.4000    1.0000         0
    0.7500    1.0000         0         0
    1.0000         0         0         0
>> U
U = 4.0000   -3.0000    2.0000    1.0000
         0    6.2500   -0.5000   -2.7500
         0         0   -4.8000    3.6000
         0         0         0   -7.5000
>>D
D =
   900
```

# 第 2 章　矩阵及其运算

矩阵本质上是一张长方形数表, 不论是在日常生活还是在科学研究中, 矩阵都是一种常见的数学现象, 它是我们处理大量数据问题的一个有力工具. 本章主要介绍矩阵的概念、一些特殊矩阵, 进而讨论矩阵的线性运算, 矩阵的乘法, 方阵的幂, 方阵的行列式, 矩阵的转置, 逆矩阵的概念、性质及简单应用. 此外还要介绍分块矩阵及其运算.

## 2.1　矩阵的概念

**定义 1**　由 $m \times n$ 个数 $a_{ij}(i=1,2,\cdots,m;j=1,2,\cdots,n)$ 排成的一个 $m$ 行 $n$ 列的矩形数表

$$\begin{pmatrix} a_{11} & a_{12} & \cdots & a_{1n} \\ a_{21} & a_{22} & \cdots & a_{2n} \\ \vdots & \vdots & & \vdots \\ a_{m1} & a_{m2} & \cdots & a_{mn} \end{pmatrix}$$

称为 $m \times n$ **矩阵**, 常用大写黑体字母表示它. $a_{ij}(i=1,2,\cdots,m;j=1,2,\cdots,n)$ 表示矩阵的第 $i$ 行第 $j$ 列的元素, 称为矩阵的 $(i,j)$ 元.

矩阵 $\boldsymbol{A}=\begin{pmatrix} a_{11} & a_{12} & \cdots & a_{1n} \\ a_{21} & a_{22} & \cdots & a_{2n} \\ \vdots & \vdots & & \vdots \\ a_{m1} & a_{m2} & \cdots & a_{mn} \end{pmatrix}$, 可简记为 $\boldsymbol{A}_{m\times n}$ 或 $\boldsymbol{A}=(a_{ij})$, $\boldsymbol{A}=(a_{ij})_{m\times n}$.

元素是实数的矩阵称为**实矩阵**, 元素为复数的矩阵称为**复矩阵**, 本书只讨论实矩阵.

矩阵的行数、列数相等, 即 $m=n$, 称为 $n$ **阶矩阵**或 $n$ **阶方阵**, 记作 $\boldsymbol{A}$ 或 $\boldsymbol{A}_n$. 特别地, 当 $m=n=1$ 时, 即 $\boldsymbol{A}=(a_{11})$, 此时矩阵就是一个数 $a_{11}$.

只有一行的矩阵 $\boldsymbol{A}=(a_1,a_2,\cdots,a_n)$, 称为**行矩阵** (**或行向量**).

只有一列的矩阵 $\boldsymbol{B}=\begin{pmatrix} a_1 \\ a_2 \\ \vdots \\ a_n \end{pmatrix}$, 称为**列矩阵** (或**列向量**).

两个具有相同行数和相同列数的矩阵, 称为**同型矩阵**.

若同型矩阵 $\boldsymbol{A}=(a_{ij})_{m\times n}$ 和 $\boldsymbol{B}=(b_{ij})_{m\times n}$ 在对应位置上的元素都相等, 即

$$a_{ij}=b_{ij},\quad i=1,\cdots,m;j=1,\cdots,n,$$

就称矩阵 $\boldsymbol{A}$ 与矩阵 $\boldsymbol{B}$ **相等**, 记作 $\boldsymbol{A}=\boldsymbol{B}$.

所有元素都为零的矩阵, 称为**零矩阵**. 一般记作 $\boldsymbol{O}$ 或 $\boldsymbol{O}_{m\times n}$. 注意不同型的零矩阵是不相等的.

由方阵中零元素的分布情况, 可以对应以下几种常见的特殊矩阵.

方阵 $\boldsymbol{A}$ 的元素满足 $i>j$ 时, $a_{ij}=0$, 称 $\boldsymbol{A}$ 是**上三角 (形) 矩阵**, 即

$$\boldsymbol{A}=\begin{pmatrix} a_{11} & a_{12} & \cdots & a_{1n} \\ 0 & a_{22} & \cdots & a_{2n} \\ \vdots & \vdots & & \vdots \\ 0 & 0 & \cdots & a_{nn} \end{pmatrix};$$

方阵 $\boldsymbol{A}$ 的元满足 $i<j$ 时, $a_{ij}=0$, 称 $\boldsymbol{A}$ 是**下三角 (形) 矩阵**, 即

$$\boldsymbol{A}=\begin{pmatrix} a_{11} & 0 & \cdots & 0 \\ a_{21} & a_{22} & \cdots & 0 \\ \vdots & \vdots & & \vdots \\ a_{n1} & a_{n2} & \cdots & a_{nn} \end{pmatrix};$$

一个方阵从左上角到右下角的连线称为方阵的 (**主**) **对角线**, 若方阵不在对角线上的元素都是 0, 这样的方阵称为**对角矩阵**, 简称**对角阵**, 记作 $\boldsymbol{\Lambda}$.

可见对角阵 $\boldsymbol{\Lambda}$ 的元素满足 $i\neq j$ 时, $a_{ij}=0$, 即 $\boldsymbol{\Lambda}=\begin{pmatrix} a_{11} & 0 & \cdots & 0 \\ 0 & a_{22} & \cdots & 0 \\ \vdots & \vdots & & \vdots \\ 0 & 0 & \cdots & a_{nn} \end{pmatrix}$,

也记作 $\boldsymbol{\Lambda}=\mathrm{diag}(a_{11},a_{22},\cdots,a_{nn})$.

对角线上元素相等的对角阵, 称为**纯量阵**, 如 $\boldsymbol{K}=\begin{pmatrix} k & 0 & \cdots & 0 \\ 0 & k & \cdots & 0 \\ \vdots & \vdots & & \vdots \\ 0 & 0 & \cdots & k \end{pmatrix}$, 记作 $\mathrm{diag}(k)$.

对角线上元素为 1 的对角阵, 称为**单位矩阵**, 记作 $\boldsymbol{E}$ 或 $\boldsymbol{E}_n$, 即

$$\boldsymbol{E}=\begin{pmatrix} 1 & 0 & \cdots & 0 \\ 0 & 1 & \cdots & 0 \\ \vdots & \vdots & & \vdots \\ 0 & 0 & \cdots & 1 \end{pmatrix}.$$

矩阵的应用非常广, 下面讨论几个简单例子.

**例 1** 含有 $n$ 个未知数 $x_1,x_2,\cdots,x_n$ 的 $m$ 个线性方程的线性方程组

$$\begin{cases} a_{11}x_1+a_{12}x_2+\cdots+a_{1n}x_n=b_1, \\ a_{21}x_1+a_{22}x_2+\cdots+a_{2n}x_n=b_2, \\ \qquad\cdots\cdots \\ a_{m1}x_1+a_{m2}x_2+\cdots+a_{mn}x_n=b_m, \end{cases}$$

把系数 $a_{ij}$ 和 $b_i$ 按原顺序可以组成一个 $m\times(n+1)$ 矩阵:

$$\begin{pmatrix} a_{11} & a_{12} & \cdots & a_{1n} & b_1 \\ a_{21} & a_{22} & \cdots & a_{2n} & b_2 \\ \vdots & \vdots & & \vdots & \vdots \\ a_{m1} & a_{m2} & \cdots & a_{mn} & b_m \end{pmatrix}.$$

给定一个线性方程组, 这样的 $m\times(n+1)$ 矩阵也就确定了; 反之, 给出一个这样的矩阵, 所对应的线性方程组也就确定了.

**例 2** 设某产品有 $m$ 个产地, $n$ 个销地, 如果以 $a_{ij}$ 表示由第 $i$ 个产地销往第 $j$ 个销地的数量, 则这类产品的调运方案, 列成表 2.1.

表 2.1 中的数据可以组成矩阵

**表 2.1**

| 销量 销地 / 产地 | 1 | 2 | $\cdots$ | $j$ | $\cdots$ | $n$ |
|---|---|---|---|---|---|---|
| 1 | $a_{11}$ | $a_{12}$ | $\cdots$ | $a_{1j}$ | $\cdots$ | $a_{1n}$ |
| 2 | $a_{21}$ | $a_{22}$ | $\cdots$ | $a_{2j}$ | $\cdots$ | $a_{2n}$ |
| $\vdots$ | $\vdots$ | $\vdots$ | | $\vdots$ | | $\vdots$ |
| $i$ | $a_{i1}$ | $a_{i2}$ | $\cdots$ | $a_{ij}$ | $\cdots$ | $a_{in}$ |
| $\vdots$ | $\vdots$ | $\vdots$ | | $\vdots$ | | $\vdots$ |
| $m$ | $a_{m1}$ | $a_{m2}$ | $\cdots$ | $a_{mj}$ | $\cdots$ | $a_{mn}$ |

$$\boldsymbol{A}=\begin{pmatrix} a_{11} & a_{12} & \cdots & a_{1j} & \cdots & a_{1n} \\ a_{21} & a_{22} & \cdots & a_{2j} & \cdots & a_{2n} \\ \vdots & \vdots & & \vdots & & \vdots \\ a_{i1} & a_{i2} & \cdots & a_{ij} & \cdots & a_{in} \\ \vdots & \vdots & & \vdots & & \vdots \\ a_{m1} & a_{m2} & \cdots & a_{mj} & \cdots & a_{mn} \end{pmatrix}.$$

矩阵 $\boldsymbol{A}$ 具体描述了由产地销往销地的销量.

**例 3** 甲、乙、丙、丁、戊五人各从图书馆借来一本小说, 他们约定读完后互相交换, 这五本书的厚度以及他们五人的阅读速度差不多, 因此, 五人总是同时交换书, 经四次交换后, 他们五人读完了这五本书, 现已知:

(1) 甲最后读的书是乙读的第二本书;

(2) 丙最后读的书是乙读的第四本书;

(3) 丙读的第二本书甲在一开始就读了;

(4) 丁最后读的书是丙读的第三本;

(5) 乙读的第四本书是戊读的第三本书;

(6) 丁第三次读的书是丙一开始读的那本书.

试根据以上情况说出丁第二次读的书是谁最先读的书?

**解** 设甲、乙、丙、丁、戊最后读的书的代号依次为 $A, B, C, D, E$, 则根据题设条件可以列出下列初始矩阵为

$$\begin{array}{c} \\ 1 \\ 2 \\ 3 \\ 4 \\ 5 \end{array}\begin{array}{c} \begin{array}{ccccc} \text{甲} & \text{乙} & \text{丙} & \text{丁} & \text{戊} \end{array} \\ \begin{pmatrix} x & & y & & \\ & A & x & & \\ & & D & y & C \\ & C & & & \\ A & B & C & D & E \end{pmatrix} \end{array},$$

上述矩阵中的 $x, y$ 表示尚未确定的书名代号. 两个 $x$ 代表同一本书, 两个 $y$ 代表另外的同一本书.

由题意可知, 经五次阅读后乙将五本书全都阅读了, 则从上述矩阵可以看出, 乙第三次读的书不可能是 $A, B$ 或 $C$. 另外由于丙在第三次阅读的是 $D$, 所以乙第三次读的书也不可能是 $D$, 因此, 乙第三次读的书是 $E$, 从而乙第一次读的书是 $D$. 同理可推出甲第三次读的书是 $B$. 因此上述矩阵中的 $y$ 为 $A$, $x$ 为 $E$. 由此可得到各个人的阅读顺序, 如下述矩阵所示:

$$\begin{array}{c} \\ 1 \\ 2 \\ 3 \\ 4 \\ 5 \end{array} \begin{array}{c} \begin{matrix} 甲 & 乙 & 丙 & 丁 & 戊 \end{matrix} \\ \begin{pmatrix} E & D & A & C & B \\ C & A & E & B & D \\ B & E & D & A & C \\ D & C & B & E & A \\ A & B & C & D & E \end{pmatrix} \end{array}.$$

由此可知, 丁第二次读的书是戊一开始读的那一本书.

### 习题 2.1

1. 试写出 $2 \times 3$ 矩阵 $\boldsymbol{A} = (a_{ij})$, 其中元素 $a_{ij} = i - 2j (i = 1, 2, 3; j = 1, 2, 3, 4)$.
2. 指出方阵、单位阵、数量阵、对角阵、上 (下) 三角矩阵的从属关系.

## 2.2 矩阵的运算

### 2.2.1 加 (减) 法

**定义 1** 设 $\boldsymbol{A} = (a_{ij})$ 和 $\boldsymbol{B} = (b_{ij})$ 都是 $m \times n$ 的矩阵, 则它们的**和**, 记作 $\boldsymbol{A} + \boldsymbol{B}$, 定义为一个 $m \times n$ 的矩阵

$$\boldsymbol{A} + \boldsymbol{B} = \begin{pmatrix} a_{11} + b_{11} & a_{12} + b_{12} & \cdots & a_{1n} + b_{1n} \\ a_{21} + b_{21} & a_{22} + b_{22} & \cdots & a_{2n} + b_{2n} \\ \vdots & \vdots & & \vdots \\ a_{m1} + b_{m1} & a_{m2} + b_{m2} & \cdots & a_{mn} + b_{mn} \end{pmatrix}.$$

设 $\boldsymbol{A} = (a_{ij})_{m \times n}$, 称矩阵 $-\boldsymbol{A} = (-a_{ij})_{m \times n}$ 为矩阵 $\boldsymbol{A}$ 的**负矩阵**. 由此定义

$$\boldsymbol{A} - \boldsymbol{B} = \boldsymbol{A} + (-\boldsymbol{B}) = \begin{pmatrix} a_{11} - b_{11} & a_{12} - b_{12} & \cdots & a_{1n} - b_{1n} \\ a_{21} - b_{21} & a_{22} - b_{22} & \cdots & a_{2n} - b_{2n} \\ \vdots & \vdots & & \vdots \\ a_{m1} - b_{m1} & a_{m2} - b_{m2} & \cdots & a_{mn} - b_{mn} \end{pmatrix}.$$

由定义, 容易验证矩阵的加法满足下列运算规律 (其中 $\boldsymbol{A},\boldsymbol{B},\boldsymbol{C},\boldsymbol{O}$ 为同型矩阵).

(i) $\boldsymbol{A}+\boldsymbol{B}=\boldsymbol{B}+\boldsymbol{A}$;

(ii) $(\boldsymbol{A}+\boldsymbol{B})+\boldsymbol{C}=\boldsymbol{A}+(\boldsymbol{B}+\boldsymbol{C})$;

(iii) $\boldsymbol{A}+\boldsymbol{O}=\boldsymbol{A}$;

(iv) $\boldsymbol{A}-\boldsymbol{A}=\boldsymbol{O}$.

### 2.2.2 数与矩阵相乘

**定义 2**　数 $\lambda$ 与矩阵 $\boldsymbol{A}=(a_{ij})_{m\times n}$ 的乘积, 记作 $\lambda\boldsymbol{A}$ 或 $\boldsymbol{A}\lambda$, 定义为一个 $m\times n$ 的矩阵

$$\lambda\boldsymbol{A}=\boldsymbol{A}\lambda=\begin{pmatrix}\lambda a_{11} & \lambda a_{12} & \cdots & \lambda a_{1n}\\ \lambda a_{21} & \lambda a_{22} & \cdots & \lambda a_{2n}\\ \vdots & \vdots & & \vdots\\ \lambda a_{m1} & \lambda a_{m2} & \cdots & \lambda a_{mn}\end{pmatrix}.$$

数与矩阵的乘积运算称为数乘运算.

由定义, 数乘运算满足下列运算法则 (设 $\boldsymbol{A},\boldsymbol{B},\boldsymbol{O}$ 是同型矩阵, $\lambda,\mu$ 是实数):

(i) $\lambda(\boldsymbol{A}+\boldsymbol{B})=\lambda\boldsymbol{A}+\lambda\boldsymbol{B}$;

(ii) $(\lambda+\mu)\boldsymbol{A}=\lambda\boldsymbol{A}+\mu\boldsymbol{A}$;

(iii) $(\lambda\mu)\boldsymbol{A}=\lambda(\mu\boldsymbol{A})$;

(iv) $0\cdot\boldsymbol{A}=\boldsymbol{O}$;

(v) $1\cdot\boldsymbol{A}=\boldsymbol{A},(-1)\cdot\boldsymbol{A}=-\boldsymbol{A}$.

**例 1**　已知 $\boldsymbol{A}=\begin{pmatrix}4 & -3 & 1\\ 2 & 0 & 5\end{pmatrix},\boldsymbol{B}=\begin{pmatrix}1 & 2 & 0\\ -1 & 1 & 3\end{pmatrix}$, 求 $\boldsymbol{A}-2\boldsymbol{B}$.

**解**

$$2\boldsymbol{B}=\begin{pmatrix}2 & 4 & 0\\ -2 & 2 & 6\end{pmatrix},$$

$$\boldsymbol{A}-2\boldsymbol{B}=\begin{pmatrix}4 & -3 & 1\\ 2 & 0 & 5\end{pmatrix}-\begin{pmatrix}2 & 4 & 0\\ -2 & 2 & 6\end{pmatrix}=\begin{pmatrix}2 & -7 & 1\\ 4 & -2 & -1\end{pmatrix}.$$

### 2.2.3　矩阵与矩阵相乘

**定义 3**　设 $\boldsymbol{A}=(a_{ij})$ 是一个 $m\times s$ 矩阵, $\boldsymbol{B}=(b_{ij})$ 是一个 $s\times n$ 矩阵, $\boldsymbol{A}$ 与 $\boldsymbol{B}$ 的乘积, 记作 $\boldsymbol{AB}$, 定义为一个 $m\times n$ 的矩阵 $\boldsymbol{C}=\boldsymbol{AB}=(c_{ij})$, 其中

$$c_{ij}=a_{i1}b_{1j}+a_{i2}b_{2j}+\cdots+a_{is}b_{sj}=\sum_{k=1}^{s}a_{ik}b_{kj}\quad(i=1,2,\cdots,m;j=1,2,\cdots,n).$$

**例 2**　设矩阵 $\boldsymbol{A}=\begin{pmatrix}1&0&3\\2&1&0\end{pmatrix},\boldsymbol{B}=\begin{pmatrix}4&1\\-1&1\\2&0\end{pmatrix}$, 求 $\boldsymbol{AB}$ 和 $\boldsymbol{BA}$ .

**解**　$$\boldsymbol{AB}=\begin{pmatrix}1\times4+0\times(-1)+3\times2&1\times1+0\times1+3\times0\\2\times4+1\times(-1)+0\times2&2\times1+1\times1+0\times0\end{pmatrix}=\begin{pmatrix}10&1\\7&3\end{pmatrix},$$

$$\boldsymbol{BA}=\begin{pmatrix}4\times1+1\times2&4\times0+1\times1&4\times3+1\times0\\-1\times1+1\times2&-1\times0+1\times1&-1\times3+1\times0\\2\times1+0\times2&2\times0+0\times1&2\times3+0\times0\end{pmatrix}=\begin{pmatrix}6&1&12\\1&1&-3\\2&0&6\end{pmatrix}.$$

注意, 当 $\boldsymbol{AB}$ 有意义时, $\boldsymbol{BA}$ 不一定有意义, 即使 $\boldsymbol{AB}$ 和 $\boldsymbol{BA}$ 都有意义, $\boldsymbol{AB}$ 和 $\boldsymbol{BA}$ 也不一定相等. 因此在矩阵乘法中一定要注意矩阵相乘的顺序, $\boldsymbol{AB}$ 称为 $\boldsymbol{A}$ 左乘 $\boldsymbol{B}$, $\boldsymbol{BA}$ 称为 $\boldsymbol{A}$ 右乘 $\boldsymbol{B}$. 这表明矩阵乘法不满足交换律.

若两个矩阵 $\boldsymbol{A}$ 和 $\boldsymbol{B}$ 满足 $\boldsymbol{AB}=\boldsymbol{BA}$, 则称矩阵 $\boldsymbol{A}$ 和 $\boldsymbol{B}$ 是**可交换的**.

对单位矩阵 $\boldsymbol{E}$ 易知 $\boldsymbol{A}_{m\times n}\boldsymbol{E}_n=\boldsymbol{A}_{m\times n},\boldsymbol{E}_n\boldsymbol{A}_{n\times m}=\boldsymbol{A}_{n\times m}$, 单位矩阵 $\boldsymbol{E}$ 在矩阵乘法中的作用类似于数 1, 且任何一个 $n$ 阶方阵 $\boldsymbol{A}$ 与 $n$ 阶单位矩阵 $\boldsymbol{E}$ 的乘积, 都有 $\boldsymbol{AE}=\boldsymbol{EA}=\boldsymbol{A}$.

**例 3**　设矩阵 $\boldsymbol{A}=\begin{pmatrix}1&1\\-1&1\end{pmatrix},\boldsymbol{B}=\begin{pmatrix}-2&1\\2&-1\end{pmatrix},\boldsymbol{C}=\begin{pmatrix}2&3\\1&-3\end{pmatrix},\boldsymbol{D}=\begin{pmatrix}1&-5\\2&5\end{pmatrix}$.

试证: (1) $\boldsymbol{AB}=\boldsymbol{O}$; (2) $\boldsymbol{AC}=\boldsymbol{AD}$.

**证明**　(1) $$\boldsymbol{AB}=\begin{pmatrix}1&1\\-1&-1\end{pmatrix}\begin{pmatrix}-2&1\\2&-1\end{pmatrix}=\begin{pmatrix}0&0\\0&0\end{pmatrix};$$

(2) $$\boldsymbol{AC}=\begin{pmatrix}1&1\\-1&-1\end{pmatrix}\begin{pmatrix}2&3\\1&-3\end{pmatrix}=\begin{pmatrix}3&0\\-3&0\end{pmatrix},$$

$$\boldsymbol{AD}=\begin{pmatrix}1&1\\-1&-1\end{pmatrix}\begin{pmatrix}1&-5\\2&5\end{pmatrix}=\begin{pmatrix}3&0\\-3&0\end{pmatrix},$$

因此, $\boldsymbol{AC}=\boldsymbol{AD}$.

**注**　例 3 告诉我们, 当 $\boldsymbol{AB}=\boldsymbol{O}$ 时, 不能推出 $\boldsymbol{A}=\boldsymbol{O}$ 或 $\boldsymbol{B}=\boldsymbol{O}$. 进一步, 当 $\boldsymbol{AB}=\boldsymbol{AC}$, 且 $\boldsymbol{A}\neq\boldsymbol{O}$ 时, 也推不出 $\boldsymbol{B}=\boldsymbol{C}$. 这表明矩阵乘法也**不满足消去律**.

但矩阵乘法仍满足分配律和结合律 (假如运算都是可行的):

(i) $(\boldsymbol{AB})\boldsymbol{C}=\boldsymbol{A}(\boldsymbol{BC})$.

(ii) $\lambda(\boldsymbol{AB})=(\lambda\boldsymbol{A})\boldsymbol{B}=\boldsymbol{A}(\lambda\boldsymbol{B})$, 其中 $\lambda$ 是一个数.

(iii) $\boldsymbol{A}(\boldsymbol{B}+\boldsymbol{C})=\boldsymbol{AB}+\boldsymbol{AC};\quad(\boldsymbol{B}+\boldsymbol{C})\boldsymbol{A}=\boldsymbol{BA}+\boldsymbol{CA}$.

对于方阵 $\boldsymbol{A}$, 可定义其幂运算:

$$\boldsymbol{A}^1=\boldsymbol{A},\quad \boldsymbol{A}^2=\boldsymbol{AA},\quad \cdots,\quad \boldsymbol{A}^{k+1}=\boldsymbol{A}(\boldsymbol{A}^k),$$

其中, $k$ 是正整数; 特别规定 $\boldsymbol{A}^0=\boldsymbol{E}$ . 由于乘法成立分配律和结合律, 有

$$\boldsymbol{A}^{k+l}=\boldsymbol{A}^k\boldsymbol{A}^l,\quad (\boldsymbol{A}^k)^l=\boldsymbol{A}^{kl},$$

但由于不成立交换律, 故一般 $(\boldsymbol{AB})^k\neq\boldsymbol{A}^k\boldsymbol{B}^k$.

矩阵的乘法

**例 4**　含有 $n$ 个未知数 $x_1,x_2,\cdots,x_n$ 的 $m$ 个线性方程的线性方程组

$$\begin{cases} a_{11}x_1+a_{12}x_2+\cdots+a_{1n}x_n=b_1,\\ a_{21}x_1+a_{22}x_2+\cdots+a_{2n}x_n=b_2,\\ \qquad\cdots\cdots\\ a_{m1}x_1+a_{m2}x_2+\cdots+a_{mn}x_n=b_m, \end{cases}$$

利用矩阵乘法可表示为 $\begin{pmatrix} a_{11} & a_{12} & \cdots & a_{1n}\\ a_{21} & a_{22} & \cdots & a_{2n}\\ \vdots & \vdots & & \vdots\\ a_{m1} & a_{m2} & \cdots & a_{mn} \end{pmatrix}\begin{pmatrix} x_1\\ x_2\\ \vdots\\ x_n \end{pmatrix}=\begin{pmatrix} b_1\\ b_2\\ \vdots\\ b_m \end{pmatrix}$.

一般记

$$\boldsymbol{A}=\begin{pmatrix} a_{11} & a_{12} & \cdots & a_{1n} \\ a_{21} & a_{22} & \cdots & a_{2n} \\ \vdots & \vdots & & \vdots \\ a_{m1} & a_{m2} & \cdots & a_{mn} \end{pmatrix},\quad \boldsymbol{X}=\begin{pmatrix} x_1 \\ x_2 \\ \vdots \\ x_n \end{pmatrix},\quad \boldsymbol{b}=\begin{pmatrix} b_1 \\ b_2 \\ \vdots \\ b_m \end{pmatrix},$$

上述方程组可简记为矩阵方程 $\boldsymbol{AX}=\boldsymbol{b}$.

关系式

$$\begin{cases} y_1=a_{11}x_1+a_{12}x_2+\cdots+a_{1n}x_n, \\ y_2=a_{21}x_1+a_{22}x_2+\cdots+a_{2n}x_n, \\ \qquad\cdots\cdots \\ y_m=a_{m1}x_1+a_{m2}x_2+\cdots+a_{mn}x_n \end{cases}$$

称为从变量 $x_1,x_2,\cdots,x_n$ 到变量 $y_1,y_2,\cdots,y_m$ 的**线性变换**. 其中 $a_{ij}(i=1,2,\cdots,m;j=1,2,\cdots,n)$ 为常数. 线性变换的系数 $a_{ij}$ 构成矩阵 $\boldsymbol{A}=(a_{ij})_{m\times n}$, 称其为线性变换的**系数矩阵**. 利用矩阵乘法, 可表示成

$$\begin{pmatrix} y_1 \\ y_2 \\ \vdots \\ y_m \end{pmatrix}=\begin{pmatrix} a_{11} & a_{12} & \cdots & a_{1n} \\ a_{21} & a_{22} & \cdots & a_{2n} \\ \vdots & \vdots & & \vdots \\ a_{m1} & a_{m2} & \cdots & a_{mn} \end{pmatrix}\begin{pmatrix} x_1 \\ x_2 \\ \vdots \\ x_n \end{pmatrix}.$$

易见线性变换与其系数矩阵之间存在一一对应关系. 因而可利用矩阵来研究线性变换, 亦可利用线性变换来研究矩阵.

如线性变换

$$\begin{cases} y_1=x_1, \\ y_2=x_2, \\ \cdots\cdots \\ y_n=x_n \end{cases}$$

称为**恒等变换**,

$$\begin{pmatrix} y_1 \\ y_2 \\ \vdots \\ y_n \end{pmatrix}=\begin{pmatrix} 1 & & & \\ & 1 & & \\ & & \ddots & \\ & & & 1 \end{pmatrix}\begin{pmatrix} x_1 \\ x_2 \\ \vdots \\ x_n \end{pmatrix},$$

其系数矩阵就是 $n$ 阶单位矩阵 $\boldsymbol{E}$.

**例 5**　设 $\boldsymbol{A}=\begin{pmatrix}1&0&0\\0&1&0\\0&0&0\end{pmatrix}$, $\boldsymbol{x}$ 为空间直角坐标系 $Ox_1x_2x_3$ 中的向量, $\boldsymbol{y}=\boldsymbol{Ax}$, 试讨论线性变换 $\boldsymbol{x}\mapsto\boldsymbol{y}$ 的几何意义.

**解**　如图 2.1, 设 $\boldsymbol{x}=\overrightarrow{OP}=\begin{pmatrix}x_1\\x_2\\x_3\end{pmatrix}$, 则 $\boldsymbol{x}\mapsto\boldsymbol{y}$ 即得

$$\begin{pmatrix}x_1\\x_2\\x_3\end{pmatrix}\mapsto\begin{pmatrix}1&0&0\\0&1&0\\0&0&0\end{pmatrix}\begin{pmatrix}x_1\\x_2\\x_3\end{pmatrix}=\begin{pmatrix}x_1\\x_2\\0\end{pmatrix}.$$

于是, 在线性变换 $\boldsymbol{x}\mapsto\boldsymbol{y}$ 下, 空间中的点 $P(x_1,x_2,x_3)$ 被投影到了 $x_1Ox_2$ 平面上.

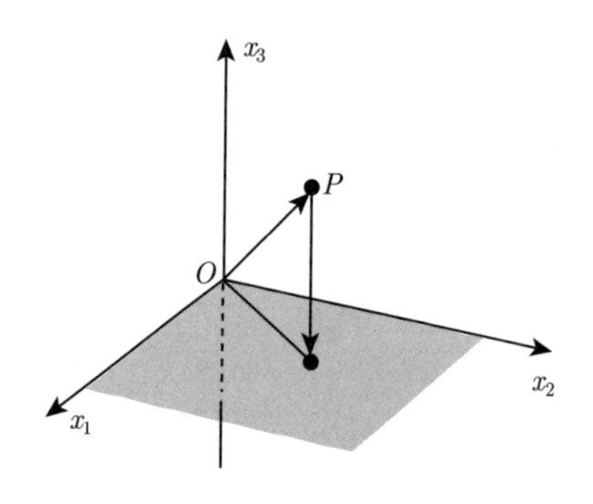


图 2.1

**例 6**　某地区有四个工厂 I, II, III, IV, 生产甲、乙、丙三种产品, 矩阵 $\boldsymbol{A}$ 表示一年中各工厂生产各种产品的数量, 矩阵 $\boldsymbol{B}$ 表示各种产品的单位价格 (元) 及单位利润 (元), 矩阵 $\boldsymbol{C}$ 表示各工厂的总收入及总利润.

$$\boldsymbol{A}=\begin{pmatrix}a_{11}&a_{12}&a_{13}\\a_{21}&a_{22}&a_{23}\\a_{31}&a_{32}&a_{33}\\a_{41}&a_{42}&a_{43}\end{pmatrix}\begin{matrix}\text{I}\\\text{II}\\\text{III}\\\text{IV}\end{matrix},\quad \boldsymbol{B}=\begin{pmatrix}b_{11}&b_{12}\\b_{21}&b_{22}\\b_{31}&b_{32}\end{pmatrix}\begin{matrix}\text{甲}\\\text{乙}\\\text{丙}\end{matrix},\quad \boldsymbol{C}=\begin{pmatrix}c_{11}&c_{12}\\c_{21}&c_{22}\\c_{31}&c_{32}\\c_{41}&c_{42}\end{pmatrix}\begin{matrix}\text{I}\\\text{II}\\\text{III}\\\text{IV}\end{matrix},$$

（$\boldsymbol{A}$ 的列：甲　乙　丙；$\boldsymbol{B}$ 的列：单位价格　单位利润；$\boldsymbol{C}$ 的列：总收入　总利润）

其中, $a_{ik}(i=1,2,3,4;k=1,2,3)$ 是第 $i$ 个工厂生产第 $k$ 种产品的数量, $b_{k1}$ 及 $b_{k2}(k=1,2,3)$ 分别是第 $k$ 种产品的单位价格及单位利润, 则 I, II, III, IV 四个工

厂的总收入及总利润可以表示成矩阵 $\boldsymbol{A},\boldsymbol{B}$ 的乘积.

$$\boldsymbol{C}=\boldsymbol{AB}=\begin{pmatrix} a_{11}b_{11}+a_{12}b_{21}+a_{13}b_{31} & a_{11}b_{12}+a_{12}b_{22}+a_{13}b_{32} \\ a_{21}b_{11}+a_{22}b_{21}+a_{23}b_{31} & a_{21}b_{12}+a_{22}b_{22}+a_{23}b_{32} \\ a_{31}b_{11}+a_{32}b_{21}+a_{33}b_{31} & a_{31}b_{12}+a_{32}b_{22}+a_{33}b_{32} \\ a_{41}b_{11}+a_{42}b_{21}+a_{43}b_{31} & a_{41}b_{12}+a_{42}b_{22}+a_{43}b_{32} \end{pmatrix}$$

$$=\underset{\text{总收入 总利润}}{\begin{pmatrix} c_{11} & c_{12} \\ c_{21} & c_{22} \\ c_{31} & c_{32} \\ c_{41} & c_{42} \end{pmatrix}},$$

其中 $c_{ij}=a_{i1}b_{1j}+a_{i2}b_{2j}+a_{i3}b_{3j}(i=1,2,3,4;j=1,2)$, $c_{i1}$ 及 $c_{i2}(i=1,2,3,4)$ 分别是第 $i$ 个工厂生产三种产品的总收入及总利润.

设 $f(x)=a_0+a_1x+a_2x^2+\cdots+a_mx^m$ 为 $x$ 的 $m$ 次多项式, $\boldsymbol{A}$ 为 $n$ 阶方阵, 记 $f(\boldsymbol{A})=a_0\boldsymbol{E}+a_1\boldsymbol{A}+a_2\boldsymbol{A}^2+\cdots+a_m\boldsymbol{A}^m$, 称 $f(\boldsymbol{A})$ 为**方阵 $\boldsymbol{A}$ 的 $m$ 次多项式**.

**例 7** 设 $f(x)=x^2-4x+5, \boldsymbol{A}=\begin{pmatrix} 2 & -1 \\ -3 & 3 \end{pmatrix}$, 求 $f(\boldsymbol{A})$.

**解** 方阵 $\boldsymbol{A}$ 的 2 次多项式

$$\begin{aligned} f(\boldsymbol{A})&=\boldsymbol{A}^2-4\boldsymbol{A}+5\boldsymbol{E} \\ &=\begin{pmatrix} 2 & -1 \\ -3 & 3 \end{pmatrix}\begin{pmatrix} 2 & -1 \\ -3 & 3 \end{pmatrix}-4\begin{pmatrix} 2 & -1 \\ -3 & 3 \end{pmatrix}+5\begin{pmatrix} 1 & 0 \\ 0 & 1 \end{pmatrix} \\ &=\begin{pmatrix} 7 & -5 \\ -15 & 12 \end{pmatrix}-\begin{pmatrix} 8 & -4 \\ -12 & 12 \end{pmatrix}+\begin{pmatrix} 5 & 0 \\ 0 & 5 \end{pmatrix} \\ &=\begin{pmatrix} 4 & -1 \\ -3 & 5 \end{pmatrix}. \end{aligned}$$

### 2.2.4 矩阵的转置

**定义 4** 设

$$\boldsymbol{A}=\begin{pmatrix} a_{11} & a_{12} & \cdots & a_{1n} \\ a_{21} & a_{22} & \cdots & a_{2n} \\ \vdots & \vdots & & \vdots \\ a_{m1} & a_{m2} & \cdots & a_{mn} \end{pmatrix}_{m\times n},$$

把 $\boldsymbol{A}$ 的行换成同序数的列, 得到的矩阵

$$\begin{pmatrix} a_{11} & a_{21} & \cdots & a_{m1} \\ a_{12} & a_{22} & \cdots & a_{m2} \\ \vdots & \vdots & & \vdots \\ a_{1n} & a_{2n} & \cdots & a_{mn} \end{pmatrix}_{n\times m},$$

称为 $\boldsymbol{A}$ 的**转置矩阵**, 记作 $\boldsymbol{A}^{\mathrm{T}}$.

如 $\boldsymbol{A} = \begin{pmatrix} 4 & -1 \\ 1 & 2 \\ -3 & 1 \end{pmatrix}$, 则 $\boldsymbol{A}^{\mathrm{T}} = \begin{pmatrix} 4 & 1 & -3 \\ -1 & 2 & 1 \end{pmatrix}$. 不难发现, $\boldsymbol{A}^{\mathrm{T}}$ 在位置 $(i,j)$ 上的元素是矩阵 $\boldsymbol{A}$ 在位置 $(j,i)$ 上的元素.

**例 8** 设矩阵

$$\boldsymbol{A} = \begin{pmatrix} 4 & 1 \\ 0 & 2 \\ 3 & 2 \end{pmatrix}, \quad \boldsymbol{B} = \begin{pmatrix} 2 & 1 \\ 0 & 4 \end{pmatrix},$$

求 $(\boldsymbol{AB})^{\mathrm{T}}$, $\boldsymbol{B}^{\mathrm{T}}\boldsymbol{A}^{\mathrm{T}}$.

**解** $\boldsymbol{AB} = \begin{pmatrix} 4 & 1 \\ 0 & 2 \\ 3 & 2 \end{pmatrix}\begin{pmatrix} 2 & 1 \\ 0 & 4 \end{pmatrix} = \begin{pmatrix} 8 & 8 \\ 0 & 8 \\ 6 & 11 \end{pmatrix}$,

于是 $(\boldsymbol{AB})^{\mathrm{T}} = \begin{pmatrix} 8 & 0 & 6 \\ 8 & 8 & 11 \end{pmatrix}$. 又

$$\boldsymbol{A}^{\mathrm{T}} = \begin{pmatrix} 4 & 0 & 3 \\ 1 & 2 & 2 \end{pmatrix}, \quad \boldsymbol{B}^{\mathrm{T}} = \begin{pmatrix} 2 & 0 \\ 1 & 4 \end{pmatrix},$$

则 $\boldsymbol{B}^{\mathrm{T}}\boldsymbol{A}^{\mathrm{T}} = \begin{pmatrix} 8 & 0 & 6 \\ 8 & 8 & 11 \end{pmatrix}$. 而 $\boldsymbol{A}^{\mathrm{T}}\boldsymbol{B}^{\mathrm{T}}$ 无意义.

矩阵的转置满足下列运算法则 (假定运算都是可行的):

(i) $(\boldsymbol{A}^{\mathrm{T}})^{\mathrm{T}} = \boldsymbol{A}$;

(ii) $(\boldsymbol{A}+\boldsymbol{B})^{\mathrm{T}} = \boldsymbol{A}^{\mathrm{T}} + \boldsymbol{B}^{\mathrm{T}}$;

(iii) $(\lambda\boldsymbol{A})^{\mathrm{T}} = \lambda(\boldsymbol{A}^{\mathrm{T}}), \lambda$ 是实数;

(iv) $(\boldsymbol{AB})^{\mathrm{T}} = \boldsymbol{B}^{\mathrm{T}}\boldsymbol{A}^{\mathrm{T}}$.

这里仅证明 (iv). 设 $\boldsymbol{A}=(a_{ij})_{m\times s},\boldsymbol{B}=(b_{ij})_{s\times n}$, 记 $\boldsymbol{AB}=\boldsymbol{C}=(c_{ij})_{m\times n}$, $\boldsymbol{B}^{\mathrm{T}}\boldsymbol{A}^{\mathrm{T}}=(d_{ij})_{n\times m}$. 由矩阵乘法法则, 有

$$c_{ji}=\sum_{k=1}^{s}a_{jk}b_{ki},$$

又 $\boldsymbol{B}^{\mathrm{T}}$ 的第 $i$ 行为 $(b_{1i},\cdots,b_{si})$, $\boldsymbol{A}^{\mathrm{T}}$ 的第 $j$ 列为 $(a_{j1},\cdots,a_{js})^{\mathrm{T}}$, 于是

$$d_{ij}=\sum_{k=1}^{s}a_{jk}b_{ki},$$

所以 $d_{ij}=\sum\limits_{k=1}^{s}a_{jk}b_{ki}=c_{ji}$, 因此

$$(\boldsymbol{AB})^{\mathrm{T}}=\boldsymbol{B}^{\mathrm{T}}\boldsymbol{A}^{\mathrm{T}}.$$

由 (iv) 不难发现 $(\boldsymbol{A}_1\boldsymbol{A}_2\cdots\boldsymbol{A}_n)^{\mathrm{T}}=\boldsymbol{A}_n^{\mathrm{T}}\cdots\boldsymbol{A}_2^{\mathrm{T}}\boldsymbol{A}_1^{\mathrm{T}}$.

设 $\boldsymbol{A}$ 是 $n$ 阶方阵, 若其元素满足

$$a_{ij}=a_{ji}\quad(i,j=1,2,\cdots,n),\quad 即\ \boldsymbol{A}^{\mathrm{T}}=\boldsymbol{A},$$

则称 $\boldsymbol{A}$ 为**对称矩阵**.

若其元素满足

$$a_{ij}=-a_{ji}\quad(i,j=1,2,\cdots,n),\quad 即\ \boldsymbol{A}^{\mathrm{T}}=-\boldsymbol{A},$$

则称 $\boldsymbol{A}$ 是**反对称矩阵**. 此时成立 $a_{ii}=0(i=1,2,\cdots,n)$.

如 $\boldsymbol{A}=\begin{pmatrix}1&2&3\\2&-1&5\\3&5&4\end{pmatrix}$ 是一个对称矩阵, 而 $\boldsymbol{B}=\begin{pmatrix}0&1&2\\-1&0&-3\\-2&3&0\end{pmatrix}$ 是一个反对称矩阵.

**例 9** 设 $\boldsymbol{A}$ 为任一方阵, 证明: $\boldsymbol{A}+\boldsymbol{A}^{\mathrm{T}}$ 为对称阵, $\boldsymbol{A}-\boldsymbol{A}^{\mathrm{T}}$ 为反对称阵.

**证明** 由于

$$(\boldsymbol{A}+\boldsymbol{A}^{\mathrm{T}})^{\mathrm{T}}=\boldsymbol{A}^{\mathrm{T}}+(\boldsymbol{A}^{\mathrm{T}})^{\mathrm{T}}=\boldsymbol{A}^{\mathrm{T}}+\boldsymbol{A}=\boldsymbol{A}+\boldsymbol{A}^{\mathrm{T}},$$

$$(\boldsymbol{A}-\boldsymbol{A}^{\mathrm{T}})^{\mathrm{T}}=\boldsymbol{A}^{\mathrm{T}}-(\boldsymbol{A}^{\mathrm{T}})^{\mathrm{T}}=\boldsymbol{A}^{\mathrm{T}}-\boldsymbol{A}=-(\boldsymbol{A}-\boldsymbol{A}^{\mathrm{T}}),$$

故 $\boldsymbol{A}+\boldsymbol{A}^{\mathrm{T}}$ 为对称阵, $\boldsymbol{A}-\boldsymbol{A}^{\mathrm{T}}$ 为反对称矩阵.

**例 10**　设列矩阵 $\boldsymbol{X}=(x_1,x_2,\cdots,x_n)^{\mathrm{T}}$ 满足 $\boldsymbol{X}^{\mathrm{T}}\boldsymbol{X}=1$, $\boldsymbol{E}$ 为 $n$ 阶单位矩阵, $\boldsymbol{H}=\boldsymbol{E}-2\boldsymbol{X}\boldsymbol{X}^{\mathrm{T}}$, 证明 $\boldsymbol{H}$ 是对称矩阵, 且 $\boldsymbol{H}\boldsymbol{H}^{\mathrm{T}}=\boldsymbol{E}$.

**证明**　由于 $\boldsymbol{H}^{\mathrm{T}}=(\boldsymbol{E}-2\boldsymbol{X}\boldsymbol{X}^{\mathrm{T}})^{\mathrm{T}}=\boldsymbol{E}^{\mathrm{T}}-2(\boldsymbol{X}\boldsymbol{X}^{\mathrm{T}})^{\mathrm{T}}=\boldsymbol{E}-2\boldsymbol{X}\boldsymbol{X}^{\mathrm{T}}=\boldsymbol{H}$, 于是 $H$ 是对称矩阵. 又

$$\begin{aligned}\boldsymbol{H}\boldsymbol{H}^{\mathrm{T}}=\boldsymbol{H}^2&=(\boldsymbol{E}-2\boldsymbol{X}\boldsymbol{X}^{\mathrm{T}})^2=\boldsymbol{E}-4\boldsymbol{X}\boldsymbol{X}^{\mathrm{T}}+4(\boldsymbol{X}\boldsymbol{X}^{\mathrm{T}})(\boldsymbol{X}\boldsymbol{X}^{\mathrm{T}})\\&=\boldsymbol{E}-4\boldsymbol{X}\boldsymbol{X}^{\mathrm{T}}+4\boldsymbol{X}(\boldsymbol{X}^{\mathrm{T}}\boldsymbol{X})\boldsymbol{X}^{\mathrm{T}}=\boldsymbol{E}-4\boldsymbol{X}\boldsymbol{X}^{\mathrm{T}}+4\boldsymbol{X}\boldsymbol{X}^{\mathrm{T}}=\boldsymbol{E}.\end{aligned}$$

### 2.2.5　方阵的行列式

**定义 5**　设 $\boldsymbol{A}$ 是 $n$ 阶方阵, 方阵 $\boldsymbol{A}$ 的元素按原来位置构成的行列式称为 $\boldsymbol{A}$ **的行列式**, 记作 $|\boldsymbol{A}|$ 或 $\det(\boldsymbol{A})$.

方阵的行列式满足下列运算规律 (设 $\boldsymbol{A},\boldsymbol{B}$ 为 $n$ 阶方阵, $\lambda$ 为实数).

(i) $|\boldsymbol{A}^{\mathrm{T}}|=|\boldsymbol{A}|$.

(ii) $|\lambda\boldsymbol{A}|=\lambda^n|\boldsymbol{A}|$.

例如, $\boldsymbol{A}=\begin{pmatrix}2&-1\\2&1\end{pmatrix}$, $\boldsymbol{B}=\begin{pmatrix}6&-3\\6&3\end{pmatrix}$, 即 $\boldsymbol{B}=3\boldsymbol{A}$. 而 $|\boldsymbol{A}|=4,|\boldsymbol{B}|=36$, 即 $|\boldsymbol{B}|=|3\boldsymbol{A}|=3^2|\boldsymbol{A}|=9\times4=36$ 成立.

(iii) $|\boldsymbol{A}\boldsymbol{B}|=|\boldsymbol{A}||\boldsymbol{B}|$.

由 (iii) 易知, 对于方阵 $\boldsymbol{A},\boldsymbol{B}$, 一般 $\boldsymbol{A}\boldsymbol{B}\neq\boldsymbol{B}\boldsymbol{A}$, 但总有 $|\boldsymbol{A}\boldsymbol{B}|=|\boldsymbol{B}\boldsymbol{A}|$.

**定义 6**　设 $\boldsymbol{A}=(a_{ij})$, 由行列式 $|\boldsymbol{A}|$ 的代数余子式 $A_{ij}$ 所构成的矩阵

$$\boldsymbol{A}^*=\begin{pmatrix}A_{11}&A_{21}&\cdots&A_{n1}\\A_{12}&A_{22}&\cdots&A_{n2}\\\vdots&\vdots&&\vdots\\A_{1n}&A_{2n}&\cdots&A_{nn}\end{pmatrix}$$

称为矩阵 $\boldsymbol{A}$ 的**伴随矩阵**.

注意到, 伴随矩阵 $\boldsymbol{A}^*$ 在位置 $(i,j)$ 上的元素是矩阵 $\boldsymbol{A}$ 在位置 $(j,i)$ 上元素的代数余子式.

**定理 1**　设 $\boldsymbol{A}=(a_{ij})$, 则成立

$$\boldsymbol{A}\boldsymbol{A}^*=\boldsymbol{A}^*\boldsymbol{A}=|\boldsymbol{A}|\boldsymbol{E}.$$

**证明**　记 $\boldsymbol{B}=(b_{ij})=\boldsymbol{A}\boldsymbol{A}^*$, 由矩阵乘法以及行列式的展开定理, 得

$$b_{ij}=a_{i1}A_{j1}+a_{i2}A_{j2}+\cdots+a_{in}A_{jn}=\begin{cases}|\boldsymbol{A}|,&j=i,\\0,&j\neq i,\end{cases}$$

即

$$AA^* = \begin{pmatrix} |A| & 0 & \cdots & 0 \\ 0 & |A| & \cdots & 0 \\ \vdots & \vdots & & \vdots \\ 0 & 0 & \cdots & |A| \end{pmatrix} = |A|E.$$

同样可得 $A^*A = |A|E$, 于是 $AA^* = A^*A = |A|E$.

**例 11** 求矩阵 $A = \begin{pmatrix} 1 & 2 & 3 \\ 2 & 2 & 1 \\ 3 & 4 & 3 \end{pmatrix}$ 的伴随矩阵.

**解** 由于

$$\begin{aligned} &A_{11} = 2, \quad A_{12} = -3, \quad A_{13} = 2, \\ &A_{21} = 6, \quad A_{22} = -6, \quad A_{23} = 2, \\ &A_{31} = -4, \quad A_{32} = 5, \quad A_{33} = -2, \end{aligned}$$

于是, $A^* = \begin{pmatrix} 2 & 6 & -4 \\ -3 & -6 & 5 \\ 2 & 2 & -2 \end{pmatrix}$.

## 习题 2.2

1. 选择题.

(1) 设 $A, B$ 均为 $n$ 阶方阵, 下列运算正确的是 (　　).

(A) $(AB)^k = A^kB^k$ (B) $|-A| = -|A|$

(C) $B^2 - A^2 = (B-A)(B+A)$ (D) $|AB| = |BA|$

(2) 设 $A$ 为 $n$ 阶方阵, 则下列的矩阵为对称矩阵的是 (　　).

(A) $A - A^{\mathrm{T}}$ (B) $CAC^{\mathrm{T}}$($C$ 为任意 $n$ 阶方阵)

(C) $AA^{\mathrm{T}}$ (D) $(AA^{\mathrm{T}})B$($B$ 为 $n$ 阶对称矩阵)

(3) 设 $A, B$ 是 $n(n \geqslant 2)$ 阶方阵, 则必有 (　　).

(A) $|A+B| = |A| + |B|$ (B) $||A|B| = ||B|A|$

(C) $|AB| = |BA|$ (D) $|A-B| = |B-A|$

(4) 设 $A$ 为 3 阶矩阵, 若 $|A| = k$, 则 $|-kA| = $ (　　).

(A) $-k^4$ (B) $-3k$ (C) $-k$ (D) $k^4$

2. 计算下列矩阵的乘积.

(1) $\begin{pmatrix} 4 & 3 & 2 \\ 1 & -2 & 3 \\ 5 & 2 & 0 \end{pmatrix}\begin{pmatrix} 3 \\ 2 \\ 1 \end{pmatrix}$; (2) $(1,2,3)\begin{pmatrix} 3 \\ 2 \\ 1 \end{pmatrix}$; (3) $\begin{pmatrix} 3 \\ 2 \\ 1 \end{pmatrix}(1,2,3)$;

(4) $\begin{pmatrix} 1 & 3 & 1 \\ 0 & -1 & 2 \\ 1 & -3 & 1 \\ 4 & 0 & -2 \end{pmatrix}\begin{pmatrix} 1 & 0 & 2 \\ 0 & -1 & 1 \\ 0 & 2 & 3 \end{pmatrix}$;

(5) $(x_1, x_2, x_3)\begin{pmatrix} a_{11} & a_{12} & a_{13} \\ a_{12} & a_{22} & a_{23} \\ a_{13} & a_{23} & a_{33} \end{pmatrix}\begin{pmatrix} x_1 \\ x_2 \\ x_3 \end{pmatrix}$.

3. 已知 $\boldsymbol{A}=\begin{pmatrix} 1 & 3 \\ 2 & -1 \end{pmatrix}$, $\boldsymbol{B}=\begin{pmatrix} 3 & 0 \\ 1 & 2 \end{pmatrix}$, 求 $2\boldsymbol{A}-3\boldsymbol{B}$, $\boldsymbol{A}^2+\boldsymbol{B}^2$, $\boldsymbol{AB}-\boldsymbol{BA}$, $(\boldsymbol{AB})^2$, $\boldsymbol{A}^2\boldsymbol{B}^2$.

4. 已知 $\boldsymbol{A}=\begin{pmatrix} 3 & 1 & 0 \\ -1 & 2 & 1 \\ 3 & 4 & 2 \end{pmatrix}$, $\boldsymbol{B}=\begin{pmatrix} 1 & 0 & 2 \\ -1 & 1 & 1 \\ 2 & 1 & 1 \end{pmatrix}$, 求满足等式 $3\boldsymbol{A}-2\boldsymbol{X}=\boldsymbol{B}$ 的矩阵 $\boldsymbol{X}$.

5. 已知 $\boldsymbol{A}=\begin{pmatrix} 1 & 0 \\ \lambda & 1 \end{pmatrix}$, $\boldsymbol{B}=\begin{pmatrix} 1 & 1 & 0 \\ 0 & 1 & 0 \\ 0 & 0 & 1 \end{pmatrix}$, 求 $\boldsymbol{A}^n, \boldsymbol{B}^n$.

6. 设 $\boldsymbol{A}, \boldsymbol{B}$ 是对称矩阵, 证明 $\boldsymbol{AB}$ 是对称矩阵的充分必要条件为 $\boldsymbol{AB}=\boldsymbol{BA}$.

7. 对任意方矩阵 $\boldsymbol{A}$, 则 $\boldsymbol{H}=\dfrac{1}{2}(\boldsymbol{A}+\boldsymbol{A}^{\mathrm{T}})$, $\boldsymbol{S}=\dfrac{1}{2}(\boldsymbol{A}-\boldsymbol{A}^{\mathrm{T}})$ 分别是对称矩阵和反对称矩阵, 且 $\boldsymbol{A}=\boldsymbol{H}+\boldsymbol{S}$.

8. 已知 $\boldsymbol{A}=\begin{pmatrix} 1 & 2 \\ 3 & 4 \end{pmatrix}$, $\boldsymbol{B}=\begin{pmatrix} 3 & 1 & 0 \\ -1 & 2 & 1 \\ 3 & 4 & 2 \end{pmatrix}$, 求 $|\boldsymbol{A}|, |\boldsymbol{A}^*|, |\boldsymbol{B}|, \boldsymbol{B}^*$.

## 2.3　逆　矩　阵

对一个实数 $a$, 若存在一个数 $b$ 使得 $ab=1$, 则称 $a$ 有关于乘法的逆元. 任何非零的数 $a$ 都有一个逆元 $\dfrac{1}{a}$. 这一概念可以推广到一般矩阵乘法的逆.

**定义 1**　设 $\boldsymbol{A}$ 是 $n$ 阶矩阵, 若存在 $n$ 阶矩阵 $\boldsymbol{B}$, 使得

$$\boldsymbol{AB}=\boldsymbol{BA}=\boldsymbol{E},$$

则称矩阵 $B$ 是矩阵 $A$ 的**逆矩阵**, 简称**逆阵**; 并称 $\boldsymbol{A}$ 是**可逆矩阵**, 或称 $\boldsymbol{A}$ 是**可逆的**.

例如 $\boldsymbol{A}=\begin{pmatrix} 1 & 2 \\ 2 & 5 \end{pmatrix}$, 有 $\begin{pmatrix} 1 & 2 \\ 2 & 5 \end{pmatrix}\begin{pmatrix} 5 & -2 \\ -2 & 1 \end{pmatrix}=\begin{pmatrix} 5 & -2 \\ -2 & 1 \end{pmatrix}\begin{pmatrix} 1 & 2 \\ 2 & 5 \end{pmatrix}$

$=\begin{pmatrix} 1 & 0 \\ 0 & 1 \end{pmatrix}$, 则 $\boldsymbol{B}=\begin{pmatrix} 5 & -2 \\ -2 & 1 \end{pmatrix}$ 是 $\boldsymbol{A}$ 的逆矩阵, $\boldsymbol{A}$ 是可逆的.

**性质 1** 逆矩阵是唯一的.

**证明** 设 $\boldsymbol{B}, \boldsymbol{C}$ 均是 $\boldsymbol{A}$ 的逆矩阵, 则

$$\boldsymbol{B}=\boldsymbol{B}\boldsymbol{E}=\boldsymbol{B}(\boldsymbol{A}\boldsymbol{C})=(\boldsymbol{B}\boldsymbol{A})\boldsymbol{C}=\boldsymbol{E}\boldsymbol{C}=\boldsymbol{C}.$$

用 $\boldsymbol{A}^{-1}$ 来表示 $\boldsymbol{A}$ 的逆矩阵, 即若 $\boldsymbol{A}\boldsymbol{B}=\boldsymbol{B}\boldsymbol{A}=\boldsymbol{E}$, 则 $\boldsymbol{A}^{-1}=\boldsymbol{B}$.

**定理 1** 矩阵 $\boldsymbol{A}$ 是可逆的充分必要条件是其行列式 $|\boldsymbol{A}| \neq 0$; 且在 $|\boldsymbol{A}| \neq 0$ 时,

$$\boldsymbol{A}^{-1}=\frac{1}{|\boldsymbol{A}|}\boldsymbol{A}^{*}.$$

**证明** 必要性. 由 $\boldsymbol{A}\boldsymbol{A}^{-1}=\boldsymbol{E}$, $|\boldsymbol{A}||\boldsymbol{A}^{-1}|=|\boldsymbol{A}\boldsymbol{A}^{-1}|=|\boldsymbol{E}|=1$, 故 $|\boldsymbol{A}| \neq 0$.

充分性. 由于 $\boldsymbol{A}\boldsymbol{A}^{*}=\boldsymbol{A}^{*}\boldsymbol{A}=|\boldsymbol{A}|\boldsymbol{E}$. 由于 $|\boldsymbol{A}| \neq 0$,

$$\boldsymbol{A}\left(\frac{1}{|\boldsymbol{A}|}\boldsymbol{A}^{*}\right)=\left(\frac{1}{|\boldsymbol{A}|}\boldsymbol{A}^{*}\right)\boldsymbol{A}=\boldsymbol{E}.$$

当 $|\boldsymbol{A}| \neq 0$ 时, $\boldsymbol{A}$ 称为非奇异矩阵, 否则称为奇异矩阵; 由定理 1 知道可逆矩阵就是非奇异矩阵.

逆矩阵

**例 1** 求二阶矩阵 $\boldsymbol{A}=\begin{pmatrix} 1 & 3 \\ 2 & 5 \end{pmatrix}$ 的逆矩阵.

**解** $|\boldsymbol{A}|=-1 \neq 0, \boldsymbol{A}$ 可逆, 又

$$A_{11}=5, \quad A_{12}=-2, \quad A_{21}=-3, \quad A_{22}=1, \quad \boldsymbol{A}^{*}=\begin{pmatrix} 5 & -3 \\ -2 & 1 \end{pmatrix},$$

所以

$$\boldsymbol{A}^{-1}=\frac{1}{|\boldsymbol{A}|}\boldsymbol{A}^{*}=\begin{pmatrix} -5 & 3 \\ 2 & -1 \end{pmatrix}.$$

**例 2**　求矩阵 $\boldsymbol{A}=\begin{pmatrix}1&2&3\\2&2&1\\3&4&3\end{pmatrix}$ 的逆矩阵.

**解**　$|\boldsymbol{A}|=2\neq 0$, $\boldsymbol{A}$ 是可逆的.

由 2.2 节例 11, 我们已有 $\boldsymbol{A}$ 的伴随矩阵, 于是

$$\boldsymbol{A}^{-1}=\frac{1}{|\boldsymbol{A}|}\boldsymbol{A}^*=\frac{1}{2}\begin{pmatrix}2&6&-4\\-3&-6&5\\2&2&-2\end{pmatrix}=\begin{pmatrix}1&3&-2\\-\dfrac{3}{2}&-3&\dfrac{5}{2}\\1&1&-1\end{pmatrix}.$$

由定理 1 可得如下推论.

**推论 1**　若 $\boldsymbol{AB}=\boldsymbol{E}$ (或 $\boldsymbol{BA}=\boldsymbol{E}$), 则 $\boldsymbol{A}$ 可逆, 且 $\boldsymbol{B}=\boldsymbol{A}^{-1}$.

**证明**　因为 $|\boldsymbol{A}||\boldsymbol{B}|=|\boldsymbol{AB}|=|\boldsymbol{E}|=1$, 故 $|\boldsymbol{A}|\neq 0$, 从而 $\boldsymbol{A}^{-1}$ 存在. 于是 $\boldsymbol{B}=\boldsymbol{EB}=(\boldsymbol{A}^{-1}\boldsymbol{A})\boldsymbol{B}=\boldsymbol{A}^{-1}(\boldsymbol{AB})=\boldsymbol{A}^{-1}\boldsymbol{E}=\boldsymbol{A}^{-1}$.

逆矩阵除了上述性质 1, 还满足下述运算性质.

**性质 2**　若 $\boldsymbol{A}$ 可逆, 则 $\boldsymbol{A}^{-1}$ 亦可逆, 且 $(\boldsymbol{A}^{-1})^{-1}=\boldsymbol{A}$.

**性质 3**　若 $\boldsymbol{A}$ 可逆, 数 $\lambda\neq 0$, 则 $\lambda\boldsymbol{A}$ 亦可逆, 且 $(\lambda\boldsymbol{A})^{-1}=\dfrac{1}{\lambda}\boldsymbol{A}^{-1}$.

**性质 4**　若 $\boldsymbol{A}$, $\boldsymbol{B}$ 为同阶方阵, 且都可逆, 则 $\boldsymbol{AB}$ 亦可逆, 且 $(\boldsymbol{AB})^{-1}=\boldsymbol{B}^{-1}\boldsymbol{A}^{-1}$.

**证明**　因为 $(\boldsymbol{AB})(\boldsymbol{B}^{-1}\boldsymbol{A}^{-1})=\boldsymbol{A}(\boldsymbol{BB}^{-1})\boldsymbol{A}=\boldsymbol{AEA}^{-1}=\boldsymbol{E}$, 所以 $(\boldsymbol{AB})^{-1}=\boldsymbol{B}^{-1}\boldsymbol{A}^{-1}$.

**性质 5**　若 $\boldsymbol{A}$ 可逆, 则 $\boldsymbol{A}^{\mathrm{T}}$ 亦可逆, 且 $(\boldsymbol{A}^{\mathrm{T}})^{-1}=(\boldsymbol{A}^{-1})^{\mathrm{T}}$.

**证明**　因为 $\boldsymbol{A}^{\mathrm{T}}(\boldsymbol{A}^{-1})^{\mathrm{T}}=(\boldsymbol{A}^{-1}\boldsymbol{A})^{\mathrm{T}}=\boldsymbol{E}^{\mathrm{T}}=\boldsymbol{E}$, 所以 $(\boldsymbol{A}^{\mathrm{T}})^{-1}=(\boldsymbol{A}^{-1})^{\mathrm{T}}$.

**性质 6**　若 $\boldsymbol{A}$ 可逆, 则 $|\boldsymbol{A}^{-1}|=\dfrac{1}{|\boldsymbol{A}|}$.

**证明**　因为 $|\boldsymbol{A}||\boldsymbol{A}^{-1}|=|\boldsymbol{AA}^{-1}|=|\boldsymbol{E}|=1$, 所以 $|\boldsymbol{A}^{-1}|=\dfrac{1}{|\boldsymbol{A}|}$.

$\boldsymbol{A}$ 为 $n$ 阶方阵, 设 $|\boldsymbol{A}|\neq 0$, 还可定义

$$\boldsymbol{A}^0=\boldsymbol{E},\quad \boldsymbol{A}^{-k}=(\boldsymbol{A}^{-1})^k,\quad \boldsymbol{A}^k\boldsymbol{A}^l=\boldsymbol{A}^{k+l},\quad (\boldsymbol{A}^k)^l=\boldsymbol{A}^{kl},$$

其中 $k,l$ 为整数.

利用逆矩阵可以求一些线性方程组的解.

记

$$\boldsymbol{A}=\begin{pmatrix} a_{11} & a_{12} & \cdots & a_{1n} \\ a_{21} & a_{22} & \cdots & a_{2n} \\ \vdots & \vdots & & \vdots \\ a_{n1} & a_{n2} & \cdots & a_{nn} \end{pmatrix},\quad \boldsymbol{X}=\begin{pmatrix} x_1 \\ x_2 \\ \vdots \\ x_n \end{pmatrix},\quad \boldsymbol{b}=\begin{pmatrix} b_1 \\ b_2 \\ \vdots \\ b_n \end{pmatrix},$$

根据矩阵乘法, 方程组可以写成下列矩阵形式,

$$\boldsymbol{AX}=\boldsymbol{b},$$

其中, 称 $\boldsymbol{A}$ 为方程组的**系数矩阵**. 若 $|\boldsymbol{A}|\neq 0$, 则 $\boldsymbol{A}^{-1}$ 存在, 可得方程组的解 $\boldsymbol{X}=\boldsymbol{A}^{-1}\boldsymbol{b}$.

**例 3** 求方程组的解 $\begin{cases} x_1+2x_2+3x_3=-2, \\ 2x_1+2x_2+x_3=1, \\ 3x_1+4x_2+3x_3=0. \end{cases}$

**解** 由于系数矩阵 $|\boldsymbol{A}|=\begin{vmatrix} 1 & 2 & 3 \\ 2 & 2 & 1 \\ 3 & 4 & 3 \end{vmatrix}=2\neq 0$, $\boldsymbol{A}$ 可逆. 又

$$\boldsymbol{A}^{-1}=\begin{pmatrix} 1 & 3 & -2 \\ -\dfrac{3}{2} & -3 & \dfrac{5}{2} \\ 1 & 1 & -1 \end{pmatrix},$$

$$\boldsymbol{X}=\boldsymbol{A}^{-1}\boldsymbol{B}=\frac{1}{2}\begin{pmatrix} 2 & 6 & -4 \\ -3 & -6 & 5 \\ 2 & 2 & -2 \end{pmatrix}\begin{pmatrix} -2 \\ 1 \\ 0 \end{pmatrix}=\begin{pmatrix} 1 \\ 0 \\ -1 \end{pmatrix}.$$

已知 $\boldsymbol{A},\boldsymbol{B}$ 为方阵, 我们把形如下式的矩阵方程:

$$\boldsymbol{AX}=\boldsymbol{B}, \tag{2.1}$$

$$\boldsymbol{XA}=\boldsymbol{B}, \tag{2.2}$$

$$\boldsymbol{AXB}=\boldsymbol{C} \tag{2.3}$$

称为标准矩阵方程, 若 $\boldsymbol{A},\boldsymbol{B}$ 可逆, 利用矩阵乘法的运算规律和逆矩阵的运算性质, 通过在方程两边左乘或右乘相应的矩阵的逆矩阵, 可求出其解分别为

$$\boldsymbol{X}=\boldsymbol{A}^{-1}\boldsymbol{B}, \tag{2.1$'$}$$

$$X = BA^{-1}, \tag{2.2'}$$

$$X = A^{-1}CB^{-1}, \tag{2.3'}$$

而其他形式的矩阵方程, 可通过矩阵的有关运算性质转化为标准矩阵方程后进行求解.

**例 4**　解矩阵方程, 设

$$\boldsymbol{A} = \begin{pmatrix} 1 & 2 & 3 \\ 2 & 2 & 1 \\ 3 & 4 & 3 \end{pmatrix}, \quad \boldsymbol{B} = \begin{pmatrix} 1 & -1 \\ 1 & 3 \end{pmatrix}, \quad \boldsymbol{C} = \begin{pmatrix} 1 & 3 \\ 2 & 0 \\ 3 & 1 \end{pmatrix},$$

求矩阵 $\boldsymbol{X}$ 使满足 $\boldsymbol{AXB} = \boldsymbol{C}$.

**解**　$|\boldsymbol{A}| = \begin{vmatrix} 1 & 2 & 3 \\ 2 & 2 & 1 \\ 3 & 4 & 3 \end{vmatrix} = 2 \neq 0,\ |\boldsymbol{B}| = \begin{vmatrix} 1 & -1 \\ 1 & 3 \end{vmatrix} = 4 \neq 0,\ \boldsymbol{A}^{-1}, \boldsymbol{B}^{-1}$ 都存在.

又

$$\boldsymbol{A}^{-1} = \begin{pmatrix} 1 & 3 & -2 \\ -\dfrac{3}{2} & -3 & \dfrac{5}{2} \\ 1 & 1 & -1 \end{pmatrix}, \quad \boldsymbol{B}^{-1} = \frac{1}{4}\begin{pmatrix} 3 & 1 \\ -1 & 1 \end{pmatrix},$$

又由 $\boldsymbol{A}^{-1}\boldsymbol{AXBB}^{-1} = \boldsymbol{A}^{-1}\boldsymbol{CB}^{-1}$, 即

$$\boldsymbol{X} = \boldsymbol{A}^{-1}\boldsymbol{CB}^{-1} = \begin{pmatrix} 1 & 3 & -2 \\ -\dfrac{3}{2} & -3 & \dfrac{5}{2} \\ 1 & 1 & -1 \end{pmatrix}\begin{pmatrix} 1 & 3 \\ 2 & 0 \\ 3 & 1 \end{pmatrix}\frac{1}{4}\begin{pmatrix} 3 & 1 \\ -1 & 1 \end{pmatrix}$$

$$= \frac{1}{2}\begin{pmatrix} 1 & 1 \\ 1 & -1 \\ -1 & 1 \end{pmatrix} = \begin{pmatrix} \dfrac{1}{2} & \dfrac{1}{2} \\ \dfrac{1}{2} & -\dfrac{1}{2} \\ -\dfrac{1}{2} & \dfrac{1}{2} \end{pmatrix}.$$

**例 5**　设三阶方阵 $\boldsymbol{A}$ 和 $\boldsymbol{B}$ 满足 $\boldsymbol{AB}+\boldsymbol{E} = \boldsymbol{A}^2+\boldsymbol{B}$, 其中 $\boldsymbol{A} = \begin{pmatrix} 1 & 0 & 1 \\ 0 & 2 & 0 \\ 1 & 0 & 1 \end{pmatrix}$, 求 $\boldsymbol{B}$.

**解** 由方程 $\boldsymbol{AB}+\boldsymbol{E}=\boldsymbol{A}^2+\boldsymbol{B}$, 合并含有 $\boldsymbol{B}$ 的项, 可得

$$(\boldsymbol{A}-\boldsymbol{E})\boldsymbol{B}=\boldsymbol{A}^2-\boldsymbol{E}=(\boldsymbol{A}-\boldsymbol{E})(\boldsymbol{A}+\boldsymbol{E}).$$

又 $(\boldsymbol{A}-\boldsymbol{E})=\begin{pmatrix}0&0&1\\0&1&0\\1&0&0\end{pmatrix}$, $|\boldsymbol{A}-\boldsymbol{E}|=-1\neq 0$, $\boldsymbol{A}-\boldsymbol{E}$ 可逆. 于是

$$\boldsymbol{B}=(\boldsymbol{A}-\boldsymbol{E})^{-1}(\boldsymbol{A}-\boldsymbol{E})(\boldsymbol{A}+\boldsymbol{E})=\boldsymbol{A}+\boldsymbol{E}=\begin{pmatrix}2&0&1\\0&3&0\\1&0&2\end{pmatrix}.$$

因为矩阵 $\boldsymbol{A}^k,\boldsymbol{A}^l$ 和 $\boldsymbol{E}$ 都是可交换的, 所以矩阵 $\boldsymbol{A}$ 的两个多项式 $\varphi(\boldsymbol{A})$ 和 $\psi(\boldsymbol{A})$ 总是可交换的, 即总有

$$\varphi(\boldsymbol{A})\psi(\boldsymbol{A})=\psi(\boldsymbol{A})\varphi(\boldsymbol{A}),$$

从而 $\boldsymbol{A}$ 的几个多项式可以像数 $x$ 的多项式一样相乘或分解因式. 例如

$$\begin{aligned}&(\boldsymbol{E}+\boldsymbol{A})(2\boldsymbol{E}-\boldsymbol{A})=2\boldsymbol{E}+\boldsymbol{A}-\boldsymbol{A}^2,\\&(\boldsymbol{E}-\boldsymbol{A})^3=\boldsymbol{E}-3\boldsymbol{A}+3\boldsymbol{A}^2-\boldsymbol{A}^3.\end{aligned}$$

**例 6** 已知矩阵 $\boldsymbol{A}$ 满足 $\boldsymbol{A}^2-\boldsymbol{A}=2\boldsymbol{E}$, 证明 $\boldsymbol{A},\boldsymbol{A}+2\boldsymbol{E}$ 均可逆, 并求 $\boldsymbol{A}^{-1},(\boldsymbol{A}+2\boldsymbol{E})^{-1}$.

**证明** 由 $\boldsymbol{A}^2-\boldsymbol{A}=2\boldsymbol{E}$, 可得

$$\boldsymbol{A}(\boldsymbol{A}-\boldsymbol{E})=2\boldsymbol{E},\quad \text{即 } \boldsymbol{A}\left[\frac{1}{2}(\boldsymbol{A}-\boldsymbol{E})\right]=\boldsymbol{E},$$

因此

$$\boldsymbol{A}^{-1}=\frac{1}{2}(\boldsymbol{A}-\boldsymbol{E}).$$

又

$$(\boldsymbol{A}+2\boldsymbol{E})(\boldsymbol{A}-3\boldsymbol{E})=\boldsymbol{A}^2-\boldsymbol{A}-6\boldsymbol{E}=2\boldsymbol{E}-6\boldsymbol{E}=-4\boldsymbol{E},$$

$$(\boldsymbol{A}+2\boldsymbol{E})\left(-\frac{1}{4}\right)(\boldsymbol{A}-3\boldsymbol{E})=\boldsymbol{E},$$

因此

$$(\boldsymbol{A}+2\boldsymbol{E})^{-1}=-\frac{1}{4}(\boldsymbol{A}-3\boldsymbol{E}).$$

**例 7**　设 $\boldsymbol{P}=\begin{pmatrix}1&2\\1&4\end{pmatrix},\boldsymbol{\Lambda}=\begin{pmatrix}1&0\\0&2\end{pmatrix},\boldsymbol{AP}=\boldsymbol{P\Lambda}$, 求 $\boldsymbol{A}^n$.

**解**　由 $|\boldsymbol{P}|=2,\boldsymbol{P}^{-1}=\dfrac{1}{2}\begin{pmatrix}4&-2\\-1&1\end{pmatrix}$.

$$\boldsymbol{A}=\boldsymbol{P\Lambda P}^{-1},\boldsymbol{A}^2=\boldsymbol{P\Lambda P}^{-1}\boldsymbol{P\Lambda P}^{-1}=\boldsymbol{P\Lambda}^2\boldsymbol{P}^{-1},\cdots,\boldsymbol{A}^n=\boldsymbol{P\Lambda}^n\boldsymbol{P}^{-1},$$

而

$$\boldsymbol{\Lambda}^2=\begin{pmatrix}1&0\\0&2\end{pmatrix}\begin{pmatrix}1&0\\0&2\end{pmatrix}=\begin{pmatrix}1&0\\0&2^2\end{pmatrix},\cdots,\boldsymbol{\Lambda}^n=\begin{pmatrix}1&0\\0&2^n\end{pmatrix},$$

故

$$\boldsymbol{A}^n=\begin{pmatrix}1&2\\1&4\end{pmatrix}\begin{pmatrix}1&0\\0&2^n\end{pmatrix}\frac{1}{2}\begin{pmatrix}4&-2\\-1&1\end{pmatrix}=\frac{1}{2}\begin{pmatrix}1&2^{n+1}\\1&2^{n+2}\end{pmatrix}\begin{pmatrix}4&-2\\-1&1\end{pmatrix}$$

$$=\frac{1}{2}\begin{pmatrix}4-2^{n+1}&2^{n+1}-2\\4-2^{n+2}&2^{n+2}-2\end{pmatrix}=\begin{pmatrix}2-2^n&2^n-1\\2-2^{n+1}&2^{n+1}-1\end{pmatrix}.$$

下面介绍矩阵多项式及其运算, 若 $f(x)=a_0+a_1x+a_2x^2+\cdots+a_mx^m$,

(1) 如果 $\boldsymbol{A}=\boldsymbol{P\Lambda P}^{-1}$, 则 $\boldsymbol{A}^k=\boldsymbol{P\Lambda}^k\boldsymbol{P}^{-1}$, 从而

$$\begin{aligned}f(\boldsymbol{A})&=a_0\boldsymbol{E}+a_1\boldsymbol{A}+\cdots+a_m\boldsymbol{A}^m\\&=\boldsymbol{P}a_0\boldsymbol{E}\boldsymbol{P}^{-1}+\boldsymbol{P}a_1\boldsymbol{\Lambda}\boldsymbol{P}^{-1}+\cdots+\boldsymbol{P}a_m\boldsymbol{\Lambda}^m\boldsymbol{P}^{-1}\\&=\boldsymbol{P}f(\boldsymbol{\Lambda})\boldsymbol{P}^{-1}.\end{aligned}$$

(2) 如果 $\boldsymbol{\Lambda}=\mathrm{diag}(\lambda_1,\lambda_2,\cdots,\lambda_n)$ 为对角阵, 则

$$\boldsymbol{\Lambda}^k=\mathrm{diag}(\lambda_1^k,\lambda_2^k,\cdots,\lambda_n^k),$$

从而

$$\begin{aligned}f(\boldsymbol{\Lambda})&=a_0\boldsymbol{E}+a_1\boldsymbol{\Lambda}+\cdots+a_m\boldsymbol{\Lambda}^m\\&=a_0\begin{pmatrix}1&&&\\&1&&\\&&\ddots&\\&&&1\end{pmatrix}+a_1\begin{pmatrix}\lambda_1&&&\\&\lambda_2&&\\&&\ddots&\\&&&\lambda_n\end{pmatrix}\end{aligned}$$

$$+\cdots+a_m\begin{pmatrix}\lambda_1^m & & & \\ & \lambda_2^m & & \\ & & \ddots & \\ & & & \lambda_n^m\end{pmatrix}$$

$$=\begin{pmatrix}f(\lambda_1) & & & \\ & f(\lambda_2) & & \\ & & \ddots & \\ & & & f(\lambda_n)\end{pmatrix}.$$

**例 8** $\boldsymbol{P}=\begin{pmatrix}-1 & 1 & 1\\ 1 & 0 & 2\\ 1 & 1 & -1\end{pmatrix}, \boldsymbol{\Lambda}=\begin{pmatrix}1 & & \\ & 2 & \\ & & -3\end{pmatrix}, \boldsymbol{AP}=\boldsymbol{P\Lambda}$, 求 $f(\boldsymbol{A})=\boldsymbol{A}^3+2\boldsymbol{A}^2-3\boldsymbol{A}$.

**解** $|\boldsymbol{P}|=6\neq 0$, 因此 $\boldsymbol{P}$ 可逆, 又 $\boldsymbol{A}=\boldsymbol{P\Lambda P}^{-1}, f(\boldsymbol{A})=\boldsymbol{P}f(\boldsymbol{\Lambda})\boldsymbol{P}^{-1}$.

又 $f(1)=0, f(2)=10, f(-3)=0, f(\boldsymbol{\Lambda})=\begin{pmatrix}0 & & \\ & 10 & \\ & & 0\end{pmatrix}$,

$$f(\boldsymbol{A})=\boldsymbol{P}f(\boldsymbol{\Lambda})\boldsymbol{P}^{-1}=\begin{pmatrix}-1 & 1 & 1\\ 1 & 0 & 2\\ 1 & 1 & -1\end{pmatrix}\begin{pmatrix}0 & & \\ & 10 & \\ & & 0\end{pmatrix}\frac{1}{6}\boldsymbol{P}^*$$

$$=\frac{5}{3}\begin{pmatrix}0 & 1 & 0\\ 0 & 0 & 0\\ 0 & 1 & 0\end{pmatrix}\begin{pmatrix}P_{11} & P_{21} & P_{31}\\ P_{12} & P_{22} & P_{32}\\ P_{13} & P_{23} & P_{33}\end{pmatrix}$$

$$=\frac{5}{3}\begin{pmatrix}P_{12} & P_{22} & P_{32}\\ 0 & 0 & 0\\ P_{12} & P_{22} & P_{32}\end{pmatrix},$$

$$P_{12}=3,\quad P_{22}=0,\quad P_{32}=3,$$

可得

$$f(\boldsymbol{A})=\begin{pmatrix}5&0&5\\0&0&0\\5&0&5\end{pmatrix}.$$

## 习题 2.3

1. 选择题.

(1) 设 $\boldsymbol{A}$ 为可逆矩阵, $k\neq 0$, 则下述结论不正确的是 (　　).

(A) $(\boldsymbol{A}^{\mathrm{T}})^{-1}=(\boldsymbol{A}^{-1})^{\mathrm{T}}$　　(B) $(\boldsymbol{A}^{-1})^{-1}=\boldsymbol{A}$

(C) $(k\boldsymbol{A})^{-1}=k\boldsymbol{A}^{-1}$　　(D) $(k\boldsymbol{A})^{-1}=k^{-1}\boldsymbol{A}^{-1}$

(2) 设 $\boldsymbol{A}$ 为 $n$ 阶方阵, 且 $\boldsymbol{A}^3=\boldsymbol{E}$, 则以下结论一定正确的是 (　　).

(A) $\boldsymbol{A}=\boldsymbol{E}$　　(B) $\boldsymbol{A}$ 不可逆

(C) $\boldsymbol{A}$ 可逆, 且 $\boldsymbol{A}^{-1}=\boldsymbol{A}$　　(D) $\boldsymbol{A}$ 可逆, 且 $\boldsymbol{A}^{-1}=\boldsymbol{A}^2$

(3) 设 $\boldsymbol{A}^{-1}$ 为 $n$ 阶方阵 $\boldsymbol{A}$ 的逆矩阵, 则 $\left|\left|\boldsymbol{A}^{-1}\right|\boldsymbol{A}\right|=$(　　).

(A) 1　　(B) $|\boldsymbol{A}|^{1-n}$

(C) $(-1)^n$　　(D) $|\boldsymbol{A}|^{n-1}$

(4) 设 $\boldsymbol{A}^*$, $\boldsymbol{A}^{-1}$ 为 $n$ 阶方阵 $\boldsymbol{A}$ 的伴随阵、逆矩阵, 则 $\left|\boldsymbol{A}^*\boldsymbol{A}^{-1}\right|=$ (　　).

(A) $|\boldsymbol{A}|^n$　　(B) $|\boldsymbol{A}|^{n-1}$

(C) $|\boldsymbol{A}|^{n-2}$　　(D) $|\boldsymbol{A}|^{n-3}$

2. 求下列矩阵的逆矩阵.

(1) $\begin{pmatrix}1&-2\\2&-5\end{pmatrix}$;　　(2) $\begin{pmatrix}a&b\\c&d\end{pmatrix}(ad-bc\neq 0)$;　　(3) $\begin{pmatrix}1&2&-1\\3&4&-2\\5&-4&1\end{pmatrix}$;

(4) $\begin{pmatrix}1&0&0&0\\1&2&0&0\\2&1&3&0\\1&2&1&4\end{pmatrix}$;　　(5) $\begin{pmatrix}a_1&&&0\\&a_2&&\\&&\ddots&\\0&&&a_n\end{pmatrix}(a_1a_2\cdots a_n\neq 0)$.

3. 设 $\boldsymbol{A}$ 是可逆阵, 证明:

(1) 若 $\boldsymbol{AX}=\boldsymbol{AY}$ , 则有 $\boldsymbol{X}=\boldsymbol{Y}$;

(2) 若 $\boldsymbol{AB}=\boldsymbol{O}$, 则有 $\boldsymbol{B}=\boldsymbol{O}$.

4. 解下列矩阵方程.

(1) $\begin{pmatrix}2&5\\1&3\end{pmatrix}\boldsymbol{X}=\begin{pmatrix}4&-1\\2&1\end{pmatrix}$;

(2) $\boldsymbol{X}\begin{pmatrix}2&1&-1\\2&1&0\\1&-1&1\end{pmatrix}=(1\quad 0\quad 1)$;

(3) $\begin{pmatrix} 2 & 1 & -1 \\ 2 & 1 & 0 \\ 1 & -1 & 1 \end{pmatrix} \boldsymbol{X} = \begin{pmatrix} 1 \\ 0 \\ 1 \end{pmatrix}$;

(4) $\begin{pmatrix} 0 & 1 & 0 \\ 1 & 0 & 0 \\ 0 & 0 & 1 \end{pmatrix} \boldsymbol{X} \begin{pmatrix} 1 & 0 & 0 \\ 0 & 0 & 1 \\ 0 & 1 & 0 \end{pmatrix} = \begin{pmatrix} 1 & -4 & 3 \\ 2 & 0 & -1 \\ 1 & -2 & 0 \end{pmatrix}$.

5. 利用逆矩阵解下列线性方程组.

(1) $\begin{cases} x_1 + 2x_2 + 3x_3 = 1, \\ 2x_1 + 2x_2 + 5x_3 = 2, \\ 3x_1 + 5x_2 + x_3 = 3; \end{cases}$ (2) $\begin{cases} x_1 - x_2 - x_3 = 2, \\ 2x_1 - x_2 - 3x_3 = 1, \\ 3x_1 + 2x_2 - 5x_3 = 0. \end{cases}$

6. 设 $\boldsymbol{A}$ 方阵满足 $\boldsymbol{A}^2 + \boldsymbol{A} = 4\boldsymbol{E}$, 证明 $\boldsymbol{A} - \boldsymbol{E}$ 可逆, 并求其逆.

7. 设 $n$ 阶矩阵 $\boldsymbol{A}$ 的伴随矩阵为 $\boldsymbol{A}^*$, 证明:

(1) 若 $|\boldsymbol{A}| = 0$, 则 $|\boldsymbol{A}^*| = 0$;

(2) $|\boldsymbol{A}^*| = |\boldsymbol{A}|^{n-1}$.

8. 设 $\boldsymbol{A}$ 是三阶方阵, $|\boldsymbol{A}| = \dfrac{1}{2}$, 求 $\left|(3\boldsymbol{A})^{-1} - 2\boldsymbol{A}^*\right|$.

9. 设 $\boldsymbol{A}$ 是 $n$ 阶可逆矩阵, 证明 $(\boldsymbol{A}^*)^{-1} = (\boldsymbol{A}^{-1})^*$.

10. 设 $\boldsymbol{A}^k = \boldsymbol{O}$ ($k$ 为正整数), 证明 $(\boldsymbol{E} - \boldsymbol{A})^{-1} = \boldsymbol{E} + \boldsymbol{A} + \boldsymbol{A}^2 + \cdots + \boldsymbol{A}^{k-1}$.

11. 设 $\boldsymbol{A} = \begin{pmatrix} 0 & 3 & 3 \\ 1 & 1 & 0 \\ -1 & 2 & 3 \end{pmatrix}$, $\boldsymbol{AB} = \boldsymbol{A} + 2\boldsymbol{B}$, 求 $\boldsymbol{B}$.

## 2.4 矩阵的分块

对于行数和列数较高的矩阵, 为了简化运算, 经常采用分块法, 使大矩阵 $\boldsymbol{A}$ 的运算化成若干小矩阵间的运算, 具体做法是: 将大矩阵 $\boldsymbol{A}$ 用若干条纵线和横线分成许多个小矩阵. 每个小矩阵称为 $\boldsymbol{A}$ 的子块, 以子块为元素的形式上的矩阵称为**分块矩阵**.

**例 1** 设矩阵 $\boldsymbol{A} = \begin{pmatrix} 1 & 3 & -1 & 0 \\ 2 & 5 & 0 & -2 \\ 3 & 1 & -1 & 3 \end{pmatrix}$, $\boldsymbol{A}$ 分成子块的方法很多.

分法 $\boldsymbol{A} = \left(\begin{array}{ccc:c} 1 & 3 & -1 & 0 \\ 2 & 5 & 0 & -2 \\ \hdashline 3 & 1 & -1 & 3 \end{array}\right)$ 中, 若记

$$\boldsymbol{A}_{11} = \begin{pmatrix} 1 & 3 & -1 \\ 2 & 5 & 0 \end{pmatrix}, \quad \boldsymbol{A}_{12} = \begin{pmatrix} 0 \\ -2 \end{pmatrix},$$

$$A_{21} = (3 \quad 1 \quad -1), \quad A_{22} = (3),$$

$$A = \begin{pmatrix} A_{11} & A_{12} \\ A_{21} & A_{22} \end{pmatrix}.$$

这是一个将 $A$ 分成了 4 个子块的分块矩阵.

如上面的矩阵 $A$ 也可这样分成 $\left(\begin{array}{c:c:cc} 1 & 3 & -1 & 0 \\ 2 & 5 & 0 & -2 \\ \hdashline 3 & 1 & -1 & 3 \end{array}\right)$, $\left(\begin{array}{c:c:c:c} 1 & 3 & -1 & 0 \\ 2 & 5 & 0 & -2 \\ 3 & 1 & -1 & 3 \end{array}\right)$, 请读者列出对应的子块, 以及以子块为元素的分块矩阵. 矩阵的分块有多种方式, 可根据具体需要而定.

分块矩阵的运算与常规矩阵的运算规则类似, 下面介绍分块矩阵的加法运算、数乘运算、乘法运算、转置运算、逆矩阵等.

(1) 设矩阵 $A$ 与 $B$ 的行数相同、列数相同, 采用相同的分块法, 若

$$A = \begin{pmatrix} A_{11} & \cdots & A_{1t} \\ \vdots & & \vdots \\ A_{s1} & \cdots & A_{st} \end{pmatrix}, \quad B = \begin{pmatrix} B_{11} & \cdots & B_{1t} \\ \vdots & & \vdots \\ B_{s1} & \cdots & B_{st} \end{pmatrix},$$

其中 $A_{ij}$ 与 $B_{ij}$ 的行数相同、列数相同, 则

$$A + B = \begin{pmatrix} A_{11} + B_{11} & \cdots & A_{1t} + B_{1t} \\ \vdots & & \vdots \\ A_{s1} + B_{s1} & \cdots & A_{st} + B_{st} \end{pmatrix}.$$

(2) 设 $A = \begin{pmatrix} A_{11} & \cdots & A_{1t} \\ \vdots & & \vdots \\ A_{s1} & \cdots & A_{st} \end{pmatrix}$, $k$ 为实数, 则

$$kA = \begin{pmatrix} kA_{11} & \cdots & kA_{1t} \\ \vdots & & \vdots \\ kA_{s1} & \cdots & kA_{st} \end{pmatrix}.$$

(3) 设 $A$ 为 $m \times l$ 矩阵, $B$ 为 $l \times n$ 矩阵, 分块成

$$A = \begin{pmatrix} A_{11} & \cdots & A_{1t} \\ \vdots & & \vdots \\ A_{s1} & \cdots & A_{st} \end{pmatrix}, \quad B = \begin{pmatrix} B_{11} & \cdots & B_{1r} \\ \vdots & & \vdots \\ B_{t1} & \cdots & B_{tr} \end{pmatrix},$$

其中 $\boldsymbol{A}_{p1},\boldsymbol{A}_{p2},\cdots,\boldsymbol{A}_{pt}$ 的列数分别等于 $\boldsymbol{B}_{1q},\boldsymbol{B}_{2q},\cdots,\boldsymbol{B}_{tq}$ 的行数, 则

$$\boldsymbol{AB}=\begin{pmatrix}\boldsymbol{C}_{11} & \cdots & \boldsymbol{C}_{1r}\\ \vdots & & \vdots\\ \boldsymbol{C}_{s1} & \cdots & \boldsymbol{C}_{sr}\end{pmatrix},$$

其中 $\boldsymbol{C}_{pq}=\sum\limits_{k=1}^{t}\boldsymbol{A}_{pk}\boldsymbol{B}_{kq}(p=1,2,\cdots,s;q=1,2,\cdots,r)$.

分块矩阵

**例 2** 设

$$\boldsymbol{A}=\begin{pmatrix}1&0&0&0\\0&1&0&0\\-1&2&1&0\\-1&1&0&1\end{pmatrix},\quad \boldsymbol{B}=\begin{pmatrix}1&0&3&2\\-1&2&0&1\\1&0&4&1\\1&-1&2&0\end{pmatrix},$$

对 $\boldsymbol{A}$ 与 $\boldsymbol{B}$ 进行不同形式的分块, 来进行 $\boldsymbol{A}$ 与 $\boldsymbol{B}$ 的加法运算、数乘运算、乘法运算.

(i) 把矩阵 $\boldsymbol{A}$ 与 $\boldsymbol{B}$ 分别分块成 4 个 $2\times 2$ 子矩阵:

$$\boldsymbol{A}=\begin{pmatrix}\boldsymbol{E}&\boldsymbol{O}\\\boldsymbol{A}_1&\boldsymbol{E}\end{pmatrix},\quad \boldsymbol{B}=\begin{pmatrix}\boldsymbol{B}_{11}&\boldsymbol{B}_{12}\\\boldsymbol{B}_{21}&\boldsymbol{B}_{22}\end{pmatrix},$$

现在对矩阵 $\boldsymbol{A},\boldsymbol{B}$ 进行乘积运算, 把这些小矩阵看作数一样来处理, 按乘法运算规则,

$$\boldsymbol{AB}=\begin{pmatrix}\boldsymbol{E}&\boldsymbol{O}\\\boldsymbol{A}_1&\boldsymbol{E}\end{pmatrix}\begin{pmatrix}\boldsymbol{B}_{11}&\boldsymbol{B}_{12}\\\boldsymbol{B}_{21}&\boldsymbol{B}_{22}\end{pmatrix}=\begin{pmatrix}\boldsymbol{B}_{11}&\boldsymbol{B}_{12}\\\boldsymbol{A}_1\boldsymbol{B}_{11}+\boldsymbol{B}_{21}&\boldsymbol{A}_1\boldsymbol{B}_{12}+\boldsymbol{B}_{22}\end{pmatrix},$$

计算出 $\boldsymbol{A}_1\boldsymbol{B}_{11}+\boldsymbol{B}_{21}$ 和 $\boldsymbol{A}_1\boldsymbol{B}_{12}+\boldsymbol{B}_{22}$, 可得

$$\boldsymbol{AB}=\begin{pmatrix}1&0&3&2\\-1&2&0&1\\-2&4&1&1\\-1&1&-1&-1\end{pmatrix}.$$

若对 $\boldsymbol{A}$, $\boldsymbol{B}$ 采用相同的分块法, 然后让对应子块相加可进行 $\boldsymbol{A}+\boldsymbol{B}$ 加法运算、同样数 $k$ 乘分块矩阵 $\boldsymbol{A}$ 的每一个子块可进行 $k\boldsymbol{A}$ 运算, 如下:

$$\boldsymbol{A}+\boldsymbol{B}=\begin{pmatrix} \boldsymbol{E}+\boldsymbol{B}_{11} & \boldsymbol{B}_{12} \\ \boldsymbol{A}_1+\boldsymbol{B}_{21} & \boldsymbol{E}+\boldsymbol{B}_{22} \end{pmatrix}, \quad 3\boldsymbol{A}=\begin{pmatrix} 3\boldsymbol{E} & \boldsymbol{O} \\ 3\boldsymbol{A}_1 & 3\boldsymbol{E} \end{pmatrix}.$$

(ii) 把矩阵 $\boldsymbol{A}$ 与 $\boldsymbol{B}$ 按下列形式分块成 4 个子矩阵:

$$\boldsymbol{A}=\begin{pmatrix} \boldsymbol{A}_{11} & \boldsymbol{A}_{12} \\ \boldsymbol{A}_{21} & \boldsymbol{A}_{22} \end{pmatrix}, \quad \boldsymbol{B}=\begin{pmatrix} \boldsymbol{B}_{11} & \boldsymbol{B}_{12} \\ \boldsymbol{B}_{21} & \boldsymbol{B}_{22} \end{pmatrix},$$

其中

$$\boldsymbol{A}_{11}=\begin{pmatrix} 1 & 0 & 0 \\ 0 & 1 & 0 \end{pmatrix}, \quad \boldsymbol{A}_{12}=\begin{pmatrix} 0 \\ 0 \end{pmatrix}, \quad \boldsymbol{A}_{21}=\begin{pmatrix} -1 & 2 & 1 \\ -1 & 1 & 0 \end{pmatrix}, \quad \boldsymbol{A}_{22}=\begin{pmatrix} 0 \\ 1 \end{pmatrix};$$

$$\boldsymbol{B}_{11}=\begin{pmatrix} 1 & 0 & 3 \\ -1 & 2 & 0 \end{pmatrix}, \quad \boldsymbol{B}_{12}=\begin{pmatrix} 2 \\ 1 \end{pmatrix}, \quad \boldsymbol{B}_{21}=\begin{pmatrix} 1 & 0 & 4 \\ 1 & -1 & 2 \end{pmatrix}, \quad \boldsymbol{B}_{22}=\begin{pmatrix} 1 \\ 0 \end{pmatrix}.$$

按这种分块进行乘法运算, 即

$$\begin{aligned} \boldsymbol{AB} &= \begin{pmatrix} \boldsymbol{A}_{11} & \boldsymbol{A}_{12} \\ \boldsymbol{A}_{21} & \boldsymbol{A}_{22} \end{pmatrix}\begin{pmatrix} \boldsymbol{B}_{11} & \boldsymbol{B}_{12} \\ \boldsymbol{B}_{21} & \boldsymbol{B}_{22} \end{pmatrix} \\ &= \begin{pmatrix} \boldsymbol{A}_{11}\boldsymbol{B}_{11}+\boldsymbol{A}_{12}\boldsymbol{B}_{21} & \boldsymbol{A}_{11}\boldsymbol{B}_{12}+\boldsymbol{A}_{12}\boldsymbol{B}_{22} \\ \boldsymbol{A}_{21}\boldsymbol{B}_{11}+\boldsymbol{A}_{22}\boldsymbol{B}_{21} & \boldsymbol{A}_{21}\boldsymbol{B}_{12}+\boldsymbol{A}_{22}\boldsymbol{B}_{22} \end{pmatrix}, \end{aligned}$$

此时所有的小矩阵乘积运算都是没有定义的.

(iii) 对矩阵 $\boldsymbol{A}$ 的分块如 (ii) 不变, 而 $\boldsymbol{B}$ 的分块改成为

$$\boldsymbol{B}_{11}=\begin{pmatrix} 1 & 0 & 3 \\ -1 & 2 & 0 \\ 1 & 0 & 4 \end{pmatrix}, \quad \boldsymbol{B}_{12}=\begin{pmatrix} 2 \\ 1 \\ 1 \end{pmatrix}, \quad \boldsymbol{B}_{21}=(1 \quad -1 \quad 2), \quad \boldsymbol{B}_{22}=(0).$$

此时 $\boldsymbol{AB}$ 的运算也可以按分块形式进行:

$$\boldsymbol{AB}=\begin{pmatrix} \boldsymbol{A}_{11} & \boldsymbol{A}_{12} \\ \boldsymbol{A}_{21} & \boldsymbol{A}_{22} \end{pmatrix}\begin{pmatrix} \boldsymbol{B}_{11} & \boldsymbol{B}_{12} \\ \boldsymbol{B}_{21} & \boldsymbol{B}_{22} \end{pmatrix}$$

$$
= \begin{pmatrix} \boldsymbol{A}_{11}\boldsymbol{B}_{11} + \boldsymbol{A}_{12}\boldsymbol{B}_{21} & \boldsymbol{A}_{11}\boldsymbol{B}_{12} + \boldsymbol{A}_{12}\boldsymbol{B}_{22} \\ \boldsymbol{A}_{21}\boldsymbol{B}_{11} + \boldsymbol{A}_{22}\boldsymbol{B}_{21} & \boldsymbol{A}_{21}\boldsymbol{B}_{12} + \boldsymbol{A}_{22}\boldsymbol{B}_{22} \end{pmatrix},
$$

但此时小矩阵之间的乘法运算, 不如 (i) 简单.

(4) 关于分块矩阵的转置运算, 显然有

设 $\boldsymbol{A} = \begin{pmatrix} \boldsymbol{A}_{11} & \cdots & \boldsymbol{A}_{1t} \\ \vdots & & \vdots \\ \boldsymbol{A}_{s1} & \cdots & \boldsymbol{A}_{st} \end{pmatrix}$, 则 $\boldsymbol{A}^{\mathrm{T}} = \begin{pmatrix} \boldsymbol{A}_{11}^{\mathrm{T}} & \cdots & \boldsymbol{A}_{s1}^{\mathrm{T}} \\ \vdots & & \vdots \\ \boldsymbol{A}_{1t}^{\mathrm{T}} & \cdots & \boldsymbol{A}_{st}^{\mathrm{T}} \end{pmatrix}$.

(5) 设 $\boldsymbol{A}$ 为 $n$ 阶方阵, 若分块矩阵 $\boldsymbol{A}$ 只有在对角线上有非零子块, 其余子块都为零矩阵, 且在对角线上的子块都是方阵, 即

$$
\boldsymbol{A} = \begin{pmatrix} \boldsymbol{A}_1 & & & \boldsymbol{O} \\ & \boldsymbol{A}_2 & & \\ & & \ddots & \\ \boldsymbol{O} & & & \boldsymbol{A}_s \end{pmatrix},
$$

其中 $\boldsymbol{A}_i(i=1,2,\cdots,s)$ 都是方阵, 则称 $\boldsymbol{A}$ 为分块对角矩阵.

如 $\boldsymbol{A} = \left(\begin{array}{cc:cc:c} 1 & 1 & 0 & 0 & 0 \\ -1 & 1 & 0 & 0 & 0 \\ \hdashline 0 & 0 & 1 & 0 & 0 \\ 0 & 0 & 1 & 1 & 0 \\ \hdashline 0 & 0 & 0 & 0 & 1 \end{array}\right)$, 若记 $\boldsymbol{A}_1 = \begin{pmatrix} 1 & 1 \\ -1 & 1 \end{pmatrix}$, $\boldsymbol{A}_2 = \begin{pmatrix} 1 & 0 \\ 1 & 1 \end{pmatrix}$,

$\boldsymbol{A}_3 = (1)$, 则 $\boldsymbol{A} = \begin{pmatrix} \boldsymbol{A}_1 & \boldsymbol{O} & \boldsymbol{O} \\ \boldsymbol{O} & \boldsymbol{A}_2 & \boldsymbol{O} \\ \boldsymbol{O} & \boldsymbol{O} & \boldsymbol{A}_3 \end{pmatrix}$ 就是分块对角阵.

分块对角矩阵 $\boldsymbol{A} = \begin{pmatrix} \boldsymbol{A}_1 & & & \boldsymbol{O} \\ & \boldsymbol{A}_2 & & \\ & & \ddots & \\ \boldsymbol{O} & & & \boldsymbol{A}_s \end{pmatrix}$ 具有以下性质.

(i) 若 $|\boldsymbol{A}_i| \neq 0(i=1,2,\cdots,s)$, 则 $|\boldsymbol{A}| \neq 0$, 且 $|\boldsymbol{A}| = |\boldsymbol{A}_1||\boldsymbol{A}_2|\cdots|\boldsymbol{A}_s|$;

(ii) $\boldsymbol{A}^{-1}=\begin{pmatrix}\boldsymbol{A}_1^{-1} & & & \boldsymbol{O}\\ & \boldsymbol{A}_2^{-1} & & \\ & & \ddots & \\ \boldsymbol{O} & & & \boldsymbol{A}_s^{-1}\end{pmatrix}$.

**例 3**　设 $\boldsymbol{A}=\begin{pmatrix}2&0&0\\0&5&2\\0&2&1\end{pmatrix}$, 求 $\boldsymbol{A}^{-1}$.

**解**　令 $\boldsymbol{A}=\begin{pmatrix}2&0&0\\0&5&2\\0&2&1\end{pmatrix}=\begin{pmatrix}\boldsymbol{A}_1&\boldsymbol{O}\\\boldsymbol{O}&\boldsymbol{A}_2\end{pmatrix}$, $\boldsymbol{A}_1=(2)$, $\boldsymbol{A}_2=\begin{pmatrix}5&2\\2&1\end{pmatrix}$, 则是分块对角矩阵, 由于

$$\boldsymbol{A}_1^{-1}=\left(\frac{1}{2}\right),\quad \boldsymbol{A}_2^{-1}=\begin{pmatrix}1&-2\\-2&5\end{pmatrix},$$

因此

$$\boldsymbol{A}^{-1}=\begin{pmatrix}\boldsymbol{A}_1^{-1}&\boldsymbol{O}\\\boldsymbol{O}&\boldsymbol{A}_2^{-1}\end{pmatrix}=\begin{pmatrix}\frac{1}{2}&0&0\\0&1&-2\\0&-2&5\end{pmatrix}.$$

设

$$\boldsymbol{D}=\begin{pmatrix}a_{11}&\cdots&a_{1k}&0&\cdots&0\\\vdots&&\vdots&\vdots&&\vdots\\a_{k1}&\cdots&a_{kk}&0&\cdots&0\\c_{11}&\cdots&c_{1k}&b_{11}&\cdots&b_{1r}\\\vdots&&\vdots&\vdots&&\vdots\\c_{r1}&\cdots&c_{rr}&b_{r1}&\cdots&b_{rr}\end{pmatrix}=\begin{pmatrix}\boldsymbol{A}&\boldsymbol{O}\\\boldsymbol{C}&\boldsymbol{B}\end{pmatrix},$$

其中 $\boldsymbol{A},\boldsymbol{B}$ 分别为 $k$ 阶和 $r$ 阶可逆矩阵, $\boldsymbol{C}$ 是 $r\times k$ 的矩阵, $\boldsymbol{O}$ 是 $k\times r$ 的零矩阵, 求 $\boldsymbol{D}^{-1}$.

因为 $|\boldsymbol{D}|=|\boldsymbol{A}|\,|\boldsymbol{B}|$, 故当 $\boldsymbol{A},\boldsymbol{B}$ 可逆时, $\boldsymbol{D}$ 也可逆, 设 $\boldsymbol{D}^{-1}=\begin{pmatrix}\boldsymbol{X}_{11}&\boldsymbol{X}_{12}\\\boldsymbol{X}_{21}&\boldsymbol{X}_{22}\end{pmatrix}$, 由

$$\begin{pmatrix}\boldsymbol{A}&\boldsymbol{O}\\\boldsymbol{C}&\boldsymbol{B}\end{pmatrix}\begin{pmatrix}\boldsymbol{X}_{11}&\boldsymbol{X}_{12}\\\boldsymbol{X}_{21}&\boldsymbol{X}_{22}\end{pmatrix}=\begin{pmatrix}\boldsymbol{E}_k&\boldsymbol{O}\\\boldsymbol{O}&\boldsymbol{E}_r\end{pmatrix},$$

$$\begin{cases} \boldsymbol{AX}_{11} = \boldsymbol{E}_k, \\ \boldsymbol{AX}_{12} = \boldsymbol{O}, \\ \boldsymbol{CX}_{11} + \boldsymbol{BX}_{21} = \boldsymbol{O}, \\ \boldsymbol{CX}_{12} + \boldsymbol{BX}_{22} = \boldsymbol{E}_r \end{cases} \Rightarrow \begin{cases} \boldsymbol{X}_{11} = \boldsymbol{A}^{-1}, \\ \boldsymbol{X}_{12} = \boldsymbol{A}^{-1}\boldsymbol{O} = \boldsymbol{O}, \\ \boldsymbol{X}_{22} = \boldsymbol{B}^{-1}, \\ \boldsymbol{BX}_{21} = -\boldsymbol{CX}_{11} = -\boldsymbol{CA}^{-1} \Rightarrow \boldsymbol{X}_{21} = -\boldsymbol{B}^{-1}\boldsymbol{CA}^{-1}. \end{cases}$$

故

$$\boldsymbol{D}^{-1} = \begin{pmatrix} \boldsymbol{A}^{-1} & \boldsymbol{O} \\ -\boldsymbol{B}^{-1}\boldsymbol{CA}^{-1} & \boldsymbol{B}^{-1} \end{pmatrix}.$$

特别地, 当 $\boldsymbol{C} = \boldsymbol{O}$ 时,

$$\boldsymbol{D}^{-1} = \begin{pmatrix} \boldsymbol{A} & \boldsymbol{O} \\ \boldsymbol{O} & \boldsymbol{B} \end{pmatrix}^{-1} = \begin{pmatrix} \boldsymbol{A}^{-1} & \boldsymbol{O} \\ \boldsymbol{O} & \boldsymbol{B}^{-1} \end{pmatrix}.$$

矩阵按行 (列) 分块是最常见的一种分块方法. 一般地, $m \times n$ 矩阵 $\boldsymbol{A}$ 有 $m$ 行, 称为矩阵 $\boldsymbol{A}$ 的 $m$ 个**行向量**, 若记第 $i$ 行为

$$\boldsymbol{\alpha}_i^{\mathrm{T}} = (a_{i1}, a_{i2}, \cdots, a_{in}),$$

则矩阵 $\boldsymbol{A}$ 就可表示为

$$\boldsymbol{A} = \begin{pmatrix} \boldsymbol{\alpha}_1^{\mathrm{T}} \\ \boldsymbol{\alpha}_2^{\mathrm{T}} \\ \vdots \\ \boldsymbol{\alpha}_m^{\mathrm{T}} \end{pmatrix}.$$

$m \times n$ 矩阵 $\boldsymbol{A}$ 有 $n$ 列, 称为矩阵 $\boldsymbol{A}$ 的 $n$ 个列向量, 若记第 $j$ 列为

$$\boldsymbol{\alpha}_j = \begin{pmatrix} a_{1j} \\ a_{2j} \\ \vdots \\ a_{mj} \end{pmatrix},$$

则矩阵 $\boldsymbol{A}$ 就可表示为

$$\boldsymbol{A} = (\boldsymbol{\alpha}_1, \boldsymbol{\alpha}_2, \cdots, \boldsymbol{\alpha}_n).$$

**例 4** 若 $\boldsymbol{A}^{\mathrm{T}}\boldsymbol{A} = \boldsymbol{O}$, 证明 $\boldsymbol{A} = \boldsymbol{O}$.

**证明**　设 $\boldsymbol{A}=(a_{ij})_{m\times n}$, 把 $\boldsymbol{A}$ 用列向量表示为 $\boldsymbol{A}=(\boldsymbol{\alpha}_1,\boldsymbol{\alpha}_2,\cdots,\boldsymbol{\alpha}_n)$, 则

$$\boldsymbol{A}^{\mathrm{T}}\boldsymbol{A}=\begin{pmatrix}\boldsymbol{\alpha}_1^{\mathrm{T}}\\ \boldsymbol{\alpha}_2^{\mathrm{T}}\\ \vdots\\ \boldsymbol{\alpha}_n^{\mathrm{T}}\end{pmatrix}(\boldsymbol{\alpha}_1,\boldsymbol{\alpha}_2,\cdots,\boldsymbol{\alpha}_n)=\begin{pmatrix}\boldsymbol{\alpha}_1^{\mathrm{T}}\boldsymbol{\alpha}_1 & \boldsymbol{\alpha}_1^{\mathrm{T}}\boldsymbol{\alpha}_2 & \cdots & \boldsymbol{\alpha}_1^{\mathrm{T}}\boldsymbol{\alpha}_n\\ \boldsymbol{\alpha}_2^{\mathrm{T}}\boldsymbol{\alpha}_1 & \boldsymbol{\alpha}_2^{\mathrm{T}}\boldsymbol{\alpha}_2 & \cdots & \boldsymbol{\alpha}_2^{\mathrm{T}}\boldsymbol{\alpha}_n\\ \vdots & \vdots & & \vdots\\ \boldsymbol{\alpha}_n^{\mathrm{T}}\boldsymbol{\alpha}_1 & \boldsymbol{\alpha}_n^{\mathrm{T}}\boldsymbol{\alpha}_2 & \cdots & \boldsymbol{\alpha}_n^{\mathrm{T}}\boldsymbol{\alpha}_n\end{pmatrix},$$

即 $\boldsymbol{A}^{\mathrm{T}}\boldsymbol{A}$ 的 $(i,j)$ 元为 $\boldsymbol{\alpha}_i^{\mathrm{T}}\boldsymbol{\alpha}_j$, 因 $\boldsymbol{A}^{\mathrm{T}}\boldsymbol{A}=\boldsymbol{O}$, 故 $\boldsymbol{\alpha}_i^{\mathrm{T}}\boldsymbol{\alpha}_j=0(i,j=1,2,\cdots,n)$, 特别地, 有 $\boldsymbol{\alpha}_j^{\mathrm{T}}\boldsymbol{\alpha}_j=0(j=1,2,\cdots,n)$, 而

$$\boldsymbol{\alpha}_j^{\mathrm{T}}\boldsymbol{\alpha}_j=(a_{1j},a_{2j},\cdots,a_{mj})\begin{pmatrix}a_{1j}\\ a_{2j}\\ \vdots\\ a_{mj}\end{pmatrix}=a_{1j}^2+a_{2j}^2+\cdots+a_{mj}^2,$$

由 $a_{1j}^2+a_{2j}^2+\cdots+a_{mj}^2=0$ (因 $a_{ij}$ 为实数) 得 $a_{1j}=a_{2j}=\cdots=a_{mj}=0(j=1,2,\cdots,n)$, 即 $\boldsymbol{A}=\boldsymbol{O}$.

## 习题 2.4

1. 有以下两个分块对角阵:

$$\boldsymbol{A}=\begin{pmatrix}\boldsymbol{A}_1 & & & \boldsymbol{O}\\ & \boldsymbol{A}_2 & & \\ & & \ddots & \\ \boldsymbol{O} & & & \boldsymbol{A}_k\end{pmatrix},\quad \boldsymbol{B}=\begin{pmatrix}\boldsymbol{B}_1 & & & \boldsymbol{O}\\ & \boldsymbol{B}_2 & & \\ & & \ddots & \\ \boldsymbol{O} & & & \boldsymbol{B}_k\end{pmatrix},$$

其中矩阵 $\boldsymbol{A}_i$ 与 $\boldsymbol{B}_i$ 都是 $n_i$ 阶方阵 (因此 $\boldsymbol{A}$, $\boldsymbol{B}$ 是同阶方阵), 用分块矩阵的乘法验证

$$\boldsymbol{AB}=\begin{pmatrix}\boldsymbol{A}_1\boldsymbol{B}_1 & & & \boldsymbol{O}\\ & \boldsymbol{A}_2\boldsymbol{B}_2 & & \\ & & \ddots & \\ \boldsymbol{O} & & & \boldsymbol{A}_k\boldsymbol{B}_k\end{pmatrix}.$$

2. 设 $\boldsymbol{A}$ 是一个分块对角矩阵: $\boldsymbol{A}=\begin{pmatrix}\boldsymbol{A}_1 & & & \boldsymbol{O}\\ & \boldsymbol{A}_2 & & \\ & & \ddots & \\ \boldsymbol{O} & & & \boldsymbol{A}_k\end{pmatrix}$, 且每块 $\boldsymbol{A}_i$ 都是可逆阵,

证明 $\boldsymbol{A}$ 也是可逆阵且 $\boldsymbol{A}^{-1}=\begin{pmatrix}\boldsymbol{A}_1^{-1} & & & \boldsymbol{O}\\ & \boldsymbol{A}_2^{-1} & & \\ & & \ddots & \\ \boldsymbol{O} & & & \boldsymbol{A}_k^{-1}\end{pmatrix}$.

3. 设 $\boldsymbol{A}=\begin{pmatrix}1&0&0&0\\0&1&0&0\\-1&2&1&0\\1&1&0&1\end{pmatrix}$, $\boldsymbol{B}=\begin{pmatrix}1&0&1&0\\-1&2&0&1\\1&0&4&1\\-1&-1&2&0\end{pmatrix}$, 用分块矩阵求 $\boldsymbol{AB}$.

4. 求 $\boldsymbol{A}=\begin{pmatrix}5&-2&0&0\\2&-1&0&0\\0&0&1&2\\0&0&1&3\end{pmatrix}$ 的逆矩阵.

## 2.5 考研例题选讲

在考研数学中, 本章应重点掌握矩阵的线性运算、乘法运算、转置、方阵的幂与方阵乘积的行列式的性质以及它们的运算规律. 重点掌握逆矩阵的概念和性质, 矩阵求逆运算. 在矩阵方程的求解、相似矩阵和二次型等问题都会应用到求逆矩阵运算. 本章还要了解分块矩阵及其运算.

2.5 考研例题选讲

## 2.6 数 学 实 验

### 2.6.1 实验目的

熟练掌握 MATLAB 软件处理以下问题:

(1) 矩阵的运算 (加, 减, 左乘);

(2) 矩阵的逆矩阵的方法.

### 2.6.2 实验相关的 MATLAB 命令或函数

| 命令 | 功能说明 |
|---|---|
| A=[ ] | 构造矩阵 |
| sym('[]') | 构造符号矩阵 A |

续表

| 命令 | 功能说明 |
| --- | --- |
| A+B | 矩阵 A 与 B 相加 |
| A-B | 矩阵 A 与 B 相减 |
| A*B | 矩阵 A 与 B 相乘 |
| A' | 矩阵的转置 |
| k*A | 常数 k 乘矩阵 A |
| inv(A) | 矩阵 A 的逆 |
| eye(n) | 构造 n 阶单位阵 |
| rand( ) | 生成均匀分布随机阵 |
| randn( ) | 生成正态分布随机阵 |
| company( ) | 伴随矩阵 |
| diag( ) | 对角矩阵 |

### 2.6.3 实验内容

**例 1** 用 MATLAB 生成下列矩阵:

(1) $\boldsymbol{A}=\begin{pmatrix}1&2&3\\2&2&1\\3&4&3\end{pmatrix}$;　　(2) $\boldsymbol{B}=\begin{pmatrix}1&0&0\\0&1&0\\0&0&1\end{pmatrix}$.

**解** (1) 在 MATLAB 命令窗口中, 输入:

```
>> A=[1 2 3;2 2 1;3 4 3]
```

输出结果为

```
A = 1 2 3
    2 2 1
    3 4 3
```

(2) 在 MATLAB 命令窗口中输入:

```
>> B=eye(3) %生成3阶单位阵
```

输出结果为

```
B =
   1 0 0
   0 1 0
   0 0 1
```

**例 2** 已知矩阵 $\boldsymbol{A}=\begin{pmatrix}4&-3&1\\2&0&5\end{pmatrix}$, $\boldsymbol{B}=\begin{pmatrix}1&2&0\\-1&0&3\end{pmatrix}$, 求 $\boldsymbol{A}-2\boldsymbol{B}$.

**解** 在 MATLAB 命令窗口中输入:

```
>> clear all
>> A=[4 -3 1;2 0 5];
>> B=[1 2 0;-1 0 3];
>> A-2*B
```

输出结果为

```
ans =
     2 -7 1
     4 0 -1
```

**例 3** 已知矩阵 $\boldsymbol{A}=\begin{pmatrix}1&0&3\\2&1&0\end{pmatrix}, \boldsymbol{B}=\begin{pmatrix}4&1\\-1&1\\2&0\end{pmatrix}$, 求 $\boldsymbol{A}^{\mathrm{T}}, \boldsymbol{AB}, \boldsymbol{BA}$.

**解** 在 MATLAB 命令窗口中输入:

```
>> clear all
>> A=[1 0 3;2 1 0];
>> B=[4 1;-1 1;2 0];
>> A' %A的转置
```

输出结果为

```
ans =
     1     2
     0     1
     3     0
>> A*B
```

输出结果为

```
ans =
    10     1
     7     3
>> B*A
```

输出结果为

```
ans =
     6     1    12
     1     1    -3
     2     0     6
```

**例 4** 已知矩阵 $\boldsymbol{A}=\begin{pmatrix}1&2&3\\3&2&6\\1&4&3\end{pmatrix}$, 求 $\boldsymbol{A}^2$.

**解**　在 MATLAB 命令窗口中输入:

```
>> clear all
>> A=[1 2 3;3 2 6;1 4 3]
A =
     1     2     3
     3     2     6
     1     4     3
>> A^2
```

输出结果为

```
ans =
    10    18    24
    15    34    39
    16    22    36
```

**例 5**　已知矩阵 $\boldsymbol{A}=\begin{pmatrix}3 & 1 & 0\\ -1 & 2 & 1\\ 3 & 4 & 2\end{pmatrix}$, 求 $|\boldsymbol{A}|, \boldsymbol{A}^{-1}, \boldsymbol{A}^{*}$.

**解**　在 MATLAB 命令窗口中输入:

```
>> clear all
>> A=[3 1 0;-1 2 1;3 4 2]
A =    3     1     0
      -1     2     1
       3     4     2
>> det(A) %矩阵A的行列式
```

输出结果为

```
ans =
     5
```

矩阵 $\boldsymbol{A}$ 的行列式不为零, 则矩阵 $\boldsymbol{A}$ 可逆, 其逆矩阵为

```
>> inv(A)  %矩阵A的逆矩阵
```

矩阵 $\boldsymbol{A}$ 的逆矩阵为

```
ans =
    0.0000   -0.4000    0.2000
    1.0000    1.2000   -0.6000
   -2.0000   -1.8000    1.4000
```

根据伴随矩阵的公式 $\boldsymbol{A}^{*}=|\boldsymbol{A}|\boldsymbol{A}^{-1}$, 则矩阵 $\boldsymbol{A}$ 的伴随矩阵为

```
>> det(A)*inv(A)
```

伴随矩阵的输出结果为

```
ans =
    0.0000   -2.0000    1.0000
    5.0000    6.0000   -3.0000
  -10.0000   -9.0000    7.0000
```

**例 6** 求矩阵 $\boldsymbol{A}=\begin{pmatrix} e & f \\ g & h \end{pmatrix}$ 的行列式和逆矩阵.

**解** 由于该矩阵中的元素是字母, 直接输入系统无法识别, 可用符号函数 sym 生成相应的符号矩阵.

在 MATLAB 命令窗口中输入:

```
>> clear all
>> A=sym('[e f;g h]')
A =
[ e, f]
[ g, h]
>> D=det(A)
D =
e*h - f*g
>> AN=inv(A)
AN =
[  h/(e*h - f*g), -f/(e*h - f*g)]
[ -g/(e*h - f*g),  e/(e*h - f*g)]
```

**例 7** 已知 $\boldsymbol{A}=\begin{pmatrix} 4 & 1 & -2 \\ 2 & 2 & 1 \\ 3 & 1 & -1 \end{pmatrix}$, $\boldsymbol{B}=\begin{pmatrix} 1 & -3 \\ 2 & 2 \\ 3 & -1 \end{pmatrix}$, 求 $\boldsymbol{X}$, 使 $\boldsymbol{AX}=\boldsymbol{B}$.

**解** 输入矩阵 $\boldsymbol{A}$:

```
>> clear all
>> A=[4 1 -2;2 2 1;3 1 -1]
A =
     4     1    -2
     2     2     1
     3     1    -1
>> det(A)
ans =
     1
```

因为 $|\boldsymbol{A}| \neq 0$, 所以 $\boldsymbol{A}$ 可逆, 又 $\boldsymbol{AX} = \boldsymbol{B}$, 故 $\boldsymbol{X} = \boldsymbol{A}^{-1}\boldsymbol{B}$, 输入

```
>> B = [1 -3; 2 2; 3 -1]
B =
      1     -3
      2      2
      3     -1
>> X=inv(A)*B
X =
     10.0000     2.0000
    -15.0000    -3.0000
     12.0000     4.0000
```

**例 8**　解矩阵方程, 设 $\boldsymbol{A} = \begin{pmatrix} 1 & 2 & 3 \\ 2 & 2 & 1 \\ 3 & 4 & 3 \end{pmatrix}, \boldsymbol{B} = \begin{pmatrix} 1 & -1 \\ 1 & 3 \end{pmatrix}, \boldsymbol{C} = \begin{pmatrix} 1 & 3 \\ 2 & 0 \\ 3 & 1 \end{pmatrix}$. 求矩阵 $\boldsymbol{X}$ 使其满足 $\boldsymbol{AXB} = \boldsymbol{C}$.

**解**　求矩阵 $\boldsymbol{X}$, 则需要判定 $\boldsymbol{A}, \boldsymbol{B}$ 是否可逆, 故需要先判断行列式的值是否为零.

在 MATLAB 命令窗口中输入:

```
>> A=[1 2 3;2 2 1;3 4 3];
>> det(A)
ans =
    2.0000
>> B=[1 -1;1 3];
>> det(B)
ans =
      4
```

则 $|\boldsymbol{A}| = 2 \neq 0, |\boldsymbol{B}| = 4 \neq 0$, 则 $\boldsymbol{A}^{-1}, \boldsymbol{B}^{-1}$ 都存在.

输入:

```
>> AN=inv(A)
AN =
    1.0000     3.0000    -2.0000
   -1.5000    -3.0000     2.5000
    1.0000     1.0000    -1.0000
>> BN=inv(B)
BN =
    0.7500     0.2500
   -0.2500     0.2500
```

根据 $\boldsymbol{AXB}=\boldsymbol{C}$, 则 $\boldsymbol{X}=\boldsymbol{A}^{-1}\boldsymbol{C}\boldsymbol{B}^{-1}$, 输入:

```
>> C=[1 3;2 0;3 1];
>> X=AN*C*BN
X =
    0.5000    0.5000
    0.5000   -0.5000
   -0.5000    0.5000
```

**例 9** 加密问题.

加密在通信中有着重要的作用, 加密的原理如下:

设 $\boldsymbol{A}$ 为加密矩阵 (事先约定的可逆方阵), $\boldsymbol{B}$ 为明文矩阵, 发送方用矩阵 $\boldsymbol{C}=\boldsymbol{AB}$ 进行加密后变为密文矩阵, 进行发送, 接收方收到后用 $\boldsymbol{B}=\boldsymbol{A}^{-1}\boldsymbol{C}$ 再进行解密, 得到明文矩阵.

一般通用的传递信息方法是 26 个字母依次对应 1—26 个整数, 如 A 对应 1, B 对应 2, C 对应 3, 等等, 依次对应, 具体见下表.

字母对应表

| 字母 | 整数 | 字母 | 整数 | 字母 | 整数 | 字母 | 整数 |
|---|---|---|---|---|---|---|---|
| A | 1 | H | 8 | O | 15 | V | 22 |
| B | 2 | I | 9 | P | 16 | W | 23 |
| C | 3 | J | 10 | Q | 17 | X | 24 |
| D | 4 | K | 11 | R | 18 | Y | 25 |
| E | 5 | L | 12 | S | 19 | Z | 26 |
| F | 6 | M | 13 | T | 20 | 空格 | 0 |
| G | 7 | N | 14 | U | 21 | | |

设加密矩阵 $\boldsymbol{A}=\begin{pmatrix}1&0&0\\0&1&2\\0&0&1\end{pmatrix}$, 发送的密文矩阵 $\boldsymbol{C}=\begin{pmatrix}25&15&21\\16&46&17\\5&14&4\end{pmatrix}$, 则发送信息是什么?

**解** 在 MATLAB 命令窗口中输入:

```
>> clear all
>> A=[1 0 0;0 1 2;0 0 1] %A为加密矩阵
A =
     1     0     0
     0     1     2
     0     0     1
```

发送方用 $\boldsymbol{C}=\boldsymbol{AB}$ 进行加密, $\boldsymbol{C}$ 为密文矩阵

```
>> C=[25 15 21;16 46 17;5 14 4]
C =
    25    15    21
    16    46    17
     5    14     4
```

接收方收到后用 $\boldsymbol{B}=\boldsymbol{A}^{-1}\boldsymbol{C}$ 进行解密, 得到明文矩阵

```
>> B=inv(A)*C
B =
    25    15    21
     6    18     9
     5    14     4
```

得到矩阵 $\boldsymbol{B}$ 后查字母对照表可知发送信息为: YOUFRIEND.

# 第 3 章　矩阵的初等变换与线性方程组

本章先引进矩阵的初等变换和初等矩阵, 建立矩阵的秩的概念, 并利用初等变换讨论矩阵的秩的性质; 然后利用矩阵的秩讨论线性方程组无解、有唯一解或有无穷多组解的充分必要条件, 并介绍用初等行变换解线性方程组的方法.

## 3.1　矩阵的初等变换

矩阵的初等变换是矩阵的一种十分重要的运算, 它在解线性方程组、求逆矩阵及矩阵理论的探讨中都可起到重要的作用. 为引进矩阵的初等变换, 先来分析用消元法解线性方程组的例子.

**引例 1**　求解线性方程组

$$\begin{cases} 2x_1 - x_2 - x_3 + x_4 = 2, & ① \\ x_1 + x_2 - 2x_3 + x_4 = 4, & ② \\ 4x_1 - 6x_2 + 2x_3 - 2x_4 = 4, & ③ \\ 3x_1 + 6x_2 - 9x_3 + 7x_4 = 9, & ④ \end{cases} \tag{3.1}$$

**解**

$$(3.1) \xrightarrow[③\div 2]{①\leftrightarrow②} \begin{cases} x_1 + x_2 - 2x_3 + x_4 = 4, & ① \\ 2x_1 - x_2 - x_3 + x_4 = 2, & ② \\ 2x_1 - 3x_2 + x_3 - x_4 = 2, & ③ \\ 3x_1 + 6x_2 - 9x_3 + 7x_4 = 9, & ④ \end{cases} \tag{3.2}$$

$$\xrightarrow[④-3①]{\substack{②-2① \\ ③-2①}} \begin{cases} x_1 + x_2 - 2x_3 + x_4 = 4, & ① \\ -3x_2 + 3x_3 - x_4 = -6, & ② \\ -5x_2 + 5x_3 - 3x_4 = -6, & ③ \\ 3x_2 - 3x_3 + 4x_4 = -3, & ④ \end{cases} \tag{3.3}$$

$$\xrightarrow{③\leftrightarrow②} \begin{cases} x_1 + x_2 - 2x_3 + x_4 = 4, & ① \\ -5x_2 + 5x_3 - 3x_4 = -6, & ② \\ -3x_2 + 3x_3 - x_4 = -6, & ③ \\ 3x_2 - 3x_3 + 4x_4 = -3, & ④ \end{cases}$$

$$\xrightarrow{②-2③}\begin{cases} x_1+x_2-2x_3+x_4=4, & ① \\ x_2-x_3-x_4=6, & ② \\ -3x_2+3x_3-x_4=-6, & ③ \\ 3x_2-3x_3+4x_4=-3, & ④ \end{cases} \tag{3.4}$$

$$\xrightarrow[④-3②]{③+3②}\begin{cases} x_1+x_2-2x_3+x_4=4, & ① \\ x_2-x_3-x_4=6, & ② \\ -4x_4=12, & ③ \\ 7x_4=-21, & ④ \end{cases} \tag{3.5}$$

$$\xrightarrow[④\div 7]{③\div(-4)}\begin{cases} x_1+x_2-2x_3+x_4=4, & ① \\ x_2-x_3-x_4=6, & ② \\ x_4=-3, & ③ \\ x_4=-3, & ④ \end{cases}$$

$$\xrightarrow{④-③}\begin{cases} x_1+x_2-2x_3+x_4=4, & ① \\ x_2-x_3-x_4=6, & ② \\ x_4=-3, & ③ \\ 0=0, & ④ \end{cases} \tag{3.6}$$

这里, (3.1) → (3.2) 是为消 $x_1$ 做准备. (3.2) → (3.3) 是保留 ① 中的 $x_1$, 消去 ②—④ 中的 $x_1$. (3.3) → (3.4) 是为消 $x_2$ 做准备, (3.4) → (3.5) 是保留 ② 中的 $x_2$, 消去 ③, ④ 中的 $x_2$, 在此同时也碰巧把 $x_3$ 也消去了. (3.5) → (3.6) 是消去 $x_4$, 在此同时也碰巧把常数也消去了, 得到恒等式 $0=0$(如果常数项不能消去, 就得到矛盾方程 $0=1$, 就说明方程组无解). 至此消元完毕.

(3.6) 是 4 个未知数 3 个有效方程的方程组, 应有一个自由未知数. 由于方程组 (3.6) 呈阶梯形, 可把每个台阶的第一个未知数 (即 $x_1,x_2,x_4$) 选为非自由未知数, 剩下的 $x_3$ 选为自由未知数. 这样, 就只需用“回代”的方法便能求出解; 由 ③ 得 $x_4=-3$ 代入 ② 得 $x_2=x_3+3$; 以 $x_4=-3$, $x_2=x_3+3$ 代入 ① 得 $x_1=x_3+4$. 于是解得

$$\begin{cases} x_1=x_3+4, \\ x_2=x_3+3, \qquad (\text{其中 } x_3 \text{ 可以任意取值}); \\ x_4=-3 \end{cases}$$

或者令 $x_3=k$, 方程组的解可记作

$$x=\begin{pmatrix}x_1\\x_2\\x_3\\x_4\end{pmatrix}=\begin{pmatrix}k+4\\k+3\\k\\-3\end{pmatrix},\quad \text{即 } x=k\begin{pmatrix}1\\1\\1\\0\end{pmatrix}+\begin{pmatrix}4\\3\\0\\-3\end{pmatrix}\quad(\text{其中 } k \text{ 为任意常数}).$$

在上述消元的过程中, 始终把方程组看成一个整体, 即不是着眼于某一个方程的变形, 而是着眼于整个方程组变成另一个方程组. 其中用到三种变换:

(1) 交换某两个方程的次序;

(2) 以不等于零的数乘某个方程;

(3) 将某个方程的 $k$ 倍加到另一个方程上.

由于这三种变换都是可逆的, 变换前的方程组与变换后的方程组是同解的, 这三种变换都是方程组的同解变换, 所以最后求得的解是方程组 (3.1) 的全部解.

在上述变换过程中, 实际上只对方程组的系数和常数进行运算, 未知数并未参与运算. 因此, 若记方程组 (3.1) 的增广矩阵为

$$\tilde{\boldsymbol{A}}=(\boldsymbol{A}\quad\boldsymbol{b})=\left(\begin{array}{cccc:c}2&-1&-1&1&2\\1&1&-2&1&4\\4&-6&2&-2&4\\3&6&-9&7&9\end{array}\right),$$

那么上述对方程组的变换完全可以转换为对矩阵 $\tilde{\boldsymbol{A}}$ 的变换. 把方程组的上述三种同解变换移植到矩阵上, 就得到矩阵的三种初等变换.

### 3.1.1 矩阵的初等变换

**定义 1** 矩阵的下列三种变换称为矩阵的**初等行变换**:

(1) 交换矩阵的两行 (交换 $i, j$ 两行, 记作: $r_i \leftrightarrow r_j$ );

(2) 以一个非零的数 $k$ 乘矩阵的某一行 (第 $i$ 行乘数 $k$, 记作: $kr_i$ 或 $r_i \times k$ );

(3) 把矩阵的某一行所有元素的 $k$ 倍加到另一行对应的元素上去 (第 $j$ 行乘数 $k$ 加到第 $i$ 行, 记作: $r_i + kr_j$).

把定义中的 “行” 换成 “列”, 即得矩阵的**初等列变换**的定义 (相应记号中把 $r$ 换成 $c$). 矩阵的初等行变换和初等列变换统称为矩阵的**初等变换**.

**注** 初等变换的逆变换仍是初等变换, 且变换类型相同; 变换 $r_i \leftrightarrow r_j$ 的逆变换即为其本身; 变换 $r_i\times k$ 的逆变换为 $r_i\times\dfrac{1}{k}$; 变换 $r_i+kr_j$ 的逆变换为 $r_i+(-k)r_j$ 或为 $r_i - kr_j$.

如果矩阵 $\boldsymbol{A}$ 经过有限次初等行变换变成矩阵 $\boldsymbol{B}$, 就称**矩阵 $\boldsymbol{A}$ 与矩阵 $\boldsymbol{B}$ 行等价**, 记作 $\boldsymbol{A}\overset{r}{\sim}\boldsymbol{B}$ 或 $\boldsymbol{A}\xrightarrow{r}\boldsymbol{B}$; 如果矩阵 $\boldsymbol{A}$ 经过有限次初等列变换变成矩阵 $\boldsymbol{B}$,

就称**矩阵 $\boldsymbol{A}$ 与矩阵 $\boldsymbol{B}$ 列等价**, 记作 $\boldsymbol{A}\overset{c}{\sim}\boldsymbol{B}$ 或 $\boldsymbol{A}\overset{c}{\rightarrow}\boldsymbol{B}$; 如果矩阵 $\boldsymbol{A}$ 经过有限次初等变换变成矩阵 $\boldsymbol{B}$, 就称**矩阵 $\boldsymbol{A}$ 与矩阵 $\boldsymbol{B}$ 等价**, 记作 $\boldsymbol{A}\sim\boldsymbol{B}$ 或 $\boldsymbol{A}\rightarrow\boldsymbol{B}$.

矩阵之间的等价关系具有下列**基本性质**:

(1) 自反性 $\boldsymbol{A}\sim\boldsymbol{A}$;

(2) 对称性 若 $\boldsymbol{A}\sim\boldsymbol{B}$, 则 $\boldsymbol{B}\sim\boldsymbol{A}$;

(3) 传递性 若 $\boldsymbol{A}\sim\boldsymbol{B}$, $\boldsymbol{B}\sim\boldsymbol{C}$, 则 $\boldsymbol{A}\sim\boldsymbol{C}$.

### 3.1.2 初等矩阵

**定义 2** 对单位矩阵 $\boldsymbol{E}$ 施以一次初等变换得到的矩阵称为**初等矩阵**, 三种初等变换分别对应着三种初等矩阵.

(1) $\boldsymbol{E}$ 的第 $i,j$ 行 (列) 互换得到的矩阵

$$\boldsymbol{E}(i,j)=\begin{pmatrix}1&&&&&&&&&&\\&\ddots&&&&&&&&&\\&&1&&&&&&&&\\&&&0&\cdots&\cdots&\cdots&1&&&\\&&&\vdots&1&&&\vdots&&&\\&&&\vdots&&\ddots&&\vdots&&&\\&&&\vdots&&&1&\vdots&&&\\&&&1&\cdots&\cdots&\cdots&0&&&\\&&&&&&&&1&&\\&&&&&&&&&\ddots&\\&&&&&&&&&&1\end{pmatrix}\begin{matrix}\\\\\\i\text{ 行}\\\\\\\\j\text{ 行}\\\\\\\\\end{matrix};$$

$$\qquad\qquad i\text{ 列}\qquad\qquad j\text{ 列}$$

(2) $\boldsymbol{E}$ 的第 $i$ 行 (列) 乘以非零数 $k$ 得到的矩阵

$$\boldsymbol{E}(i(k))=\begin{pmatrix}1&&&&\\&\ddots&&&\\&&k&&\\&&&\ddots&\\&&&&1\end{pmatrix}\begin{matrix}\\\\i\text{ 行}\\\\\\\end{matrix};$$

$$i\text{ 列}$$

(3) $\boldsymbol{E}$ 的第 $j$ 行乘数 $k$ 加到第 $i$ 行上, 或 $\boldsymbol{E}$ 的第 $i$ 列乘数 $k$ 加到第 $j$ 列上得到的矩阵

$$
\boldsymbol{E}(i,j(k))=\begin{pmatrix}
1 & & & & & & \\
 & \ddots & & & & & \\
 & & 1 & \cdots & k & & \\
 & & & \ddots & \vdots & & \\
 & & & & 1 & & \\
 & & & & & \ddots & \\
 & & & & & & 1
\end{pmatrix}\begin{matrix} \\ \\ i\text{ 行} \\ \\ j\text{ 行} \\ \\ \\ \end{matrix}.
$$

$$
\qquad\qquad\qquad i\text{ 列}\qquad j\text{ 列}
$$

**命题 1** 初等矩阵有下列基本性质:

(1) $\boldsymbol{E}(i,j)^{-1}=\boldsymbol{E}(i,j)$; $\boldsymbol{E}(i(k))^{-1}=\boldsymbol{E}(i(k^{-1}))$; $\boldsymbol{E}(i,j(k))^{-1}=\boldsymbol{E}(i,j(-k))$.

(2) $|\boldsymbol{E}(i,j)|=-1$; $|\boldsymbol{E}(i(k))|=k$; $|\boldsymbol{E}(i,j(k))|=1$.

**定理 1** 设 $\boldsymbol{A}$ 是一个 $m\times n$ 的矩阵, 对 $A$ 施行一次某种初等行 (列) 变换, 相当于用同种的 $m(n)$ 阶初等矩阵左 (右) 乘 $\boldsymbol{A}$.

**证明** 现证明交换 $\boldsymbol{A}$ 的第 $i$ 行与第 $j$ 行等于用 $\boldsymbol{E}_m(i,j)$ 左乘 $\boldsymbol{A}$. 将 $\boldsymbol{A}$ 与 $\boldsymbol{E}$ 分块为

$$
\boldsymbol{A}=\begin{pmatrix}\boldsymbol{A}_1\\ \boldsymbol{A}_2\\ \vdots\\ \boldsymbol{A}_i\\ \vdots\\ \boldsymbol{A}_j\\ \vdots\\ \boldsymbol{A}_m\end{pmatrix},\quad
\boldsymbol{E}=\begin{pmatrix}\varepsilon_1\\ \varepsilon_2\\ \vdots\\ \varepsilon_i\\ \vdots\\ \varepsilon_j\\ \vdots\\ \varepsilon_m\end{pmatrix},
$$

则

$$
\boldsymbol{E}_m(i,j)\boldsymbol{A}=\begin{pmatrix}\varepsilon_1\\ \varepsilon_2\\ \vdots\\ \varepsilon_j\\ \vdots\\ \varepsilon_i\\ \vdots\\ \varepsilon_m\end{pmatrix}\boldsymbol{A}=\begin{pmatrix}\varepsilon_1\boldsymbol{A}\\ \varepsilon_2\boldsymbol{A}\\ \vdots\\ \varepsilon_j\boldsymbol{A}\\ \vdots\\ \varepsilon_i\boldsymbol{A}\\ \vdots\\ \varepsilon_m\boldsymbol{A}\end{pmatrix}=\begin{pmatrix}\boldsymbol{A}_1\\ \boldsymbol{A}_2\\ \vdots\\ \boldsymbol{A}_j\\ \vdots\\ \boldsymbol{A}_i\\ \vdots\\ \boldsymbol{A}_m\end{pmatrix},
$$

其中 $\boldsymbol{A}_k=(a_{k1},a_{k2},\cdots,a_{kn})$, $\boldsymbol{\varepsilon}_k=(0,0,\cdots,\underbrace{1}_{\text{第 }k\text{ 个}},\cdots,0)$ $(k=1,2,\cdots,m)$. 由此可见, $\boldsymbol{E}_m(i,j)\boldsymbol{A}$ 恰好等于矩阵 $\boldsymbol{A}$ 第 $i$ 行与第 $j$ 行互换得到的矩阵.

同理可证其他变换的情况.

**例 1**　设有矩阵 $\boldsymbol{A}=\begin{pmatrix}3&0&2\\1&1&2\\0&1&1\end{pmatrix}$, 而

$$\boldsymbol{E}_3(1,2)=\begin{pmatrix}0&1&0\\1&0&0\\0&0&1\end{pmatrix},\quad \boldsymbol{E}_3(3,1(2))=\begin{pmatrix}1&0&0\\0&1&0\\2&0&1\end{pmatrix},$$

则

$$\boldsymbol{E}_3(1,2)\boldsymbol{A}=\begin{pmatrix}0&1&0\\1&0&0\\0&0&1\end{pmatrix}\begin{pmatrix}3&0&2\\1&1&2\\0&1&1\end{pmatrix}=\begin{pmatrix}1&1&2\\3&0&2\\0&1&1\end{pmatrix},$$

即用 $\boldsymbol{E}_3(1,2)$ 左乘 $\boldsymbol{A}$, 相当于交换矩阵 $\boldsymbol{A}$ 的第 1 行与第 2 行; 又

$$\boldsymbol{A}\boldsymbol{E}_3(3,1(2))=\begin{pmatrix}3&0&2\\1&1&2\\0&1&1\end{pmatrix}\begin{pmatrix}1&0&0\\0&1&0\\2&0&1\end{pmatrix}=\begin{pmatrix}7&0&2\\5&1&2\\2&1&1\end{pmatrix},$$

即用 $\boldsymbol{E}_3(3,1(2))$ 右乘 $\boldsymbol{A}$, 相当于将矩阵 $\boldsymbol{A}$ 的第 3 列乘 2 加到第 1 列.

**例 2**　已知矩阵 $\boldsymbol{A}=\begin{pmatrix}2&-1&-1&1&2\\1&1&-2&1&4\\4&-6&2&-2&4\\3&6&-9&7&9\end{pmatrix}$, 对其作以下初等行变换:

$$\boldsymbol{A}=\begin{pmatrix}2&-1&-1&1&2\\1&1&-2&1&4\\4&-6&2&-2&4\\3&6&-9&7&9\end{pmatrix}\xrightarrow{r_1\leftrightarrow r_2}\begin{pmatrix}1&1&-2&1&4\\2&-1&-1&1&2\\4&-6&2&-2&4\\3&6&-9&7&9\end{pmatrix}$$

$$\xrightarrow[r_4-3r_1]{\substack{r_2-2r_1\\r_3-4r_1}}\begin{pmatrix}1&1&-2&1&4\\0&-3&3&-1&-6\\0&-10&10&-6&-12\\0&3&-3&4&-3\end{pmatrix}\xrightarrow[r_4+r_2]{r_3-3r_2}\begin{pmatrix}1&1&-2&1&4\\0&-3&3&-1&-6\\0&-1&1&-3&6\\0&0&0&3&-9\end{pmatrix}$$

$$\xrightarrow{r_2 \leftrightarrow r_3} \begin{pmatrix} 1 & 1 & -2 & 1 & 4 \\ 0 & -1 & 1 & -3 & 6 \\ 0 & -3 & 3 & -1 & -6 \\ 0 & 0 & 0 & 3 & -9 \end{pmatrix} \xrightarrow{r_3 - 3r_2} \begin{pmatrix} 1 & 1 & -2 & 1 & 4 \\ 0 & -1 & 1 & -3 & 6 \\ 0 & 0 & 0 & 8 & -24 \\ 0 & 0 & 0 & 3 & -9 \end{pmatrix}$$

$$\xrightarrow[r_4 \times \frac{1}{3}]{r_3 \times \frac{1}{8}} \begin{pmatrix} 1 & 1 & -2 & 1 & 4 \\ 0 & -1 & 1 & -3 & 6 \\ 0 & 0 & 0 & 1 & -3 \\ 0 & 0 & 0 & 1 & -3 \end{pmatrix} \xrightarrow{r_4 - r_3} \begin{pmatrix} 1 & 1 & -2 & 1 & 4 \\ 0 & -1 & 1 & -3 & 6 \\ 0 & 0 & 0 & 1 & -3 \\ 0 & 0 & 0 & 0 & 0 \end{pmatrix}$$

$$= \boldsymbol{B}\ (\text{不唯一}).$$

这里的矩阵 $\boldsymbol{B}$ 依其形状的特征称为**行阶梯形矩阵**.

一般地, 称满足下列条件的矩阵为**行阶梯形矩阵**:

(1) 可以画出一条阶梯线, 线的下方全为 0;

(2) 每个台阶只占一行, 台阶数即是非零行的行数, 阶梯线的竖线 (每段竖线的长度为一行) 后面的第一个元素为非零元, 也就是非零行的第一个非零元.

对例 2 中的矩阵 $\boldsymbol{B}$ 再作初等行变换, 得

$$\boldsymbol{B} = \begin{pmatrix} 1 & 1 & -2 & 1 & 4 \\ 0 & -1 & 1 & -3 & 6 \\ 0 & 0 & 0 & 1 & -3 \\ 0 & 0 & 0 & 0 & 0 \end{pmatrix} \xrightarrow{r_2 \times (-1)} \begin{pmatrix} 1 & 1 & -2 & 1 & 4 \\ 0 & 1 & -1 & 3 & -6 \\ 0 & 0 & 0 & 1 & -3 \\ 0 & 0 & 0 & 0 & 0 \end{pmatrix}$$

$$\xrightarrow{r_1 - r_2} \begin{pmatrix} 1 & 0 & -1 & -2 & 10 \\ 0 & 1 & -1 & 3 & -6 \\ 0 & 0 & 0 & 1 & -3 \\ 0 & 0 & 0 & 0 & 0 \end{pmatrix} \xrightarrow[r_2 - 3r_3]{r_1 + 2r_3} \begin{pmatrix} 1 & 0 & -1 & 0 & 4 \\ 0 & 1 & -1 & 0 & 3 \\ 0 & 0 & 0 & 1 & -3 \\ 0 & 0 & 0 & 0 & 0 \end{pmatrix} = \boldsymbol{C},$$

称这种特殊形状的行阶梯形矩阵 $\boldsymbol{C}$ 为**行最简形矩阵**.

一般地, 称满足下列条件的行阶梯形矩阵为**行最简形矩阵**:

(1) 各非零行的第一个非零元素为 1;

(2) 每个首非零元所在列的其他元素都为 0.

如果对上述矩阵 $\boldsymbol{C}$ 再作初等列变换, 可得

$$\boldsymbol{C} = \begin{pmatrix} 1 & 0 & -1 & 0 & 4 \\ 0 & 1 & -1 & 0 & 3 \\ 0 & 0 & 0 & 1 & -3 \\ 0 & 0 & 0 & 0 & 0 \end{pmatrix} \xrightarrow[c_5 - 4c_1]{c_3 + c_1} \begin{pmatrix} 1 & 0 & 0 & 0 & 0 \\ 0 & 1 & -1 & 0 & 3 \\ 0 & 0 & 0 & 1 & -3 \\ 0 & 0 & 0 & 0 & 0 \end{pmatrix}$$

$$\xrightarrow[c_5-3c_2]{c_3+c_2}\begin{pmatrix}1&0&0&0&0\\0&1&0&0&0\\0&0&0&1&-3\\0&0&0&0&0\end{pmatrix}$$

$$\xrightarrow{c_5+3c_4}\begin{pmatrix}1&0&0&0&0\\0&1&0&0&0\\0&0&0&1&0\\0&0&0&0&0\end{pmatrix}\xrightarrow{c_3\leftrightarrow c_4}\begin{pmatrix}1&0&0&0&0\\0&1&0&0&0\\0&0&1&0&0\\0&0&0&0&0\end{pmatrix}=\boldsymbol{F},$$

这里的矩阵 $\boldsymbol{F}$ 称为原矩阵 $\boldsymbol{A}$ 的**标准形** (形式唯一确定, 变换方法不唯一).

行最简形矩阵的变换方法

一般地, 矩阵 $\boldsymbol{A}$ 的标准形 $\boldsymbol{F}$ 具有如下特点: $\boldsymbol{F}$ 左上角是一个单位矩阵 $\boldsymbol{E}$, 其余元素全为 0.

**定理 2** 任意一个矩阵 $\boldsymbol{A}=(a_{ij})_{m\times n}$ 经过有限次初等变换, 可以化为下列标准形矩阵

$$\boldsymbol{F}=\begin{pmatrix}1&&&&&\\&\ddots&&&&\\&&1&&&\\&&&0&&\\&&&&\ddots&\\&&&&&0\end{pmatrix}_{m\times n}^{\quad r}\cong\begin{pmatrix}\boldsymbol{E}_r&\boldsymbol{O}\\\boldsymbol{O}&\boldsymbol{O}\end{pmatrix}_{m\times n}.$$

**证明** 如果所有的 $a_{ij}$ 都等于 0, 则 $\boldsymbol{A}$ 已经是 $\boldsymbol{F}$ 的形式; 如果至少有一个元素不等于 0, 不妨假设 $a_{11}\neq 0$(否则总可以通过第一种初等变换, 使左上角元素不等于 0), 以 $\dfrac{-a_{i1}}{a_{11}}$ 乘第一行加到第 $i$ 行 $(i=1,2,\cdots,m)$, 以 $-\dfrac{a_{1j}}{a_{11}}$ 乘所得矩阵的第一列加到第 $j$ 列上 $(j=1,2,\cdots,n)$, 然后以 $\dfrac{1}{a_{11}}$ 乘第一行, 于是, 矩阵 $\boldsymbol{A}$ 化为

$$\begin{pmatrix} \boldsymbol{E}_1 & \boldsymbol{O}_{1\times(n-1)} \\ \boldsymbol{O}_{(m-1)\times 1} & \boldsymbol{B}_1 \end{pmatrix}.$$

如果 $\boldsymbol{B}_1 = \boldsymbol{O}$, 则 $\boldsymbol{A}$ 已经化为 $\boldsymbol{F}$ 的形式, 否则按上述方法对矩阵 $\boldsymbol{B}_1$ 继续进行下去, 可证得结论.

**注** 定理 2 的证明实质上给出了定理 2 的结论.

**定理 2′** 任一矩阵 $\boldsymbol{A}$ 总可以经过有限次的初等行变换化为行阶梯形矩阵, 并进而化为行最简形矩阵.

根据定理 2 的证明及初等变换的可逆性, 有

**推论 1** 如果 $\boldsymbol{A}$ 为 $n$ 阶可逆矩阵, 则矩阵 $\boldsymbol{A}$ 经过有限次初等变换可化为单位矩阵 $\boldsymbol{E}$, 即 $\boldsymbol{A} \to \boldsymbol{E}$.

**例 3** 将 $\boldsymbol{A} = \begin{pmatrix} 1 & 2 & 3 & 2 \\ 1 & 3 & 5 & 4 \\ 0 & 1 & 2 & 2 \end{pmatrix}$ 化为标准形矩阵.

**解** 先用初等行变换将矩阵 $\boldsymbol{A}$ 变为行阶梯形矩阵, 再用初等行变换将其变为行最简形矩阵, 最后用初等列变换将其变为标准形矩阵.

$$\boldsymbol{A} = \begin{pmatrix} 1 & 2 & 3 & 2 \\ 1 & 3 & 5 & 4 \\ 0 & 1 & 2 & 2 \end{pmatrix} \xrightarrow{r_2 - r_1} \begin{pmatrix} 1 & 2 & 3 & 2 \\ 0 & 1 & 2 & 2 \\ 0 & 1 & 2 & 2 \end{pmatrix} \xrightarrow{r_3 - r_2} \begin{pmatrix} 1 & 2 & 3 & 2 \\ 0 & 1 & 2 & 2 \\ 0 & 0 & 0 & 0 \end{pmatrix}$$

$$\xrightarrow{r_1 - 2r_2} \begin{pmatrix} 1 & 0 & -1 & -2 \\ 0 & 1 & 2 & 2 \\ 0 & 0 & 0 & 0 \end{pmatrix} \xrightarrow[c_3 + 2c_1]{c_3 + c_1} \begin{pmatrix} 1 & 0 & 0 & 0 \\ 0 & 1 & 2 & 2 \\ 0 & 0 & 0 & 0 \end{pmatrix}$$

$$\xrightarrow[c_4 - 2c_2]{c_3 - 2c_2} \begin{pmatrix} 1 & 0 & 0 & 0 \\ 0 & 1 & 0 & 0 \\ 0 & 0 & 0 & 0 \end{pmatrix} = \boldsymbol{F} = \begin{pmatrix} \boldsymbol{E}_2 & \boldsymbol{O} \\ \boldsymbol{O} & \boldsymbol{O} \end{pmatrix}.$$

### 3.1.3 求逆矩阵的初等变换法

在 2.3 节中, 给出矩阵 $\boldsymbol{A}$ 可逆的充分必要条件的同时, 也给出了利用伴随矩阵求逆矩阵 $\boldsymbol{A}^{-1}$ 的一种方法——伴随矩阵法, 即

$$\boldsymbol{A}^{-1} = \frac{1}{|\boldsymbol{A}|}\boldsymbol{A}^*.$$

对于较高阶的矩阵, 用伴随矩阵法求逆矩阵计算量太大.

下面介绍一种较为简便的方法——初等变换法.

**定理 3**　$n$ 阶矩阵 $\boldsymbol{A}$ 可逆的充分必要条件是 $\boldsymbol{A}$ 可以表示为若干初等矩阵的乘积.

**证明**　因为初等变换是可逆的, 故充分性是显然的.

必要性. 设矩阵 $\boldsymbol{A}$ 可逆, 则由定理 2 的结论知, $\boldsymbol{A}$ 可以经过有限次初等变换化为单位矩阵 $\boldsymbol{E}$, 即存在初等矩阵 $\boldsymbol{P}_1,\boldsymbol{P}_2,\cdots,\boldsymbol{P}_s$, $\boldsymbol{Q}_1,\boldsymbol{Q}_2,\cdots,\boldsymbol{Q}_t$, 使得

$$\boldsymbol{P}_s\cdots\boldsymbol{P}_2\boldsymbol{P}_1\boldsymbol{A}\boldsymbol{Q}_1\boldsymbol{Q}_2\cdots\boldsymbol{Q}_t=\boldsymbol{E}.$$

所以 $\boldsymbol{A}=\boldsymbol{P}_1^{-1}\boldsymbol{P}_2^{-1}\cdots\boldsymbol{P}_s^{-1}\boldsymbol{E}\boldsymbol{Q}_t^{-1}\cdots\boldsymbol{Q}_2^{-1}\boldsymbol{Q}_1^{-1}=\boldsymbol{P}_1^{-1}\boldsymbol{P}_2^{-1}\cdots\boldsymbol{P}_s^{-1}\boldsymbol{Q}_t^{-1}\cdots\boldsymbol{Q}_2^{-1}\boldsymbol{Q}_1^{-1}$, 即矩阵 $\boldsymbol{A}$ 可表示为若干初等矩阵的乘积.

注意到若 $\boldsymbol{A}$ 可逆, 则 $\boldsymbol{A}^{-1}$ 也可逆, 由定理 3, 存在初等矩阵 $\boldsymbol{G}_1,\boldsymbol{G}_2,\cdots,\boldsymbol{G}_k$, 使得

$$\boldsymbol{A}^{-1}=\boldsymbol{G}_1\boldsymbol{G}_2\cdots\boldsymbol{G}_k,$$

在上式两边右乘矩阵 $\boldsymbol{A}$, 得 $\boldsymbol{A}^{-1}\boldsymbol{A}=\boldsymbol{G}_1\boldsymbol{G}_2\cdots\boldsymbol{G}_k\boldsymbol{A}$, 即

$$\boldsymbol{E}=\boldsymbol{G}_1\boldsymbol{G}_2\cdots\boldsymbol{G}_k\boldsymbol{A},\tag{3.7}$$

$$\boldsymbol{A}^{-1}=\boldsymbol{G}_1\boldsymbol{G}_2\cdots\boldsymbol{G}_k\boldsymbol{E}.\tag{3.8}$$

(3.7) 表示对 $\boldsymbol{A}$ 施以若干次初等行变换可化为 $\boldsymbol{E}$; (3.8) 表示对 $\boldsymbol{E}$ 施以同样的若干次初等行变换可化为 $\boldsymbol{A}^{-1}$.

因此, 求矩阵 $\boldsymbol{A}$ 的逆矩阵 $\boldsymbol{A}^{-1}$ 时, 可构造 $n\times 2n$ 的矩阵 $(\boldsymbol{A}\quad\boldsymbol{E})$, 然后对其施以初等**行**变换将矩阵 $\boldsymbol{A}$ 化为单位矩阵 $\boldsymbol{E}$, 则上述初等**行**变换同时也将其中的单位矩阵 $\boldsymbol{E}$ 化为 $\boldsymbol{A}^{-1}$, 即

$$(\boldsymbol{A}\quad\boldsymbol{E})\xrightarrow{\text{初等行变换}}(\boldsymbol{E}\quad\boldsymbol{A}^{-1}),$$

这就是求逆矩阵的**初等行变换法**.

**例 4**　设 $\boldsymbol{A}=\begin{pmatrix}1&2&3\\2&2&1\\3&4&3\end{pmatrix}$, 求 $\boldsymbol{A}^{-1}$.

**解**　$(\boldsymbol{A}\quad\boldsymbol{E})\xrightarrow{\text{初等行变换}}(\boldsymbol{E}\quad\boldsymbol{A}^{-1})$, 即

$$(\boldsymbol{A}\quad\boldsymbol{E})=\left(\begin{array}{ccc:ccc}1&2&3&1&0&0\\2&2&1&0&1&0\\3&4&3&0&0&1\end{array}\right)$$

$$\xrightarrow[r_3-3r_1]{r_2-2r_1}\left(\begin{array}{ccc:ccc}1&2&3&1&0&0\\0&-2&-5&-2&1&0\\0&-2&-6&-3&0&1\end{array}\right)$$

$$\xrightarrow{r_3-r_2}\left(\begin{array}{ccc:ccc}1&2&3&1&0&0\\0&-2&-5&-2&1&0\\0&0&-1&-1&-1&1\end{array}\right)$$

$$\xrightarrow[r_3\times(-1)]{r_2\times\left(\frac{-1}{2}\right)}\left(\begin{array}{ccc:ccc}1&2&3&1&0&0\\0&1&\dfrac{5}{2}&1&\dfrac{-1}{2}&0\\0&0&1&1&1&-1\end{array}\right)$$

$$\xrightarrow{r_1-2r_2}\left(\begin{array}{ccc:ccc}1&0&-2&-1&1&0\\0&1&\dfrac{5}{2}&1&\dfrac{-1}{2}&0\\0&0&1&1&1&-1\end{array}\right)$$

$$\xrightarrow[r_2-\frac{5}{2}r_3]{r_1+2r_3}\left(\begin{array}{ccc:ccc}1&0&0&1&3&-2\\0&1&0&\dfrac{-3}{2}&-3&\dfrac{5}{2}\\0&0&1&1&1&-1\end{array}\right)=(\boldsymbol{E}\quad\boldsymbol{F}).$$

所以

$$\boldsymbol{A}^{-1}=\boldsymbol{F}=\begin{pmatrix}1&3&-2\\\dfrac{-3}{2}&-3&\dfrac{5}{2}\\1&1&-1\end{pmatrix}.$$

**例 5** 已知矩阵 $\boldsymbol{A}=\begin{pmatrix}1&0&1\\2&1&0\\-3&2&-5\end{pmatrix}$, 求 $(\boldsymbol{E}-\boldsymbol{A})^{-1}$.

**解** 由题：$\boldsymbol{E}-\boldsymbol{A}=\begin{pmatrix}0&0&-1\\-2&0&0\\3&-2&6\end{pmatrix}$,

$$(\boldsymbol{E}-\boldsymbol{A}\quad\boldsymbol{E})\xrightarrow{\text{初等行变换}}(\boldsymbol{E}\quad(\boldsymbol{E}-\boldsymbol{A})^{-1}).$$

即

$$
\begin{aligned}
(\boldsymbol{E}-\boldsymbol{A} \quad \boldsymbol{E}) &= \left(\begin{array}{ccc:ccc} 0 & 0 & -1 & 1 & 0 & 0 \\ -2 & 0 & 0 & 0 & 1 & 0 \\ 3 & -2 & 6 & 0 & 0 & 1 \end{array}\right) \\
&\xrightarrow{r_1 \leftrightarrow r_2} \left(\begin{array}{ccc:ccc} -2 & 0 & 0 & 0 & 1 & 0 \\ 0 & 0 & -1 & 1 & 0 & 0 \\ 3 & -2 & 6 & 0 & 0 & 1 \end{array}\right) \\
&\xrightarrow{r_1 \times \left(-\frac{1}{2}\right)} \left(\begin{array}{ccc:ccc} 1 & 0 & 0 & 0 & \frac{-1}{2} & 0 \\ 0 & 0 & -1 & 1 & 0 & 0 \\ 3 & -2 & 6 & 0 & 0 & 1 \end{array}\right) \\
&\xrightarrow{r_3 - 3r_1} \left(\begin{array}{ccc:ccc} 1 & 0 & 0 & 0 & \frac{-1}{2} & 0 \\ 0 & 0 & -1 & 1 & 0 & 0 \\ 0 & -2 & 6 & 0 & \frac{3}{2} & 1 \end{array}\right) \\
&\xrightarrow{r_2 \leftrightarrow r_3} \left(\begin{array}{ccc:ccc} 1 & 0 & 0 & 0 & \frac{-1}{2} & 0 \\ 0 & -2 & 6 & 0 & \frac{3}{2} & 1 \\ 0 & 0 & -1 & 1 & 0 & 0 \end{array}\right) \\
&\xrightarrow[r_3 \times (-1)]{r_2 \times \left(-\frac{1}{2}\right)} \left(\begin{array}{ccc:ccc} 1 & 0 & 0 & 0 & \frac{-1}{2} & 0 \\ 0 & 1 & -3 & 0 & \frac{-3}{4} & \frac{-1}{2} \\ 0 & 0 & 1 & -1 & 0 & 0 \end{array}\right) \\
&\xrightarrow{r_2 + 3r_3} \left(\begin{array}{ccc:ccc} 1 & 0 & 0 & 0 & \frac{-1}{2} & 0 \\ 0 & 1 & 0 & -3 & \frac{-3}{4} & \frac{-1}{2} \\ 0 & 0 & 1 & -1 & 0 & 0 \end{array}\right) = (\boldsymbol{E} \quad \boldsymbol{F}).
\end{aligned}
$$

所以

$$
(\boldsymbol{E}-\boldsymbol{A})^{-1} = \boldsymbol{F} = \begin{pmatrix} 0 & \frac{-1}{2} & 0 \\ -3 & \frac{-3}{4} & \frac{-1}{2} \\ -1 & 0 & 0 \end{pmatrix}.
$$

### 3.1.4 用初等变换法求解矩阵方程

设矩阵 $\boldsymbol{A}$ 可逆, 则求解矩阵方程 $\boldsymbol{AX}=\boldsymbol{B}$ 等价于求解矩阵 $\boldsymbol{X}=\boldsymbol{A}^{-1}\boldsymbol{B}$, 为此, 可采用类似初等行变换求逆矩阵的方法, 构造矩阵 $(\boldsymbol{A}\ \boldsymbol{B})$, 对其施以初等行变换将矩阵 $\boldsymbol{A}$ 化为单位矩阵 $\boldsymbol{E}$, 则上述初等行变换同时也将其中的矩阵 $\boldsymbol{B}$ 化为 $\boldsymbol{A}^{-1}\boldsymbol{B}$, 即

$$(\boldsymbol{A}\quad \boldsymbol{B})\xrightarrow{\text{初等行变换}}(\boldsymbol{E}\quad \boldsymbol{A}^{-1}\boldsymbol{B}).$$

这样就给出了用初等行变换求解矩阵方程 $\boldsymbol{AX}=\boldsymbol{B}$ 的方法.

矩阵方程 $\boldsymbol{XA}=\boldsymbol{B}$, 等价于 $\boldsymbol{A}^{\mathrm{T}}\boldsymbol{X}^{\mathrm{T}}=\boldsymbol{B}^{\mathrm{T}}$, 此时 $\boldsymbol{X}^{\mathrm{T}}=(\boldsymbol{A}^{\mathrm{T}})^{-1}\cdot\boldsymbol{B}^{\mathrm{T}}$, 亦可解得矩阵 $\boldsymbol{X}=\boldsymbol{BA}^{-1}$, 即

$$(\boldsymbol{A}^{\mathrm{T}}\quad \boldsymbol{B}^{\mathrm{T}})\xrightarrow{\text{初等行变换}}(\boldsymbol{E}\quad (\boldsymbol{A}^{\mathrm{T}})^{-1}\cdot\boldsymbol{B}^{\mathrm{T}}),$$

从而 $\boldsymbol{X}=(\boldsymbol{X}^{\mathrm{T}})^{\mathrm{T}}=\left((\boldsymbol{A}^{\mathrm{T}})^{-1}\cdot\boldsymbol{B}^{\mathrm{T}}\right)^{\mathrm{T}}=\boldsymbol{BA}^{-1}$.

**例 6** 求矩阵 $\boldsymbol{X}$, 使 $\boldsymbol{AX}=\boldsymbol{B}$, 其中 $\boldsymbol{A}=\begin{pmatrix}1&2&3\\2&2&1\\3&4&3\end{pmatrix}$, $\boldsymbol{B}=\begin{pmatrix}2&5\\3&1\\4&3\end{pmatrix}$.

**解** 若 $\boldsymbol{A}$ 可逆, 则 $\boldsymbol{X}=\boldsymbol{A}^{-1}\boldsymbol{B}$. $(\boldsymbol{A}\quad \boldsymbol{B})\xrightarrow{\text{初等行变换}}(\boldsymbol{E}\quad \boldsymbol{A}^{-1}\boldsymbol{B})$, 即

$$(\boldsymbol{A}\quad \boldsymbol{B})=\left(\begin{array}{ccc:cc}1&2&3&2&5\\2&2&1&3&1\\3&4&3&4&3\end{array}\right)\xrightarrow[r_3-3r_1]{r_2-2r_1}\left(\begin{array}{ccc:cc}1&2&3&2&5\\0&-2&-5&-1&-9\\0&-2&-6&-2&-12\end{array}\right)$$

$$\xrightarrow{r_3-r_2}\left(\begin{array}{ccc:cc}1&2&3&2&5\\0&-2&-5&-1&-9\\0&0&-1&-1&-3\end{array}\right)\xrightarrow[r_3\times(-1)]{r_2\times\left(\frac{-1}{2}\right)}\left(\begin{array}{ccc:cc}1&2&3&2&5\\0&1&\frac{5}{2}&\frac{1}{2}&\frac{9}{2}\\0&0&1&1&3\end{array}\right)$$

$$\xrightarrow{r_1-2r_2}\left(\begin{array}{ccc:cc}1&0&-2&1&-4\\0&1&\frac{5}{2}&\frac{1}{2}&\frac{9}{2}\\0&0&1&1&3\end{array}\right)\xrightarrow[r_1-\frac{5}{2}r_2]{r_1+2r_3}\left(\begin{array}{ccc:cc}1&0&0&3&2\\0&1&0&-2&-3\\0&0&1&1&3\end{array}\right)$$

$$=(\boldsymbol{E}\quad \boldsymbol{F}),$$

即得

$$\boldsymbol{X}=\boldsymbol{A}^{-1}\boldsymbol{B}=\boldsymbol{F}=\begin{pmatrix}3&2\\-2&-3\\1&3\end{pmatrix}.$$

**例 7**　求矩阵 $\boldsymbol{X}$, 使 $\boldsymbol{XA}=\boldsymbol{B}$, 其中 $\boldsymbol{A}=\begin{pmatrix}1&2&3\\2&2&1\\3&4&3\end{pmatrix}$, $\boldsymbol{B}=\begin{pmatrix}2&3&4\\5&1&3\end{pmatrix}$.

**解**　由题 $(\boldsymbol{XA})^{\mathrm{T}}=\boldsymbol{B}^{\mathrm{T}}$, 即

$$\boldsymbol{A}^{\mathrm{T}}\boldsymbol{X}^{\mathrm{T}}=\boldsymbol{B}^{\mathrm{T}},\quad \boldsymbol{A}^{\mathrm{T}}=\begin{pmatrix}1&2&3\\2&2&4\\3&1&3\end{pmatrix},\quad \boldsymbol{B}^{\mathrm{T}}=\begin{pmatrix}2&5\\3&1\\4&3\end{pmatrix}.$$

若 $\boldsymbol{A}^{\mathrm{T}}$ 可逆, 则 $\boldsymbol{X}^{\mathrm{T}}=(\boldsymbol{A}^{\mathrm{T}})^{-1}\cdot\boldsymbol{B}^{\mathrm{T}}$. $(\boldsymbol{A}^{\mathrm{T}}\quad \boldsymbol{B}^{\mathrm{T}})\xrightarrow{\text{初等行变换}}(\boldsymbol{E}\quad (\boldsymbol{A}^{\mathrm{T}})^{-1}\cdot\boldsymbol{B}^{\mathrm{T}})$,

$$(\boldsymbol{A}^{\mathrm{T}}\quad \boldsymbol{B}^{\mathrm{T}})=\left(\begin{array}{ccc:cc}1&2&3&2&5\\2&2&4&3&1\\3&1&3&4&3\end{array}\right)\xrightarrow[r_3-3r_1]{r_2-2r_1}\left(\begin{array}{ccc:cc}1&2&3&2&5\\0&-2&-2&-1&-9\\0&-5&-6&-2&-12\end{array}\right)$$

$$\xrightarrow[r_3\times(-1)]{r_2\times\left(\frac{-1}{2}\right)}\left(\begin{array}{ccc:cc}1&2&3&2&5\\0&1&1&\frac{1}{2}&\frac{9}{2}\\0&5&6&2&12\end{array}\right)\xrightarrow{r_3-5r_2}\left(\begin{array}{ccc:cc}1&2&3&2&5\\0&1&1&\frac{1}{2}&\frac{9}{2}\\0&0&1&-\frac{1}{2}&-\frac{21}{2}\end{array}\right)$$

$$\xrightarrow{r_1-2r_2}\left(\begin{array}{ccc:cc}1&0&1&1&-4\\0&1&1&\frac{1}{2}&\frac{9}{2}\\0&0&1&-\frac{1}{2}&-\frac{21}{2}\end{array}\right)\xrightarrow[r_2-r_3]{r_1-r_3}\left(\begin{array}{ccc:cc}1&0&0&\frac{3}{2}&\frac{13}{2}\\0&1&0&1&15\\0&0&1&-\frac{1}{2}&-\frac{21}{2}\end{array}\right)$$

$$=(\boldsymbol{E}\quad \boldsymbol{F}),$$

得

$$\boldsymbol{X}^{\mathrm{T}}=\boldsymbol{F}=\begin{pmatrix}\frac{3}{2}&\frac{13}{2}\\1&15\\-\frac{1}{2}&-\frac{21}{2}\end{pmatrix},$$

即

$$\boldsymbol{X}=\begin{pmatrix}\frac{3}{2}&1&-\frac{1}{2}\\\frac{13}{2}&15&-\frac{21}{2}\end{pmatrix}.$$

**例 8** 求解矩阵方程 $\boldsymbol{AX}=\boldsymbol{A}+\boldsymbol{X}$, 其中 $\boldsymbol{A}=\begin{pmatrix}2&2&0\\2&1&3\\0&1&0\end{pmatrix}$.

**解** 把所给方程变形为 $(\boldsymbol{A}-\boldsymbol{E})\boldsymbol{X}=\boldsymbol{A}$, 则 $\boldsymbol{X}=(\boldsymbol{A}-\boldsymbol{E})^{-1}\boldsymbol{A}$.

$(\boldsymbol{A}-\boldsymbol{E}\quad\boldsymbol{A})\xrightarrow{\text{初等行变换}}(\boldsymbol{E}\quad(\boldsymbol{A}-\boldsymbol{E})^{-1}\boldsymbol{A})$, 即

$$
\begin{aligned}
(\boldsymbol{A}-\boldsymbol{E}\quad\boldsymbol{A})&=\left(\begin{array}{ccc:ccc}1&2&0&2&2&0\\2&0&3&2&1&3\\0&1&-1&0&1&0\end{array}\right)\\
&\xrightarrow{r_2-2r_1}\left(\begin{array}{ccc:ccc}1&2&0&2&2&0\\0&-4&3&-2&-3&3\\0&1&-1&0&1&0\end{array}\right)\\
&\xrightarrow{r_2\leftrightarrow r_3}\left(\begin{array}{ccc:ccc}1&2&0&2&2&0\\0&1&-1&0&1&0\\0&-4&3&-2&-3&3\end{array}\right)\\
&\xrightarrow{r_3+4r_2}\left(\begin{array}{ccc:ccc}1&2&0&2&2&0\\0&1&-1&0&1&0\\0&0&-1&-2&1&3\end{array}\right)\\
&\xrightarrow{r_3\times(-1)}\left(\begin{array}{ccc:ccc}1&2&0&2&2&0\\0&1&-1&0&1&0\\0&0&1&2&-1&-3\end{array}\right)\\
&\xrightarrow{r_1-2r_2}\left(\begin{array}{ccc:ccc}1&0&2&2&0&0\\0&1&-1&0&1&0\\0&0&1&2&-1&-3\end{array}\right)\\
&\xrightarrow[r_2+r_3]{r_1-2r_3}\left(\begin{array}{ccc:ccc}1&0&0&-2&2&6\\0&1&0&2&0&-3\\0&0&1&2&-1&-3\end{array}\right)=(\boldsymbol{E}\quad\boldsymbol{F}),
\end{aligned}
$$

即得

$$
\boldsymbol{X}=(\boldsymbol{A}-\boldsymbol{E})^{-1}\boldsymbol{A}=\boldsymbol{F}=\begin{pmatrix}-2&2&6\\2&0&-3\\2&-1&-3\end{pmatrix}.
$$

## 习题 3.1

1. 把下列矩阵化为行阶梯形矩阵.

(1) $\begin{pmatrix} 1 & -1 & 2 \\ 3 & 2 & 1 \\ 1 & -2 & 0 \end{pmatrix}$; (2) $\begin{pmatrix} 1 & -1 & 2 \\ 3 & -3 & 1 \\ -2 & 2 & -4 \end{pmatrix}$; (3) $\begin{pmatrix} 1 & 0 & 2 & -1 \\ 2 & 0 & 3 & 1 \\ 3 & 0 & 4 & -3 \end{pmatrix}$.

2. 把下列矩阵化为行最简形矩阵.

(1) $\begin{pmatrix} 1 & -1 & 3 & -4 & 3 \\ 3 & -3 & 5 & -4 & 1 \\ 2 & -2 & 3 & -2 & 0 \\ 3 & -3 & 4 & -2 & -1 \end{pmatrix}$; (2) $\begin{pmatrix} 2 & 3 & 1 & -3 & 7 \\ 1 & 2 & 0 & -2 & -4 \\ 3 & -2 & 8 & 3 & 0 \\ 2 & -3 & 7 & 4 & 3 \end{pmatrix}$;

(3) $\begin{pmatrix} 3 & -2 & 0 & -1 \\ 0 & 2 & 2 & 1 \\ 1 & -2 & -3 & -2 \\ 0 & 1 & 2 & 1 \end{pmatrix}$.

3. 用初等变换法求下列矩阵的逆矩阵.

(1) $\begin{pmatrix} 1 & 0 & 0 \\ 1 & 2 & 0 \\ 1 & 2 & 3 \end{pmatrix}$; (2) $\begin{pmatrix} 2 & 2 & -1 \\ 1 & -2 & 4 \\ 5 & 8 & 2 \end{pmatrix}$; (3) $\begin{pmatrix} 3 & 2 & 1 \\ 3 & 1 & 5 \\ 3 & 2 & 3 \end{pmatrix}$.

4. 用初等变换法求解下列矩阵方程.

(1) 设 $\boldsymbol{A} = \begin{pmatrix} 0 & 2 & 1 \\ 2 & -1 & 3 \\ -3 & 3 & -4 \end{pmatrix}$, $\boldsymbol{B} = \begin{pmatrix} 1 & -3 \\ 2 & 2 \\ 3 & -1 \end{pmatrix}$, 求 $\boldsymbol{X}$ 使 $\boldsymbol{AX} = \boldsymbol{B}$.

(2) 设 $\boldsymbol{A} = \begin{pmatrix} 0 & 2 & 1 \\ 2 & -1 & 3 \\ -3 & 3 & -4 \end{pmatrix}$, $\boldsymbol{B} = \begin{pmatrix} 1 & 2 & 3 \\ 2 & -3 & 1 \end{pmatrix}$, 求 $\boldsymbol{X}$ 使 $\boldsymbol{XA} = \boldsymbol{B}$.

(3) 设 $\boldsymbol{A} = \begin{pmatrix} 1 & -1 & 0 \\ 0 & 1 & -1 \\ -1 & 0 & 1 \end{pmatrix}$, $\boldsymbol{AX} = 2\boldsymbol{X} + \boldsymbol{A}$, 求 $\boldsymbol{X}$.

# 3.2 矩 阵 的 秩

### 3.2.1 矩阵的秩

矩阵的秩的概念是讨论向量组的线性相关性、线性方程组解的存在性等问题的重要工具. 从 3.1 节已经看到, 矩阵可经初等行变换化为行阶梯形矩阵, 且行阶梯形矩阵所含非零行的行数是唯一确定的, 这个数实质上就是矩阵的“秩”. 鉴于这个数的唯一性尚未证明, 在本节中, 我们首先利用最高阶非零子式来定义矩阵的秩, 然后给出利用初等行变换求矩阵的秩的方法.

**定义 1** 在 $m \times n$ 矩阵 $\boldsymbol{A}$ 中, 任取 $k$ 行 $k$ 列 $(1 \leqslant k \leqslant m, 1 \leqslant k \leqslant n)$, 位于这些行列交叉处的 $k^2$ 个元素, 不改变它们在 $\boldsymbol{A}$ 中所处的位置次序而得到的 $k$ 阶行列式, 称为矩阵 $\boldsymbol{A}$ 的 $k$ **阶子式**.

**注** $m \times n$ 矩阵 $\boldsymbol{A}$ 的 $k$ 阶子式共有 $\mathrm{C}_m^k \mathrm{C}_n^k$ 个.

例如, 设矩阵 $\boldsymbol{A} = \begin{pmatrix} 1 & 3 & 4 & 5 \\ -1 & 0 & 2 & 3 \\ 0 & 1 & -1 & 0 \end{pmatrix}$, 则由 1, 3 两行, 2, 4 两列交叉处的元素构成的二阶子式为 $\begin{vmatrix} 3 & 5 \\ 1 & 0 \end{vmatrix} = -5$.

设 $\boldsymbol{A}$ 为 $m \times n$ 矩阵, 当 $\boldsymbol{A} = \boldsymbol{O}$ 时, 它的任何阶子式都为零. 当 $\boldsymbol{A} \neq \boldsymbol{O}$ 时, 它至少有一个元素不为零, 即它至少有一个一阶子式不为零. 再考察二阶子式, 若 $\boldsymbol{A}$ 中有一个二阶子式不为零, 则再往下考察三阶子式, 如此进行下去, 最后必达到 $\boldsymbol{A}$ 中有 $k$ 阶子式不为零, 而再没有比 $k$ 更高的不为零的子式. 这个不为零的子式的最高阶阶数 $k$ 反映了矩阵 $\boldsymbol{A}$ 内在的重要特征, 在矩阵的理论与应用中都有重要意义.

**定义 2** 设 $\boldsymbol{A}$ 为 $m \times n$ 矩阵, 如果存在 $\boldsymbol{A}$ 的 $k$ 阶子式不为零, 而任何 $k+1$ 阶子式 (如果存在的话) 皆为零, 则称该不为零的 $k$ 阶子式为矩阵 $\boldsymbol{A}$ 的**最高阶非零子式**.

**定义 3** 设 $\boldsymbol{A}$ 为 $m \times n$ 矩阵, 如果矩阵 $\boldsymbol{A}$ 的最高阶非零子式为 $k$ 阶子式, 则称 $k$ 为矩阵 $\boldsymbol{A}$ 的**秩**, 记为 $r(\boldsymbol{A}) = k$ (或 $R(\boldsymbol{A}) = k$).

**规定** 零矩阵的秩等于零.

**例 1** 求矩阵 $\boldsymbol{A} = \begin{pmatrix} 1 & 2 & 3 \\ 2 & 3 & -5 \\ 4 & 7 & 1 \end{pmatrix}$ 的秩.

**解** 在 $\boldsymbol{A}$ 中, $\begin{vmatrix} 1 & 2 \\ 2 & 3 \end{vmatrix} \neq 0$, 又 $\boldsymbol{A}$ 的三阶子式只有一个 $|\boldsymbol{A}|$, 且

$$|\boldsymbol{A}| = \begin{vmatrix} 1 & 2 & 3 \\ 2 & 3 & -5 \\ 4 & 7 & 1 \end{vmatrix} = \begin{vmatrix} 1 & 2 & 3 \\ 0 & -1 & -11 \\ 0 & -1 & -11 \end{vmatrix} = 0,$$

故 $r(\boldsymbol{A}) = 2$.

**例 2**　求矩阵 $\boldsymbol{B}=\begin{pmatrix}2&-1&0&3&-2\\0&3&1&-2&5\\0&0&0&4&-3\\0&0&0&0&0\end{pmatrix}$ 的秩.

**解**　因为 $\boldsymbol{B}$ 是一个行阶梯形矩阵, 其非零行只有 3 行, 故知 $\boldsymbol{B}$ 的所有的四阶子式全为零. 此外, 又存在 $\boldsymbol{B}$ 的一个三阶子式 $\begin{vmatrix}2&-1&3\\0&3&-2\\0&0&4\end{vmatrix}=24\neq 0$, 所以 $r(\boldsymbol{B})=3$.

显然, 矩阵的秩具有下列性质:

(1) 若矩阵 $\boldsymbol{A}$ 中有某 $s$ 阶子式不为 0, 则 $r(\boldsymbol{A})\geqslant s$;

(2) 若 $\boldsymbol{A}$ 中所有 $t$ 阶子式全为零, 则 $r(\boldsymbol{A})<t$;

(3) 若 $\boldsymbol{A}$ 为 $m\times n$ 矩阵, 则 $0\leqslant r(\boldsymbol{A})\leqslant\min\{m,n\}$;

(4) $r(\boldsymbol{A})=r(\boldsymbol{A}^{\mathrm{T}})$.

当 $r(\boldsymbol{A})=\min\{m,n\}$ 时, 称矩阵 $\boldsymbol{A}$ 为**满秩矩阵**, 否则称为**降秩矩阵**.

由上面的例子可知, 利用最高阶非零子式的阶数计算矩阵的秩, 需要由低阶到高阶考虑矩阵的子式, 当矩阵的行数与列数较高时, 按定义求矩阵的秩是很麻烦的.

由于行阶梯形矩阵的秩很容易判断, 而任意矩阵都可以经过有限次初等行变换化为行阶梯形矩阵, 因而可以考虑借助初等行变换法来求矩阵的秩.

### 3.2.2　矩阵的秩的求法

**定理 1**　若 $\boldsymbol{A}\rightarrow\boldsymbol{B}$, 则 $r(\boldsymbol{A})=r(\boldsymbol{B})$.

**证明**　先考察经一次初等行变换的情形.

设 $\boldsymbol{A}$ 经一次初等行变换变为 $\boldsymbol{B}$, 则 $r(\boldsymbol{A})\leqslant r(\boldsymbol{B})$.

设 $r(\boldsymbol{A})=s$, 且 $\boldsymbol{A}$ 的某个 $s$ 阶子式 $D\neq 0$.

当 $\boldsymbol{A}\xrightarrow{r_i\leftrightarrow r_j}\boldsymbol{B}$ 或 $\boldsymbol{A}\xrightarrow{r_i\times k}\boldsymbol{B}$ 时, 在 $\boldsymbol{B}$ 中总能找到与 $D$ 相对应的 $s$ 阶子式 $D_1$, 由于 $D_1=D$ 或 $D_1=kD$, 因此 $D_1\neq 0$, 从而 $r(\boldsymbol{B})\geqslant s$.

当 $\boldsymbol{A}\xrightarrow{r_i+kr_j}\boldsymbol{B}$ 时, 由于对于变换 $r_i\leftrightarrow r_j$ 时结论成立, 因此只需考虑 $\boldsymbol{A}\xrightarrow{r_1+kr_2}\boldsymbol{B}$ 这一特殊情形. 分两种情况讨论:

(1) $\boldsymbol{A}$ 的 $s$ 阶非零子式 $D$ 不包含 $\boldsymbol{A}$ 的第一行, 这时 $D$ 也是 $\boldsymbol{B}$ 的一个非零子式, 故 $r(\boldsymbol{B})\geqslant s$;

(2) $D$ 包含 $\boldsymbol{A}$ 的第一行, 这时把 $\boldsymbol{B}$ 中与 $D$ 对应的 $s$ 阶子式 $D_1$ 记作

$$D_1 = \begin{vmatrix} r_1 + kr_2 \\ r_p \\ \vdots \\ r_q \end{vmatrix} = \begin{vmatrix} r_1 \\ r_p \\ \vdots \\ r_q \end{vmatrix} + k \begin{vmatrix} r_2 \\ r_p \\ \vdots \\ r_q \end{vmatrix} = D + kD_2.$$

若 $p = 2$, 则 $D_1 = D \neq 0$; 若 $p \neq 2$, 则 $D_2$ 也是 $B$ 的 $s$ 阶子式, 由 $D_1 - kD_2 = D \neq 0$ 知, $D_1$ 与 $D_2$ 不同时为零. 总之, 在 $\boldsymbol{B}$ 中存在 $s$ 阶非零子式 $D_1$ 或 $D_2$, 故 $r(\boldsymbol{B}) \geqslant s$.

以上证明了若 $\boldsymbol{A}$ 经过一次初等行变换变为 $\boldsymbol{B}$, 则 $r(\boldsymbol{A}) \leqslant r(\boldsymbol{B})$. 由于 $\boldsymbol{B}$ 亦可经一次初等行变换变为 $\boldsymbol{A}$, 故也有 $r(\boldsymbol{B}) \leqslant r(\boldsymbol{A})$. 因此 $r(\boldsymbol{A}) = r(\boldsymbol{B})$.

由经一次初等行变换后矩阵的秩不变可知, 经有限次初等行变换后矩阵的秩也不变.

设 $\boldsymbol{A}$ 经初等列变换变为 $\boldsymbol{B}$, 则 $\boldsymbol{A}^{\mathrm{T}}$ 经初等行变换变为 $\boldsymbol{B}^{\mathrm{T}}$, 由于 $r(\boldsymbol{A}^{\mathrm{T}}) = r(\boldsymbol{B}^{\mathrm{T}})$, 又

$$r(\boldsymbol{A}) = r(\boldsymbol{A}^{\mathrm{T}}), \quad r(\boldsymbol{B}) = r(\boldsymbol{B}^{\mathrm{T}}),$$

因此 $r(\boldsymbol{A}) = r(\boldsymbol{B})$.

总之, 若 $\boldsymbol{A}$ 经过有限次初等变换变为 $\boldsymbol{B}$(即 $\boldsymbol{A} \to \boldsymbol{B}$), 则 $r(\boldsymbol{A}) = r(\boldsymbol{B})$.

根据这个定理, 我们得到

**利用初等行变换求矩阵的秩的方法** 用初等行变换把矩阵变成行阶梯形矩阵, 行阶梯形矩阵中非零行的行数就是该矩阵的秩.

如何求解矩阵的秩

**例 3** 设 $\boldsymbol{A} = \begin{pmatrix} 3 & 2 & 0 & 5 & 0 \\ 3 & -2 & 3 & 6 & -1 \\ 2 & 0 & 1 & 5 & -3 \\ 1 & 6 & -4 & -1 & 4 \end{pmatrix}$, 求矩阵 $\boldsymbol{A}$ 的秩.

**解** 用初等行变换将矩阵 $\boldsymbol{A}$ 变成行阶梯形矩阵:

$$\boldsymbol{A}=\begin{pmatrix}3&2&0&5&0\\3&-2&3&6&-1\\2&0&1&5&-3\\1&6&-4&-1&4\end{pmatrix}\xrightarrow{r_1\leftrightarrow r_4}\begin{pmatrix}1&6&-4&-1&4\\3&-2&3&6&-1\\2&0&1&5&-3\\3&2&0&5&0\end{pmatrix}$$

$$\xrightarrow[\substack{r_3-2r_1\\r_4-3r_1}]{r_2-3r_1}\begin{pmatrix}1&6&-4&-1&4\\0&-20&15&9&-13\\0&-12&9&7&-11\\0&-16&12&8&-12\end{pmatrix}\xrightarrow{r_4\times\left(-\frac{1}{4}\right)}\begin{pmatrix}1&6&-4&-1&4\\0&-20&15&9&-13\\0&-12&9&7&-11\\0&4&-3&-2&3\end{pmatrix}$$

$$\xrightarrow{r_4\leftrightarrow r_2}\begin{pmatrix}1&6&-4&-1&4\\0&4&-3&-2&3\\0&-12&9&7&-11\\0&-20&15&9&-13\end{pmatrix}\xrightarrow[r_4+5r_2]{r_3+3r_2}\begin{pmatrix}1&6&-4&-1&4\\0&4&-3&-2&3\\0&0&0&1&-2\\0&0&0&-1&2\end{pmatrix}$$

$$\xrightarrow{r_4+r_3}\begin{pmatrix}1&6&-4&-1&4\\0&4&-3&-2&3\\0&0&0&1&-2\\0&0&0&0&0\end{pmatrix}=\boldsymbol{B}.$$

$\boldsymbol{B}$ 是行阶梯形矩阵, 由 $\boldsymbol{B}$ 有三个非零行知 $r(\boldsymbol{B})=3$, 故 $r(\boldsymbol{A})=3$.

**例 4**　设 $\boldsymbol{A}$ 为 $n$ 阶非奇异方阵, $\boldsymbol{B}$ 为 $n\times m$ 矩阵, 证明: $\boldsymbol{A}$ 与 $\boldsymbol{B}$ 乘积的秩等于 $\boldsymbol{B}$ 的秩, 即 $r(\boldsymbol{AB})=r(\boldsymbol{B})$.

**证明**　因为 $\boldsymbol{A}$ 非奇异, 故 $\boldsymbol{A}$ 可以表示成若干初等矩阵之积, $\boldsymbol{A}=\boldsymbol{P}_1\boldsymbol{P}_2\cdots\boldsymbol{P}_s$, 其中 $\boldsymbol{P}_i(i=1,2,\cdots,s)$ 皆为初等矩阵. $\boldsymbol{AB}=\boldsymbol{P}_1\boldsymbol{P}_2\cdots\boldsymbol{P}_s\boldsymbol{B}$, 即 $\boldsymbol{AB}$ 是由 $\boldsymbol{B}$ 经 $s$ 次初等行变换得出的, 因而 $r(\boldsymbol{AB})=r(\boldsymbol{B})$.

同理, 若 $\boldsymbol{B}$ 可逆, 则 $r(\boldsymbol{AB})=r(\boldsymbol{A})$.

**注**　由矩阵的秩及满秩矩阵的定义知, 若 $n$ 阶方阵 $\boldsymbol{A}$ 是满秩的, 则 $|\boldsymbol{A}|\neq 0$, 因而非奇异; 反之亦然.

**例 5**　设 $\boldsymbol{A}=\begin{pmatrix}1&-1&1&2\\3&\lambda&-1&2\\5&3&\mu&6\end{pmatrix}$, 已知 $r(\boldsymbol{A})=2$, 求 $\lambda$ 与 $\mu$ 的值.

**解**　用初等行变换将矩阵 $\boldsymbol{A}$ 变成行阶梯形矩阵:

$$\boldsymbol{A}=\begin{pmatrix}1&-1&1&2\\3&\lambda&-1&2\\5&3&\mu&6\end{pmatrix}\xrightarrow[r_3-5r_1]{r_2-3r_1}\begin{pmatrix}1&-1&1&2\\0&\lambda+3&-4&-4\\0&8&\mu-5&-4\end{pmatrix}$$

$$\xrightarrow{r_3-r_2}\begin{pmatrix}1 & -1 & 1 & 2\\0 & \lambda+3 & -4 & -4\\0 & -\lambda+5 & \mu-1 & 0\end{pmatrix}.$$

因为 $r(\boldsymbol{A})=2$, 所以 $\boldsymbol{A}$ 的行阶梯形矩阵应该仅有 2 个非零行, 故

$$\begin{cases}-\lambda+5=0,\\ \mu-1=0,\end{cases} \quad 即 \quad \begin{cases}\lambda=5,\\ \mu=1.\end{cases}$$

下面再介绍几个常用的矩阵的秩的性质 (假设其中的运算都是可行的):

(5) $\max\{r(\boldsymbol{A}),r(\boldsymbol{B})\}\leqslant r(\boldsymbol{A}\quad\boldsymbol{B})\leqslant r(\boldsymbol{A})+r(\boldsymbol{B})$,

特别地, 当 $\boldsymbol{B}=\boldsymbol{b}$ 为非零列向量时, 有 $r(\boldsymbol{A})\leqslant r(\boldsymbol{A}\quad\boldsymbol{b})\leqslant r(\boldsymbol{A})+1$.

(6) $r(\boldsymbol{A}+\boldsymbol{B})\leqslant r(\boldsymbol{A})+r(\boldsymbol{B})$.

(7) $r(\boldsymbol{AB})\leqslant\min\{r(\boldsymbol{A}),r(\boldsymbol{B})\}$.

(8) 若 $\boldsymbol{A}_{m\times n}\boldsymbol{B}_{n\times t}=\boldsymbol{O}$, 则 $r(\boldsymbol{A})+r(\boldsymbol{B})\leqslant n$.

**例 6** 设 $\boldsymbol{A}$ 为 $n$ 阶矩阵, 证明 $r(\boldsymbol{A}+\boldsymbol{E})+r(\boldsymbol{A}-\boldsymbol{E})\geqslant n$.

**证明** 因为 $(\boldsymbol{A}+\boldsymbol{E})+(\boldsymbol{E}-\boldsymbol{A})=2\boldsymbol{E}$, 由性质 (6) 有

$$r(\boldsymbol{A}+\boldsymbol{E})+r(\boldsymbol{E}-\boldsymbol{A})\geqslant r(2\boldsymbol{E})=n,$$

而 $r(\boldsymbol{E}-\boldsymbol{A})=r(\boldsymbol{A}-\boldsymbol{E})$, 故 $r(\boldsymbol{A}+\boldsymbol{E})+r(\boldsymbol{A}-\boldsymbol{E})\geqslant n$.

## 习 题 3.2

1. 设矩阵 $\boldsymbol{A}=\begin{pmatrix}1 & -5 & 6 & -2\\0 & -1 & 3 & -2\\0 & 0 & 3 & 0\end{pmatrix}$, 计算 $\boldsymbol{A}$ 的全部三阶子式并求 $r(\boldsymbol{A})$.

2. 设矩阵 $\boldsymbol{A}_{m\times n}$, $\boldsymbol{b}$ 为 $m\times 1$ 矩阵, 说明 $r(\boldsymbol{A})$ 与 $r(\boldsymbol{A}\quad\boldsymbol{b})$ 的大小关系.

3. 从矩阵 $\boldsymbol{A}$ 中划去一列得到矩阵 $\boldsymbol{B}$, 问 $\boldsymbol{A}$ 与 $\boldsymbol{B}$ 的秩的关系怎样?

4. 求下列矩阵的秩.

(1) $\boldsymbol{A}=\begin{pmatrix}3 & 1 & 0 & 2\\1 & -1 & 2 & -1\\1 & 3 & -4 & 4\end{pmatrix}$; (2) $\boldsymbol{A}=\begin{pmatrix}3 & 2 & -1 & -3 & -2\\2 & -1 & 3 & 1 & -3\\7 & 0 & 5 & -1 & -8\end{pmatrix}$;

(3) $\boldsymbol{A}=\begin{pmatrix}1 & -1 & 2 & 1 & 0\\2 & -2 & 4 & 2 & 0\\3 & 0 & 6 & -1 & 1\\0 & 3 & 0 & 0 & 1\end{pmatrix}$.

5. 设矩阵 $\boldsymbol{A}=\begin{pmatrix}1 & \lambda & -1 & 2\\ 2 & -1 & \lambda & 5\\ 1 & 10 & -6 & 1\end{pmatrix}$, 其中 $\lambda$ 为参数, 求矩阵 $\boldsymbol{A}$ 的秩.

6. 设矩阵 $\boldsymbol{A}=\begin{pmatrix}3 & -2 & \lambda & -16\\ 2 & -3 & 0 & 1\\ 1 & -1 & 1 & -3\\ 3 & \mu & 1 & -2\end{pmatrix}$, 其中 $\lambda,\mu$ 为参数. 讨论矩阵 $\boldsymbol{A}$ 的秩.

## 3.3　线性方程组的解

设有 $n$ 元线性方程组

$$\begin{cases} a_{11}x_1+a_{12}x_2+\cdots+a_{1n}x_n=b_1,\\ a_{21}x_1+a_{22}x_2+\cdots+a_{2n}x_n=b_2,\\ \cdots\cdots\\ a_{m1}x_1+a_{m2}x_2+\cdots+a_{mn}x_n=b_m,\end{cases} \tag{3.9}$$

其矩阵形式为

$$\boldsymbol{A}_{m\times n}\boldsymbol{x}=\boldsymbol{b}, \tag{3.10}$$

称矩阵 $(\boldsymbol{A}\quad \boldsymbol{b})$(有时也记为 $\tilde{\boldsymbol{A}}$) 为 $n$ 元线性方程组 (3.9) 的**增广矩阵**.

当 $b_i=0(i=1,2,\cdots,m)$ 时, $n$ 元线性方程组 (3.9) 称为 $n$ 元齐次线性方程组; 否则称为 $n$ 元非齐次线性方程组. 显然, $n$ 元齐次线性方程组的矩阵形式为

$$\boldsymbol{A}_{m\times n}\boldsymbol{x}=\boldsymbol{O}. \tag{3.11}$$

利用系数矩阵 $\boldsymbol{A}$ 和增广矩阵 $(\boldsymbol{A}\quad \boldsymbol{b})$ 的秩, 可以方便地讨论线性方程组是否有解以及有解时, 解是否唯一等问题, 其结论如下.

**定理 1**　$n$ 元线性方程组 $\boldsymbol{A}_{m\times n}\boldsymbol{x}=\boldsymbol{b}$,

(1) $r(\boldsymbol{A})<r(\boldsymbol{A}\quad \boldsymbol{b})\Leftrightarrow \boldsymbol{A}_{m\times n}\boldsymbol{x}=\boldsymbol{b}$ 无解;

(2) $r(\boldsymbol{A})=r(\boldsymbol{A}\quad \boldsymbol{b})=n\Leftrightarrow \boldsymbol{A}_{m\times n}\boldsymbol{x}=\boldsymbol{b}$ 有唯一解;

(3) $r(\boldsymbol{A})=r(\boldsymbol{A}\quad \boldsymbol{b})<n\Leftrightarrow \boldsymbol{A}_{m\times n}\boldsymbol{x}=\boldsymbol{b}$ 有无穷多组解.

**证明**　因为 (1), (2), (3) 的必要性分别是 (2)(3), (1)(3), (1)(2) 的充分性的逆否命题, 所以只需证明充分性.

为叙述方便, 不妨设 $(\boldsymbol{A}\quad \boldsymbol{b})$ 的行最简形为

$$
\boldsymbol{B}=\left(\begin{array}{cccccccc}
1 & 0 & \cdots & 0 & b_{11} & \cdots & b_{1,n-r} & d_1 \\
0 & 1 & \cdots & 0 & b_{21} & \cdots & b_{2,n-r} & d_2 \\
\vdots & \vdots & & \vdots & \vdots & & \vdots & \vdots \\
0 & 0 & \cdots & 1 & b_{r1} & \cdots & b_{r,n-r} & d_r \\
0 & 0 & \cdots & 0 & 0 & \cdots & 0 & d_{r+1} \\
0 & 0 & \cdots & 0 & 0 & \cdots & 0 & 0 \\
\vdots & \vdots & & \vdots & \vdots & & \vdots & \vdots \\
0 & 0 & \cdots & 0 & 0 & \cdots & 0 & 0
\end{array}\right) \leftarrow r \text{ 行}.
$$

(1) 若 $r(\boldsymbol{A})<r(\boldsymbol{A}\ \ \boldsymbol{b})$, 则 $d_{r+1}=1$, 于是第 $r+1$ 行对应方程 $0=1$, 这是一个矛盾方程, 无解; 故 $n$ 元线性方程组 $\boldsymbol{A}_{m\times n}\boldsymbol{x}=\boldsymbol{b}$ 无解.

(2) 若 $r(\boldsymbol{A})=r(\boldsymbol{A}\ \ \boldsymbol{b})=n$, 则 $r=n$, 这时 $d_{r+1}=0$, 且 $b_{ij}$ 都不出现, 矩阵 $\boldsymbol{B}$ 对应的方程组:

$$
\left\{\begin{array}{l}
x_1=d_1, \\
x_2=d_2, \\
\quad\vdots \\
x_n=d_n,
\end{array}\right.
$$

即为 $n$ 元线性方程组 $\boldsymbol{A}_{m\times n}\boldsymbol{x}=\boldsymbol{b}$ 的唯一解.

(3) 若 $r(\boldsymbol{A})=r(\boldsymbol{A}\ \ \boldsymbol{b})<n$, 则 $r<n$, 这时 $d_{r+1}=0$, 但 $b_{ij}$ 会出现, 矩阵 $\boldsymbol{B}$ 对应的方程组为

$$
\left\{\begin{array}{l}
x_1=-b_{11}x_{r+1}-\cdots-b_{1,n-r}x_n+d_1, \\
x_2=-b_{21}x_{r+1}-\cdots-b_{2,n-r}x_n+d_2, \\
\qquad\cdots\cdots \\
x_r=-b_{r1}x_{r+1}-\cdots-b_{r,n-r}x_n+d_r
\end{array}\right. \quad (\text{其中 } x_{r+1},\cdots,x_n \text{ 为自由未知量}),
$$

令 $x_{r+1}=k_1,\cdots,x_n=k_{n-r}$, 即得 $n$ 元线性方程组 $\boldsymbol{A}_{m\times n}\boldsymbol{x}=\boldsymbol{b}$ 的包含 $n-r$ 个参数的解

$$
\left\{\begin{array}{l}
x_1=-b_{11}k_1-\cdots-b_{1,n-r}k_{n-r}+d_1, \\
\qquad\cdots\cdots \\
x_r=-b_{r1}k_1-\cdots-b_{r,n-r}k_{n-r}+d_r, \\
x_{r+1}=k_1, \\
\qquad\cdots\cdots \\
x_n=k_{n-r},
\end{array}\right.
$$

即

$$\begin{pmatrix} x_1 \\ \vdots \\ x_r \\ x_{r+1} \\ \vdots \\ x_n \end{pmatrix} = k_1 \begin{pmatrix} -b_{11} \\ \vdots \\ -b_{r1} \\ 1 \\ \vdots \\ 0 \end{pmatrix} + \cdots + k_{n-r} \begin{pmatrix} -b_{1,n-r} \\ \vdots \\ -b_{r,n-r} \\ 0 \\ \vdots \\ 1 \end{pmatrix} + \begin{pmatrix} d_1 \\ \vdots \\ d_r \\ 0 \\ \vdots \\ 0 \end{pmatrix}$$

(其中 $k_1, \cdots, k_{n-r}$ 为任意常数).

因为 $k_1, \cdots, k_{n-r}$ 可任意取值, 故 $n$ 元线性方程组 $\boldsymbol{A}_{m\times n}\boldsymbol{x} = \boldsymbol{b}$ 有无穷多组解.

**定理 2** $n$ 元非齐次线性方程组 $\boldsymbol{A}_{m\times n}\boldsymbol{x} = \boldsymbol{b}$ 有解的充分必要条件是 $r(\boldsymbol{A}) = r(\boldsymbol{A}\ \ \boldsymbol{b})$.

**定理 3** $n$ 元齐次线性方程组 $\boldsymbol{A}_{m\times n}\boldsymbol{x} = \boldsymbol{0}$ 有非零解的充分必要条件是 $r(\boldsymbol{A}) < n$.

求解线性方程组的步骤, 归纳如下:

(1) 对非齐次线性方程组 $\boldsymbol{A}_{m\times n}\boldsymbol{x} = \boldsymbol{b}$, 用矩阵的初等行变换将增广矩阵 $(\boldsymbol{A}\ \ \boldsymbol{b})$ 化成行阶梯形矩阵 $\boldsymbol{B}$, 可同时看出 $r(\boldsymbol{A})$ 和 $r(\boldsymbol{A}\ \ \boldsymbol{b})$. 若 $r(\boldsymbol{A}) < r(\boldsymbol{A}\ \ \boldsymbol{b})$, 则线性方程组 $\boldsymbol{A}_{m\times n}\boldsymbol{x} = \boldsymbol{b}$ **无解**.

(2) 若 $r(\boldsymbol{A}) = r(\boldsymbol{A}\ \ \boldsymbol{b}) = r$, 则进一步用矩阵的初等行变换将 (1) 中的行阶梯形矩阵 $\boldsymbol{B}$ 化成行最简形矩阵 $\boldsymbol{C}$, 若 $r = n$, 则行最简形矩阵 $\boldsymbol{C}$ 对应的方程组即为线性方程组 $\boldsymbol{A}_{m\times n}\boldsymbol{x} = \boldsymbol{b}$ 的**唯一解**;

若 $r < n$, 将行最简形矩阵中 $r$ 个非零行的第一个非零元素所对应的未知数作为非自由未知量, 其余 $n - r$ 个未知数作为自由未知量, 并令自由未知量分别等于任意常数 $k_1, k_2, \cdots, k_{n-r}$, 可根据行最简形矩阵 $\boldsymbol{C}$ 写出线性方程组 $\boldsymbol{A}_{m\times n}\boldsymbol{x} = \boldsymbol{b}$ 的**通解**.

(3) 对于齐次线性方程组 $\boldsymbol{A}_{m\times n}\boldsymbol{x} = \boldsymbol{0}$, 只需将其**系数矩阵** $\boldsymbol{A}$ 化为行阶梯形矩阵 $\boldsymbol{B}$, 若 $r(\boldsymbol{A}) = n$, 则齐次线性方程组 $\boldsymbol{A}_{m\times n}\boldsymbol{x} = \boldsymbol{0}$ 只有零解, 即 $\boldsymbol{x} = (0, 0, \cdots, 0)^{\mathrm{T}} = \boldsymbol{0}$;

若 $r(\boldsymbol{A}) < n$, 则进一步用矩阵的初等行变换将矩阵 $\boldsymbol{B}$ 化成行最简形矩阵 $\boldsymbol{C}$, 根据行最简形矩阵 $\boldsymbol{C}$ 可写出线性方程组 $\boldsymbol{A}_{m\times n}\boldsymbol{x} = \boldsymbol{0}$ 的**通解**.

线性方程组解的判定

**例 1** 解线性方程组 $\begin{cases} x_1 - 2x_2 + 3x_3 - x_4 = 1, \\ 3x_1 - x_2 + 5x_3 - 3x_4 = 2, \\ 2x_1 + x_2 + 2x_3 - 2x_4 = 3. \end{cases}$

**解** 增广矩阵

$$(\boldsymbol{A} \quad \boldsymbol{b}) = \left(\begin{array}{cccc:c} 1 & -2 & 3 & -1 & 1 \\ 3 & -1 & 5 & -3 & 2 \\ 2 & 1 & 2 & -2 & 3 \end{array}\right) \xrightarrow[r_3-2r_1]{r_2-3r_1} \left(\begin{array}{cccc:c} 1 & -2 & 3 & -1 & 1 \\ 0 & 5 & -4 & 0 & -1 \\ 0 & 5 & -4 & 0 & 1 \end{array}\right)$$

$$\xrightarrow{r_3-r_2} \left(\begin{array}{cccc:c} 1 & -2 & 3 & -1 & 1 \\ 0 & 5 & -4 & 0 & -1 \\ 0 & 0 & 0 & 0 & 2 \end{array}\right) = \boldsymbol{B}.$$

$\boldsymbol{B}$ 是行阶梯形矩阵, 可见 $r(\boldsymbol{A}) = 2$, $r(\boldsymbol{A} \quad \boldsymbol{b}) = 3$. 即 $r(\boldsymbol{A}) \neq r(\boldsymbol{A} \quad \boldsymbol{b})$, 故原线性方程组无解.

**例 2** 解线性方程组 $\begin{cases} 2x_1 + 2x_2 - x_3 = 6, \\ x_1 - 2x_2 + 4x_3 = 3, \\ 5x_1 + 7x_2 + x_3 = 28. \end{cases}$

**解** 增广矩阵

$$(\boldsymbol{A} \quad \boldsymbol{b}) = \left(\begin{array}{ccc:c} 2 & 2 & -1 & 6 \\ 1 & -2 & 4 & 3 \\ 5 & 7 & 1 & 28 \end{array}\right) \xrightarrow{r_1 \leftrightarrow r_2} \left(\begin{array}{ccc:c} 1 & -2 & 4 & 3 \\ 2 & 2 & -1 & 6 \\ 5 & 7 & 1 & 28 \end{array}\right)$$

$$\xrightarrow[r_3-5r_1]{r_2-2r_1} \left(\begin{array}{ccc:c} 1 & -2 & 4 & 3 \\ 0 & 6 & -9 & 0 \\ 0 & 17 & -19 & 13 \end{array}\right) \xrightarrow{r_2 \times \frac{1}{3}} \left(\begin{array}{ccc:c} 1 & -2 & 4 & 3 \\ 0 & 2 & -3 & 0 \\ 0 & 17 & -19 & 13 \end{array}\right)$$

$$\xrightarrow{r_3-8r_2} \left(\begin{array}{ccc:c} 1 & -2 & 4 & 3 \\ 0 & 2 & -3 & 0 \\ 0 & 1 & 5 & 13 \end{array}\right) \xrightarrow{r_3 \leftrightarrow r_2} \left(\begin{array}{ccc:c} 1 & -2 & 4 & 3 \\ 0 & 1 & 5 & 13 \\ 0 & 2 & -3 & 0 \end{array}\right)$$

$$\xrightarrow{r_3-2r_2} \left(\begin{array}{ccc:c} 1 & -2 & 4 & 3 \\ 0 & 1 & 5 & 13 \\ 0 & 0 & -13 & -26 \end{array}\right) = \boldsymbol{B}.$$

$\boldsymbol{B}$ 是行阶梯形矩阵, 得 $r(\boldsymbol{A}) = 3$, $r(\boldsymbol{A} \quad \boldsymbol{b}) = 3$. 因为未知数的个数 $n = 3$, 所以 $r(\boldsymbol{A}) = r(\boldsymbol{A} \quad \boldsymbol{b}) = n$, 故原线性方程组有唯一解, 接下来, 将矩阵 $\boldsymbol{B}$ 化为行

**最简形矩阵**

$$B \xrightarrow{r_3\times(-\frac{1}{13})} \left(\begin{array}{ccc:c} 1 & -2 & 4 & 3 \\ 0 & 1 & 5 & 13 \\ 0 & 0 & 1 & 2 \end{array}\right) \xrightarrow{r_1+2r_2} \left(\begin{array}{ccc:c} 1 & 0 & 14 & 29 \\ 0 & 1 & 5 & 13 \\ 0 & 0 & 1 & 2 \end{array}\right)$$

$$\xrightarrow[r_2-5r_3]{r_1-14r_3} \left(\begin{array}{ccc:c} 1 & 0 & 0 & 1 \\ 0 & 1 & 0 & 3 \\ 0 & 0 & 1 & 2 \end{array}\right) = C.$$

$C$ 为**行最简形矩阵**, 它对应的方程组为 $\begin{cases} x_1 = 1, \\ x_2 = 3, \\ x_3 = 2, \end{cases}$ 即 $x = \begin{pmatrix} x_1 \\ x_2 \\ x_3 \end{pmatrix} = \begin{pmatrix} 1 \\ 3 \\ 2 \end{pmatrix}$ 为原方程组的唯一解.

**例 3** 解线性方程组 $\begin{cases} x_1 + x_2 - 3x_3 - x_4 = 1, \\ 3x_1 - x_2 - 3x_3 + 4x_4 = 4, \\ x_1 + 5x_2 - 9x_3 - 8x_4 = 0. \end{cases}$

**解** 增广矩阵

$$(A \quad b) = \left(\begin{array}{cccc:c} 1 & 1 & -3 & -1 & 1 \\ 3 & -1 & -3 & 4 & 4 \\ 1 & 5 & -9 & -8 & 0 \end{array}\right) \xrightarrow[r_3-r_1]{r_2-3r_1} \left(\begin{array}{cccc:c} 1 & 1 & -3 & -1 & 1 \\ 0 & -4 & 6 & 7 & 1 \\ 0 & 4 & -6 & -7 & -1 \end{array}\right)$$

$$\xrightarrow{r_3+r_2} \left(\begin{array}{cccc:c} 1 & 1 & -3 & -1 & 1 \\ 0 & -4 & 6 & 7 & 1 \\ 0 & 0 & 0 & 0 & 0 \end{array}\right) = B.$$

$B$ 是行阶梯形矩阵, 得 $r(A) = r(A \quad b) = 2$, 因为未知数的个数 $n = 4$, 所以 $r(A) = r(A \quad b) < n$, 故原方程组有无穷多组解. 接下来, 将矩阵 $B$ 化为行最简形矩阵

$$B \xrightarrow{r_2\times(-\frac{1}{4})} \left(\begin{array}{cccc:c} 1 & 1 & -3 & -1 & 1 \\ 0 & 1 & -\dfrac{3}{2} & -\dfrac{7}{4} & -\dfrac{1}{4} \\ 0 & 0 & 0 & 0 & 0 \end{array}\right) \xrightarrow{r_1-r_2} \left(\begin{array}{cccc:c} 1 & 0 & -\dfrac{3}{2} & \dfrac{3}{4} & \dfrac{5}{4} \\ 0 & 1 & -\dfrac{3}{2} & -\dfrac{7}{4} & -\dfrac{1}{4} \\ 0 & 0 & 0 & 0 & 0 \end{array}\right) = C.$$

$\boldsymbol{C}$ 是行最简形矩阵, 它对应的方程组为

$$\begin{cases} x_1-\dfrac{3}{2}x_3+\dfrac{3}{4}x_4=\dfrac{5}{4}, \\ x_2-\dfrac{3}{2}x_3-\dfrac{7}{4}x_4=-\dfrac{1}{4}, \end{cases}$$

即

$$\begin{cases} x_1=\dfrac{3}{2}x_3-\dfrac{3}{4}x_4+\dfrac{5}{4}, \\ x_2=\dfrac{3}{2}x_3+\dfrac{7}{4}x_4-\dfrac{1}{4} \end{cases} \quad (x_3, x_4 \text{ 为自由未知量}).$$

令 $x_3=k_1, x_4=k_2$ 得

$$\begin{cases} x_1=\dfrac{3}{2}k_1-\dfrac{3}{4}k_2+\dfrac{5}{4}, \\ x_2=\dfrac{3}{2}k_1+\dfrac{7}{4}k_2-\dfrac{1}{4}, \\ x_3=k_1, \\ x_4=k_2, \end{cases}$$

故原方程组的通解为

$$\begin{pmatrix} x_1 \\ x_2 \\ x_3 \\ x_4 \end{pmatrix}=k_1\begin{pmatrix} \dfrac{3}{2} \\ \dfrac{3}{2} \\ 1 \\ 0 \end{pmatrix}+k_2\begin{pmatrix} -\dfrac{3}{4} \\ \dfrac{7}{4} \\ 0 \\ 1 \end{pmatrix}+\begin{pmatrix} \dfrac{5}{4} \\ -\dfrac{1}{4} \\ 0 \\ 0 \end{pmatrix} \quad (k_1, k_2 \text{ 为任意常数}).$$

**例 4** 设线性方程组 $\begin{cases} x_1+x_2+2x_3+3x_4=1, \\ x_1+3x_2+6x_3+x_4=3, \\ 3x_1-x_2-px_3+15x_4=3, \\ x_1-5x_2-10x_3+12x_4=t. \end{cases}$ 当 $p, t$ 取何值时, 方程组无解? 有唯一解? 有无穷多组解? 并求出其有无穷多组解时的通解.

**解** 增广矩阵

$$(\boldsymbol{A} \quad \boldsymbol{b})=\left(\begin{array}{cccc:c} 1 & 1 & 2 & 3 & 1 \\ 1 & 3 & 6 & 1 & 3 \\ 3 & -1 & -p & 15 & 3 \\ 1 & -5 & -10 & 12 & t \end{array}\right)$$

$$\xrightarrow[r_4-r_1]{\substack{r_2-r_1\\ r_3-3r_1}}\left(\begin{array}{cccc:c}1&1&2&3&1\\0&2&4&-2&2\\0&-4&-p-6&6&0\\0&-6&-12&9&t-1\end{array}\right)$$

$$\xrightarrow[r_4+3r_2]{r_3+2r_2}\left(\begin{array}{cccc:c}1&1&2&3&1\\0&2&4&-2&2\\0&0&-p+2&2&4\\0&0&0&3&t+5\end{array}\right)=\boldsymbol{B}.$$

(1) 当 $p\neq 2$ 时, 矩阵 $\boldsymbol{B}$ 是行阶梯形矩阵, 得 $r(\boldsymbol{A})=r(\boldsymbol{A}\quad \boldsymbol{b})=4$, 因为未知数的个数 $n=4$, 所以 $r(\boldsymbol{A})=r(\boldsymbol{A}\quad \boldsymbol{b})=n$, 故原方程组有唯一解.

(2) 当 $p=2$ 时, 矩阵 $\boldsymbol{B}$ 不是行阶梯形矩阵, 这时

$$\boldsymbol{B}=\left(\begin{array}{cccc:c}1&1&2&3&1\\0&2&4&-2&2\\0&0&0&2&4\\0&0&0&3&t+5\end{array}\right)\xrightarrow{r_4-\frac{3}{2}r_3}\left(\begin{array}{cccc:c}1&1&2&3&1\\0&2&4&-2&2\\0&0&0&2&4\\0&0&0&0&t-1\end{array}\right)=\boldsymbol{C}.$$

当 $\begin{cases}p=2,\\ t\neq 1\end{cases}$ 时, 矩阵 $\boldsymbol{C}$ 是行阶梯形矩阵, 得 $r(\boldsymbol{A})=3$, $r(\boldsymbol{A}\quad \boldsymbol{b})=4$, 因为 $r(\boldsymbol{A})\neq r(\boldsymbol{A}\quad \boldsymbol{b})$, 故原方程组无解.

(3) 当 $\begin{cases}p=2,\\ t=1\end{cases}$ 时,

$$\boldsymbol{C}=\left(\begin{array}{cccc:c}1&1&2&3&1\\0&2&4&-2&2\\0&0&0&2&4\\0&0&0&0&0\end{array}\right),$$

矩阵 $\boldsymbol{C}$ 是行阶梯形矩阵, 得 $r(\boldsymbol{A})=r(\boldsymbol{A}\quad \boldsymbol{b})=3$, 因为未知数的个数 $n=4$, 所以 $r(\boldsymbol{A})=r(\boldsymbol{A}\quad \boldsymbol{b})<n$, 故原方程组有无穷多解. 这时

$$\text{增广矩阵}(\boldsymbol{A}\quad \boldsymbol{b})=\left(\begin{array}{cccc:c}1&1&2&3&1\\1&3&6&1&3\\3&-1&-p&15&3\\1&-5&-10&12&t\end{array}\right)\xrightarrow{r}\left(\begin{array}{cccc:c}1&1&2&3&1\\0&2&4&-2&2\\0&0&0&2&4\\0&0&0&0&0\end{array}\right)$$

$$\xrightarrow[r_3\times\frac{1}{2}]{r_2\times\frac{1}{2}}\left(\begin{array}{cccc:c}1&1&2&3&1\\0&1&2&-1&1\\0&0&0&1&2\\0&0&0&0&0\end{array}\right)\xrightarrow{r_1-r_2}\left(\begin{array}{cccc:c}1&0&0&4&0\\0&1&2&-1&1\\0&0&0&1&2\\0&0&0&0&0\end{array}\right)$$

$$\xrightarrow[r_2+r_3]{r_1-4r_3}\left(\begin{array}{cccc:c}1&0&0&0&-8\\0&1&2&0&3\\0&0&0&1&2\\0&0&0&0&0\end{array}\right)=\boldsymbol{F}.$$

矩阵 $\boldsymbol{F}$ 是行最简形矩阵, 它对应的方程组为

$$\begin{cases}x_1=-8,\\x_2=-2x_3+3,\\x_4=2\end{cases}\quad(x_3\text{ 为自由未知量}).$$

令 $x_3=k$ 得

$$\begin{cases}x_1=-8,\\x_2=-2k+3,\\x_3=k,\\x_4=2,\end{cases}$$

故原方程组的通解为

$$\begin{pmatrix}x_1\\x_2\\x_3\\x_4\end{pmatrix}=k\begin{pmatrix}0\\-2\\1\\0\end{pmatrix}+\begin{pmatrix}-8\\3\\0\\2\end{pmatrix}\quad(\text{其中 }k\text{ 为任意常数}).$$

**例 5** 求解齐次线性方程组 $\begin{cases}x_1+2x_2+3x_3+4x_4=0,\\2x_1+x_2+6x_3+2x_4=0,\\x_1-x_2+4x_3+3x_4=0,\\-x_1+x_2+4x_3+5x_4=0,\end{cases}$

**解** 系数矩阵

$$\boldsymbol{A}=\begin{pmatrix}1&2&3&4\\2&1&6&2\\1&-1&4&3\\-1&1&4&5\end{pmatrix}\xrightarrow[\substack{r_3-r_1\\r_4+r_1}]{r_2-2r_1}\begin{pmatrix}1&2&3&4\\0&-3&0&-6\\0&-3&1&-1\\0&3&7&9\end{pmatrix}$$

$$\xrightarrow[r_4+r_2]{r_3-r_2}\begin{pmatrix}1&2&3&4\\0&-3&0&-6\\0&0&1&5\\0&0&7&3\end{pmatrix}\xrightarrow{r_4-7r_3}\begin{pmatrix}1&2&3&4\\0&-3&0&-6\\0&0&1&5\\0&0&0&-32\end{pmatrix}=\boldsymbol{B}.$$

$\boldsymbol{B}$ 是行阶梯形矩阵, 得 $r(\boldsymbol{A})=4$;

因为 $r(\boldsymbol{A})=$ 未知数的个数, 所以, 原齐次线性方程只有零解,

$$\begin{pmatrix}x_1\\x_2\\x_3\\x_4\end{pmatrix}=\begin{pmatrix}0\\0\\0\\0\end{pmatrix}.$$

**例 6**　求解齐次线性方程组 $\begin{cases}x_1+2x_2+2x_3+x_4=0,\\2x_1+x_2-2x_3-2x_4=0,\\x_1-x_2-4x_3-3x_4=0.\end{cases}$

**解**　系数矩阵

$$\boldsymbol{A}=\begin{pmatrix}1&2&2&1\\2&1&-2&-2\\1&-1&-4&-3\end{pmatrix}\xrightarrow[r_3-r_1]{r_2-2r_1}\begin{pmatrix}1&2&2&1\\0&-3&-6&-4\\0&-3&-6&-4\end{pmatrix}$$

$$\xrightarrow{r_3-r_2}\begin{pmatrix}1&2&2&1\\0&-3&-6&-4\\0&0&0&0\end{pmatrix}=\boldsymbol{B}.$$

矩阵 $\boldsymbol{B}$ 是行阶梯形矩阵, 得 $r(\boldsymbol{A})=2<4$, 因而原齐次线性方程组有非零解; 接下来, 将矩阵 $\boldsymbol{B}$ 化为行最简形矩阵:

$$\boldsymbol{B}\xrightarrow{r_2\times\left(-\frac{1}{3}\right)}\begin{pmatrix}1&2&2&1\\0&1&2&\dfrac{4}{3}\\0&0&0&0\end{pmatrix}\xrightarrow{r_1-2r_2}\begin{pmatrix}1&0&-2&\dfrac{-5}{3}\\0&1&2&\dfrac{4}{3}\\0&0&0&0\end{pmatrix}=\boldsymbol{C}.$$

矩阵 $\boldsymbol{C}$ 是行最简形矩阵, 它对应的方程组为

$$\begin{cases}x_1-2x_3-\dfrac{5}{3}x_4=0,\\x_2+2x_3+\dfrac{4}{3}x_4=0,\end{cases}$$

即

$$\begin{cases} x_1 = 2x_3 + \dfrac{5}{3}x_4, \\ x_2 = -2x_3 - \dfrac{4}{3}x_4 \end{cases} \quad (x_3, x_4 \text{ 为自由未知量}).$$

令 $x_3 = k_1, x_4 = k_2$, 得

$$\begin{cases} x_1 = 2k_1 + \dfrac{5}{3}k_2, \\ x_2 = -2k_1 - \dfrac{4}{3}k_2, \\ x_3 = k_1, \\ x_4 = k_2, \end{cases}$$

故原方程组的通解为

$$\begin{pmatrix} x_1 \\ x_2 \\ x_3 \\ x_4 \end{pmatrix} = k_1 \begin{pmatrix} 2 \\ -2 \\ 1 \\ 0 \end{pmatrix} + k_2 \begin{pmatrix} \dfrac{5}{3} \\ -\dfrac{4}{3} \\ 0 \\ 1 \end{pmatrix} \quad (k_1, k_2 \text{ 为任意常数}).$$

## 习 题 3.3

1. 选择题.

(1) 设 $\boldsymbol{A}$ 为 $m \times n$ 矩阵, 齐次线性方程组 $\boldsymbol{Ax} = \boldsymbol{0}$ 仅有零解的充分必要条件是 (　　).

(A) $r(\boldsymbol{A}) < m$　　(B) $r(\boldsymbol{A}) < n$　　(C) $r(\boldsymbol{A}) = m$　　(D) $r(\boldsymbol{A}) = n$

(2) 设非齐次线性方程组 $\boldsymbol{Ax} = \boldsymbol{b}$ 的导出组为 $\boldsymbol{Ax} = \boldsymbol{0}$. 如果 $\boldsymbol{Ax} = \boldsymbol{0}$ 仅有零解, 则 $\boldsymbol{Ax} = \boldsymbol{b}$ (　　).

(A) 有无穷多解　　(B) 有唯一解　　(C) 无解　　(D) 不确定

(3) 设 $\boldsymbol{A}$ 为 $m \times n$ 矩阵, 非齐次线性方程组 $\boldsymbol{Ax} = \boldsymbol{b}$ 的导出组为 $\boldsymbol{Ax} = \boldsymbol{0}$. 如果 $m < n$, 则 (　　).

(A) $\boldsymbol{Ax} = \boldsymbol{b}$ 有无穷多解　　(B) $\boldsymbol{Ax} = \boldsymbol{b}$ 有唯一解

(C) $\boldsymbol{Ax} = \boldsymbol{0}$ 有非零解　　(D) $\boldsymbol{Ax} = \boldsymbol{0}$ 仅有零解

2. 用消元法解下列非齐次线性方程组:

(1) $\begin{cases} 4x_1 + 2x_2 - x_3 = 2, \\ 3x_1 - x_2 + 2x_3 = 10, \\ 11x_1 + 3x_2 = 8; \end{cases}$　　(2) $\begin{cases} 2x_1 + x_2 - x_3 + x_4 = 1, \\ 4x_1 + 2x_2 - 2x_3 + x_4 = 2, \\ 2x_1 + x_2 - x_3 - x_4 = 1; \end{cases}$

(3) $\begin{cases} 2x_1+x_2-x_3+x_4=1, \\ 3x_1-2x_2+x_3-3x_4=4, \\ x_1+4x_2-3x_3+5x_4=-2. \end{cases}$

3. 确定 $a, b$ 的值使下列非齐次线性方程组有解, 并求其通解.

(1) $\begin{cases} ax_1+bx_2+2x_3=1, \\ (b-1)x_2+x_3=0, \\ ax_1+bx_2+(1-b)x_3=3-2b; \end{cases}$ (2) $\begin{cases} x_1+2x_2-2x_3+2x_4=2, \\ x_2-x_3-x_4=1, \\ x_1+x_2-x_3+3x_4=a, \\ x_1-x_2+x_3+5x_4=b. \end{cases}$

4. 用消元法解下列齐次线性方程组.

(1) $\begin{cases} x_1+2x_2-3x_3=0, \\ 2x_1+5x_2+2x_3=0, \\ 3x_1-x_2-4x_3=0; \end{cases}$ (2) $\begin{cases} x_1+x_2+2x_3-x_4=0, \\ 2x_1+x_2+x_3-x_4=0, \\ 2x_1+2x_2+x_3+2x_4=0; \end{cases}$

(3) $\begin{cases} x_1+2x_2+x_3-x_4=0, \\ 3x_1+6x_2-x_3-3x_4=0, \\ 5x_1+10x_2+x_3-5x_4=0. \end{cases}$

## 3.4 考研例题选讲

在考研数学中, 线性方程组的求解是历年线性代数中非常重要的一个知识点. 本节我们选择了线性方程组部分考研真题进行评讲.

3.4 考研例题选讲

## 3.5 数 学 实 验

### 3.5.1 实验目的

熟练使用 MATLAB 软件处理和解决以下问题:

(1) 利用矩阵的初等变换化矩阵为行最简形矩阵;

(2) 用初等变换法求矩阵的逆矩阵;

(3) 求矩阵的秩;

(4) 线性方程组的求解.

### 3.5.2 实验相关的 MATLAB 命令和函数

| 命令 | 功能说明 |
| --- | --- |
| eye(n) | 生成 n 阶单位阵 |
| rank(A) | 求矩阵 A 的秩 |
| rref(A) | 将矩阵 A 化为最简的行阶梯形矩阵 |
| zeros(m,n) | 生成元素全部是 0 的 $m \times n$ 矩阵 |
| ones(m,n) | 生成元素全部是 1 的 $m \times n$ 矩阵 |
| A.\B | 矩阵 A, B 对应元素相除 |
| null(A) | 齐次线性方程组 AX=0 的一个基础解系 |
| X=A\b | 非齐次线性方程组 AX=b 的一个特解 |
| rref([A,b]) | 将增广矩阵化为行最简形矩阵 |
| Solve( ) | 求解符号方程组 |

### 3.5.3 实验内容

**例 1** 求解下列非齐次线性方程组, 并用二维图形表示解的情况.

(1) $\begin{cases} x_1+3x_2=4, \\ 3x_1+5x_2=8; \end{cases}$ (2) $\begin{cases} 2x_1+3x_2=5, \\ 4x_1+6x_2=10; \end{cases}$ (3) $\begin{cases} x_1+2x_2=5, \\ 2x_1+4x_2=6. \end{cases}$

**解** 在 MATLAB 命令窗口中输入以下命令:

```
>> clear all
>> syms x1 x2
>> fc1=rref([1 3 4;3 5 8])
>> subplot(1,3,1);
>> ezplot('x1+3*x2=4');
>> hold on
>> ezplot('3*x1+5*x2=8');
>> title('方程组1')
>> grid on
>> fc2=rref([2 3 5;4 6 10])
>> subplot(1,3,2)
>> ezplot('2*x1+3*x2=5');
>> hold on
>> ezplot('4*x1+6*x2=10')
>> title('方程组2')
>> grid on
>> fc3=rref([1 2 5;2 4 6]);

>> subplot(1,3,3)
>> ezplot('x1+2*x2=5')
>> hold on
```

```
>> ezplot('2*x1+4*x2=6')
>> title('方程组3')
>> grid on
>> hold off
```

输出以下结果:

```
>> fc1
fc1 =  1      0      1
       0      1      1
>> fc2
fc2 =     1.0000     1.5000     2.5000
               0          0          0
>> fc3
fc3 = 1      2      0
      0      0      1
```

通过结果可以看出, 方程组 (1) 有唯一解为 $\begin{cases} x_1 = 1, \\ x_2 = 1; \end{cases}$ 方程组 (2) 有无穷多组解, 其通解为 $c\begin{pmatrix} -1.5 \\ 1 \end{pmatrix} + \begin{pmatrix} 2.5 \\ 0 \end{pmatrix}$; 方程组 (3) 无解.

其图形为

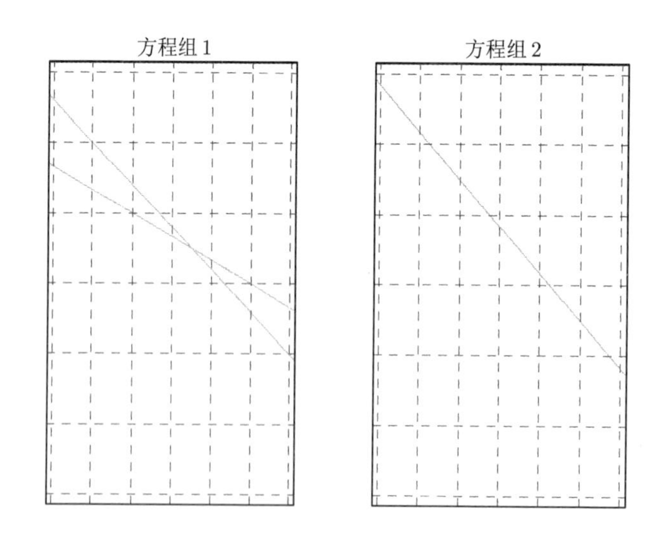


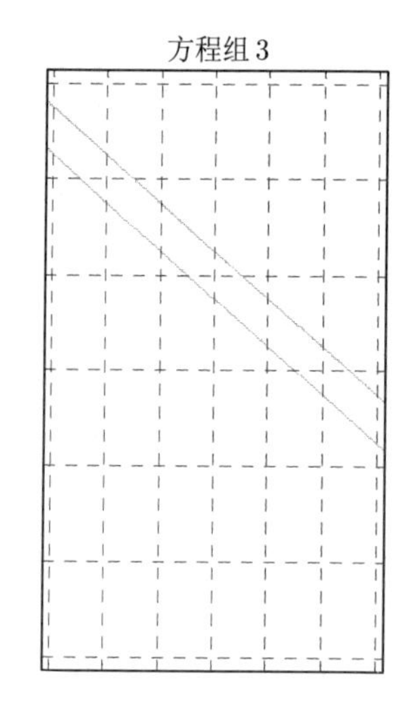


从上图可以看出第一个图形中两条直线有一个交点, 方程组有唯一解; 第二个图形两条直线重合, 则方程组有无穷多组解; 第三个图形两条直线平行, 则方程组无解.

**例 2** 已知矩阵 $\boldsymbol{A}=\begin{pmatrix}2&-1&-1&1&2\\1&1&-2&1&4\\4&-6&2&-2&4\\3&6&-9&7&9\end{pmatrix}$, 将 $\boldsymbol{A}$ 化为行最简形矩阵, 并求矩阵的秩.

**解** 在 MATLAB 命令窗口输入

```
>> clear all
>> A=[2 -1 -1 1 2;1 1 -2 1 4;4 -6 2 -2 4;3 6 -9 7 9]
A =
      2     -1     -1      1      2
      1      1     -2      1      4
      4     -6      2     -2      4
      3      6     -9      7      9
>> rref(A) %将矩阵A化为行最简形矩阵
ans =
      1      0     -1      0      4
      0      1     -1      0      3
      0      0      0      1     -3
      0      0      0      0      0
>> rank(A)  %求矩阵的秩
ans=
      3
```

**例 3** 已知矩阵 $\boldsymbol{A}=\begin{pmatrix}1&2&3\\2&2&2\\3&4&3\end{pmatrix}$, 求矩阵的逆矩阵.

**解** 在 MATLAB 命令窗口输入:

```
>> clear all
>> A=[1 2 3;2 2 2;3 4 3];
>> E=eye(3);%生成三阶单位阵
>> AE=[A E]
AE =  1      2      3      1      0      0
      2      2      2      0      1      0
      3      4      3      0      0      1
>> AN1=rref(AE)  %化成行最简形矩阵
AN1 =  1.0000         0         0  -0.5000    1.5000   -0.5000
            0    1.0000         0         0   -1.5000    1.0000
            0         0    1.0000   0.5000    0.5000   -0.5000
```

```
>> AN=AN1(:,[4 5 6])    %提取出第4, 5, 6列
AN =
-0.5000     1.5000    -0.5000
      0    -1.5000     1.0000
 0.5000     0.5000    -0.5000
```

从结果可以看出 $\boldsymbol{A}^{-1}=\begin{pmatrix}-0.5 & 1.5 & -0.5\\ 0 & -1.5 & 1\\ 0.5 & 0.5 & -0.5\end{pmatrix}$.

**例 4**　已知 $\boldsymbol{A}=\begin{pmatrix}1 & 2 & 3\\ 2 & 2 & 1\\ 3 & 4 & 3\end{pmatrix}, \boldsymbol{B}=\begin{pmatrix}2 & 5\\ 3 & 1\\ 4 & 3\end{pmatrix}$, 求 $\boldsymbol{X}$, 使 $\boldsymbol{AX}=\boldsymbol{B}$.

**解**　在 MATLAB 命令窗口输入:

```
>> A=[1 2 3;2 2 1;3 4 3];
>> B=[2 5;3 1;4 3];
>> det(A)
ans =
     2.0000
```

$\boldsymbol{A}$ 的行列式不等于零, 则 $\boldsymbol{A}$ 可逆, $\boldsymbol{X}=\boldsymbol{A}^{-1}\boldsymbol{B}$.

```
>> AB=[A B]
AB =
     1      2      3      2      5
     2      2      1      3      1
     3      4      3      4      3
>> X1=rref(AB)  %用初等行变换求解矩阵方程
X1 =  1      0      0      3      2
      0      1      0     -2     -3
      0      0      1      1      3
>> X=X1(:,[4 5])    %提取矩阵的第4, 5列
X=    3      2
     -2     -3
      1      3
```

从以上结果可以得到 $\boldsymbol{X}=\begin{pmatrix}3 & 2\\ -2 & -3\\ 1 & 3\end{pmatrix}$.

**例 5** 设 $\boldsymbol{A}=\begin{pmatrix}3&2&1\\3&1&5\\3&2&3\end{pmatrix}$, 证明矩阵 $\boldsymbol{A}$ 可逆, 并用初等变换求 $\boldsymbol{A}$ 的逆矩阵.

**解** 在 MATLAB 命令窗口输入:

```
>> clear all
>> A=[3 2 1;3 1 5;3 2 3]
A =
     3     2     1
     3     1     5
     3     2     3
>> det(A)
ans =
    -6
```

$\boldsymbol{A}$ 的行列式不为零, 则 $\boldsymbol{A}$ 可逆.

生成一个单位阵:

```
>> E=eye(3)
E =
     1     0     0
     0     1     0
     0     0     1
>> AE=[A E]
AE =
     3     2     1     1     0     0
     3     1     5     0     1     0
     3     2     3     0     0     1
>> AEN=rref(AE)
AEN =
    1.0000         0         0    1.1667    0.6667   -1.5000
         0    1.0000         0   -1.0000   -1.0000    2.0000
         0         0    1.0000   -0.5000         0    0.5000
```

矩阵 $\boldsymbol{A}$ 的逆矩阵已经求出, 再从 AEN 中提取出 $\boldsymbol{A}$ 的逆矩阵.

```
>> AN=AEN(:,[4 5 6])%提取出AEN中第4,5,6列
AN =
    1.1667    0.6667   -1.5000
   -1.0000   -1.0000    2.0000
   -0.5000         0    0.5000
```

**例 6** 求解齐次线性方程组 $\begin{cases} x_1+2x_2+2x_3+x_4=0, \\ 2x_1+x_2-2x_3-2x_4=0, \\ x_1-x_2-4x_3-3x_4=0. \end{cases}$

**解** 在 MATLAB 命令窗口中输入:

```
>> clear all
>> A=[1 2 2 1;2 1 -2 -2;1 -1 -4 -3]
A =    1      2      2      1
       2      1     -2     -2
       1     -1     -4     -3
>> rank(A)
ans =
       2
```

系数矩阵的秩 $<n$, 则齐次线性方程组有非零解.

```
>> A=sym(A)%将A转化为符号矩阵
A =
[ 1,  2,  2,  1]
[ 2,  1, -2, -2]
[ 1, -1, -4, -3]
>> X=null(A) %齐次线性方程组的一个基础解系
X =
[  2,  5/3]
[ -2, -4/3]
[  1,    0]
[  0,    1]
```

从输出结果可以看出该齐次线性方程组的通解为

$$\begin{pmatrix} x_1 \\ x_2 \\ x_3 \\ x_4 \end{pmatrix} = C_1 \begin{pmatrix} 2 \\ -2 \\ 1 \\ 0 \end{pmatrix} + C_2 \begin{pmatrix} \frac{5}{3} \\ -\frac{4}{3} \\ 0 \\ 1 \end{pmatrix} \quad (C_1, C_2 \text{ 为任意常数}).$$

**例 7** 求解非齐次线性方程组 $\begin{cases} x_1-2x_2+3x_3-x_4=1, \\ 3x_1-x_2+5x_3-3x_4=2, \\ 2x_1+x_2+2x_3-2x_4=3. \end{cases}$

**解** 在 MATLAB 命令窗口中输入:

```
>> clear all
>> Ab=[1 -2 3 -1 1;3 -1 5 -3 2;2 1 2 -2 3]
Ab =
     1    -2     3    -1     1
     3    -1     5    -3     2
     2     1     2    -2     3
>> rref(Ab)
ans =
    1.0000         0    1.4000   -1.0000         0
         0    1.0000   -0.8000         0         0
         0         0         0         0    1.0000
```

从上述结果中可以看到系数矩阵的秩是 2, 增广矩阵的秩是 3, 所以得出该方程组无解.

**例 8** 求解非齐次线性方程组 $\begin{cases} x_1+x_2-3x_3-x_4=1, \\ 3x_1-x_2-3x_3+4x_4=4, \\ x_1+5x_2-9x_3-8x_4=0. \end{cases}$

**解** 在 MATLAB 命令窗口中输入:

```
>> AB=[1 1 -3 -1 1;3 -1 -3 4 4;1 5 -9 -8 0];
>> rref(AB)    %将增广矩阵化为行最简形矩阵
ans =
    1.0000         0   -1.5000    0.7500    1.2500
         0    1.0000   -1.5000   -1.7500   -0.2500
         0         0         0         0         0
```

它对应的方程组为 $\begin{cases} x_1=1.25+1.5x_3-0.75x_4, \\ x_2=-0.25+1.5x_3+1.75x_4, \\ x_4=0, \end{cases}$ $x_3$ 为自由变量.

令 $x_3=C_1, x_4=C_2$ 得 $\begin{cases} x_1=1.25+1.5C_1-0.75C_2, \\ x_2=-0.25+1.5C_1+1.75C_2, \\ x_3=C_1, \\ x_4=C_2, \end{cases}$ 其中$C_1, C_2$ 为任意常数.

最后给出该非齐次线性方程组的通解为

$$\begin{pmatrix} x_1 \\ x_2 \\ x_3 \\ x_4 \end{pmatrix} = C_1\begin{pmatrix} \frac{3}{2} \\ \frac{3}{2} \\ 1 \\ 0 \end{pmatrix} + C_2\begin{pmatrix} -\frac{3}{4} \\ \frac{7}{4} \\ 0 \\ 1 \end{pmatrix} + \begin{pmatrix} \frac{5}{4} \\ -\frac{1}{4} \\ 0 \\ 0 \end{pmatrix} \quad (C_1, C_2 \text{ 为任意常数}).$$

# 第 4 章　向量组及其相关性

## 4.1　向量组及其线性组合

### 4.1.1　向量的概念

在物理中我们学过, 既有大小又有方向的量称作向量. 向量是现代科学中一个基本概念, 也是处理很多实际问题的有力工具. 在高中, 我们学习了平面向量与空间向量, 对它们的性质有了一些初步的了解, 这里我们会对向量做更一般和深入的讨论.

对于一个向量, 在大小和方向不变的条件下, 可以任意平移它的位置, 这样的向量称作**自由向量**. 在不做特殊说明的情况下, 本书中提到的向量都指自由向量. 将一个向量的起点平移至坐标原点处, 此时向量的终点所在的坐标称作**向量的坐标**. 例如可以用二维数组 $(a,b)$ 来表示以坐标原点为起点, 以点 $(a,b)$ 为终点的平面向量, 该平面向量的坐标即为 $(a,b)$; 同样可以用三维数组 $(a,b,c)$ 来表示一个以坐标原点为起点, 以点 $(a,b,c)$ 为终点的空间向量, 该空间向量的坐标为 $(a,b,c)$. 这样, 向量与它的坐标是一一对应的. 在一般的情况下, 我们可以对向量的定义做如下推广.

**定义 1**　$n$ 个有次序的数构成的数组称作 $n$ **维向量**, 这 $n$ 个数称作该向量的分量, 其中第 $i$ 个数 $a_i$ 称作向量的第 $i$ 个分量.

根据需要, 向量可以写成一列也可以写成一行. 排成一列的向量称作**列向量**, 排成一行的向量称作**行向量**. 通常用黑体小写拉丁字母 $\boldsymbol{a},\boldsymbol{b},\boldsymbol{c}$ 或希腊字母 $\boldsymbol{\alpha},\boldsymbol{\beta},\boldsymbol{\gamma}$ 等来表示向量. 如一个列向量可写成

$$\boldsymbol{\alpha}=\begin{pmatrix} a_1 \\ a_2 \\ \vdots \\ a_n \end{pmatrix}.$$

为便于书写, 有时候借用矩阵转置的记号, 将列向量 $\boldsymbol{\alpha}$ 记作

$$\boldsymbol{\alpha}=(a_1,a_2,\cdots,a_n)^{\mathrm{T}},$$

这样, $\boldsymbol{\alpha}^{\mathrm{T}}=(a_1,a_2,\cdots,a_n)$ 就表示一个行向量. 在本书中, 我们用 $\boldsymbol{\alpha},\boldsymbol{\beta},\boldsymbol{\gamma}$ 来表示列向量, $\boldsymbol{\alpha}^{\mathrm{T}},\boldsymbol{\beta}^{\mathrm{T}},\boldsymbol{\gamma}^{\mathrm{T}}$ 来表示行向量. 如果所讨论的向量没有指明是行向量还是列向量, 都当作列向量来处理.

在上述例子中, 虽然向量 $\boldsymbol{\alpha}$ 与 $\boldsymbol{\alpha}^{\mathrm{T}}$ 的所有组成元素以及各个元素的排列顺序完全一致, 但一个是列向量, 另一个是行向量, 通常被当作两个不同的向量来处理.

特别地, 所有分量全为实数的向量称为**实向量**, 分量为复数的向量称为**复向量**. 本书中只讨论实向量.

前面我们学习了矩阵, 矩阵与向量之间存在着紧密的关系, 在很多问题中二者可以互相转化, 为解决问题提供不同的思路. 在讨论它们的关系之前, 首先给出下面的定义.

**定义 2** 若干个相同维数的列向量 (行向量) 所组成的集合称为**列向量组** (**行向量组**).

例如

$$\boldsymbol{\alpha}^{\mathrm{T}}=(0,-1,3),\quad \boldsymbol{\beta}^{\mathrm{T}}=(1,7,4),\quad \boldsymbol{\gamma}^{\mathrm{T}}=(0,1,0),\quad \boldsymbol{\delta}^{\mathrm{T}}=(0,3,5)$$

组成一个行向量组. 为了方便, 可以用一个大写字母表示一个向量组, 如上述向量组就可以记作: $\boldsymbol{A}:\boldsymbol{\alpha}^{\mathrm{T}},\boldsymbol{\beta}^{\mathrm{T}},\boldsymbol{\gamma}^{\mathrm{T}},\boldsymbol{\delta}^{\mathrm{T}}$, 在以后使用该向量组的时候就可以简单地称作向量组 $\boldsymbol{A}$.

类似地

$$\boldsymbol{a}=\begin{pmatrix}3\\1\\1\end{pmatrix},\quad \boldsymbol{b}=\begin{pmatrix}0\\4\\-1\end{pmatrix},\quad \boldsymbol{c}=\begin{pmatrix}3\\0\\4\end{pmatrix}$$

构成一个列向量组, 可以记作 $\boldsymbol{B}:\boldsymbol{a},\boldsymbol{b},\boldsymbol{c}$.

对于矩阵

$$\boldsymbol{A}=\begin{pmatrix}a_{11}&a_{12}&\cdots&a_{1n}\\a_{21}&a_{22}&\cdots&a_{2n}\\\vdots&\vdots&&\vdots\\a_{m1}&a_{m2}&\cdots&a_{mn}\end{pmatrix},$$

它的每一行元素

$$\boldsymbol{\alpha}_i^{\mathrm{T}}=(a_{i1},a_{i2},\cdots,a_{in})\quad (i=1,2,\cdots,m)$$

都是一个 $n$ 维行向量, $\boldsymbol{\alpha}_1^{\mathrm{T}},\boldsymbol{\alpha}_2^{\mathrm{T}},\cdots,\boldsymbol{\alpha}_m^{\mathrm{T}}$ 称作矩阵 $\boldsymbol{A}$ 的行向量组, 利用分块矩阵的记法可以记作

$$\boldsymbol{A}=\begin{pmatrix}\boldsymbol{\alpha}_1^{\mathrm{T}}\\\boldsymbol{\alpha}_2^{\mathrm{T}}\\\vdots\\\boldsymbol{\alpha}_m^{\mathrm{T}}\end{pmatrix},$$

矩阵 $\boldsymbol{A}$ 的每一列

$$\boldsymbol{\beta}_j=\begin{pmatrix}b_{1j}\\b_{2j}\\\vdots\\b_{mj}\end{pmatrix}\quad(j=1,2,\cdots,n)$$

都是一个 $m$ 维列向量, $\boldsymbol{\beta}_1,\boldsymbol{\beta}_2,\cdots,\boldsymbol{\beta}_n$ 称作矩阵 $\boldsymbol{A}$ 的列向量组, 同理可以记作 $\boldsymbol{A}=(\boldsymbol{\beta}_1,\boldsymbol{\beta}_2,\cdots,\boldsymbol{\beta}_n)$.

反之, 一个含有有限个向量的向量组总可以组成一个矩阵, 如 $m$ 个 $n$ 维行向量所组成的向量组 $\boldsymbol{A}:\boldsymbol{\alpha}_1^{\mathrm{T}},\boldsymbol{\alpha}_2^{\mathrm{T}},\cdots,\boldsymbol{\alpha}_m^{\mathrm{T}}$ 构成一个 $m\times n$ 的矩阵

$$\boldsymbol{A}=\begin{pmatrix}\boldsymbol{\alpha}_1^{\mathrm{T}}\\\boldsymbol{\alpha}_2^{\mathrm{T}}\\\vdots\\\boldsymbol{\alpha}_m^{\mathrm{T}}\end{pmatrix},$$

$m$ 个 $n$ 维列向量所组成的向量组 $\boldsymbol{B}:\boldsymbol{\beta}_1,\boldsymbol{\beta}_2,\cdots,\boldsymbol{\beta}_m$ 构成一个 $n\times m$ 的矩阵

$$\boldsymbol{B}=(\boldsymbol{\beta}_1,\boldsymbol{\beta}_2,\cdots,\boldsymbol{\beta}_m).$$

因此, 含有有限个向量的向量组可以与矩阵一一对应.

### 4.1.2　向量的线性运算

根据定义知道, 向量实际上就是只有一列或只有一行的矩阵, 因此其运算法则与矩阵的运算法则几乎完全相同, 下面仅以列向量为例予以简单说明.

设两个相同维数的向量

$$\boldsymbol{\alpha}=(a_1,a_2,\cdots,a_n)^{\mathrm{T}},\quad\boldsymbol{\beta}=(b_1,b_2,\cdots,b_n)^{\mathrm{T}}.$$

(1) 如果 $\boldsymbol{\alpha}$ 与 $\boldsymbol{\beta}$ 的所有对应分量相等, 即 $a_i=b_i(i=1,2,\cdots,n)$, 称向量 $\boldsymbol{\alpha}$ 与 $\boldsymbol{\beta}$ 相等, 记作 $\boldsymbol{\alpha}=\boldsymbol{\beta}$.

(2) 向量 $\boldsymbol{\alpha}$ 与 $\boldsymbol{\beta}$ 的加法记作 $\boldsymbol{\alpha}+\boldsymbol{\beta}$, 定义为两个向量的对应分量相加, 即

$$\boldsymbol{\alpha}+\boldsymbol{\beta}=(a_1+b_1,a_2+b_2,\cdots,a_n+b_n)^{\mathrm{T}}.$$

$\boldsymbol{\alpha}+\boldsymbol{\beta}$ 也称作向量 $\boldsymbol{\alpha}$ 与 $\boldsymbol{\beta}$ 的**和**.

(3) 常数 $k$ 与向量 $\boldsymbol{\alpha}$ 的各个分量的乘积称作 $k$ 与 $\boldsymbol{\alpha}$ 的**数乘**, 记作 $k\boldsymbol{\alpha}$, 即

$$k\boldsymbol{\alpha}=(ka_1,ka_2,\cdots,ka_n)^{\mathrm{T}}.$$

(4) 所有分量全为 0 的向量称作**零向量**, 记作

$$\mathbf{0}=(0,0,\cdots,0)^{\mathrm{T}}.$$

(5) 由向量 $\boldsymbol{\alpha}$ 的所有分量的相反数按照原来的次序组成的向量称作 $\boldsymbol{\alpha}$ 的负向量, 记作 $-\boldsymbol{\alpha}$, 即

$$-\boldsymbol{\alpha}=(-a_1,-a_2,\cdots,-a_n)^{\mathrm{T}}.$$

(6) 利用负向量, 可以定义向量的减法为

$$\boldsymbol{\alpha}-\boldsymbol{\beta}=\boldsymbol{\alpha}+(-\boldsymbol{\beta})=(a_1-b_1,a_2-b_2,\cdots,a_n-b_n)^{\mathrm{T}}.$$

**例 1** 设向量 $\boldsymbol{\alpha}=(2,0,-1,3)^{\mathrm{T}},\boldsymbol{\beta}=(1,7,4,-2)^{\mathrm{T}},\boldsymbol{\gamma}=(0,1,0,1)^{\mathrm{T}}$.

(1) 求 $2\boldsymbol{\alpha}+\boldsymbol{\beta}-3\boldsymbol{\gamma}$;

(2) 若存在向量 $\boldsymbol{x}$, 满足 $3\boldsymbol{\alpha}-\boldsymbol{\beta}+5\boldsymbol{\gamma}+2\boldsymbol{x}=\mathbf{0}$, 求 $\boldsymbol{x}$.

**解** (1) $2\boldsymbol{\alpha}+\boldsymbol{\beta}-3\boldsymbol{\gamma}=2(2,0,-1,3)^{\mathrm{T}}+(1,7,4,-2)^{\mathrm{T}}-3(0,1,0,1)^{\mathrm{T}}=(5,4,2,1)^{\mathrm{T}}$.

(2) 由 $3\boldsymbol{\alpha}-\boldsymbol{\beta}+5\boldsymbol{\gamma}+2\boldsymbol{x}=\mathbf{0}$, 得

$$\begin{aligned}\boldsymbol{x}&=\frac{1}{2}(-3\boldsymbol{\alpha}+\boldsymbol{\beta}-5\boldsymbol{\gamma})=\frac{1}{2}[-3(2,0,-1,3)^{\mathrm{T}}+(1,7,4,-2)^{\mathrm{T}}-5(0,1,0,1)^{\mathrm{T}}]\\&=\left(-\frac{5}{2},1,\frac{7}{2},-8\right)^{\mathrm{T}}.\end{aligned}$$

**定义 3** 所有 $n$ 维向量所组成的向量集合记作 $\mathbf{R}^n$, 我们称 $\mathbf{R}^n$ 为**实 $n$ 维向量空间**. 所谓实 $n$ 维向量空间是指在 $\mathbf{R}^n$ 中定义了加法及数乘运算, 并且这两种运算满足下面的八条运算性质:

(1) $\boldsymbol{\alpha}+\boldsymbol{\beta}=\boldsymbol{\beta}+\boldsymbol{\alpha}$;

(2) $(\boldsymbol{\alpha}+\boldsymbol{\beta})+\boldsymbol{\gamma}=\boldsymbol{\alpha}+(\boldsymbol{\beta}+\boldsymbol{\gamma})$;

(3) $\boldsymbol{\alpha}+\mathbf{0}=\boldsymbol{\alpha}$;

(4) $\boldsymbol{\alpha}+(-\boldsymbol{\alpha})=\mathbf{0}$;

(5) $(k+l)\boldsymbol{\alpha}=k\boldsymbol{\alpha}+l\boldsymbol{\alpha}$;

(6) $k(\boldsymbol{\alpha}+\boldsymbol{\beta})=k\boldsymbol{\alpha}+k\boldsymbol{\beta}$;

(7) $(kl)\boldsymbol{\alpha}=k(l\boldsymbol{\alpha})$;

(8) $1 \cdot \boldsymbol{\alpha} = \boldsymbol{\alpha}$.

其中, $\boldsymbol{\alpha}, \boldsymbol{\beta}, \boldsymbol{\gamma}$ 都是 $n$ 维向量, $k, l$ 都是实数.

由上述定义知道, $\mathbf{R}^2$ 表示所有的平面向量, $\mathbf{R}^3$ 表示所有的空间向量. 在几何中, 平面向量和空间向量可以用有向线段来表示, 很多情况下向量的几何意义可以帮助我们解决问题. 但是当 $n > 3$ 时, $\mathbf{R}^n$ 没有直观的几何形象.

### 4.1.3　向量的线性组合

**定义 4**　给定向量组 $\boldsymbol{A}: \boldsymbol{\alpha}_1, \boldsymbol{\alpha}_2, \cdots, \boldsymbol{\alpha}_n$, 对于任意一组实数 $k_1, k_2, \cdots, k_n$, 表达式

$$k_1\boldsymbol{\alpha}_1 + k_2\boldsymbol{\alpha}_2 + \cdots + k_n\boldsymbol{\alpha}_n$$

称作向量组 $\boldsymbol{A}$ 的一个线性组合, 实数 $k_1, k_2, \cdots, k_n$ 称作这个线性组合的系数.

例如, 对于向量组 $\boldsymbol{\alpha}_1 = (1,0,0)^{\mathrm{T}}, \boldsymbol{\alpha}_2 = (1,1,0)^{\mathrm{T}}, \boldsymbol{\alpha}_3 = (1,1,1)^{\mathrm{T}}$, $2\boldsymbol{\alpha}_1 + \boldsymbol{\alpha}_2 - 3\boldsymbol{\alpha}_3 = (0,-2,-3)^{\mathrm{T}}$ 即为该向量组的一个线性组合, 系数分别为 $2, 1$ 和 $-3$.

**定义 5**　给定向量组 $\boldsymbol{A}: \boldsymbol{\alpha}_1, \boldsymbol{\alpha}_2, \cdots, \boldsymbol{\alpha}_n$ 和向量 $\boldsymbol{\beta}$, 若存在一组数 $k_1, k_2, \cdots, k_n$, 使

$$\boldsymbol{\beta} = k_1\boldsymbol{\alpha}_1 + k_2\boldsymbol{\alpha}_2 + \cdots + k_n\boldsymbol{\alpha}_n,$$

则称向量 $\boldsymbol{\beta}$ 是向量组 $\boldsymbol{A}$ 的**线性组合**, 又称向量 $\boldsymbol{\beta}$ 能由向量组 $\boldsymbol{A}$ **线性表示** (或**线性表出**).

在线性方程组

$$\begin{cases} a_{11}x_1 + a_{12}x_2 + \cdots + a_{1n}x_n = b_1, \\ a_{21}x_1 + a_{22}x_2 + \cdots + a_{2n}x_n = b_2, \\ \qquad\cdots\cdots \\ a_{m1}x_1 + a_{m2}x_2 + \cdots + a_{mn}x_n = b_m \end{cases} \tag{4.1}$$

中, 如果令

$$\boldsymbol{\alpha}_j = \begin{pmatrix} a_{1j} \\ a_{2j} \\ \vdots \\ a_{mj} \end{pmatrix} \quad (j = 1, 2, \cdots, n), \quad \boldsymbol{\beta} = \begin{pmatrix} b_1 \\ b_2 \\ \vdots \\ b_m \end{pmatrix},$$

则线性方程组可表为如下向量方程的形式:

$$\boldsymbol{\alpha}_1 x_1 + \boldsymbol{\alpha}_2 x_2 + \cdots + \boldsymbol{\alpha}_n x_n = \boldsymbol{\beta}.$$

于是, 线性方程组 (4.1) 是否有解, 就等价于: 是否存在一组数 $k_1, k_2, \cdots, k_n$ 使得下列关系式成立

$$\boldsymbol{\beta} = k_1\boldsymbol{\alpha}_1 + k_2\boldsymbol{\alpha}_2 + \cdots + k_n\boldsymbol{\alpha}_n.$$

由此可以得到下面结论.

**定理 1** (1) 向量 $\boldsymbol{\beta}$ 能由向量组 $\boldsymbol{\alpha}_1, \boldsymbol{\alpha}_2, \cdots, \boldsymbol{\alpha}_n$ 唯一线性表示的充分必要条件是线性方程组 $k_1\boldsymbol{\alpha}_1 + k_2\boldsymbol{\alpha}_2 + \cdots + k_n\boldsymbol{\alpha}_n = \boldsymbol{\beta}$ 有唯一解;

(2) 向量 $\boldsymbol{\beta}$ 能由向量组 $\boldsymbol{\alpha}_1, \boldsymbol{\alpha}_2, \cdots, \boldsymbol{\alpha}_n$ 线性表示且表示方式不唯一的充分必要条件是线性方程组 $k_1\boldsymbol{\alpha}_1 + k_2\boldsymbol{\alpha}_2 + \cdots + k_n\boldsymbol{\alpha}_n = \boldsymbol{\beta}$ 有无穷多个解;

(3) 向量 $\boldsymbol{\beta}$ 不能由向量组 $\boldsymbol{\alpha}_1, \boldsymbol{\alpha}_2, \cdots, \boldsymbol{\alpha}_n$ 线性表示的充分必要条件是线性方程组 $k_1\boldsymbol{\alpha}_1 + k_2\boldsymbol{\alpha}_2 + \cdots + k_n\boldsymbol{\alpha}_n = \boldsymbol{\beta}$ 无解.

这样一来, 向量的线性表示问题就转化为我们熟悉的解线性方程组的问题了. 根据前面学过的线性方程组有解的条件, 立即得到下面的定理.

**定理 2** 设向量

$$\boldsymbol{\beta} = \begin{pmatrix} b_1 \\ b_2 \\ \vdots \\ b_m \end{pmatrix}, \quad \boldsymbol{\alpha}_j = \begin{pmatrix} a_{1j} \\ a_{2j} \\ \vdots \\ a_{mj} \end{pmatrix} \quad (j = 1, 2, \cdots, n),$$

则向量 $\boldsymbol{\beta}$ 能由向量组 $\boldsymbol{\alpha}_1, \boldsymbol{\alpha}_2, \cdots, \boldsymbol{\alpha}_n$ 线性表示的充分必要条件是矩阵 $\boldsymbol{A} = (\boldsymbol{\alpha}_1, \boldsymbol{\alpha}_2, \cdots, \boldsymbol{\alpha}_n)$ 与矩阵 $\tilde{\boldsymbol{A}} = (\boldsymbol{\alpha}_1, \boldsymbol{\alpha}_2, \cdots, \boldsymbol{\alpha}_n, \boldsymbol{\beta})$ 的秩相等.

**例 2** 证明: 向量 $\boldsymbol{\beta}^{\mathrm{T}} = (-1, 1, 5)$ 是向量 $\boldsymbol{\alpha}_1^{\mathrm{T}} = (1, 2, 3), \boldsymbol{\alpha}_2^{\mathrm{T}} = (0, 1, 4), \boldsymbol{\alpha}_3^{\mathrm{T}} = (2, 3, 6)$ 的线性组合, 并将 $\boldsymbol{\beta}$ 用 $\boldsymbol{\alpha}_1, \boldsymbol{\alpha}_2, \boldsymbol{\alpha}_3$ 表示出来.

**证明** 先假定 $\boldsymbol{\beta} = \lambda_1\boldsymbol{\alpha}_1 + \lambda_2\boldsymbol{\alpha}_2 + \lambda_3\boldsymbol{\alpha}_3$, 其中 $\lambda_1, \lambda_2, \lambda_3$ 为待定常数, 则

$$\begin{aligned}(-1, 1, 5) &= \lambda_1(1, 2, 3) + \lambda_2(0, 1, 4) + \lambda_3(2, 3, 6) \\ &= (\lambda_1, 2\lambda_1, 3\lambda_1) + (0, \lambda_2, 4\lambda_2) + (2\lambda_3, 3\lambda_3, 6\lambda_3) \\ &= (\lambda_1 + 2\lambda_3, 2\lambda_1 + \lambda_2 + 3\lambda_3, 3\lambda_1 + 4\lambda_2 + 6\lambda_3).\end{aligned}$$

由于两个向量相等的充要条件是它们的对应分量都相等, 因此可得方程组

$$\begin{cases} \lambda_1 + 2\lambda_3 = -1, \\ 2\lambda_1 + \lambda_2 + 3\lambda_3 = 1, \\ 3\lambda_1 + 4\lambda_2 + 6\lambda_3 = 5, \end{cases}$$

解方程组得

$$\begin{cases} \lambda_1 = 1, \\ \lambda_2 = 2, \\ \lambda_3 = -1. \end{cases}$$

于是 $\boldsymbol{\beta}$ 可以表示为向量组 $\boldsymbol{\alpha}_1,\boldsymbol{\alpha}_2,\boldsymbol{\alpha}_3$ 的线性组合, 它的表示式为

$$\boldsymbol{\beta}=\boldsymbol{\alpha}_1+2\boldsymbol{\alpha}_2-\boldsymbol{\alpha}_3.$$

**例 3**　任何一个 $n$ 维向量 $\boldsymbol{\alpha}=(a_1,a_2,\cdots,a_n)^{\mathrm{T}}$ 都是 $n$ 维单位向量组 $\boldsymbol{\varepsilon}_1=(1,0,\cdots,0)^{\mathrm{T}},\boldsymbol{\varepsilon}_2=(0,1,\cdots,0)^{\mathrm{T}},\cdots,\boldsymbol{\varepsilon}_n=(0,0,\cdots,1)^{\mathrm{T}}$ 的线性组合. 因为 $\boldsymbol{\alpha}=a_1\boldsymbol{\varepsilon}_1+a_2\boldsymbol{\varepsilon}_2+\cdots+a_n\boldsymbol{\varepsilon}_n$.

事实上, 如果取另一向量组 $\boldsymbol{\varepsilon}_1'=(1,0,\cdots,0)^{\mathrm{T}},\boldsymbol{\varepsilon}_2'=(1,1,\cdots,0)^{\mathrm{T}},\cdots,\boldsymbol{\varepsilon}_n'=(1,1,\cdots,1)^{\mathrm{T}},\boldsymbol{\alpha}=(a_1,a_2,\cdots,a_n)^{\mathrm{T}}$ 也可以由 $\boldsymbol{\varepsilon}_1',\boldsymbol{\varepsilon}_2',\cdots,\boldsymbol{\varepsilon}_n'$ 线性表示, 具体的表示方法留给读者来完成.

**例 4**　零向量是任何一组 (同维数) 向量的线性组合. 因为 $\mathbf{0}=0\cdot\boldsymbol{\alpha}_1+0\cdot\boldsymbol{\alpha}_2+\cdots+0\cdot\boldsymbol{\alpha}_n$.

**例 5**　向量组 $\boldsymbol{\alpha}_1,\boldsymbol{\alpha}_2,\cdots,\boldsymbol{\alpha}_n$ 中的任一向量 $\boldsymbol{\alpha}_s(1\leqslant s\leqslant n)$ 都是此向量组的线性组合.

因为 $\boldsymbol{\alpha}_s=0\cdot\boldsymbol{\alpha}_1+\cdots+1\cdot\boldsymbol{\alpha}_s+\cdots+0\cdot\boldsymbol{\alpha}_n$.

**定义 6**　设有两向量组

$$\boldsymbol{A}:\boldsymbol{\alpha}_1,\boldsymbol{\alpha}_2,\cdots,\boldsymbol{\alpha}_s;\quad \boldsymbol{B}:\boldsymbol{\beta}_1,\boldsymbol{\beta}_2,\cdots,\boldsymbol{\beta}_t.$$

若向量组 $\boldsymbol{B}$ 中的每一个向量都能由向量组 $\boldsymbol{A}$ 线性表示, 则称向量组 $\boldsymbol{B}$ 能由向量组 $\boldsymbol{A}$ 线性表示.

**定义 7**　对于向量组 $\boldsymbol{A}:\boldsymbol{\alpha}_1,\boldsymbol{\alpha}_2,\cdots,\boldsymbol{\alpha}_s$, 从其中任意取出 $t(1\leqslant t\leqslant s)$ 个向量构成的向量组, 称作向量组 $\boldsymbol{A}$ 的一个部分向量组, 简称**部分组**.

**定理 3**　一个向量组的任意部分组都可以由该向量组线性表示.

**定义 8**　若向量组 $\boldsymbol{A}$ 与向量组 $\boldsymbol{B}$ 能相互线性表示, 则称这两个**向量组等价**.

不难验证, 向量组的等价满足下面三个性质:

(1) **反身性**　一个向量组与自身是等价的;

(2) **对称性**　若向量组 $\boldsymbol{A}$ 与向量组 $\boldsymbol{B}$ 等价, 则向量组 $\boldsymbol{B}$ 与向量组 $\boldsymbol{A}$ 等价;

(3) **传递性**　若向量组 $\boldsymbol{A}$ 与向量组 $\boldsymbol{B}$ 等价, 向量组 $\boldsymbol{B}$ 与向量组 $\boldsymbol{C}$ 等价, 则向量组 $\boldsymbol{A}$ 与向量组 $\boldsymbol{C}$ 等价.

按定义, 若向量组 $\boldsymbol{B}$ 能由向量组 $\boldsymbol{A}$ 线性表示, 则存在

$$k_{1j},k_{2j},\cdots,k_{sj}\quad(j=1,2,\cdots,t),$$

使

$$\boldsymbol{\beta}_j=k_{1j}\boldsymbol{\alpha}_1+k_{2j}\boldsymbol{\alpha}_2+\cdots+k_{sj}\boldsymbol{\alpha}_s=(\boldsymbol{\alpha}_1,\boldsymbol{\alpha}_2,\cdots,\boldsymbol{\alpha}_s)\begin{pmatrix}k_{1j}\\k_{2j}\\\vdots\\k_{sj}\end{pmatrix},$$

所以

$$(\boldsymbol{\beta}_1, \boldsymbol{\beta}_2, \cdots, \boldsymbol{\beta}_t) = (\boldsymbol{\alpha}_1, \boldsymbol{\alpha}_2, \cdots, \boldsymbol{\alpha}_s) \begin{pmatrix} k_{11} & k_{12} & \cdots & k_{1t} \\ k_{21} & k_{22} & \cdots & k_{2t} \\ \vdots & \vdots & & \vdots \\ k_{s1} & k_{s2} & \cdots & k_{st} \end{pmatrix},$$

其中矩阵 $\boldsymbol{K}_{s\times t} = (k_{ij})_{s\times t}$ 称为这一线性表示的系数矩阵.

**例 6** 试证明例 3 中的两个向量组 $\boldsymbol{A}: \boldsymbol{\varepsilon}_1, \boldsymbol{\varepsilon}_2, \cdots, \boldsymbol{\varepsilon}_n$ 与 $\boldsymbol{B}: \boldsymbol{\varepsilon}'_1, \boldsymbol{\varepsilon}'_2, \cdots, \boldsymbol{\varepsilon}'_n$ 是等价的, 并求出从 $\boldsymbol{A}$ 到 $\boldsymbol{B}$ 的系数矩阵 $\boldsymbol{K}$.

**证明** 要证明 $\boldsymbol{A}: \boldsymbol{\varepsilon}_1, \boldsymbol{\varepsilon}_2, \cdots, \boldsymbol{\varepsilon}_n$ 与 $\boldsymbol{B}: \boldsymbol{\varepsilon}'_1, \boldsymbol{\varepsilon}'_2, \cdots, \boldsymbol{\varepsilon}'_n$ 是等价的, 先来证明向量组 $\boldsymbol{B}$ 可以由向量组 $\boldsymbol{A}$ 线性表示.

假设存在一组数 $k_{11}, k_{21}, \cdots, k_{n1}$, 使得

$$k_{11}\boldsymbol{\varepsilon}_1 + k_{21}\boldsymbol{\varepsilon}_2 + \cdots + k_{n1}\boldsymbol{\varepsilon}_n = \boldsymbol{\varepsilon}'_1,$$

即

$$(\boldsymbol{\varepsilon}_1, \boldsymbol{\varepsilon}_2, \cdots, \boldsymbol{\varepsilon}_n) \begin{pmatrix} k_{11} \\ k_{21} \\ \vdots \\ k_{n1} \end{pmatrix} = \boldsymbol{\varepsilon}'_1,$$

也就是

$$\begin{pmatrix} 1 & 0 & \cdots & 0 \\ 0 & 1 & \cdots & 0 \\ \vdots & \vdots & & \vdots \\ 0 & 0 & \cdots & 1 \end{pmatrix} \begin{pmatrix} k_{11} \\ k_{21} \\ \vdots \\ k_{n1} \end{pmatrix} = \begin{pmatrix} 1 \\ 0 \\ \vdots \\ 0 \end{pmatrix}. \tag{4.2}$$

方程组 (4.2) 是一个线性方程组, 该方程组有解, 因此 $\boldsymbol{\varepsilon}'_1$ 可以由向量组 $\boldsymbol{A}: \boldsymbol{\varepsilon}_1, \boldsymbol{\varepsilon}_2, \cdots, \boldsymbol{\varepsilon}_n$ 线性表示. 类似地, 可以证明向量组 $\boldsymbol{B}$ 中的所有向量都可以由向量组 $\boldsymbol{A}$ 线性表示. 同理可以证明向量组 $\boldsymbol{A}$ 中的所有向量都可以由向量组 $\boldsymbol{B}$ 线性表示, 因此向量组 $\boldsymbol{A}$ 与 $\boldsymbol{B}$ 是等价的.

下面再求从 $\boldsymbol{A}$ 到 $\boldsymbol{B}$ 的系数矩阵 $\boldsymbol{K}$. 由定义, 三个矩阵应当满足下列方程

$$\boldsymbol{AK} = \boldsymbol{B}.$$

由于 $\boldsymbol{A}$ 可逆, 在上述方程两侧同时左乘 $\boldsymbol{A}^{-1}$, 得到

$$\boldsymbol{K} = \boldsymbol{A}^{-1}\boldsymbol{B},$$

容易计算得到

$$\boldsymbol{K}=\begin{pmatrix}1&1&\cdots&1\\0&1&\cdots&1\\\vdots&\vdots&&\vdots\\0&0&\cdots&1\end{pmatrix}.$$

从例 6 的证明过程立即可以看出：如果 $\boldsymbol{AB}=\boldsymbol{C}$, 则矩阵 $\boldsymbol{C}$ 的列向量组能由矩阵 $\boldsymbol{A}$ 的列向量组线性表示, $\boldsymbol{B}$ 为这一表示的系数矩阵.

另外, 若将上式两端转置, 则 $(\boldsymbol{AB})^{\mathrm{T}}=\boldsymbol{B}^{\mathrm{T}}\boldsymbol{A}^{\mathrm{T}}=\boldsymbol{C}^{\mathrm{T}}$, 此时原来 $\boldsymbol{A}$ 与 $\boldsymbol{C}$ 中的列向量组变成了 $\boldsymbol{A}^{\mathrm{T}}$ 与 $\boldsymbol{C}^{\mathrm{T}}$ 中的行向量组, 相当于 $\boldsymbol{C}^{\mathrm{T}}$ 的行向量组可以由 $\boldsymbol{A}^{\mathrm{T}}$ 的行向量组线性表示, 而 $\boldsymbol{B}^{\mathrm{T}}$ 为这一表示的系数矩阵. 综合起来, 我们可以得到下面的重要结论.

**定理 4** 若 $\boldsymbol{AB}=\boldsymbol{C}$, 则矩阵 $\boldsymbol{C}$ 的列向量组能由矩阵 $\boldsymbol{A}$ 的列向量组线性表示, $\boldsymbol{B}$ 为这一表示的系数矩阵; 矩阵 $\boldsymbol{C}$ 的行向量组能由 $\boldsymbol{B}$ 的行向量组线性表示, $\boldsymbol{A}$ 为这一表示的系数矩阵.

**定理 5** 若向量组 $\boldsymbol{A}$ 可由向量组 $\boldsymbol{B}$ 线性表示, 向量组 $\boldsymbol{B}$ 可由向量组 $\boldsymbol{C}$ 线性表示, 则向量组 $\boldsymbol{A}$ 可由向量组 $\boldsymbol{C}$ 线性表示.

**证明** 由题意知, 存在矩阵 $\boldsymbol{K},\boldsymbol{H}$, 使得 $\boldsymbol{A}=\boldsymbol{BK}$, $\boldsymbol{B}=\boldsymbol{CH}$, 从而 $\boldsymbol{A}=\boldsymbol{BK}=(\boldsymbol{CH})\boldsymbol{K}=\boldsymbol{C}(\boldsymbol{HK})$, 因此向量组 $\boldsymbol{A}$ 可由向量组 $\boldsymbol{C}$ 线性表示, $\boldsymbol{HK}$ 为这一表示的系数矩阵.

## 习题 4.1

1. 设 $\boldsymbol{\alpha}_1=(1,1,0)^{\mathrm{T}},\boldsymbol{\alpha}_2=(0,1,1)^{\mathrm{T}},\boldsymbol{\alpha}_3=(3,4,0)^{\mathrm{T}}$, 则 $\boldsymbol{\alpha}_1-\boldsymbol{\alpha}_2=$________, $3\boldsymbol{\alpha}_1+2\boldsymbol{\alpha}_2-\boldsymbol{\alpha}_3=$________.

2. 设 $3(\boldsymbol{\alpha}_1-\boldsymbol{\alpha})+2(\boldsymbol{\alpha}_2+\boldsymbol{\alpha})=5(\boldsymbol{\alpha}_3+\boldsymbol{\alpha})$, 其中 $\boldsymbol{\alpha}_1=(2,5,1,3)^{\mathrm{T}}$, $\boldsymbol{\alpha}_2=(10,1,5,10)^{\mathrm{T}}$, $\boldsymbol{\alpha}_3=(4,1,-1,1)^{\mathrm{T}}$, 则 $\boldsymbol{\alpha}=$________.

3. 设 $\boldsymbol{x}=(2,3,7)^{\mathrm{T}}$, $\boldsymbol{y}=(4,0,2)^{\mathrm{T}}$, $\boldsymbol{z}=(1,0,2)^{\mathrm{T}}$, 且 $2(\boldsymbol{x}-\boldsymbol{a})+3(\boldsymbol{y}+\boldsymbol{a})=\boldsymbol{z}$, 则 $\boldsymbol{a}=$________.

4. 将 $\boldsymbol{b}$ 表示为 $\boldsymbol{a}_1,\boldsymbol{a}_2,\boldsymbol{a}_3$ 的线性组合.

(1) $\boldsymbol{a}_1=(1,1,-1)^{\mathrm{T}}$, $\boldsymbol{a}_2=(1,2,1)^{\mathrm{T}}$, $\boldsymbol{a}_3=(0,0,1)^{\mathrm{T}}$, $\boldsymbol{b}=(1,0,-2)^{\mathrm{T}}$;

(2) $\boldsymbol{a}_1^{\mathrm{T}}=(1,2,3)$, $\boldsymbol{a}_2^{\mathrm{T}}=(1,0,4)$, $\boldsymbol{a}_3^{\mathrm{T}}=(1,3,1)$, $\boldsymbol{b}^{\mathrm{T}}=(3,1,11)$.

5. 设向量 $\boldsymbol{\alpha}_1=(\lambda+1,1,1)^{\mathrm{T}}$, $\boldsymbol{\alpha}_2=(1,\lambda+1,1)^{\mathrm{T}}$, $\boldsymbol{\alpha}_3=(1,1,\lambda+1)^{\mathrm{T}}$, $\boldsymbol{\beta}=(0,\lambda,\lambda^2)^{\mathrm{T}}$, 试问当 $\lambda$ 为何值时

(1) $\boldsymbol{\beta}$ 可由 $\boldsymbol{\alpha}_1,\boldsymbol{\alpha}_2,\boldsymbol{\alpha}_3$ 线性表示, 且表示式唯一?

(2) $\boldsymbol{\beta}$ 可由 $\boldsymbol{\alpha}_1,\boldsymbol{\alpha}_2,\boldsymbol{\alpha}_3$ 线性表示, 且表示式不唯一?

(3) $\boldsymbol{\beta}$ 不能由 $\boldsymbol{\alpha}_1,\boldsymbol{\alpha}_2,\boldsymbol{\alpha}_3$ 线性表示?

## 4.2 向量组的线性相关性

在第 3 章解方程组的过程中, 我们有时会遇到如下方程组:

$$\begin{cases} x_1 - 2x_2 + x_3 = 0, \\ 2x_1 + x_2 - 3x_3 = 1, \\ 7x_1 + x_2 - 8x_3 = 3. \end{cases} \tag{4.3}$$

对于这个方程组, 利用消元法化简得到如下同解方程组:

$$\begin{cases} x_1 - 2x_2 + x_3 = 0, \\ 5x_2 - 5x_3 = 1. \end{cases} \tag{4.4}$$

这时只剩下两个方程了, 即原方程组中有一个方程是多余的, 如果用这一章中的术语来讲, 就是 (4.3) 中的三个方程是“线性相关”的. 这种情况在实际问题中是经常出现的, 为了方便地解决这类问题, 我们首先来讨论向量的相关性, 这是贯穿本章的核心内容.

**定义 1** 对 $m$ 维向量组 $\boldsymbol{A}:\boldsymbol{\alpha}_1,\boldsymbol{\alpha}_2,\cdots,\boldsymbol{\alpha}_n$, 若有不全为零的实数 $k_1,k_2,\cdots,k_n$, 使得

$$k_1\boldsymbol{\alpha}_1 + k_2\boldsymbol{\alpha}_2 + \cdots + k_n\boldsymbol{\alpha}_n = \boldsymbol{0},$$

称向量组 $\boldsymbol{A}:\boldsymbol{\alpha}_1,\boldsymbol{\alpha}_2,\cdots,\boldsymbol{\alpha}_n$ **线性相关**, 否则称为**线性无关**.

**注** 对于单个向量 $\boldsymbol{\alpha}$: 若 $\boldsymbol{\alpha}=\boldsymbol{0}$, 则 $\boldsymbol{\alpha}$ 线性相关; 若 $\boldsymbol{\alpha}\neq\boldsymbol{0}$, 则 $\boldsymbol{\alpha}$ 线性无关.

**例 1** 已知向量组 $\boldsymbol{\alpha}_1,\boldsymbol{\alpha}_2,\boldsymbol{\alpha}_3$ 线性无关, 证明向量组 $\boldsymbol{\beta}_1=\boldsymbol{\alpha}_1+\boldsymbol{\alpha}_2$, $\boldsymbol{\beta}_2=\boldsymbol{\alpha}_2+\boldsymbol{\alpha}_3$, $\boldsymbol{\beta}_3=\boldsymbol{\alpha}_3+\boldsymbol{\alpha}_1$ 线性无关.

**证明** 根据题意, 存在常数 $k_1,k_2,k_3$, 满足

$$k_1\boldsymbol{\beta}_1 + k_2\boldsymbol{\beta}_2 + k_3\boldsymbol{\beta}_3 = \boldsymbol{0}.$$

下面来证明实数 $k_1,k_2,k_3$ 全为零.

将已知条件代入得

$$(k_1+k_3)\boldsymbol{\alpha}_1 + (k_1+k_2)\boldsymbol{\alpha}_2 + (k_2+k_3)\boldsymbol{\alpha}_3 = \boldsymbol{0}.$$

因为 $\boldsymbol{\alpha}_1,\boldsymbol{\alpha}_2,\boldsymbol{\alpha}_3$ 线性无关, 所以

$$\begin{cases} k_1 + k_3 = 0, \\ k_1 + k_2 = 0, \\ k_2 + k_3 = 0, \end{cases}$$

即

$$\begin{pmatrix} 1 & 0 & 1 \\ 1 & 1 & 0 \\ 0 & 1 & 1 \end{pmatrix}\begin{pmatrix} k_1 \\ k_2 \\ k_3 \end{pmatrix}=\begin{pmatrix} 0 \\ 0 \\ 0 \end{pmatrix}.$$

系数行列式 $\begin{vmatrix} 1 & 0 & 1 \\ 1 & 1 & 0 \\ 0 & 1 & 1 \end{vmatrix}=2\neq 0$, 由克拉默法则知, 该齐次方程组仅有零解, 即 $k_1,k_2,k_3$ 全为零. 故 $\boldsymbol{\beta}_1,\boldsymbol{\beta}_2,\boldsymbol{\beta}_3$ 线性无关.

那么, 一个向量组 $\boldsymbol{A}:\boldsymbol{\alpha}_1,\boldsymbol{\alpha}_2,\cdots,\boldsymbol{\alpha}_n$ 线性相关究竟意味着什么呢? 假设 $\boldsymbol{A}:\boldsymbol{\alpha}_1,\boldsymbol{\alpha}_2,\cdots,\boldsymbol{\alpha}_n$ 线性相关, 由定义知, 存在不全为零的实数 $k_1,k_2,\cdots,k_n$, 使得

$$k_1\boldsymbol{\alpha}_1+k_2\boldsymbol{\alpha}_2+\cdots+k_n\boldsymbol{\alpha}_n=\mathbf{0}.$$

不妨设 $k_s\neq 0$, 则

$$\boldsymbol{\alpha}_s=\left(-\frac{k_1}{k_s}\right)\boldsymbol{\alpha}_1+\cdots+\left(-\frac{k_{s-1}}{k_s}\right)\boldsymbol{\alpha}_{s-1}+\left(-\frac{k_{s+1}}{k_s}\right)\boldsymbol{\alpha}_{s+1}+\cdots+\left(-\frac{k_n}{k_s}\right)\boldsymbol{\alpha}_n,$$

即 $\boldsymbol{\alpha}_s$ 能由向量组 $\boldsymbol{A}$ 中除 $\boldsymbol{\alpha}_s$ 外的其余向量线性表示. 相反地, 如果向量组 $\boldsymbol{A}:\boldsymbol{\alpha}_1,\boldsymbol{\alpha}_2,\cdots,\boldsymbol{\alpha}_n$ 线性无关, 则 $\boldsymbol{A}$ 中的任意向量都不能由其余的向量线性表示. 由此很容易得到下面的定理.

**定理 1** 向量组 $\boldsymbol{\alpha}_1,\boldsymbol{\alpha}_2,\cdots,\boldsymbol{\alpha}_n(n\geqslant 2)$ 线性相关的充要条件是其中至少有一个向量可由其余 $n-1$ 个向量线性表示.

**注** 根据定理 1, 立即可以得到两个向量线性相关的充要条件是对应分量成比例, 其几何意义为这两个向量共线. 同理, 三个向量线性相关的几何意义是它们共面.

向量组线性相关的几何意义

在线性方程组中, 如果某个方程可以由其余方程经过线性组合得到, 则方程组的各个方程是线性相关的; 反之如果任意方程都不能由其余方程线性组合, 则方程组的各个方程就是线性无关的.

对于由向量组 $\boldsymbol{A}:\boldsymbol{\alpha}_1,\boldsymbol{\alpha}_2,\cdots,\boldsymbol{\alpha}_n$ 构成的矩阵 $\boldsymbol{A}=(\boldsymbol{\alpha}_1,\boldsymbol{\alpha}_2,\cdots,\boldsymbol{\alpha}_n)$, 向量组 $\boldsymbol{A}$ 线性相关就是齐次线性方程组

$$\boldsymbol{\alpha}_1x_1+\boldsymbol{\alpha}_2x_2+\cdots+\boldsymbol{\alpha}_nx_n=\mathbf{0}$$

有非零解. 结合前面方程组解的理论可知, 方程组的系数矩阵的秩应当小于 $n$, 即矩阵 $\boldsymbol{A}=(\boldsymbol{\alpha}_1,\boldsymbol{\alpha}_2,\cdots,\boldsymbol{\alpha}_n)$ 的秩小于 $n$; 反之, 若 $\boldsymbol{A}$ 的秩等于 $n$, 齐次线性方程组仅有零解, 即向量组 $\boldsymbol{A}:\boldsymbol{\alpha}_1,\boldsymbol{\alpha}_2,\cdots,\boldsymbol{\alpha}_n$ 线性无关.

我们把上述讨论归结为下面的定理.

**定理 2**　对于向量组 $\boldsymbol{\alpha}_1,\boldsymbol{\alpha}_2,\cdots,\boldsymbol{\alpha}_n$, 令 $\boldsymbol{A}=(\boldsymbol{\alpha}_1,\boldsymbol{\alpha}_2,\cdots,\boldsymbol{\alpha}_n)$, 则

(1) $\boldsymbol{\alpha}_1,\boldsymbol{\alpha}_2,\cdots,\boldsymbol{\alpha}_n$ 线性相关 $\Leftrightarrow r(\boldsymbol{A})<n$;

(2) $\boldsymbol{\alpha}_1,\boldsymbol{\alpha}_2,\cdots,\boldsymbol{\alpha}_n$ 线性无关 $\Leftrightarrow r(\boldsymbol{A})=n$.

**例 2**　设

$$\boldsymbol{\alpha}_1=\begin{pmatrix}3\\1\\1\\5\end{pmatrix},\quad \boldsymbol{\alpha}_2=\begin{pmatrix}2\\1\\1\\4\end{pmatrix},\quad \boldsymbol{\alpha}_3=\begin{pmatrix}1\\2\\1\\3\end{pmatrix},\quad \boldsymbol{\alpha}_4=\begin{pmatrix}5\\2\\2\\9\end{pmatrix},$$

讨论向量组 $\boldsymbol{\alpha}_1,\boldsymbol{\alpha}_2,\boldsymbol{\alpha}_3,\boldsymbol{\alpha}_4$ 的线性相关性.

**解**

$$\boldsymbol{A}=(\boldsymbol{\alpha}_1,\boldsymbol{\alpha}_2,\boldsymbol{\alpha}_3,\boldsymbol{\alpha}_4)=\begin{pmatrix}3&2&1&5\\1&1&2&2\\1&1&1&2\\5&4&3&9\end{pmatrix}\to\begin{pmatrix}1&1&1&2\\1&1&2&2\\3&2&1&5\\5&4&3&9\end{pmatrix}$$

$$\to\begin{pmatrix}1&1&1&2\\0&1&2&1\\0&0&1&0\\0&0&0&0\end{pmatrix}.$$

$r(\boldsymbol{A})=3<n=4$, 因此向量组 $\boldsymbol{\alpha}_1,\boldsymbol{\alpha}_2,\boldsymbol{\alpha}_3,\boldsymbol{\alpha}_4$ 的线性相关.

特别地, 如果定理 2 中的向量都是 $n$ 维向量, 则矩阵 $\boldsymbol{A}=(\boldsymbol{\alpha}_1,\boldsymbol{\alpha}_2,\cdots,\boldsymbol{\alpha}_n)$ 为 $n$ 阶方阵, 结合克拉默法则可以得到下面的推论.

**推论 1**　对于 $n$ 维向量组 $\boldsymbol{\alpha}_1,\boldsymbol{\alpha}_2,\cdots,\boldsymbol{\alpha}_n$, 令 $\boldsymbol{A}=(\boldsymbol{\alpha}_1,\boldsymbol{\alpha}_2,\cdots,\boldsymbol{\alpha}_n)$, 则

(1) $\boldsymbol{\alpha}_1,\boldsymbol{\alpha}_2,\cdots,\boldsymbol{\alpha}_n$ 线性相关 $\Leftrightarrow \det(\boldsymbol{A})=0$;

(2) $\boldsymbol{\alpha}_1,\boldsymbol{\alpha}_2,\cdots,\boldsymbol{\alpha}_n$ 线性无关 $\Leftrightarrow \det(\boldsymbol{A})\neq 0$.

**推论 2**　当向量组中向量的个数大于向量的维数时, 该向量组必线性相关.

**证明**　假设有 $n$ 个 $r$ 维向量 $\boldsymbol{\alpha}_1,\boldsymbol{\alpha}_2,\cdots,\boldsymbol{\alpha}_n$, 其中 $r<n$. 根据题意, 存在常数 $k_1,k_2,\cdots,k_n$, 满足

$$k_1\boldsymbol{\alpha}_1+k_2\boldsymbol{\alpha}_2+\cdots+k_n\boldsymbol{\alpha}_n=\mathbf{0}.$$

令 $\boldsymbol{A}=(\boldsymbol{\alpha}_1,\boldsymbol{\alpha}_2,\cdots,\boldsymbol{\alpha}_n)$, 由于 $r(\boldsymbol{A})\leqslant r<n$, 根据定理 2 知, 向量组线性相关.

推论 2 在平面向量中可以这样理解：由于平面向量都是二维的, 因此三个及以上平面向量必然是线性相关的, 其中至少有一个向量可以用其他两个线性表示, 即平面上最多只有两个独立向量. 因此, 可以在平面上任意选定两个不共线的非零向量作为基底, 则平面上的所有向量都可以用这组基底来线性表示. 同样, 在空间中最多只能找到三个线性无关的向量.

那么, 如果给定一个线性无关的向量组, 在该向量组中添加相同维数的向量, 会不会改变该向量组的相关性呢？事实上, 由定理 2 的证明过程容易知道, 随着向量个数的增加, 在某一时刻向量组必然会线性相关; 反过来, 如果事先给定的是一个线性相关的向量组, 那么无论在这个向量组中添加多少向量, 该向量组仍然线性相关, 但是如果在这个向量组中去掉一些向量, 这个向量组有可能变得线性无关.

**定理 3**　如果向量组任意一个部分组线性相关, 则该向量组必定线性相关.

**推论 3**　线性无关的向量组中的任意一个部分组都线性无关.

**定理 4**　若向量组 $\boldsymbol{\alpha}_1,\boldsymbol{\alpha}_2,\cdots,\boldsymbol{\alpha}_n$ 线性无关, 但向量组 $\boldsymbol{\alpha}_1,\boldsymbol{\alpha}_2,\cdots,\boldsymbol{\alpha}_n,\boldsymbol{\beta}$ 线性相关, 则向量 $\boldsymbol{\beta}$ 可由 $\boldsymbol{\alpha}_1,\boldsymbol{\alpha}_2,\cdots,\boldsymbol{\alpha}_n$ 线性表示, 且表示方式唯一.

**定理 5**　设有两个向量组

$$\boldsymbol{A}:\boldsymbol{\alpha}_1,\boldsymbol{\alpha}_2,\cdots,\boldsymbol{\alpha}_s;\quad \boldsymbol{B}:\boldsymbol{\beta}_1,\boldsymbol{\beta}_2,\cdots,\boldsymbol{\beta}_t,$$

若向量组 $\boldsymbol{B}$ 能由向量组 $\boldsymbol{A}$ 线性表示, 且 $s<t$, 则向量组 $\boldsymbol{B}$ 线性相关.

**证明**　由于向量组 $\boldsymbol{B}$ 能由向量组 $\boldsymbol{A}$ 线性表示, 则存在

$$k_{1j},k_{2j},\cdots,k_{sj}\quad (j=1,2,\cdots,t),$$

使

$$\boldsymbol{\beta}_j=k_{1j}\boldsymbol{\alpha}_1+k_{2j}\boldsymbol{\alpha}_2+\cdots+k_{sj}\boldsymbol{\alpha}_s=(\boldsymbol{\alpha}_1,\boldsymbol{\alpha}_2,\cdots,\boldsymbol{\alpha}_s)\begin{pmatrix}k_{1j}\\k_{2j}\\\vdots\\k_{sj}\end{pmatrix}$$

所以

$$(\boldsymbol{\beta}_1,\boldsymbol{\beta}_2,\cdots,\boldsymbol{\beta}_t)=(\boldsymbol{\alpha}_1,\boldsymbol{\alpha}_2,\cdots,\boldsymbol{\alpha}_s)\begin{pmatrix}k_{11}&k_{12}&\cdots&k_{1t}\\k_{21}&k_{22}&\cdots&k_{2t}\\\vdots&\vdots&&\vdots\\k_{s1}&k_{s2}&\cdots&k_{st}\end{pmatrix},\tag{4.5}$$

假设存在一组实数 $x_1,x_2,\cdots,x_t$, 使得

$$x_1\boldsymbol{\beta}_1+x_2\boldsymbol{\beta}_2+\cdots+x_t\boldsymbol{\beta}_t=(\boldsymbol{\beta}_1,\boldsymbol{\beta}_2,\cdots,\boldsymbol{\beta}_t)\begin{pmatrix}x_1\\x_2\\\vdots\\x_t\end{pmatrix}=\mathbf{0}.\tag{4.6}$$

将式 (4.5) 代入式 (4.6), 得到

$$(\boldsymbol{\alpha}_1,\boldsymbol{\alpha}_2,\cdots,\boldsymbol{\alpha}_s)\begin{pmatrix}k_{11}&k_{12}&\cdots&k_{1t}\\k_{21}&k_{22}&\cdots&k_{2t}\\\vdots&\vdots&&\vdots\\k_{s1}&k_{s2}&\cdots&k_{st}\end{pmatrix}\begin{pmatrix}x_1\\x_2\\\vdots\\x_t\end{pmatrix}=\mathbf{0}.$$

只要方程组

$$\begin{pmatrix}k_{11}&k_{12}&\cdots&k_{1t}\\k_{21}&k_{22}&\cdots&k_{2t}\\\vdots&\vdots&&\vdots\\k_{s1}&k_{s2}&\cdots&k_{st}\end{pmatrix}\begin{pmatrix}x_1\\x_2\\\vdots\\x_t\end{pmatrix}=\mathbf{0}\tag{4.7}$$

有非零解, 则向量组 $\boldsymbol{B}$ 线性相关. 又因为 $s<t$, 所以方程组 (4.7) 必有非零解. 因此向量组 $\boldsymbol{B}$ 线性相关.

**推论 4** 设向量组 $\boldsymbol{B}:\boldsymbol{\beta}_1,\boldsymbol{\beta}_2,\cdots,\boldsymbol{\beta}_t$ 能由向量组 $\boldsymbol{A}:\boldsymbol{\alpha}_1,\boldsymbol{\alpha}_2,\cdots,\boldsymbol{\alpha}_s$ 线性表示, 若向量组 $\boldsymbol{B}$ 线性无关, 则有 $s\geqslant t$.

向量组线性相关性的判定

## 习题 4.2

1. $n$ 维向量 $\boldsymbol{\alpha}_1, \boldsymbol{\alpha}_2, \cdots, \boldsymbol{\alpha}_n (\boldsymbol{\alpha}_i \neq \mathbf{0})$ 线性相关的充分必要条件是 (　　).

(A) 对于任何一组不全为零的数组 $k_1, k_2, \cdots, k_n$ 都有 $k_1\boldsymbol{\alpha}_1 + k_2\boldsymbol{\alpha}_2 + \cdots + k_n\boldsymbol{\alpha}_n = \mathbf{0}$

(B) $\boldsymbol{\alpha}_1, \boldsymbol{\alpha}_2, \cdots, \boldsymbol{\alpha}_n$ 中任何 $j (j \leqslant n)$ 个向量线性相关

(C) 设 $\boldsymbol{A} = (\boldsymbol{\alpha}_1, \boldsymbol{\alpha}_2, \cdots, \boldsymbol{\alpha}_n)$, 非齐次线性方程组 $\boldsymbol{AX} = \boldsymbol{B}$ 有唯一解

(D) 设 $\boldsymbol{A} = (\boldsymbol{\alpha}_1, \boldsymbol{\alpha}_2, \cdots, \boldsymbol{\alpha}_n)$, $\boldsymbol{A}$ 的行秩小于 $n$

2. 若向量组 $\boldsymbol{\alpha}, \boldsymbol{\beta}, \boldsymbol{\gamma}$ 线性无关, 向量组 $\boldsymbol{\alpha}, \boldsymbol{\beta}, \boldsymbol{\delta}$ 线性相关, 则 (　　).

(A) $\boldsymbol{\alpha}$ 必可由 $\boldsymbol{\beta}, \boldsymbol{\gamma}, \boldsymbol{\delta}$ 线性表示　　(B) $\boldsymbol{\beta}$ 必不可由 $\boldsymbol{\alpha}, \boldsymbol{\gamma}, \boldsymbol{\delta}$ 线性表示

(C) $\boldsymbol{\delta}$ 必可由 $\boldsymbol{\alpha}, \boldsymbol{\beta}, \boldsymbol{\gamma}$ 线性表示　　(D) $\boldsymbol{\delta}$ 必不可由 $\boldsymbol{\alpha}, \boldsymbol{\beta}, \boldsymbol{\gamma}$ 线性表示

3. 设 $\boldsymbol{\alpha}_1, \boldsymbol{\alpha}_2, \cdots, \boldsymbol{\alpha}_n$ 均为 $m$ 维向量, 下列结论不正确的是 (　　).

(A) 若对于任意一组不全为零的数 $k_1, k_2, \cdots, k_n$, 都有 $k_1\boldsymbol{\alpha}_1 + k_2\boldsymbol{\alpha}_2 + \cdots + k_n\boldsymbol{\alpha}_n \neq \mathbf{0}$, 则 $\boldsymbol{\alpha}_1, \boldsymbol{\alpha}_2, \cdots, \boldsymbol{\alpha}_n$ 线性无关

(B) 若 $\boldsymbol{\alpha}_1, \boldsymbol{\alpha}_2, \cdots, \boldsymbol{\alpha}_n$ 线性相关, 则对于任意一组不全为零的数 $k_1, k_2, \cdots, k_n$, 都有 $k_1\boldsymbol{\alpha}_1 + k_2\boldsymbol{\alpha}_2 + \cdots + k_n\boldsymbol{\alpha}_n = \mathbf{0}$

(C) $\boldsymbol{\alpha}_1, \boldsymbol{\alpha}_2, \cdots, \boldsymbol{\alpha}_n$ 线性无关的充分必要条件是此向量组的秩为 $n$

(D) $\boldsymbol{\alpha}_1, \boldsymbol{\alpha}_2, \cdots, \boldsymbol{\alpha}_n$ 线性无关的必要条件是其中任意两个向量线性无关

4. 已知向量组 $\boldsymbol{\alpha}_1, \boldsymbol{\alpha}_2, \boldsymbol{\alpha}_3, \boldsymbol{\alpha}_4$ 线性无关, 则下列向量组中线性无关的是 (　　).

(A) $\boldsymbol{\alpha}_1 + \boldsymbol{\alpha}_2, \boldsymbol{\alpha}_2 + \boldsymbol{\alpha}_3, \boldsymbol{\alpha}_3 + \boldsymbol{\alpha}_4, \boldsymbol{\alpha}_4 + \boldsymbol{\alpha}_1$　　(B) $\boldsymbol{\alpha}_1 - \boldsymbol{\alpha}_2, \boldsymbol{\alpha}_2 - \boldsymbol{\alpha}_3, \boldsymbol{\alpha}_3 - \boldsymbol{\alpha}_4, \boldsymbol{\alpha}_4 - \boldsymbol{\alpha}_1$

(C) $\boldsymbol{\alpha}_1 + \boldsymbol{\alpha}_2, \boldsymbol{\alpha}_2 + \boldsymbol{\alpha}_3, \boldsymbol{\alpha}_3 + \boldsymbol{\alpha}_4, \boldsymbol{\alpha}_4 - \boldsymbol{\alpha}_1$　　(D) $\boldsymbol{\alpha}_1 + \boldsymbol{\alpha}_2, \boldsymbol{\alpha}_2 + \boldsymbol{\alpha}_3, \boldsymbol{\alpha}_3 - \boldsymbol{\alpha}_4, \boldsymbol{\alpha}_4 - \boldsymbol{\alpha}_1$

5. 设向量 $\boldsymbol{\beta}$ 可由向量组 $\boldsymbol{\alpha}_1, \boldsymbol{\alpha}_2, \cdots, \boldsymbol{\alpha}_m$ 线性表示, 但不能由向量组 (I):$\boldsymbol{\alpha}_1, \boldsymbol{\alpha}_2, \cdots, \boldsymbol{\alpha}_{m-1}$ 线性表示, 记向量组 (Ⅱ): $\boldsymbol{\alpha}_1, \boldsymbol{\alpha}_2, \cdots, \boldsymbol{\alpha}_{m-1}, \boldsymbol{\beta}$, 则 (　　).

(A) $\boldsymbol{\alpha}_m$ 不能由 (I) 线性表示, 也不能由 (Ⅱ) 线性表示

(B) $\boldsymbol{\alpha}_m$ 不能由 (I) 线性表示, 但可由 (Ⅱ) 线性表示

(C) $\boldsymbol{\alpha}_m$ 可由 (I) 线性表示, 也可由 (Ⅱ) 线性表示

(D) $\boldsymbol{\alpha}_m$ 可由 (I) 线性表示, 但不可由 (Ⅱ) 线性表示

6. 已知 $\boldsymbol{\alpha}_1 = (1, 1, 2, 1)^{\mathrm{T}}, \boldsymbol{\alpha}_2 = (1, 0, 0, 2)^{\mathrm{T}}, \boldsymbol{\alpha}_3 = (-1, -4, -8, k)^{\mathrm{T}}$ 线性相关, 则 $k =$ __________.

7. 设 $\boldsymbol{A} = \begin{pmatrix} 1 & 2 & -2 \\ 2 & 1 & 2 \\ 3 & 0 & 4 \end{pmatrix}$, 三维列向量 $\boldsymbol{\alpha} = (a, 1, 1)^{\mathrm{T}}$, 已知 $\boldsymbol{A\alpha}$ 与 $\boldsymbol{\alpha}$ 线性相关, 则 $a =$ __________.

8. 设向量组 $\boldsymbol{\alpha}_1 = (a, 0, c), \boldsymbol{\alpha}_2 = (b, c, 0), \boldsymbol{\alpha}_3 = (0, a, b)$ 线性无关, 则 $a, b, c$ 满足关系式 __________.

9. 判别下列向量组的线性相关性.

(1) $(1, 1, 0), (0, 1, 1), (3, 0, 0)$;

(2) $(1, 1, 3)^{\mathrm{T}}, (2, 4, 5)^{\mathrm{T}}, (1, -1, 0)^{\mathrm{T}}, (2, 2, 6)^{\mathrm{T}}$;

(3) $\begin{pmatrix} 2 \\ 1 \end{pmatrix}, \begin{pmatrix} 3 \\ 4 \end{pmatrix}, \begin{pmatrix} -1 \\ 3 \end{pmatrix}$;

(4) $\begin{pmatrix} 2 \\ -1 \\ 7 \\ 3 \end{pmatrix}, \begin{pmatrix} 1 \\ 4 \\ 11 \\ -2 \end{pmatrix}, \begin{pmatrix} 3 \\ -6 \\ 3 \\ 8 \end{pmatrix}$;

(5) $(1,0,0,2)$, $(2,1,0,3)$, $(3,0,1,5)$.

10. 设有向量组 $\boldsymbol{\beta}_1,\boldsymbol{\beta}_2$, 又 $\boldsymbol{\alpha}_1=\boldsymbol{\beta}_1-\boldsymbol{\beta}_2$, $\boldsymbol{\alpha}_2=\boldsymbol{\beta}_1+2\boldsymbol{\beta}_2$, $\boldsymbol{\alpha}_3=5\boldsymbol{\beta}_1-2\boldsymbol{\beta}_2$, 判断向量组 $\boldsymbol{\alpha}_1,\boldsymbol{\alpha}_2,\boldsymbol{\alpha}_3$ 线性相关性.

11. 已知 $\boldsymbol{a}_1,\boldsymbol{a}_2,\cdots,\boldsymbol{a}_r$ 线性无关, 且 $\boldsymbol{b}_1=\boldsymbol{a}_1$, $\boldsymbol{b}_2=\boldsymbol{a}_1+\boldsymbol{a}_2$, $\cdots$, $\boldsymbol{b}_r=\boldsymbol{a}_1+\boldsymbol{a}_2+\cdots+\boldsymbol{a}_r$, 证明 $\boldsymbol{b}_1,\boldsymbol{b}_2,\cdots,\boldsymbol{b}_r$ 线性无关.

## 4.3 向量组的秩

### 4.3.1 向量组秩的概念

通过 4.2 节的学习我们知道, 对于一个线性相关的向量组, 其中有一些向量可以用其余的向量来线性表示. 这种可以用其他向量线性表示的向量我们通常认为是“多余的”, 去掉这些“多余的”向量, 可以使得待研究的向量组结构变得简单, 同时又不会丢失原向量组中所包含的信息. 这在解方程组的时候是非常有用的. 这是因为, 根据实际问题建立起来的方程组往往包含成百上千个方程, 但是有些方程里面的信息实际上是重叠的, 即这些方程是不独立的. 那么在这种情况下, 去掉多余的方程, 只保留独立的方程, 就可以大大简化计算, 提高计算速度. 而寻找独立方程的过程, 实际上等价于寻找一个向量组的极大无关组的过程.

**定义 1** 设有向量组 $\boldsymbol{A}:\boldsymbol{\alpha}_1,\boldsymbol{\alpha}_2,\cdots,\boldsymbol{\alpha}_n$. 若在向量组 $\boldsymbol{A}$ 中能选出 $r$ 个向量 $\boldsymbol{\alpha}_1',\boldsymbol{\alpha}_2',\cdots,\boldsymbol{\alpha}_r'$, 满足:

(1) 向量组 $\boldsymbol{A}_0:\boldsymbol{\alpha}_1',\boldsymbol{\alpha}_2',\cdots,\boldsymbol{\alpha}_r'$ 线性无关;

(2) 向量组 $\boldsymbol{A}$ 中任意 $r+1$ 个向量 (如果有的话) 都线性相关.

则称向量组 $\boldsymbol{A}_0$ 是向量组 $\boldsymbol{A}$ 的一个**极大线性无关向量组** (简称为**极大无关组**). 极大无关组所含向量的个数 $r$ 称为该**向量组的秩**, 记作

$$r(\boldsymbol{\alpha}_1,\boldsymbol{\alpha}_2,\cdots,\boldsymbol{\alpha}_n)=r.$$

**注** 仅有零向量的向量组没有极大无关组, 它的秩规定为 0.

**例 1** 向量组 $\boldsymbol{\alpha}_1=\begin{pmatrix}1\\0\end{pmatrix}$, $\boldsymbol{\alpha}_2=\begin{pmatrix}0\\1\end{pmatrix}$, $\boldsymbol{\alpha}_3=\begin{pmatrix}1\\1\end{pmatrix}$, $\boldsymbol{\alpha}_4=\begin{pmatrix}2\\2\end{pmatrix}$ 中, $\boldsymbol{\alpha}_1,\boldsymbol{\alpha}_2$ 线性无关, 但是, 该向量组中任意三个向量都线性相关. 因此 $\boldsymbol{\alpha}_1,\boldsymbol{\alpha}_2$ 是一个极大无关组; 同理 $\boldsymbol{\alpha}_1,\boldsymbol{\alpha}_3$ 也是一个极大无关组.

因此, $r(\boldsymbol{\alpha}_1,\boldsymbol{\alpha}_2,\boldsymbol{\alpha}_3,\boldsymbol{\alpha}_4)=2$.

从例 1 可以看出：一个向量组 $\boldsymbol{A}$ 的极大无关组可能不止一个，但所有极大无关组中所含向量的个数是相同的. 事实上，当 $r(\boldsymbol{A})=r$ 时，$\boldsymbol{A}$ 中任意 $r$ 个线性无关的向量都是 $\boldsymbol{A}$ 的一个极大无关组.

**例 2** 全体 $n$ 维向量构成的向量组记作 $\mathbf{R}^n$，求 $\mathbf{R}^n$ 的一个极大无关组及 $\mathbf{R}^n$ 的秩.

**解** 因为 $n$ 维单位坐标向量构成的向量组 $\boldsymbol{E}:\boldsymbol{\varepsilon}_1=(1,0,\cdots,0)^{\mathrm{T}},\boldsymbol{\varepsilon}_2=(0,1,\cdots,0)^{\mathrm{T}},\cdots,\boldsymbol{\varepsilon}_n=(0,0,\cdots,1)^{\mathrm{T}}$ 是线性无关的，又由前面的内容知，$\mathbf{R}^n$ 中的任意 $n+1$ 个向量都线性相关，因此向量组 $\boldsymbol{E}$ 是 $\mathbf{R}^n$ 的一个极大无关组，且 $\mathbf{R}^n$ 的秩等于 $n$.

**定理 1** 一个向量组中任一向量都可以用它的极大无关组线性表示.

**证明** 设向量组 $\boldsymbol{A}:\boldsymbol{\alpha}_1,\boldsymbol{\alpha}_2,\cdots,\boldsymbol{\alpha}_n$ 的一个极大无关组为 $\boldsymbol{A}_0:\boldsymbol{\alpha}_1',\boldsymbol{\alpha}_2',\cdots,\boldsymbol{\alpha}_r'$，下面分两种情形来讨论.

(1) 若 $n=r$，则极大无关组 $\boldsymbol{A}_0$ 即为 $\boldsymbol{A}$ 本身，由前面内容知，$\boldsymbol{A}$ 中任意向量都可以由 $\boldsymbol{A}_0$ 线性表示;

(2) 若 $n>r$，设 $\boldsymbol{\alpha}_s$ 是 $\boldsymbol{A}$ 中异于 $\boldsymbol{A}_0$ 的任一向量，则根据定义，向量组 $\boldsymbol{\alpha}_1',\boldsymbol{\alpha}_2',\cdots,\boldsymbol{\alpha}_r',\boldsymbol{\alpha}_s$ 线性相关，由 4.2 节定理 4 知，$\boldsymbol{\alpha}_s$ 必可由向量组 $\boldsymbol{\alpha}_1',\boldsymbol{\alpha}_2',\cdots,\boldsymbol{\alpha}_r'$ 线性表示.

如何求向量组的秩

### 4.3.2 向量组与矩阵秩的关系

前面讲过，向量组与矩阵是一一对应的，因此向量与矩阵的问题可以互相转化. 因此，矩阵的秩与其所对应的向量组的秩之间应当满足一定关系. 事实上，我们有如下结论.

**定理 2** 设 $\boldsymbol{A}$ 为 $m\times n$ 矩阵，则矩阵 $\boldsymbol{A}$ 的秩等于它的列向量组的秩，也等于它的行向量组的秩.

**证明** 将矩阵 $\boldsymbol{A}$ 记作 $\boldsymbol{A}=(\boldsymbol{\alpha}_1,\boldsymbol{\alpha}_2,\cdots,\boldsymbol{\alpha}_n)$，并设 $r(\boldsymbol{A})=r$，则 $\boldsymbol{A}$ 中必存在 $r$ 阶子式 $D_r\neq 0$，因此 $\boldsymbol{A}$ 中 $D_r$ 所在的 $r$ 个列向量必线性无关. 又因为 $\boldsymbol{A}$ 中的任意 $r$+1 阶子式 $D_{r+1}$ 都等于零，因此 $\boldsymbol{A}$ 中任意 $r$+1 个列向量都线性相关，从而 $\boldsymbol{A}$ 的列向量组秩为 $r$.

同理可以证明矩阵 $\boldsymbol{A}$ 的行向量组的秩也为 $r$.

**注** 一个矩阵的列 (行) 向量组的秩通常简称为该矩阵的列 (行) 秩.

**例 3** 向量组 $\boldsymbol{A}$ : $\boldsymbol{\beta}_1=\begin{pmatrix}1\\0\\-2\end{pmatrix}$, $\boldsymbol{\beta}_2=\begin{pmatrix}3\\2\\0\end{pmatrix}$, $\boldsymbol{\beta}_3=\begin{pmatrix}-2\\-1\\1\end{pmatrix}$, $\boldsymbol{\beta}_4=\begin{pmatrix}2\\3\\5\end{pmatrix}$, 求 $\boldsymbol{A}$ 的一个极大无关组.

**解** 构造矩阵 $\boldsymbol{A}=(\boldsymbol{\beta}_1,\boldsymbol{\beta}_2,\boldsymbol{\beta}_3,\boldsymbol{\beta}_4)=\begin{pmatrix}1&3&-2&2\\0&2&-1&3\\-2&0&1&5\end{pmatrix}\to\begin{pmatrix}1&3&-2&2\\0&2&-1&3\\0&0&0&0\end{pmatrix}$, 得 $r(\boldsymbol{A})=2$, 因此向量组 $\boldsymbol{A}$ 的秩等于 2.

矩阵中位于 1,2 行 1,2 列的二阶子式 $\begin{vmatrix}1&3\\0&2\end{vmatrix}=2\neq0$, 因此 $\boldsymbol{\beta}_1,\boldsymbol{\beta}_2$ 是 $\boldsymbol{A}$ 的一个极大无关组.

**注** $\boldsymbol{A}$ 为行向量组时, 可以按行构造矩阵, 但实际做题时通常将行向量转置为列向量, 再构造矩阵.

**例 4** 设矩阵

$$\boldsymbol{A}=\begin{pmatrix}2&-1&-1&1&2\\1&1&-2&1&4\\4&-6&2&-2&4\\3&6&-9&7&9\end{pmatrix},$$

求矩阵 $\boldsymbol{A}$ 的列向量组的一个极大无关组, 并把不属于极大无关组的列向量用极大无关组线性表示.

**解** 对 $\boldsymbol{A}$ 施行初等变换化为行最简形矩阵

$$\boldsymbol{A}\to\begin{pmatrix}1&1&-2&1&4\\0&1&-1&1&0\\0&0&0&1&-3\\0&0&0&0&0\end{pmatrix}\to\begin{pmatrix}1&0&-1&0&4\\0&1&-1&0&3\\0&0&0&1&-3\\0&0&0&0&0\end{pmatrix},$$

知 $r(\boldsymbol{A})=3$, 故列向量组的极大无关组含 3 个向量.

令矩阵 $\boldsymbol{A}$ 的每一列分别为向量 $\boldsymbol{\alpha}_1,\boldsymbol{\alpha}_2,\boldsymbol{\alpha}_3,\boldsymbol{\alpha}_4,\boldsymbol{\alpha}_5$, 而行最简形矩阵的三个非零首元在第 1,2,4 三列, 因此 $\boldsymbol{\alpha}_1,\boldsymbol{\alpha}_2,\boldsymbol{\alpha}_4$ 是一个极大无关组, 这是因为由 $\boldsymbol{\alpha}_1,\boldsymbol{\alpha}_2,$

$\boldsymbol{\alpha}_4$ 构成的矩阵

$$(\boldsymbol{\alpha}_1,\boldsymbol{\alpha}_2,\boldsymbol{\alpha}_4)=\begin{pmatrix}2&-1&1\\1&1&1\\4&-6&-2\\3&6&7\end{pmatrix}\to\begin{pmatrix}1&0&0\\0&1&0\\0&0&1\\0&0&0\end{pmatrix},$$

因此 $r(\boldsymbol{\alpha}_1,\boldsymbol{\alpha}_2,\boldsymbol{\alpha}_4)=3$, 故 $\boldsymbol{\alpha}_1,\boldsymbol{\alpha}_2,\boldsymbol{\alpha}_4$ 线性无关, 可以作为列向量组的一个极大无关组.

再设 $k_1\boldsymbol{\alpha}_1+k_2\boldsymbol{\alpha}_2+k_4\boldsymbol{\alpha}_4=\boldsymbol{\alpha}_3$, 根据线性方程组的解法得到

$$(\boldsymbol{\alpha}_1,\boldsymbol{\alpha}_2,\boldsymbol{\alpha}_4,\boldsymbol{\alpha}_3)=\begin{pmatrix}2&-1&1&-1\\1&1&1&-2\\4&-6&-2&2\\3&6&7&-9\end{pmatrix}\to\begin{pmatrix}1&0&0&-1\\0&1&0&-1\\0&0&1&0\\0&0&0&0\end{pmatrix},$$

从而 $\boldsymbol{\alpha}_3=-\boldsymbol{\alpha}_1-\boldsymbol{\alpha}_2$, 同理可以得到 $\boldsymbol{\alpha}_5=4\boldsymbol{\alpha}_1+3\boldsymbol{\alpha}_2-3\boldsymbol{\alpha}_4$.

**注**　在本例中, 为了便于大家理解, 将求极大无关组和用极大无关组表示其余向量分成了两步. 实际上, 只要将矩阵 $\boldsymbol{A}$ 变换成行最简形矩阵, 直接可以看出所有结果.

**例 5**　求向量组

$$\boldsymbol{\alpha}_1^{\mathrm{T}}=(1,2,-1,1),\quad \boldsymbol{\alpha}_2^{\mathrm{T}}=(2,0,t,0),$$

$$\boldsymbol{\alpha}_3^{\mathrm{T}}=(0,-4,5,-2),\quad \boldsymbol{\alpha}_4^{\mathrm{T}}=(3,-2,t+4,-1)$$

的秩和一个极大无关组.

**解**　向量的分量中含参数 $t$, 向量组的秩和极大无关组与 $t$ 的取值有关. 对下列矩阵作初等行变换:

$$(\boldsymbol{\alpha}_1,\boldsymbol{\alpha}_2,\boldsymbol{\alpha}_3,\boldsymbol{\alpha}_4)=\begin{pmatrix}1&2&0&3\\2&0&-4&-2\\-1&t&5&t+4\\1&0&-2&-1\end{pmatrix}\to\begin{pmatrix}1&2&0&3\\0&-4&-4&-8\\0&t+2&5&t+7\\0&-2&-2&-4\end{pmatrix}$$

$$\to\begin{pmatrix}1&2&0&3\\0&1&1&2\\0&0&3-t&3-t\\0&0&0&0\end{pmatrix}.$$

显然, $\boldsymbol{\alpha}_1^{\mathrm{T}},\boldsymbol{\alpha}_2^{\mathrm{T}}$ 线性无关, 且

(1) 当 $t=3$ 时, $r(\boldsymbol{\alpha}_1^{\mathrm{T}},\boldsymbol{\alpha}_2^{\mathrm{T}},\boldsymbol{\alpha}_3^{\mathrm{T}},\boldsymbol{\alpha}_4^{\mathrm{T}})=2$, 且 $\boldsymbol{\alpha}_1^{\mathrm{T}},\boldsymbol{\alpha}_2^{\mathrm{T}}$ 是一个极大无关组;

(2) 当 $t\neq 3$ 时, $r(\boldsymbol{\alpha}_1^{\mathrm{T}},\boldsymbol{\alpha}_2^{\mathrm{T}},\boldsymbol{\alpha}_3^{\mathrm{T}},\boldsymbol{\alpha}_4^{\mathrm{T}})=3$, 且 $\boldsymbol{\alpha}_1^{\mathrm{T}},\boldsymbol{\alpha}_2^{\mathrm{T}},\boldsymbol{\alpha}_3^{\mathrm{T}}$ 是一个极大无关组.

**定理 3** 向量组与它的极大无关组等价.

**证明** 设向量组 $\boldsymbol{T}$ 的秩为 $r$, $\boldsymbol{T}$ 的一个极大无关组为 $\boldsymbol{T}_1:\boldsymbol{\alpha}_1,\boldsymbol{\alpha}_2,\cdots,\boldsymbol{\alpha}_r$.

(1) $\boldsymbol{T}_1$ 中的向量都是 $\boldsymbol{T}$ 中的向量, 因此 $\boldsymbol{T}_1$ 可由 $\boldsymbol{T}$ 线性表示.

(2) 对于任意 $\boldsymbol{\alpha}\in\boldsymbol{T}$, 当 $\boldsymbol{\alpha}\in\boldsymbol{T}_1$ 时, $\boldsymbol{\alpha}$ 可由 $\boldsymbol{T}_1$ 线性表示; 当 $\boldsymbol{\alpha}\notin\boldsymbol{T}_1$ 时, 由已知条件 $\boldsymbol{\alpha}_1,\boldsymbol{\alpha}_2,\cdots,\boldsymbol{\alpha}_r,\boldsymbol{\alpha}$ 线性相关, 但 $\boldsymbol{\alpha}_1,\boldsymbol{\alpha}_2,\cdots,\boldsymbol{\alpha}_r$ 线性无关. 根据定理 1 知, $\boldsymbol{\alpha}$ 可由 $\boldsymbol{T}_1$ 线性表示. 故 $\boldsymbol{T}$ 可由 $\boldsymbol{T}_1$ 线性表示. 因此, $\boldsymbol{T}$ 与 $\boldsymbol{T}_1$ 等价.

**推论 1** 一个向量组的任意两个极大无关组等价.

## 习题 4.3

1. 设 $n$ 维向量组 $\boldsymbol{\alpha}_1,\boldsymbol{\alpha}_2,\cdots,\boldsymbol{\alpha}_s$ 的秩为 3, 则 (　　).

(A) $\boldsymbol{\alpha}_1,\boldsymbol{\alpha}_2,\cdots,\boldsymbol{\alpha}_s$ 中任意 3 个向量线性无关

(B) $\boldsymbol{\alpha}_1,\boldsymbol{\alpha}_2,\cdots,\boldsymbol{\alpha}_s$ 中无零向量

(C) $\boldsymbol{\alpha}_1,\boldsymbol{\alpha}_2,\cdots,\boldsymbol{\alpha}_s$ 中任意 4 个向量线性相关

(D) $\boldsymbol{\alpha}_1,\boldsymbol{\alpha}_2,\cdots,\boldsymbol{\alpha}_s$ 中任意两个向量线性无关

2. 设 $n$ 维向量组 $\boldsymbol{\alpha}_1,\boldsymbol{\alpha}_2,\cdots,\boldsymbol{\alpha}_s$ 的秩为 $r$, 则 (　　).

(A) 若 $r=s$, 则任何 $n$ 维向量都可用 $\boldsymbol{\alpha}_1,\boldsymbol{\alpha}_2,\cdots,\boldsymbol{\alpha}_s$ 线性表示

(B) 若 $s=n$, 则任何 $n$ 维向量都可用 $\boldsymbol{\alpha}_1,\boldsymbol{\alpha}_2,\cdots,\boldsymbol{\alpha}_s$ 线性表示

(C) 若 $r=n$, 则任何 $n$ 维向量都可用 $\boldsymbol{\alpha}_1,\boldsymbol{\alpha}_2,\cdots,\boldsymbol{\alpha}_s$ 线性表示

(D) 若 $s>n$, 则 $r=n$

3. 已知向量组

$$\boldsymbol{\alpha}_1=\begin{pmatrix}1\\2\\-1\\1\end{pmatrix},\quad \boldsymbol{\alpha}_2=\begin{pmatrix}2\\0\\t\\0\end{pmatrix},\quad \boldsymbol{\alpha}_3=\begin{pmatrix}0\\-4\\5\\-2\end{pmatrix}$$

的秩为 2, 则 $t=$ __________.

4. 已知向量组 $\boldsymbol{\alpha}_1^{\mathrm{T}}=(1,2,3,4)$, $\boldsymbol{\alpha}_2^{\mathrm{T}}=(2,3,4,5)$, $\boldsymbol{\alpha}_3^{\mathrm{T}}=(3,4,5,6)$, $\boldsymbol{\alpha}_4^{\mathrm{T}}=(4,5,6,7)$, 则该向量组的秩为 __________.

5. 向量组 $\boldsymbol{\alpha}_1=(a,3,1)^{\mathrm{T}}$, $\boldsymbol{\alpha}_2=(2,b,3)^{\mathrm{T}}$, $\boldsymbol{\alpha}_3=(1,2,1)^{\mathrm{T}}$, $\boldsymbol{\alpha}_4=(2,3,1)^{\mathrm{T}}$ 的秩为 2, 则 $a=$ __________, $b=$ __________.

6. 设 $\boldsymbol{\alpha}_1=(3,1,1,5)^{\mathrm{T}}$, $\boldsymbol{\alpha}_2=(2,1,1,4)^{\mathrm{T}}$, $\boldsymbol{\alpha}_3=(1,2,1,3)^{\mathrm{T}}$, $\boldsymbol{\alpha}_4=(5,2,2,9)^{\mathrm{T}}$, $\boldsymbol{\beta}=(2,6,2,d)^{\mathrm{T}}$.

(1) 试求 $\boldsymbol{\alpha}_1,\boldsymbol{\alpha}_2,\boldsymbol{\alpha}_3,\boldsymbol{\alpha}_4$ 的极大无关组;

(2) $d$ 为何值时, $\boldsymbol{\beta}$ 可由 $\boldsymbol{\alpha}_1,\boldsymbol{\alpha}_2,\boldsymbol{\alpha}_3,\boldsymbol{\alpha}_4$ 的极大无关组线性表示, 并写出表达式.

7. 已知 3 阶矩阵 $\boldsymbol{A}$, 3 维向量 $\boldsymbol{x}$ 满足 $\boldsymbol{A}^3\boldsymbol{x}=3\boldsymbol{A}\boldsymbol{x}-\boldsymbol{A}^2\boldsymbol{x}$, 且向量组 $\boldsymbol{x},\boldsymbol{A}\boldsymbol{x},\boldsymbol{A}^2\boldsymbol{x}$ 线性无关.

(1) 记 $\boldsymbol{P}=(\boldsymbol{x},\boldsymbol{A}\boldsymbol{x},\boldsymbol{A}^2\boldsymbol{x})$, 求 3 阶矩阵 $\boldsymbol{B}$, 使 $\boldsymbol{AP}=\boldsymbol{PB}$;　　(2) 求 $|\boldsymbol{A}|$.

8. 利用初等行变换, 求下列矩阵的列向量组的极大无关组.

(1) $\begin{pmatrix} 25 & 31 & 17 & 43 \\ 75 & 94 & 53 & 132 \\ 75 & 94 & 54 & 134 \\ 25 & 32 & 20 & 48 \end{pmatrix}$;　　(2) $\begin{pmatrix} 1 & 1 & 2 & 2 & 1 \\ 0 & 2 & 1 & 5 & -1 \\ 2 & 0 & 3 & -1 & 3 \\ 1 & 1 & 0 & 4 & -1 \end{pmatrix}$.

9. 求下列向量组的秩, 并求一个极大无关组.

(1) $\boldsymbol{a}_1=(1,2,-1,4),\boldsymbol{a}_2=(9,100,10,4),\boldsymbol{a}_3=(-2,-4,2,-8)$;

(2) $\boldsymbol{a}_1=\begin{pmatrix} 1 \\ 2 \\ 1 \\ 3 \end{pmatrix},\boldsymbol{a}_2=\begin{pmatrix} 4 \\ -1 \\ -5 \\ -6 \end{pmatrix},\boldsymbol{a}_3=\begin{pmatrix} 1 \\ -3 \\ -4 \\ -7 \end{pmatrix}$.

## 4.4　线性方程组解的结构

前面我们已经学习了求方程组通解的一般方法, 如果方程组有无穷多组解, 那么这些解之间的关系是什么样的? 能不能由一部分解得到全部解? 为了弄清这个问题, 本节来讨论方程组解的结构.

### 4.4.1　齐次线性方程组解的结构

对于齐次线性方程组

$$\begin{cases} a_{11}x_1+a_{12}x_2+\cdots+a_{1n}x_n=0, \\ a_{21}x_1+a_{22}x_2+\cdots+a_{2n}x_n=0, \\ \quad\cdots\cdots \\ a_{m1}x_1+a_{m2}x_2+\cdots+a_{mn}x_n=0, \end{cases} \tag{4.8}$$

为书写方便, 记

$$\boldsymbol{A}=\begin{pmatrix} a_{11} & a_{12} & \cdots & a_{1n} \\ a_{21} & a_{22} & \cdots & a_{2n} \\ \vdots & \vdots & & \vdots \\ a_{m1} & a_{m2} & \cdots & a_{mn} \end{pmatrix},\quad \boldsymbol{x}=\begin{pmatrix} x_1 \\ x_2 \\ \vdots \\ x_n \end{pmatrix},\quad \boldsymbol{0}=\begin{pmatrix} 0 \\ 0 \\ \vdots \\ 0 \end{pmatrix},$$

则齐次线性方程组即为

$$\boldsymbol{Ax}=\mathbf{0},$$

其中, 满足方程组的向量 $\boldsymbol{x}$ 称作该方程组的**解向量**, 在不致混淆的情况下也可简称**解**.

**定理 1** 设 $\boldsymbol{\xi}_1,\boldsymbol{\xi}_2$ 是齐次方程组 $\boldsymbol{Ax}=\mathbf{0}$ 的两个解向量, 则 $\boldsymbol{\xi}_1+\boldsymbol{\xi}_2$ 仍为其解向量.

**证明** 将 $\boldsymbol{\xi}_1+\boldsymbol{\xi}_2$ 代入方程组左边, 得

$$\boldsymbol{A}(\boldsymbol{\xi}_1+\boldsymbol{\xi}_2)=\boldsymbol{A\xi}_1+\boldsymbol{A\xi}_2=\mathbf{0}+\mathbf{0}=\mathbf{0},$$

因此 $\boldsymbol{\xi}_1+\boldsymbol{\xi}_2$ 是齐次方程组 $\boldsymbol{Ax}=\mathbf{0}$ 的解向量.

**定理 2** 设 $\boldsymbol{\xi}$ 是齐次方程组 $\boldsymbol{Ax}=\mathbf{0}$ 的解向量, $k$ 为任意实数, 则 $k\boldsymbol{\xi}$ 仍为其解向量.

**证明** 将 $k\boldsymbol{\xi}$ 代入方程组左边, 得

$$\boldsymbol{A}(k\boldsymbol{\xi})=k(\boldsymbol{A\xi})=k\cdot\mathbf{0}=\mathbf{0},$$

即 $k\boldsymbol{\xi}$ 为其解向量.

由上述两条性质, 可以得到下面的推论.

**推论 1** 设 $\boldsymbol{\xi}_1,\boldsymbol{\xi}_2,\cdots,\boldsymbol{\xi}_n$ 都是齐次方程组 $\boldsymbol{Ax}=\mathbf{0}$ 的解向量, $k_1,k_2,\cdots,k_n$ 为任意实数, 则 $k_1\boldsymbol{\xi}_1+k_2\boldsymbol{\xi}_2+\cdots+k_n\boldsymbol{\xi}_n$ 仍为 $\boldsymbol{Ax}=\mathbf{0}$ 的解向量.

推论说明了齐次方程组的任意有限个解向量的线性组合仍然是它的解向量. 为了通过有限个解组合出方程组的所有解, 下面先介绍基础解系的概念.

**定义 1** 设 $\boldsymbol{\xi}_1,\boldsymbol{\xi}_2,\cdots,\boldsymbol{\xi}_s$ 是齐次方程组 $\boldsymbol{Ax}=\mathbf{0}$ 的 $s$ 个解向量, 如果

(1) $\boldsymbol{\xi}_1,\boldsymbol{\xi}_2,\cdots,\boldsymbol{\xi}_s$ 线性无关;

(2) 方程组的任一解向量 $\boldsymbol{\xi}$ 都是 $\boldsymbol{\xi}_1,\boldsymbol{\xi}_2,\cdots,\boldsymbol{\xi}_s$ 的线性组合.

则称 $\boldsymbol{\xi}_1,\boldsymbol{\xi}_2,\cdots,\boldsymbol{\xi}_s$ 为方程组 $\boldsymbol{A}x=\mathbf{0}$ 的一个**基础解系**.

基础解系的定义

定义 1 告诉我们, 只要找到线性方程组的一个基础解系, 就可以把所有的解表示出来. 首先基础解系是一个线性无关的向量组, 同时方程的任意解都可由基础解系线性表示, 根据前面的知识, 基础解系应当是方程组所有解向量的一个极大无关组. 因此, 问题就转化为如何求解向量的极大无关组. 下面讨论如何确定齐次方程组的基础解系.

对于方程组 $\boldsymbol{Ax}=\mathbf{0}$, 如果行最简形矩阵为如下形式

$$\boldsymbol{A}\to\begin{pmatrix}1&0&0&b_{11}&b_{12}&\cdots&b_{1,n-r}\\0&1&0&b_{21}&b_{22}&\cdots&b_{2,n-r}\\\vdots&\vdots&\vdots&\vdots&\vdots&&\vdots\\0&0&1&b_{r1}&b_{r2}&\cdots&b_{r,n-r}\\\vdots&\vdots&\vdots&\vdots&\vdots&&\vdots\\0&0&0&0&0&\cdots&0\end{pmatrix},\tag{4.9}$$

则其通解为

$$\begin{cases}x_1= & -b_{11}k_1 & -b_{12}k_2 & -\cdots & -b_{1,n-r}k_{n-r},\\x_2= & -b_{21}k_1 & -b_{22}k_2 & -\cdots & -b_{2,n-r}k_{n-r},\\ & & \cdots\cdots & & \\x_r= & -b_{r1}k_1 & -b_{r2}k_2 & -\cdots & -b_{r,n-r}k_{n-r},\\x_{r+1}= & k_1, & & & \\x_{r+2}= & & k_2, & & \\ & & \cdots\cdots & & \\x_n= & & & & k_{n-r},\end{cases}$$

其中, $k_1,k_2,\cdots,k_{n-r}$ 为任意实数. 再将上述通解改写成向量形式

$$\begin{pmatrix}x_1\\x_2\\\vdots\\x_r\\x_{r+1}\\x_{r+2}\\\vdots\\x_n\end{pmatrix}=\begin{pmatrix}-b_{11}\\-b_{21}\\\vdots\\-b_{r1}\\1\\0\\\vdots\\0\end{pmatrix}k_1+\begin{pmatrix}-b_{12}\\-b_{22}\\\vdots\\-b_{r2}\\0\\1\\\vdots\\0\end{pmatrix}k_2+\cdots+\begin{pmatrix}-b_{1,n-r}\\-b_{2,n-r}\\\vdots\\-b_{r,n-r}\\0\\0\\\vdots\\1\end{pmatrix}k_{n-r}.$$

容易看出, 向量组

$$
\begin{pmatrix} -b_{11} \\ -b_{21} \\ \vdots \\ -b_{r1} \\ 1 \\ 0 \\ \vdots \\ 0 \end{pmatrix}, \begin{pmatrix} -b_{12} \\ -b_{22} \\ \vdots \\ -b_{r2} \\ 0 \\ 1 \\ \vdots \\ 0 \end{pmatrix}, \cdots, \begin{pmatrix} -b_{1,n-r} \\ -b_{2,n-r} \\ \vdots \\ -b_{r,n-r} \\ 0 \\ 0 \\ \vdots \\ 1 \end{pmatrix}
$$

是 $n-r$ 个线性无关的向量, 并且齐次方程组的任意一个解向量都可以由该向量组线性表示. 根据定义, 该向量组即为基础解系.

在实际解题的时候, 可以按下列步骤来做. 不妨设方程组的系数矩阵的行最简形矩阵具有如 (4.9) 所示的形式, 首先将方程组写成下列形式:

$$
\begin{cases} x_1 = -b_{11}x_{r+1} - b_{12}x_{r+2} - \cdots - b_{1,n-r}x_n, \\ x_2 = -b_{21}x_{r+1} - b_{22}x_{r+2} - \cdots - b_{2,n-r}x_n, \\ \qquad\qquad\cdots\cdots \\ x_r = -b_{r1}x_{r+1} - b_{r2}x_{r+2} - \cdots - b_{r,n-r}x_n, \end{cases}
$$

其中 $x_{r+1}, x_{r+2}, \cdots, x_n$ 为自由未知量.

现在取自由未知量

$$
\begin{pmatrix} x_{r+1} \\ x_{r+2} \\ \vdots \\ x_n \end{pmatrix} = \begin{pmatrix} 1 \\ 0 \\ \vdots \\ 0 \end{pmatrix},
$$

则得到方程组的一个解向量

$$
\boldsymbol{\xi}_1 = \begin{pmatrix} -b_{11} \\ -b_{21} \\ \vdots \\ -b_{r1} \\ 1 \\ 0 \\ \vdots \\ 0 \end{pmatrix}.
$$

然后, 再依次取

$$\begin{pmatrix} x_{r+1} \\ x_{r+2} \\ \vdots \\ x_n \end{pmatrix} = \begin{pmatrix} 0 \\ 1 \\ \vdots \\ 0 \end{pmatrix}, \cdots, \begin{pmatrix} 0 \\ 0 \\ \vdots \\ 1 \end{pmatrix},$$

就得到方程组的另外 $n-r-1$ 个解向量 $\boldsymbol{\xi}_2 = \begin{pmatrix} -b_{12} \\ -b_{22} \\ \vdots \\ -b_{r2} \\ 0 \\ 1 \\ \vdots \\ 0 \end{pmatrix}, \cdots, \boldsymbol{\xi}_{n-r} = \begin{pmatrix} -b_{1,n-r} \\ -b_{2,n-r} \\ \vdots \\ -b_{r,n-r} \\ 0 \\ 0 \\ \vdots \\ 1 \end{pmatrix}$,
则 $\boldsymbol{\xi}_1, \boldsymbol{\xi}_2, \cdots, \boldsymbol{\xi}_{n-r}$ 就是线性方程组的基础解系. 最后, 将这些基础解系组合起来, 就得到方程组的通解

$$\boldsymbol{x} = k_1\boldsymbol{\xi}_1 + k_2\boldsymbol{\xi}_2 + \cdots + k_{n-r}\boldsymbol{\xi}_{n-r},$$

其中, $k_1, k_2, \cdots, k_{n-r}$ 为任意实数. 方程组的全部解构成一个 $n$ 维向量空间, 称作线性方程组的**解空间**.

由于基础解系是线性方程组的解空间的一个极大无关组, 而极大无关组可能不止一个, 因此基础解系通常也不止一个. 不过, 在实际计算中, 自由未知量通常按照书上所述取一组线性无关的单位向量, 这样有助于简化计算过程.

**例 1**　求齐次线性方程组 $\begin{cases} x_1 + x_2 + x_3 + x_4 + x_5 = 0, \\ 3x_1 + 2x_2 + x_3 - 3x_5 = 0, \\ x_2 + 2x_3 + 3x_4 + 6x_5 = 0, \\ 5x_1 + 4x_2 + 3x_3 + 2x_4 + 6x_5 = 0 \end{cases}$ 的一个基础解系.

**解**　用初等行变换将系数矩阵化为行阶梯形矩阵

$$\begin{pmatrix} 1 & 1 & 1 & 1 & 1 \\ 3 & 2 & 1 & 0 & -3 \\ 0 & 1 & 2 & 3 & 6 \\ 5 & 4 & 3 & 2 & 6 \end{pmatrix} \to \begin{pmatrix} 1 & 1 & 1 & 1 & 1 \\ 0 & -1 & -2 & -3 & -6 \\ 0 & 1 & 2 & 3 & 6 \\ 0 & -1 & -2 & -3 & 1 \end{pmatrix} \to \begin{pmatrix} 1 & 1 & 1 & 1 & 1 \\ 0 & 1 & 2 & 3 & 6 \\ 0 & 0 & 0 & 0 & 0 \\ 0 & 0 & 0 & 0 & 7 \end{pmatrix}$$

$$
\to \begin{pmatrix} 1 & 1 & 1 & 1 & 0 \\ 0 & 1 & 2 & 3 & 0 \\ 0 & 0 & 0 & 0 & 1 \\ 0 & 0 & 0 & 0 & 0 \end{pmatrix} \to \begin{pmatrix} 1 & 0 & -1 & -2 & 0 \\ 0 & 1 & 2 & 3 & 0 \\ 0 & 0 & 0 & 0 & 1 \\ 0 & 0 & 0 & 0 & 0 \end{pmatrix},
$$

因此, 方程组的同解方程组为

$$
\begin{cases} x_1 = x_3 + 2x_4, \\ x_2 = -2x_3 - 3x_4, \\ x_5 = 0, \end{cases}
$$

分别取 $\begin{pmatrix} x_3 \\ x_4 \end{pmatrix} = \begin{pmatrix} 1 \\ 0 \end{pmatrix}, \begin{pmatrix} 0 \\ 1 \end{pmatrix}$, 则 $\begin{pmatrix} x_1 \\ x_2 \\ x_5 \end{pmatrix} = \begin{pmatrix} 1 \\ -2 \\ 0 \end{pmatrix}, \begin{pmatrix} 2 \\ -3 \\ 0 \end{pmatrix}$.

于是 $\boldsymbol{\xi}_1 = \begin{pmatrix} 1 \\ -2 \\ 1 \\ 0 \\ 0 \end{pmatrix}, \boldsymbol{\xi}_2 = \begin{pmatrix} 2 \\ -3 \\ 0 \\ 1 \\ 0 \end{pmatrix}$ 为原方程组的一个基础解系.

**例 2** 设 $\boldsymbol{A} = \begin{pmatrix} 1 & 2 & 2 & -4 \\ 1 & 3 & 4 & -2 \\ 1 & 1 & 0 & -6 \end{pmatrix}, \boldsymbol{x} = \begin{pmatrix} x_1 \\ x_2 \\ x_3 \\ x_4 \end{pmatrix}$, 求 $\boldsymbol{Ax} = \boldsymbol{0}$ 的通解.

**解** $\boldsymbol{A} = \begin{pmatrix} 1 & 2 & 2 & -4 \\ 1 & 3 & 4 & -2 \\ 1 & 1 & 0 & -6 \end{pmatrix} \to \begin{pmatrix} 1 & 2 & 2 & -4 \\ 0 & 1 & 2 & 2 \\ 0 & 0 & 0 & 0 \end{pmatrix}$

$$
\to \begin{pmatrix} 1 & 0 & -2 & -8 \\ 0 & 1 & 2 & 2 \\ 0 & 0 & 0 & 0 \end{pmatrix}.
$$

同解方程组为 $\begin{cases} x_1 = 2x_3 + 8x_4, \\ x_2 = -2x_3 - 2x_4. \end{cases}$

$\boldsymbol{Ax} = \boldsymbol{0}$ 的基础解系为 $\boldsymbol{\xi}_1 = \begin{pmatrix} 2 \\ -2 \\ 1 \\ 0 \end{pmatrix}, \boldsymbol{\xi}_2 = \begin{pmatrix} 8 \\ -2 \\ 0 \\ 1 \end{pmatrix}$. 通解：$\boldsymbol{x} = k_1\boldsymbol{\xi}_1 +$

$k_2\boldsymbol{\xi}_2, k_1, k_2 \in \mathbf{R}$.

### 4.4.2　非齐次线性方程组解的结构

对于非齐次线性方程组

$$\begin{cases} a_{11}x_1 + a_{12}x_2 + \cdots + a_{1n}x_n = b_1, \\ a_{21}x_1 + a_{22}x_2 + \cdots + a_{2n}x_n = b_2, \\ \cdots\cdots \\ a_{m1}x_1 + a_{m2}x_2 + \cdots + a_{mn}x_n = b_m. \end{cases} \tag{4.10}$$

如果令右端常数项 $b_1, b_2, \cdots, b_m$ 全为 0, 此时得到的齐次方程组称作非齐次方程组的**导出组**. 同样, 记

$$\boldsymbol{A} = \begin{pmatrix} a_{11} & a_{12} & \cdots & a_{1n} \\ a_{21} & a_{22} & \cdots & a_{2n} \\ \vdots & \vdots & & \vdots \\ a_{m1} & a_{m2} & \cdots & a_{mn} \end{pmatrix}, \quad \boldsymbol{x} = \begin{pmatrix} x_1 \\ x_2 \\ \vdots \\ x_n \end{pmatrix}, \quad \boldsymbol{b} = \begin{pmatrix} b_1 \\ b_2 \\ \vdots \\ b_m \end{pmatrix},$$

则方程组 (4.10) 即为

$$\boldsymbol{Ax} = \boldsymbol{b}.$$

下面来讨论非齐次方程组的解的结构.

**定理 3**　设解向量 $\boldsymbol{x} = \boldsymbol{\eta}_1$, $\boldsymbol{x} = \boldsymbol{\eta}_2$ 是非齐次方程组 $\boldsymbol{Ax} = \boldsymbol{b}$ 的两个解, 则 $\boldsymbol{\eta}_1 - \boldsymbol{\eta}_2$ 是其对应的齐次方程组 $\boldsymbol{Ax} = \mathbf{0}$ 的解.

**证明**　将 $\boldsymbol{\eta}_1 - \boldsymbol{\eta}_2$ 代入方程左边, 得

$$\boldsymbol{A}(\boldsymbol{\eta}_1 - \boldsymbol{\eta}_2) = \boldsymbol{A\eta}_1 - \boldsymbol{A\eta}_2 = \boldsymbol{b} - \boldsymbol{b} = \mathbf{0}.$$

所以, $\boldsymbol{\eta}_1 - \boldsymbol{\eta}_2$ 是 $\boldsymbol{Ax} = \mathbf{0}$ 的解.

**定理 4**　设解向量 $\boldsymbol{x} = \boldsymbol{\eta}$ 是非齐次方程组 $\boldsymbol{Ax} = \boldsymbol{b}$ 的任一特解, $\boldsymbol{\xi}_1, \boldsymbol{\xi}_2, \cdots, \boldsymbol{\xi}_{n-r}$ 是其对应的齐次方程组 $\boldsymbol{Ax} = \mathbf{0}$ 的一个基础解系, 则方程组 $\boldsymbol{Ax} = \boldsymbol{b}$ 的通解为

$$\boldsymbol{x} = \boldsymbol{\eta} + k_1\boldsymbol{\xi}_1 + k_2\boldsymbol{\xi}_2 + \cdots + k_{n-r}\boldsymbol{\xi}_{n-r},$$

其中 $r$ 为方程组系数矩阵的秩.

**证明**　首先

$$\boldsymbol{Ax} = \boldsymbol{A}(\boldsymbol{\eta} + k_1\boldsymbol{\xi}_1 + k_2\boldsymbol{\xi}_2 + \cdots + k_{n-r}\boldsymbol{\xi}_{n-r})$$

$$= \boldsymbol{A}\boldsymbol{\eta} + k_1\boldsymbol{A}\boldsymbol{\xi}_1 + k_2\boldsymbol{A}\boldsymbol{\xi}_2 + \cdots + k_{n-r}\boldsymbol{A}\boldsymbol{\xi}_{n-r}$$

$$= \boldsymbol{b} + k_1\boldsymbol{0} + \cdots + k_{n-r}\boldsymbol{0} = \boldsymbol{b},$$

所以, $\boldsymbol{x} = \boldsymbol{\eta} + k_1\boldsymbol{\xi}_1 + k_2\boldsymbol{\xi}_2 + \cdots + k_{n-r}\boldsymbol{\xi}_{n-r}$ 是 $\boldsymbol{Ax} = \boldsymbol{b}$ 的解.

反之, 对于 $\boldsymbol{Ax} = \boldsymbol{b}$ 的任一解向量 $\boldsymbol{x}$, 由定理 3 知 $\boldsymbol{x}-\boldsymbol{\eta}$ 是 $\boldsymbol{Ax} = \boldsymbol{0}$ 的解. 又因为 $\boldsymbol{\xi}_1, \boldsymbol{\xi}_2, \cdots, \boldsymbol{\xi}_{n-r}$ 是 $\boldsymbol{Ax} = \boldsymbol{0}$ 的一个基础解系, 所以, 存在实数 $k_1, k_2, \cdots, k_{n-r}$, 使

$$\boldsymbol{x} - \boldsymbol{\eta} = k_1\boldsymbol{\xi}_1 + k_2\boldsymbol{\xi}_2 + \cdots + k_{n-r}\boldsymbol{\xi}_{n-r},$$

即 $\boldsymbol{x} = \boldsymbol{\eta} + k_1\boldsymbol{\xi}_1 + k_2\boldsymbol{\xi}_2 + \cdots + k_{n-r}\boldsymbol{\xi}_{n-r}$.

由上述结论, 立即得到下面的推论.

**推论 2** 在非齐次线性方程组 $\boldsymbol{Ax} = \boldsymbol{b}$ 有解的前提下, 解为唯一的充要条件是它的导出组 $\boldsymbol{Ax} = \boldsymbol{0}$ 只有零解.

**例 3** 求方程组 $\begin{cases} x_1 - 2x_2 + x_3 - x_4 + x_5 = 1, \\ 2x_1 + x_2 - x_3 + 2x_4 - 3x_5 = 2, \\ 3x_1 - 2x_2 - x_3 + x_4 - 2x_5 = 2, \\ 2x_1 - 5x_2 + x_3 - 2x_4 + 2x_5 = 1 \end{cases}$ 的通解.

**解** 用初等行变换把增广矩阵化为行阶梯形矩阵

$$\boldsymbol{A} = \left(\begin{array}{ccccc:c} 1 & -2 & 1 & -1 & 1 & 1 \\ 2 & 1 & -1 & 2 & -3 & 2 \\ 3 & -2 & -1 & 1 & -2 & 2 \\ 2 & -5 & 1 & -2 & 2 & 1 \end{array}\right) \to \left(\begin{array}{ccccc:c} 1 & -2 & 1 & -1 & 1 & 1 \\ 0 & 1 & 1 & 0 & 0 & 1 \\ 0 & 0 & 8 & -4 & 5 & 5 \\ 0 & 0 & 0 & 0 & 0 & 0 \end{array}\right)$$

$$\to \left(\begin{array}{ccccc:c} 1 & 0 & 0 & \frac{1}{2} & -\frac{7}{8} & \frac{9}{8} \\ 0 & 1 & 0 & \frac{1}{2} & -\frac{5}{8} & \frac{3}{8} \\ 0 & 0 & 1 & -\frac{1}{2} & \frac{5}{8} & \frac{5}{8} \\ 0 & 0 & 0 & 0 & 0 & 0 \end{array}\right),$$

取 $x_4, x_5$ 为自由未知量, 得如下方程组

$$\begin{cases} x_1 = -\dfrac{1}{2}x_4 + \dfrac{7}{8}x_5 + \dfrac{9}{8}, \\ x_2 = -\dfrac{1}{2}x_4 + \dfrac{5}{8}x_5 + \dfrac{3}{8}, \\ x_3 = \dfrac{1}{2}x_4 - \dfrac{5}{8}x_5 + \dfrac{5}{8}, \end{cases}$$

令 $x_4 = x_5 = 0$, 求得非齐次方程组的一个特解为

$$\boldsymbol{\eta} = \begin{pmatrix} \frac{9}{8} \\ \frac{3}{8} \\ \frac{5}{8} \\ 0 \\ 0 \end{pmatrix}.$$

原方程组对应的齐次方程组为

$$\begin{cases} x_1 = -\frac{1}{2}x_4 + \frac{7}{8}x_5, \\ x_2 = -\frac{1}{2}x_4 + \frac{5}{8}x_5, \\ x_3 = \frac{1}{2}x_4 - \frac{5}{8}x_5. \end{cases}$$

在齐次方程组中令 $\begin{pmatrix} x_4 \\ x_5 \end{pmatrix} = \begin{pmatrix} 1 \\ 0 \end{pmatrix}, \begin{pmatrix} 0 \\ 1 \end{pmatrix}$, 得基础解系为 $\boldsymbol{\xi}_1 = \begin{pmatrix} -\frac{1}{2} \\ -\frac{1}{2} \\ \frac{1}{2} \\ 1 \\ 0 \end{pmatrix}$,

$\boldsymbol{\xi}_2 = \begin{pmatrix} \frac{7}{8} \\ \frac{5}{8} \\ -\frac{5}{8} \\ 0 \\ 1 \end{pmatrix}$, 于是得通解为

$$\boldsymbol{x} = k_1\boldsymbol{\xi}_1 + k_2\boldsymbol{\xi}_2 + \boldsymbol{\eta},$$

其中 $k_1, k_2$ 为任意实数.

## 习题 4.4

1. 设 $\boldsymbol{A}$ 是 $m\times n$ 矩阵, $\boldsymbol{AX}=\boldsymbol{0}$ 是非齐次线性方程组 $\boldsymbol{AX}=\boldsymbol{b}$ 所对应齐次线性方程组, 则下列结论正确的是 ( ).

(A) 若 $\boldsymbol{AX}=\boldsymbol{0}$ 仅有零解, 则 $\boldsymbol{AX}=\boldsymbol{b}$ 有唯一解

(B) 若 $\boldsymbol{AX}=\boldsymbol{0}$ 有非零解, 则 $\boldsymbol{AX}=\boldsymbol{b}$ 有无穷多个解

(C) 若 $\boldsymbol{AX}=\boldsymbol{b}$ 有无穷多个解, 则 $\boldsymbol{AX}=\boldsymbol{0}$ 仅有零解

(D) 若 $\boldsymbol{AX}=\boldsymbol{b}$ 有无穷多个解, 则 $\boldsymbol{AX}=\boldsymbol{0}$ 有非零解

2. 设 $\boldsymbol{A}$ 为 $n$ 阶实矩阵, $\boldsymbol{A}^{\mathrm{T}}$ 是 $\boldsymbol{A}$ 的转置矩阵, 则对于线性方程组 (I) $\boldsymbol{AX}=\boldsymbol{0}$; (II) $\boldsymbol{A}^{\mathrm{T}}\boldsymbol{AX}=\boldsymbol{0}$, 必有 ( ).

(A) (II) 的解是 (I) 的解, (I) 的解也是 (II) 的解

(B) (II) 的解是 (I) 的解, 但 (I) 的解不是 (II) 的解

(C) (I) 的解不是 (II) 的解, (II) 的解也不是 (I) 的解

(D) (I) 的解是 (II) 的解, 但 (II) 的解不是 (I) 的解

3. 设线性方程组 $\boldsymbol{AX}=\boldsymbol{b}$ 有 $n$ 个未知量, $m$ 个方程组, 且 $r(\boldsymbol{A})=r$, 则此方程组 ( ).

(A) $r=m$ 时, 有解

(B) $r=n$ 时, 有唯一解

(C) $m=n$ 时, 有唯一解

(D) $r<n$ 时, 有无穷多解

4. 设矩阵 $\boldsymbol{A}_{m\times n}$ 的秩 $r(\boldsymbol{A})=m<n$, $\boldsymbol{E}_m$ 为 $m$ 阶单位矩阵, 下列结论中正确的是 ( ).

(A) $\boldsymbol{A}$ 的任意 $m$ 个列向量必线性无关

(B) $\boldsymbol{A}$ 通过初等行变换, 必可以化为 $(\boldsymbol{E}_m\ \ \boldsymbol{0})$ 的形式

(C) $\boldsymbol{A}$ 的任意 $m$ 阶子式不等于零

(D) 非齐次线性方程组 $\boldsymbol{Ax}=\boldsymbol{b}$ 一定有无穷多组解

5. 求下列齐次线性方程组的基础解系, 并写出向量形式的通解.

(1) $\begin{cases} x-y+2z=0, \\ 3x-5y-z=0, \\ 3x-7y-8z=0; \end{cases}$ (2) $\begin{cases} x_1+x_2+2x_3+2x_4+7x_5=0, \\ 2x_1+3x_2+4x_3+5x_4=0, \\ 3x_1+5x_2+6x_3+8x_4=0; \end{cases}$

(3) $\begin{cases} x_1+x_2-3x_4-x_5=0, \\ x_1-x_2+2x_3-x_4=0, \\ 4x_1-2x_2+6x_3+3x_4-4x_5=0, \\ 2x_1+4x_2-2x_3+4x_4-7x_5=0. \end{cases}$

6. 当 $\lambda$ 取何值时, 方程组

$$\begin{cases} 4x+3y+z=\lambda x, \\ 3x-4y+7z=\lambda y, \\ x+7y-6z=\lambda z \end{cases}$$

有非零解?

7. 求解下列非齐次线性方程组向量形式的通解.

(1) $\begin{cases} x_1-2x_2+x_3+x_4=1, \\ x_1-2x_2+x_3-x_4=-1, \\ x_1-2x_2+x_3+5x_4=5; \end{cases}$ (2) $\begin{cases} 2x_1-x_2+3x_3-x_4=1, \\ 3x_1-2x_2-2x_3+3x_4=3, \\ x_1-x_2-5x_3+4x_4=2, \\ 7x_1-5x_2-9x_3+10x_4=8; \end{cases}$

(3) $\begin{cases} x_1+x_2-3x_3=-1, \\ 2x_1+x_2-2x_3=1, \\ x_1+2x_2-3x_3=1, \\ x_1+x_2+x_3=100. \end{cases}$

8. 讨论下述线性方程组中, $\lambda$ 取何值时有解、无解、有唯一解? 并在有无穷多解时求出其向量形式的通解.

$$\begin{cases} (\lambda+3)x_1+x_2+2x_3=\lambda, \\ \lambda x_1+(\lambda-1)x_2+x_3=\lambda, \\ 3(\lambda+1)x_1+\lambda x_2+(\lambda+3)x_3=3. \end{cases}$$

9. 已知向量组 $\boldsymbol{a}_1,\boldsymbol{a}_2,\cdots,\boldsymbol{a}_r$ 线性无关, 且 $\boldsymbol{b}_1=\boldsymbol{a}_1+\boldsymbol{a}_2, \boldsymbol{b}_2=\boldsymbol{a}_2+\boldsymbol{a}_3, \cdots, \boldsymbol{b}_r=\boldsymbol{a}_r+\boldsymbol{a}_1$. 证明当 $r$ 为奇数时 $\boldsymbol{b}_1,\boldsymbol{b}_2,\cdots,\boldsymbol{b}_r$ 线性无关; 当 $r$ 为偶数时 $\boldsymbol{b}_1,\boldsymbol{b}_2,\cdots,\boldsymbol{b}_r$ 线性相关.

## 4.5 向 量 空 间

### 4.5.1 向量空间与子空间

**定义 1** 设 $V$ 是具有某些共同性质的 $n$ 维向量的集合, 若

对任意的 $\boldsymbol{\alpha},\boldsymbol{\beta}\in V$, 有 $\boldsymbol{\alpha}+\boldsymbol{\beta}\in V$ (加法封闭);

对任意的 $\boldsymbol{\alpha}\in V, k\in\mathbf{R}$, 有 $k\boldsymbol{\alpha}\in V$ (数乘封闭).

称集合 $V$ 为向量空间.

例如: $\mathbf{R}^n=\{\boldsymbol{x}\mid\boldsymbol{x}=(a_1,a_2,\cdots,a_n),a_i\in\mathbf{R}\}$ 是向量空间, $V_0=\{\boldsymbol{x}\mid\boldsymbol{x}=(0,a_1,\cdots,a_n),a_i\in\mathbf{R}\}$ 也是向量空间. 而 $V_1=\{\boldsymbol{x}\mid\boldsymbol{x}=(1,a_1,\cdots,a_n),a_i\in\mathbf{R}\}$ 不是向量空间, 因为 $0\cdot(1,a_1,\cdots,a_n)=(0,0,\cdots,0)\notin V_1$, 即数乘运算不封闭.

**例 1** 给定 $\boldsymbol{n}$ 维向量组 $\boldsymbol{\alpha}_1,\cdots,\boldsymbol{\alpha}_m(m\geqslant 1)$, 验证

$$V=\{\boldsymbol{\alpha}\mid\boldsymbol{\alpha}=k_1\boldsymbol{\alpha}_1+\cdots+k_m\boldsymbol{\alpha}_m,k_i\in\mathbf{R}\}$$

是向量空间.

**证明** 设 $\boldsymbol{\alpha},\boldsymbol{\beta}\in V$, 则 $\boldsymbol{\alpha}=k_1\boldsymbol{\alpha}_1+\cdots+k_m\boldsymbol{\alpha}_m, \boldsymbol{\beta}=t_1\boldsymbol{\alpha}_1+\cdots+t_m\boldsymbol{\alpha}_m$, 于是有

$$\boldsymbol{\alpha}+\boldsymbol{\beta}=(k_1+t_1)\boldsymbol{\alpha}_1+\cdots+(k_m+t_m)\boldsymbol{\alpha}_m\in V,$$

$$k\boldsymbol{\alpha}=(kk_1)\boldsymbol{\alpha}_1+\cdots+(kk_m)\boldsymbol{\alpha}_m\in V\quad(\forall k\in\mathbf{R}).$$

由定义知, $V$ 是向量空间.

**定义 2** 设 $V_1$ 和 $V_2$ 都是向量空间, 且 $V_1 \subset V_2$, 称 $V_1$ 为 $V_2$ 的子空间.

例如：前面例子中的 $V_0$ 是 $\mathbf{R}^n$ 的子空间.

### 4.5.2 基与坐标变换

**定义 3** 设向量空间 $V$, 若

(1) $V$ 中有 $r$ 个向量 $\boldsymbol{\alpha}_1, \cdots, \boldsymbol{\alpha}_r$ 线性无关;

(2) $\forall \boldsymbol{\alpha} \in V$ 可由 $\boldsymbol{\alpha}_1, \cdots, \boldsymbol{\alpha}_r$ 线性表示.

称 $\boldsymbol{\alpha}_1, \cdots, \boldsymbol{\alpha}_r$ 为 $V$ 的一组基, 称 $r$ 为 $V$ 的维数, 记作 $\dim V = r$ 或者 $V^r$.

由前面的知识知道, 向量空间的基实际上就是该向量空间中所有向量的一个极大线性无关组.

注意: (1) 零空间 $\{\mathbf{0}\}$ 没有基, 规定 $\dim\{\mathbf{0}\} = 0$.

(2) 由条件 (2) 可得: $V$ 中任意 $r+1$ 个向量线性相关.

(3) 若 $\dim V = r$, 则 $V$ 中任意 $r$ 个线性无关的向量都可作为 $V$ 的基.

**定义 4** 设向量空间 $V$ 的基为 $\boldsymbol{\alpha}_1, \cdots, \boldsymbol{\alpha}_r$, 对于 $\forall \boldsymbol{\alpha} \in V$, 存在唯一的表达式 $\boldsymbol{\alpha} = x_1\boldsymbol{\alpha}_1 + \cdots + x_r\boldsymbol{\alpha}_r$, 称 $(x_1, \cdots, x_r)^{\mathrm{T}}$ 为 $\boldsymbol{\alpha}$ 在基 $\boldsymbol{\alpha}_1, \cdots, \boldsymbol{\alpha}_r$ 下的**坐标**.

注意: (1) 若 $\boldsymbol{\alpha}$ 为 $n$ 维向量, $\boldsymbol{\alpha}$ 在 $V$ 的基 $\boldsymbol{\alpha}_1, \cdots, \boldsymbol{\alpha}_r$ 下的坐标为 $r$ 维列向量.

(2) 因为线性无关的“$n$ 维向量组”最多含有 $n$ 个向量, 所以由 $n$ 维向量构成的向量空间的基中最多含有 $n$ 个向量, 故 $r \leqslant n$.

**例 2** 设向量空间 $\boldsymbol{V}^3$ 的基为

$$\boldsymbol{\alpha}_1 = (1,1,1,1)^{\mathrm{T}}, \quad \boldsymbol{\alpha}_2 = (1,1,-1,1)^{\mathrm{T}}, \quad \boldsymbol{\alpha}_3 = (1,-1,-1,1)^{\mathrm{T}},$$

求 $\boldsymbol{\alpha} = (1,2,1,1)^{\mathrm{T}}$ 在该基下的坐标.

**解** 设 $\boldsymbol{\alpha} = x_1\boldsymbol{\alpha}_1 + x_2\boldsymbol{\alpha}_2 + x_3\boldsymbol{\alpha}_3$, 比较等式两端的对应分量可得

$$\begin{pmatrix} 1 & 1 & 1 \\ 1 & 1 & -1 \\ 1 & -1 & -1 \\ 1 & 1 & 1 \end{pmatrix} \begin{pmatrix} x_1 \\ x_2 \\ x_3 \end{pmatrix} = \begin{pmatrix} 1 \\ 2 \\ 1 \\ 1 \end{pmatrix},$$

$$\left(\begin{array}{ccc:c} 1 & 1 & 1 & 1 \\ 1 & 1 & -1 & 2 \\ 1 & -1 & -1 & 1 \\ 1 & 1 & 1 & 1 \end{array}\right) \to \left(\begin{array}{ccc:c} 1 & 0 & 0 & 1 \\ 0 & 1 & 0 & 1/2 \\ 0 & 0 & 1 & -1/2 \\ 0 & 0 & 0 & 0 \end{array}\right), \quad \begin{pmatrix} x_1 \\ x_2 \\ x_3 \end{pmatrix} = \begin{pmatrix} 1 \\ 1/2 \\ -1/2 \end{pmatrix}.$$

注意: $\boldsymbol{\alpha}$ 是 4 维向量, $\boldsymbol{\alpha}$ 在 $V^3$ 的基 $\boldsymbol{\alpha}_1, \boldsymbol{\alpha}_2, \boldsymbol{\alpha}_3$ 下的坐标为 3 维列向量.

**定义 5**　设有向量空间 $\boldsymbol{V}$ 的两个基：① $\boldsymbol{\alpha}_1,\cdots,\boldsymbol{\alpha}_r$; ② $\boldsymbol{\beta}_1,\cdots,\boldsymbol{\beta}_r$. 则 $\boldsymbol{\beta}_j$ 可由 $\boldsymbol{\alpha}_1,\cdots,\boldsymbol{\alpha}_r$ 唯一的线性表示, 即

$$\begin{cases}\boldsymbol{\beta}_1=c_{11}\boldsymbol{\alpha}_1+c_{21}\boldsymbol{\alpha}_2+\cdots+c_{r1}\boldsymbol{\alpha}_r,\\ \boldsymbol{\beta}_2=c_{12}\boldsymbol{\alpha}_1+c_{22}\boldsymbol{\alpha}_2+\cdots+c_{r2}\boldsymbol{\alpha}_r,\\ \qquad\qquad\cdots\cdots\\ \boldsymbol{\beta}_r=c_{1r}\boldsymbol{\alpha}_1+c_{2r}\boldsymbol{\alpha}_2+\cdots+c_{rr}\boldsymbol{\alpha}_r,\end{cases}\quad \boldsymbol{C}=\begin{pmatrix}c_{11}&c_{12}&\cdots&c_{1r}\\ c_{21}&c_{22}&\cdots&c_{2r}\\ \vdots&\vdots&&\vdots\\ c_{r1}&c_{r2}&\cdots&c_{rr}\end{pmatrix}.$$

写成矩阵乘法的形式为

$$(\boldsymbol{\beta}_1,\boldsymbol{\beta}_2,\cdots,\boldsymbol{\beta}_r)=(\boldsymbol{\alpha}_1,\boldsymbol{\alpha}_2,\cdots,\boldsymbol{\alpha}_r)\boldsymbol{C}.$$

称上式为由基 ① 改变为基 ② 的**基变换公式**.

称 $\boldsymbol{C}$ 为由基 ① 改变为基 ② 的**过渡矩阵**.

**定理 1**　向量空间 $V$ 中由基 ① 改变为基 ② 的过渡矩阵 $\boldsymbol{C}$ 是可逆矩阵. (证明略)

注意：由基 ② 改变为基 ① 的基变换公式为

$$(\boldsymbol{\alpha}_1,\boldsymbol{\alpha}_2,\cdots,\boldsymbol{\alpha}_r)=(\boldsymbol{\beta}_1,\boldsymbol{\beta}_2,\cdots,\boldsymbol{\beta}_r)\boldsymbol{C}^{-1},$$

相应的过渡矩阵为 $\boldsymbol{C}^{-1}$.

假设 ① $\boldsymbol{\alpha}_1,\cdots,\boldsymbol{\alpha}_r$; ② $\boldsymbol{\beta}_1,\cdots,\boldsymbol{\beta}_r$ 为向量空间 $V$ 的两个基, 则 $\forall\boldsymbol{\alpha}\in V$, 有

$$\boldsymbol{\alpha}=x_1\boldsymbol{\alpha}_1+\cdots+x_r\boldsymbol{\alpha}_r=(\boldsymbol{\alpha}_1,\cdots,\boldsymbol{\alpha}_r)\begin{pmatrix}x_1\\ \vdots\\ x_r\end{pmatrix},$$

又

$$\boldsymbol{\alpha}=y_1\boldsymbol{\beta}_1+\cdots+y_r\boldsymbol{\beta}_r=(\boldsymbol{\beta}_1,\cdots,\boldsymbol{\beta}_r)\begin{pmatrix}y_1\\ \vdots\\ y_r\end{pmatrix}=(\boldsymbol{\alpha}_1,\cdots,\boldsymbol{\alpha}_r)\boldsymbol{C}\begin{pmatrix}y_1\\ \vdots\\ y_r\end{pmatrix},$$

因为 $\boldsymbol{\alpha}$ 在基 ① 下的坐标唯一, 所以

$$\begin{pmatrix}x_1\\ \vdots\\ x_r\end{pmatrix}=\boldsymbol{C}\begin{pmatrix}y_1\\ \vdots\\ y_r\end{pmatrix},$$

称上式为**坐标变换公式**.

**例 3** 已知 $\mathbf{R}^4$ 的两个基为

$$
① \begin{cases} \boldsymbol{\alpha}_1 = (1,1,2,1), \\ \boldsymbol{\alpha}_2 = (0,1,1,2), \\ \boldsymbol{\alpha}_3 = (0,0,3,1), \\ \boldsymbol{\alpha}_4 = (0,0,1,0); \end{cases} \qquad ② \begin{cases} \boldsymbol{\beta}_1 = (1,-1,0,0), \\ \boldsymbol{\beta}_2 = (1,0,0,0), \\ \boldsymbol{\beta}_3 = (0,0,3,2), \\ \boldsymbol{\beta}_4 = (0,0,1,1). \end{cases}
$$

(1) 求由基 ① 改变为基 ② 的过渡矩阵 $C$;

(2) 求 $\boldsymbol{\beta} = \beta_1 + \boldsymbol{\beta}_2 + \boldsymbol{\beta}_3 - 5\boldsymbol{\beta}_4$ 在基 ① 下的坐标.

**解** 采用中介法求过渡矩阵 $\boldsymbol{C}$. 简单基为

$$
\boldsymbol{e}_1 = (1,0,0,0), \quad \boldsymbol{e}_2 = (0,1,0,0), \quad \boldsymbol{e}_3 = (0,0,1,0), \quad \boldsymbol{e}_4 = (0,0,0,1),
$$

简单基 → 基①：$(\boldsymbol{\alpha}_1, \boldsymbol{\alpha}_2, \boldsymbol{\alpha}_3, \boldsymbol{\alpha}_4) = (\boldsymbol{e}_1, \boldsymbol{e}_2, \boldsymbol{e}_3, \boldsymbol{e}_4)\boldsymbol{C}_1$,

简单基 → 基②：$(\boldsymbol{\beta}_1, \boldsymbol{\beta}_2, \boldsymbol{\beta}_3, \boldsymbol{\beta}_4) = (\boldsymbol{e}_1, \boldsymbol{e}_2, \boldsymbol{e}_3, \boldsymbol{e}_4)\boldsymbol{C}_2$,

基 ① → 基 ②：$(\boldsymbol{\beta}_1, \boldsymbol{\beta}_2, \boldsymbol{\beta}_3, \boldsymbol{\beta}_4) = (\boldsymbol{\alpha}_1, \boldsymbol{\alpha}_2, \boldsymbol{\alpha}_3, \boldsymbol{\alpha}_4)\boldsymbol{C}_1^{-1}\boldsymbol{C}_2$.

$$
\boldsymbol{C}_1 = \begin{pmatrix} 1 & 0 & 0 & 0 \\ 1 & 1 & 0 & 0 \\ 2 & 1 & 3 & 1 \\ 1 & 2 & 1 & 0 \end{pmatrix}, \quad \boldsymbol{C}_2 = \begin{pmatrix} 1 & 1 & 0 & 0 \\ -1 & 0 & 0 & 0 \\ 0 & 0 & 3 & 1 \\ 0 & 0 & 2 & 1 \end{pmatrix}.
$$

$$
\boldsymbol{C} = \boldsymbol{C}_1^{-1}\boldsymbol{C}_2 = \begin{pmatrix} 1 & 1 & 0 & 0 \\ -2 & -1 & 0 & 0 \\ 3 & 1 & 2 & 1 \\ -9 & -4 & -3 & -2 \end{pmatrix}, \quad \begin{pmatrix} x_1 \\ x_2 \\ x_3 \\ x_4 \end{pmatrix} = \boldsymbol{C} \begin{pmatrix} 1 \\ 1 \\ 1 \\ -5 \end{pmatrix} = \begin{pmatrix} 2 \\ -3 \\ 1 \\ -6 \end{pmatrix}.
$$

## 习题 4.5

1. 判别下列向量集合 $V$ 是否为向量空间? 为什么?

(1) $V = \left\{ \boldsymbol{x} = (x_1, \cdots, x_n)^{\mathrm{T}} \,\middle|\, \sum_{i=1}^{n} x_i = 0; x_i \in \mathbf{R}, i = 1, 2, \cdots, n \right\}$;

(2) $V = \left\{ \boldsymbol{x} = (x_1, \cdots, x_n)^{\mathrm{T}} \,\middle|\, \sum_{i=1}^{n} x_i = 1; x_i \in \mathbf{R}, i = 1, 2, \cdots, n \right\}$;

(3) $V = \left\{ \boldsymbol{x} = (x_1, \cdots, x_n)^{\mathrm{T}} \,|\, x_1 = \cdots = x_n; x_i \in \mathbf{R}, i = 1, 2, \cdots, n \right\}$.

2. 从 $\mathbf{R}^2$ 的基 $\boldsymbol{\alpha}_1=\begin{pmatrix}1\\0\end{pmatrix},\boldsymbol{\alpha}_2=\begin{pmatrix}1\\-1\end{pmatrix}$ 到基 $\boldsymbol{\beta}_1=\begin{pmatrix}1\\1\end{pmatrix},\boldsymbol{\beta}_2=\begin{pmatrix}1\\2\end{pmatrix}$ 的过渡矩阵为__________.

3. 已知 $\mathbf{R}^3$ 的两个基为 $\boldsymbol{a}_1=\begin{pmatrix}1\\1\\1\end{pmatrix},\boldsymbol{a}_2=\begin{pmatrix}1\\0\\-1\end{pmatrix},\boldsymbol{a}_3=\begin{pmatrix}1\\0\\1\end{pmatrix}$ 及 $\boldsymbol{b}_1=\begin{pmatrix}1\\2\\1\end{pmatrix}$, $\boldsymbol{b}_2=\begin{pmatrix}2\\3\\4\end{pmatrix},\boldsymbol{b}_3=\begin{pmatrix}3\\4\\3\end{pmatrix}$, 求由基 $\boldsymbol{a}_1,\boldsymbol{a}_2,\boldsymbol{a}_3$ 到基 $\boldsymbol{b}_1,\boldsymbol{b}_2,\boldsymbol{b}_3$ 的过渡矩阵 $\boldsymbol{P}$.

4. 证明: 向量组 $\boldsymbol{\alpha}_1=(0,1,1)^{\mathrm{T}},\boldsymbol{\alpha}_2=(1,0,1)^{\mathrm{T}},\boldsymbol{\alpha}_3=(1,1,0)^{\mathrm{T}}$ 是向量空间 $\mathbf{R}^3$ 的一组基.

5. 验证 $\boldsymbol{\alpha}_1=(1,-1,0)^{\mathrm{T}},\boldsymbol{\alpha}_2=(2,1,3)^{\mathrm{T}},\boldsymbol{\alpha}_3=(3,1,2)^{\mathrm{T}}$ 为 $\mathbf{R}^3$ 的一个基, 并求 $\boldsymbol{\alpha}=(5,0,7)^{\mathrm{T}}$ 在这个基下的坐标.

## 4.6 考研例题选讲

向量这部分内容是线性代数的核心, 因此也是考研的一个重点. 具体考点涉及向量的线性表示、向量组的线性相关性、极大无关组, 以及方程组的基础解系和解的结构理论. 通常向量会和其他章节部分内容结合起来考察, 综合性较强. 因此, 只有深刻领会向量的本质, 并结合向量的几何意义进行类比, 才能在做题时达成举一反三的效果. 下面举几例.

4.6 考研例题选讲

## 4.7 数学实验

### 4.7.1 实验目的

熟练使用 MATLAB 软件处理和解决以下问题:

(1) 判定向量组的线性相关性;

(2) 求向量组的秩;

(3) 利用初等行变换, 求向量组的极大无关组;

(4) 求线性方程组的基础解系;

(5) 验证向量组是相应空间的一组基, 进一步求给定向量在该基下的坐标.

### 4.7.2 实验相关的 MATLAB 命令

| 函数 | 功能说明 |
|---|---|
| fprintf | 按指定格式写文件 |
| length(a) | 求出向量 a 的长度 |
| find(a) | 求出向量 a 中非零元素的下标 |
| end | 矩阵的最大下标 |
| subs(A,s,n) | 将 A 中所有符号变量 s 用数值 n 来代替 |
| [B,a]=rref(A) | 将矩阵 A 的行最简形矩阵赋予 B, a 是一行向量, 元素由 B 的基准元素所在的列号组成 |
| null(A,'r') | 求出齐次线性方程组 AX=0 的基础解系 |
| X=A\b | 求非齐次线性方程组 AX=b 的一个特解 |

### 4.7.3 实验内容

**例 1** 判定向量组 $\boldsymbol{a}_1=(3,1,1,5)^{\mathrm{T}},\boldsymbol{a}_2=(2,1,1,4)^{\mathrm{T}},\boldsymbol{a}_3=(1,2,1,3)^{\mathrm{T}},\boldsymbol{a}_4=(5,2,2,9)^{\mathrm{T}}$ 的线性相关性.

**解** 把四个向量作为矩阵 $\boldsymbol{A}$ 的列, 在 MATLAB 命令窗口中输入:

```
>> clear all
>> A1=[3 1 1 5;2 1 1 4;1 2 1 3;5 2 2 9];
>>A=A1';
>> [B,s]=rref(A)  %把矩阵A的行最简形矩阵赋予B, s由B的基准元素所
   在的列标组成
```

计算结果为

```
B =
     1     0     0     1
     0     1     0     1
     0     0     1     0
     0     0     0     0
s =
     1     2     3
```

从上述结果可以得出该矩阵的秩为 3<4, 所以该向量组线性相关, 其中 $s=(123)$, 表示的是 $\boldsymbol{a}_1,\boldsymbol{a}_2,\boldsymbol{a}_3$ 线性无关, 为极大无关组.

**例 2** 设 $\boldsymbol{a}_1=(1,-1,0)^{\mathrm{T}},\boldsymbol{a}_2=(2,1,3)^{\mathrm{T}},\boldsymbol{a}_3=(3,1,2)^{\mathrm{T}};\boldsymbol{\beta}_1=(5,0,7)^{\mathrm{T}},\boldsymbol{\beta}_2=(-9,-8,-13)^{\mathrm{T}}$.

验证 $\boldsymbol{a}_1,\boldsymbol{a}_2,\boldsymbol{a}_3$ 是 $\mathbf{R}^3$ 的一个基, 并求 $\boldsymbol{\beta}_1,\boldsymbol{\beta}_2$ 在这个基下的坐标.

**解** 在 MATLAB 命令窗口中输入:

```
>> clear all
```

```
>> a1=[1;-1;0];
>> a2=[2;1;3];
>> a3=[3;1;2];
>> b1=[5;0;7];
>> b2=[-9;-8;-13];
>> A=[a1,a2,a3,b1,b2]
A =
     1     2     3     5    -9
    -1     1     1     0    -8
     0     3     2     7   -13
>> [B,s]=rref(A)
>>B
     1     0     0     2     3
     0     1     0     3    -3
     0     0     1    -1    -2
s =
     1     2     3
```

从上述结果可以看出 $\boldsymbol{a}_1,\boldsymbol{a}_2,\boldsymbol{a}_3$ 是三维空间的一组基, $\boldsymbol{\beta}_1,\boldsymbol{\beta}_2$ 在这个基下的坐标分别为 $(2,3,-1)^{\mathrm{T}}$ 和 $(3,-3,-2)^{\mathrm{T}}$.

**例 3** 求向量组 $\boldsymbol{a}_1=\begin{pmatrix}-1\\-1\\0\\0\end{pmatrix},\boldsymbol{a}_2=\begin{pmatrix}1\\2\\1\\-1\end{pmatrix},\boldsymbol{a}_3=\begin{pmatrix}0\\1\\1\\-1\end{pmatrix},\boldsymbol{a}_4=\begin{pmatrix}1\\3\\2\\1\end{pmatrix},\boldsymbol{a}_5=\begin{pmatrix}2\\6\\4\\-1\end{pmatrix}$ 的秩和一个极大无关组, 并把其余向量用此极大无关组线性表示.

**解** 在 MATLAB 命令窗口中输入:

```
>> clear all
>> a1=[-1;-1;0;0];
>> a2=[1;2;1;-1];
>> a3=[0;1;1;-1];
>> a4=[1;3;2;1];
>> a5=[2;6;4;-1];
>> A=[a1,a2,a3,a4,a5]
>> [B,s]=rref(A);
>> r=length(s);
```

```
>> for i=1:r
fprintf('a%d',s(i))
end
a1a2a4 %极大无关组向量
>> for i=1:r
A0(:,i)=A(:,s(i));
end %显示极大无关组矩阵
>> A0
A0 =
    -1     1     1
    -1     2     3
     0     1     2
     0    -1     1
B =
     1     0     1     0     1
     0     1     1     0     2
     0     0     0     1     1
     0     0     0     0     0
```

从上述的显示中可以得出矩阵的秩为 3, 极大无关向量组为 $\boldsymbol{a}_1, \boldsymbol{a}_2, \boldsymbol{a}_4$, 其余向量的线性表示分别为 $\boldsymbol{a}_3 = \boldsymbol{a}_1 + \boldsymbol{a}_2, \boldsymbol{a}_5 = \boldsymbol{a}_1 + 2\boldsymbol{a}_2 + \boldsymbol{a}_4$.

**例 4** 求齐次线性方程组 $\begin{cases} x_1 + x_2 + x_3 + x_4 + x_5 = 0, \\ 3x_1 + 2x_2 + x_3 - 3x_5 = 0, \\ x_2 + 2x_3 + 3x_4 + 6x_5 = 0, \\ 5x_1 + 4x_2 + 3x_3 + 2x_4 + 6x_5 = 0 \end{cases}$ 的一个基础解系.

**解** 在 MATLAB 命令窗口中输入:

```
>> clear all
>> A=[1 1 1 1 1;3 2 1 0 -3;0 1 2 3 6;5 4 3 2 6]
A =
     1     1     1     1     1
     3     2     1     0    -3
     0     1     2     3     6
     5     4     3     2     6
>> [B,s]=rref(A)
B =
     1     0    -1    -2     0
     0     1     2     3     0
     0     0     0     0     1
     0     0     0     0     0
```

根据上述结果的显示, 该方程的一个基础解系为

$$\boldsymbol{\xi}_1=\begin{pmatrix}1\\-2\\1\\0\\0\end{pmatrix},\quad \boldsymbol{\xi}_2=\begin{pmatrix}2\\-3\\0\\1\\0\end{pmatrix}.$$

**例 5**　求方程组 $\begin{cases}x_1-2x_2+x_3-x_4+x_5=1,\\2x_1+x_2-x_3+2x_4-3x_5=2,\\3x_1-2x_2-x_3+x_4-2x_5=2,\\2x_1-5x_2+x_3-2x_4+2x_5=1\end{cases}$ 的基础解系.

**解**　在 MATLAB 命令窗口中输入:

```
>> clear all
>> A=input('系数矩阵A=')
系数矩阵A=[1 -2 1 -1 1;2 1 -1 2 -3;3 -2 -1 1 -2;2 -5 1 -2 2]
A =
     1    -2     1    -1     1
     2     1    -1     2    -3
     3    -2    -1     1    -2
     2    -5     1    -2     2
>> b=input('常数列向量b=');
常数列向量b=[1;2;2;1];
>> [R,s]=rref([A,b]);
>> [m,n]=size(A);
>> x0=zeros(n,1);
>> r=length(s);
>> x0(s,:)=R(1:r,end);
>> disp('非齐次线性方程组的特解为')
```

非齐次线性方程组的特解为

```
>> x0
x0 =
    1.1250
    0.3750
    0.6250
         0
         0
>> disp('齐次线性方程组的基础解系为')
```

齐次线性方程组的基础解系为

```
>> x=null(A,'r')
x =
   -0.5000    0.8750
   -0.5000    0.6250
    0.5000   -0.6250
    1.0000         0
         0    1.0000
```

**例 6** (电路网络) 简单电网中的电流可以利用线性方程组来描述. 当电流经过电阻 (如灯泡或发电机等) 时, 会产生 "电压降". 根据欧姆定律,

$$U = I \cdot R,$$

其中 $U$ 为电阻两端的 "电压降", $I$ 为流经电阻的电流强度, $R$ 为电阻值, 单位分别为伏特、安培和欧姆. 对于电路网络, 任何一个闭合回路的电流服从基尔霍夫电压定律: 沿某个方向环绕回路一周的所有电压降 $U$ 的代数和等于沿同一方向环绕该回路一周的电源电压的代数和.

请利用上述两个定律, 写出图 4.1 中回路电流所满足的线性方程组, 并求解 (4.1).

**解** 在回路 1 中, 电流 $I_1$ 流经三个电阻, 其电压降为

$$I_1 + 7I_1 + 4I_1 = 12I_1.$$

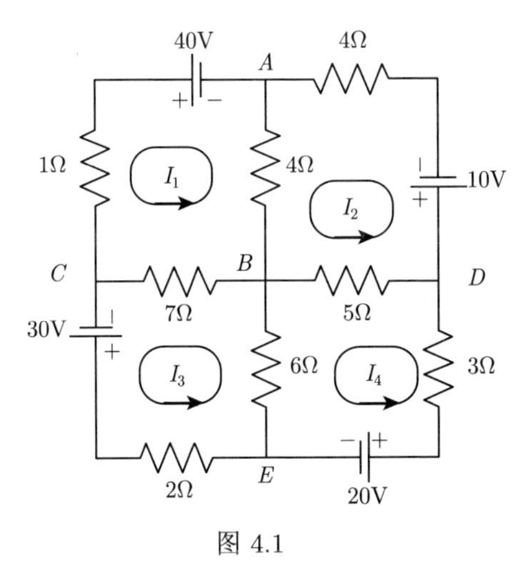


图 4.1

回路 2 中的电流 $I_2$ 也流经回路 1 的一部分, 即从 $A$ 到 $B$ 的分支, 对应的电压降为 $4I_2$; 同样, 回路 3 中的电流 $I_3$ 也流经回路 1 的一部分, 即从 $B$ 到 $C$ 的分

支, 对应的电压降为 $7I_3$. 然而, 回路 1 中的电流在 $AB$ 段的方向与回路 2 中选定的方向相反, 回路 1 中的电流在 $BC$ 段的方向与回路 3 中选定的方向相反, 因此回路 1 所有电压降的代数和为 $12I_1-4I_2-7I_3$. 由于回路 1 中电源电压为 40V, 由基尔霍夫定律可得

回路 1 的方程为

$$12I_1-4I_2-7I_3=40.$$

同理,

回路 2 的电路方程为 $-4I_1+13I_2-5I_4=-10$;

回路 3 的电路方程为 $-7I_1+15I_3-6I_4=30$;

回路 4 的电路方程为 $-5I_2-6I_3+14I_4=20$.

于是, 回路电流所满足的线性方程组为

$$\begin{cases}12I_1-4I_2-7I_3=40,\\-4I_1+13I_2-5I_4=-10,\\-7I_1+15I_3-6I_4=30,\\-5I_2-6I_3+14I_4=20.\end{cases}$$

利用 MATLAB 软件解决.

在 MATLAB 命令窗口中输入:

```
>> clear all
>> A=[12 -4 -7 0 40;-4 13 0 -5 -10;-7 0 15 -6 30;0 -5 -6 14 20];
>> [R,s]=rref(A)
R =
    1.0000         0         0         0   11.4342
         0    1.0000         0         0    5.8396
         0         0    1.0000         0   10.5502
         0         0         0    1.0000    8.0357
s =
         1         2         3         4
```

根据上述结果可得 $I_1=11.4342\text{A}, I_2=5.8396\text{A}, I_3=10.5502\text{A}, I_4=8.0357\text{A}$.

# 第 5 章　相似矩阵及二次型

本章先介绍向量的正交、规范正交基、正交矩阵等概念, 在此基础上讨论方阵的特征值和特征向量、方阵的相似对角化和二次型的化简等问题. 矩阵的特征值和相似对角化理论应用非常广泛, 如工程技术中的振动问题和稳定性问题、经济管理中的主成分分析、数学中微分方程组求解和迭代法的收敛性、图像处理中的压缩存取等问题.

## 5.1　向量的内积、长度及正交性

### 5.1.1　向量的内积

1. 向量内积的定义

**定义 1**　设有 $n$ 维向量

$$\boldsymbol{x}=\begin{pmatrix} x_1 \\ x_2 \\ \vdots \\ x_n \end{pmatrix}, \quad \boldsymbol{y}=\begin{pmatrix} y_1 \\ y_2 \\ \vdots \\ y_n \end{pmatrix},$$

令 $[\boldsymbol{x},\boldsymbol{y}]=x_1y_1+x_2y_2+\cdots+x_ny_n=\boldsymbol{x}^{\mathrm{T}}\boldsymbol{y}$, $[\boldsymbol{x},\boldsymbol{y}]$ 称为向量 $\boldsymbol{x}$ 与 $\boldsymbol{y}$ 的内积.

2. 向量内积的性质

根据内积定义, 可证明内积具有下列性质 (其中 $\boldsymbol{x},\boldsymbol{y},\boldsymbol{z}$ 为 $n$ 维向量, $\lambda$ 为实数):

(i) $[\boldsymbol{x},\boldsymbol{y}]=[\boldsymbol{y},\boldsymbol{x}]$;

(ii) $[\lambda\boldsymbol{x},\boldsymbol{y}]=\lambda[\boldsymbol{x},\boldsymbol{y}]$;

(iii) $[\boldsymbol{x}+\boldsymbol{y},\boldsymbol{z}]=[\boldsymbol{x},\boldsymbol{z}]+[\boldsymbol{y},\boldsymbol{z}]$;

(iv) 当 $\boldsymbol{x}=\boldsymbol{0}$ 时, $[\boldsymbol{x},\boldsymbol{x}]=\boldsymbol{0}$; 当 $\boldsymbol{x}\neq\boldsymbol{0}$ 时, $[\boldsymbol{x},\boldsymbol{x}]>\boldsymbol{0}$;

(v) 施瓦茨不等式: $[\boldsymbol{x},\boldsymbol{y}]^2\leqslant[\boldsymbol{x},\boldsymbol{x}][\boldsymbol{y},\boldsymbol{y}]$.

在解析几何中, 我们曾引进向量的数量积

$$\boldsymbol{x}\cdot\boldsymbol{y}=|\boldsymbol{x}|\,|\boldsymbol{y}|\cos\theta,$$

且在直角坐标系中, 有

$$(x_1, x_2, x_3) \cdot (y_1, y_2, y_3) = x_1y_1 + x_2y_2 + x_3y_3.$$

可以看出, $n$ 维向量的内积是数量积的一种推广. $n$ 维向量没有三维向量那样直观的长度和夹角的概念, 因此只能按数量积的直角坐标计算公式来推广, 即利用内积来定义 $n$ 维向量的长度和夹角.

### 5.1.2 向量的长度

1. 向量长度的定义

**定义 2** $n$ 维向量 $\boldsymbol{x} = (x_1, x_2, \cdots, x_n)^{\mathrm{T}}$,

$$\|\boldsymbol{x}\| = \sqrt{[\boldsymbol{x}, \boldsymbol{x}]} = \sqrt{x_1^2 + x_2^2 + \cdots + x_n^2},$$

$\|\boldsymbol{x}\|$ 称为 $n$ 维向量 $\boldsymbol{x}$ 的长度 (或范数).

**注** (1) 当 $\|\boldsymbol{x}\| = 1$ 时, 称 $\boldsymbol{x}$ 为单位向量;

(2) 对任一非零向量 $\boldsymbol{x}$ 乘以 $\dfrac{1}{\|\boldsymbol{x}\|}$ 都可以化为单位向量, 这一过程称为向量的单位化.

2. 向量长度的性质

向量的长度具有下列性质.

(1) 非负性: 当 $\boldsymbol{x} = \mathbf{0}$ 时, $\|\boldsymbol{x}\| = 0$; 当 $\boldsymbol{x} \neq \mathbf{0}$ 时, $\|\boldsymbol{x}\| > 0$;

(2) 齐次性: $\|\lambda\boldsymbol{x}\| = |\lambda|\,\|\boldsymbol{x}\|$;

(3) 三角不等式: $\|\boldsymbol{x} + \boldsymbol{y}\| \leqslant \|\boldsymbol{x}\| + \|\boldsymbol{y}\|$.

**证明** (1) 和 (2) 是显然的, 下面证明 (3).

$$\|\boldsymbol{x} + \boldsymbol{y}\|^2 = [\boldsymbol{x} + \boldsymbol{y}, \boldsymbol{x} + \boldsymbol{y}] = [\boldsymbol{x}, \boldsymbol{x}] + 2[\boldsymbol{x}, \boldsymbol{y}] + [\boldsymbol{y}, \boldsymbol{y}],$$

由施瓦茨不等式, 有

$$[\boldsymbol{x}, \boldsymbol{y}] \leqslant \sqrt{[\boldsymbol{x}, \boldsymbol{x}][\boldsymbol{y}, \boldsymbol{y}]},$$

从而 $\|\boldsymbol{x} + \boldsymbol{y}\|^2 \leqslant [\boldsymbol{x}, \boldsymbol{x}] + 2\sqrt{[\boldsymbol{x}, \boldsymbol{x}][\boldsymbol{y}, \boldsymbol{y}]} + [\boldsymbol{y}, \boldsymbol{y}] = \|\boldsymbol{x}\|^2 + 2\|\boldsymbol{x}\|\,\|\boldsymbol{y}\| + \|\boldsymbol{y}\|^2 = (\|\boldsymbol{x}\| + \|\boldsymbol{y}\|)^2$, 即

$$\|\boldsymbol{x} + \boldsymbol{y}\| \leqslant \|\boldsymbol{x}\| + \|\boldsymbol{y}\|.$$

### 5.1.3 向量的夹角

由施瓦茨不等式, 有

$$|[\boldsymbol{x},\boldsymbol{y}]| \leqslant \|\boldsymbol{x}\|\,\|\boldsymbol{y}\|.$$

当 $\|\boldsymbol{x}\|\,\|\boldsymbol{y}\| \neq 0$ 时, $\left|\dfrac{[\boldsymbol{x},\boldsymbol{y}]}{\|\boldsymbol{x}\|\,\|\boldsymbol{y}\|}\right| \leqslant 1$, 于是有下面的定义.

当 $\boldsymbol{x} \neq \mathbf{0}$, $\boldsymbol{y} \neq \mathbf{0}$ 时,

$$\theta = \arccos \frac{[\boldsymbol{x},\boldsymbol{y}]}{\|\boldsymbol{x}\|\,\|\boldsymbol{y}\|},$$

称为 $n$ 维向量 $\boldsymbol{x}$ 与 $\boldsymbol{y}$ 的夹角.

### 5.1.4 正交向量组

1. 正交向量和正交向量组的概念

当 $[\boldsymbol{x},\boldsymbol{y}]=0$ 时, 即向量 $\boldsymbol{x}$ 与 $\boldsymbol{y}$ 的夹角 $90°$, 称向量 $\boldsymbol{x}$ 与 $\boldsymbol{y}$ 正交 (垂直), 显然若 $\boldsymbol{x}=\mathbf{0}$, 则 $\boldsymbol{x}$ 与任何向量都正交.

一组两两正交的非零向量称为正交向量组.

2. 正交向量组的性质

**定理 1** 若 $n$ 维向量 $\boldsymbol{a}_1,\boldsymbol{a}_2,\cdots,\boldsymbol{a}_r$ 是一组两两正交的非零向量, 则 $\boldsymbol{a}_1,\boldsymbol{a}_2,\cdots,\boldsymbol{a}_r$ 线性无关.

**证明** 设有 $\lambda_1,\lambda_2,\cdots,\lambda_r$, 使

$$\lambda_1\boldsymbol{a}_1+\lambda_2\boldsymbol{a}_2+\cdots+\lambda_r\boldsymbol{a}_r=\mathbf{0},$$

以 $\boldsymbol{a}_1^{\mathrm{T}}$ 左乘上式两端, 因当 $i \geqslant 2$ 时, $\boldsymbol{a}_1^{\mathrm{T}}\boldsymbol{a}_i=0$, 故

$$\lambda_1\boldsymbol{a}_1^{\mathrm{T}}\boldsymbol{a}_i=0,$$

因 $\boldsymbol{a}_1 \neq \mathbf{0}$, 故 $\boldsymbol{a}_1^{\mathrm{T}}\boldsymbol{a}_1=\|\boldsymbol{a}_1\| \neq 0$, 从而必有 $\lambda_1=0$. 类似可证 $\lambda_2=0,\cdots,\lambda_r=0$. 于是向量组 $\boldsymbol{a}_1,\boldsymbol{a}_2,\cdots,\boldsymbol{a}_r$ 线性无关.

**注** (1) 该定理的逆命题不成立, 即线性无关的两个向量不一定正交;

(2) 这个结论说明：在 $n$ 维空间中，由于两两正交的向量线性无关, 因此两两正交的向量组不能超过 $n$ 个. 其几何意义是显然的, 例如, 在平面上找不到三个两两垂直的非零向量, 在空间中找不到四个两两垂直的非零向量.

### 5.1.5 规范正交向量组

正交向量组可以作为向量空间的基, $n$ 个两两正交的 $n$ 维非零向量可以构成 $n$ 维空间的基, 于是有下面的定义.

1. 规范正交向量组的定义

**定义 3** 设 $n$ 维向量 $\boldsymbol{e}_1, \boldsymbol{e}_2, \cdots, \boldsymbol{e}_r$ 是向量空间 $V(V \subset \mathbf{R}^n)$ 的一个基, 如果 $\boldsymbol{e}_1, \boldsymbol{e}_2, \cdots, \boldsymbol{e}_r$ 两两正交, 且都是单位向量, 则称 $\boldsymbol{e}_1, \boldsymbol{e}_2, \cdots, \boldsymbol{e}_r$ 是 $V$ 的一个规范正交基.

例如, $\boldsymbol{e}_1 = \begin{pmatrix} 1 \\ 0 \\ 0 \\ 0 \end{pmatrix}, \boldsymbol{e}_2 = \begin{pmatrix} 0 \\ 1 \\ 0 \\ 0 \end{pmatrix}, \boldsymbol{e}_3 = \begin{pmatrix} 0 \\ 0 \\ 1 \\ 0 \end{pmatrix}, \boldsymbol{e}_4 = \begin{pmatrix} 0 \\ 0 \\ 0 \\ 1 \end{pmatrix}$ 就是 $\mathbf{R}^4$ 的一个规范正交基.

若 $\boldsymbol{e}_1, \boldsymbol{e}_2, \cdots, \boldsymbol{e}_r$ 是 $V$ 的一个规范正交基, 那么 $V$ 中任一向量 $\boldsymbol{\alpha}$ 应能由 $\boldsymbol{e}_1, \boldsymbol{e}_2, \cdots, \boldsymbol{e}_r$ 线性表示, 设表示式为

$$\boldsymbol{\alpha} = \lambda_1 \boldsymbol{e}_1 + \lambda_2 \boldsymbol{e}_2 + \cdots + \lambda_r \boldsymbol{e}_r,$$

为求其中的系数 $\lambda_i (i = 1, \cdots, r)$, 可用 $\boldsymbol{e}_i^{\mathrm{T}}$ 左乘上式, 有

$$\boldsymbol{e}_i^{\mathrm{T}} \boldsymbol{\alpha} = \lambda_i \boldsymbol{e}_i^{\mathrm{T}} \boldsymbol{e}_i = \lambda_i,$$

即

$$\lambda_i = \boldsymbol{e}_i^{\mathrm{T}} \boldsymbol{\alpha} = [\boldsymbol{\alpha}, \boldsymbol{e}_i],$$

这就是向量在规范正交基中的坐标的计算公式. 利用这个公式能方便地求得向量的坐标, 因此, 我们在给向量空间取基时常常取规范正交基.

2. 规范正交向量组的求法——施密特正交化过程

设 $\boldsymbol{a}_1, \boldsymbol{a}_2, \cdots, \boldsymbol{a}_r$ 是向量空间 $V$ 的一个基, 要求 $V$ 的一个规范正交基, 这也就是要找一组两两正交的单位向量 $\boldsymbol{e}_1, \boldsymbol{e}_2, \cdots, \boldsymbol{e}_r$, 使 $\boldsymbol{e}_1, \boldsymbol{e}_2, \cdots, \boldsymbol{e}_r$ 与 $\boldsymbol{a}_1, \boldsymbol{a}_2, \cdots, \boldsymbol{a}_r$ 等价. 这样一个问题, 称为把 $\boldsymbol{a}_1, \boldsymbol{a}_2, \cdots, \boldsymbol{a}_r$ 这个基规范正交化.

我们可以用以下步骤把 $\boldsymbol{a}_1, \boldsymbol{a}_2, \cdots, \boldsymbol{a}_r$ 规范正交化.

(i) 先将 $\boldsymbol{a}_1, \boldsymbol{a}_2, \cdots, \boldsymbol{a}_r$ 正交化向量组 $\boldsymbol{b}_1, \boldsymbol{b}_2, \cdots, \boldsymbol{b}_r$:

取

$$\begin{aligned}
&\boldsymbol{b}_1 = \boldsymbol{a}_1; \\
&\boldsymbol{b}_2 = \boldsymbol{a}_2 - \frac{[\boldsymbol{b}_1, \boldsymbol{a}_2]}{[\boldsymbol{b}_1, \boldsymbol{b}_1]} \boldsymbol{b}_1; \\
&\cdots\cdots \\
&\boldsymbol{b}_r = \boldsymbol{a}_r - \frac{[\boldsymbol{b}_1, \boldsymbol{a}_r]}{[\boldsymbol{b}_1, \boldsymbol{b}_1]} \boldsymbol{b}_1 - \frac{[\boldsymbol{b}_2, \boldsymbol{a}_r]}{[\boldsymbol{b}_2, \boldsymbol{b}_2]} \boldsymbol{b}_2 - \cdots - \frac{[\boldsymbol{b}_{r-1}, \boldsymbol{a}_r]}{[\boldsymbol{b}_{r-1}, \boldsymbol{b}_{r-1}]} \boldsymbol{b}_{r-1},
\end{aligned}$$

容易验证 $\boldsymbol{b}_1, \boldsymbol{b}_2, \cdots, \boldsymbol{b}_r$ 两两正交, 且 $\boldsymbol{b}_1, \boldsymbol{b}_2, \cdots, \boldsymbol{b}_r$ 与 $\boldsymbol{a}_1, \boldsymbol{a}_2, \cdots, \boldsymbol{a}_r$ 等价.

(ii) 将正交向量组 $\boldsymbol{b}_1, \boldsymbol{b}_2, \cdots, \boldsymbol{b}_r$ 规范化得规范化正交组 $\boldsymbol{e}_1$, $\boldsymbol{e}_2, \cdots$, $\boldsymbol{e}_r$: 取

$$\boldsymbol{e}_1 = \frac{1}{\|\boldsymbol{b}_1\|}\boldsymbol{b}_1, \boldsymbol{e}_2 = \frac{1}{\|\boldsymbol{b}_2\|}\boldsymbol{b}_2, \cdots, \boldsymbol{e}_r = \frac{1}{\|\boldsymbol{b}_r\|}\boldsymbol{b}_r,$$

这就是 $V$ 的一个规范正交基.

上述从线性无关向量组 $\boldsymbol{a}_1, \boldsymbol{a}_2, \cdots, \boldsymbol{a}_r$ 导出正交向量组 $\boldsymbol{b}_1, \boldsymbol{b}_2, \cdots, \boldsymbol{b}_r$ 的过程称为施密特正交化过程. 它不仅满足 $\boldsymbol{b}_1, \boldsymbol{b}_2, \cdots, \boldsymbol{b}_r$ 与 $\boldsymbol{a}_1, \boldsymbol{a}_2, \cdots, \boldsymbol{a}_r$ 等价, 还满足: 对任何 $k(1 \leqslant k \leqslant r)$, 向量组 $\boldsymbol{b}_1, \boldsymbol{b}_2, \cdots, \boldsymbol{b}_k$ 与 $\boldsymbol{a}_1, \boldsymbol{a}_2, \cdots, \boldsymbol{a}_k$ 等价.

向量的正交性

**例 1** 计算向量 $\boldsymbol{\alpha}$ 与 $\boldsymbol{\beta}$ 的内积, 并判断它们是否正交.

(1) $\boldsymbol{\alpha} = (1, 2, 2, -1)^{\mathrm{T}}$, $\boldsymbol{\beta} = (1, 1, -5, 3)^{\mathrm{T}}$;

(2) $\boldsymbol{\alpha} = (1, -1, 2, -1)^{\mathrm{T}}, \boldsymbol{\beta} = (-1, -2, 1, 3)^{\mathrm{T}}$.

**解** (1) $\boldsymbol{\alpha}^{\mathrm{T}}\boldsymbol{\beta} = (1, 2, 2, -1)(1, 1, -5, 3)^{\mathrm{T}} = -10$, 所以 $\boldsymbol{\alpha}$ 与 $\boldsymbol{\beta}$ 不正交.

(2) $\boldsymbol{\alpha}^{\mathrm{T}}\boldsymbol{\beta} = (1, -1, 2, -1)(-1, -2, 1, 3)^{\mathrm{T}} = 0$, 所以 $\boldsymbol{\alpha}$ 与 $\boldsymbol{\beta}$ 正交.

**例 2** 已知三维向量空间 $\mathbf{R}^3$ 中两个向量 $\boldsymbol{\alpha}_1 = \begin{pmatrix} 1 \\ 1 \\ 1 \end{pmatrix}, \boldsymbol{\alpha}_2 = \begin{pmatrix} 1 \\ -2 \\ 1 \end{pmatrix}$ 正交, 试求一个非零向量 $\boldsymbol{\alpha}_3$, 使 $\boldsymbol{\alpha}_1, \boldsymbol{\alpha}_2, \boldsymbol{\alpha}_3$ 两两正交.

**解** 记 $\boldsymbol{A} = \begin{pmatrix} \boldsymbol{\alpha}_1^{\mathrm{T}} \\ \boldsymbol{\alpha}_2^{\mathrm{T}} \end{pmatrix} = \begin{pmatrix} 1 & 1 & 1 \\ 1 & -2 & 1 \end{pmatrix}$, $\boldsymbol{\alpha}_3$ 应满足齐次方程组 $\boldsymbol{A}\boldsymbol{x} = \mathbf{0}$, 即

$$\begin{pmatrix} 1 & 1 & 1 \\ 1 & -2 & 1 \end{pmatrix} \begin{pmatrix} x_1 \\ x_2 \\ x_3 \end{pmatrix} = \begin{pmatrix} 0 \\ 0 \end{pmatrix}.$$

由

$$\boldsymbol{A} \sim \begin{pmatrix} 1 & 1 & 1 \\ 0 & -3 & 0 \end{pmatrix} \sim \begin{pmatrix} 1 & 0 & 1 \\ 0 & 1 & 0 \end{pmatrix},$$

得

$$\begin{cases} x_1 = -x_3, \\ x_2 = 0, \end{cases}$$

从而有基础解系 $\begin{pmatrix} -1 \\ 0 \\ 1 \end{pmatrix}$. 取 $\boldsymbol{\alpha}_3 = \begin{pmatrix} -1 \\ 0 \\ 1 \end{pmatrix}$ 即为所求.

**例 3** 利用施密特正交化方法, 将下列各向量组用施密特正交化过程化为正交的单位向量组.

$$\boldsymbol{\alpha}_1 = (0,1,1)^{\mathrm{T}}, \quad \boldsymbol{\alpha}_2 = (1,1,0)^{\mathrm{T}}, \quad \boldsymbol{\alpha}_3 = (1,0,1)^{\mathrm{T}}.$$

**解** 令

$$\begin{aligned}
\boldsymbol{\beta}_1 &= \boldsymbol{\alpha}_1 = (0,1,1)^{\mathrm{T}}, \\
\boldsymbol{\beta}_2 &= \boldsymbol{\alpha}_2 - \frac{\boldsymbol{\alpha}_2^{\mathrm{T}}\boldsymbol{\beta}_1}{\boldsymbol{\beta}_1^{\mathrm{T}}\boldsymbol{\beta}_1}\boldsymbol{\beta}_1 = (1,1,0)^{\mathrm{T}} - \left(0,\frac{1}{2},\frac{1}{2}\right)^{\mathrm{T}} = \left(1,\frac{1}{2},-\frac{1}{2}\right)^{\mathrm{T}}, \\
\boldsymbol{\beta}_3 &= \boldsymbol{\alpha}_3 - \frac{\boldsymbol{\alpha}_3^{\mathrm{T}}\boldsymbol{\beta}_1}{\boldsymbol{\beta}_1^{\mathrm{T}}\boldsymbol{\beta}_1}\boldsymbol{\beta}_1 - \frac{\boldsymbol{\alpha}_3^{\mathrm{T}}\boldsymbol{\beta}_2}{\boldsymbol{\beta}_2^{\mathrm{T}}\boldsymbol{\beta}_2}\boldsymbol{\beta}_2, \\
&= (1,0,1)^{\mathrm{T}} - \left(0,\frac{1}{2},\frac{1}{2}\right)^{\mathrm{T}} - \left(\frac{1}{3},\frac{1}{6},-\frac{1}{6}\right)^{\mathrm{T}} \\
&= \left(\frac{2}{3},-\frac{2}{3},\frac{2}{3}\right)^{\mathrm{T}},
\end{aligned}$$

再将向量组 $\boldsymbol{\beta}_1,\boldsymbol{\beta}_2,\boldsymbol{\beta}_3$ 单位化, 即得到正交的单位向量组.

$$\boldsymbol{\gamma}_1 = \frac{\boldsymbol{\beta}_1}{\|\boldsymbol{\beta}_1\|} = \frac{1}{\sqrt{2}}(0,1,1)^{\mathrm{T}} = \left(0,\frac{\sqrt{2}}{2},\frac{\sqrt{2}}{2}\right)^{\mathrm{T}},$$

同理

$$\boldsymbol{\gamma}_2 = \left(\frac{\sqrt{6}}{3},\frac{\sqrt{6}}{6},-\frac{\sqrt{6}}{6}\right)^{\mathrm{T}}, \quad \boldsymbol{\gamma}_3 = \left(\frac{\sqrt{2}}{3},-\frac{\sqrt{2}}{3},\frac{\sqrt{2}}{3}\right)^{\mathrm{T}}.$$

**注** 施密特正交化是把线性无关的向量组正交规范化, 需先正交化, 后单位化, 而不能先单位化, 后正交化. 施密特正交化过程的如图 5.1, 其几何解释如下.

$\boldsymbol{b}_2 = \boldsymbol{a}_2 - \boldsymbol{c}_2$, 而 $\boldsymbol{c}_2$ 为 $\boldsymbol{a}_2$ 在 $\boldsymbol{b}_1$ 上的投影向量, 即

$$\boldsymbol{c}_2 = \left[\boldsymbol{a}_2, \frac{\boldsymbol{b}_1}{\|\boldsymbol{b}_1\|}\right]\frac{\boldsymbol{b}_1}{\|\boldsymbol{b}_1\|} = \frac{[\boldsymbol{a}_2,\boldsymbol{b}_1]}{\|\boldsymbol{b}_1\|^2}\boldsymbol{b}_1.$$

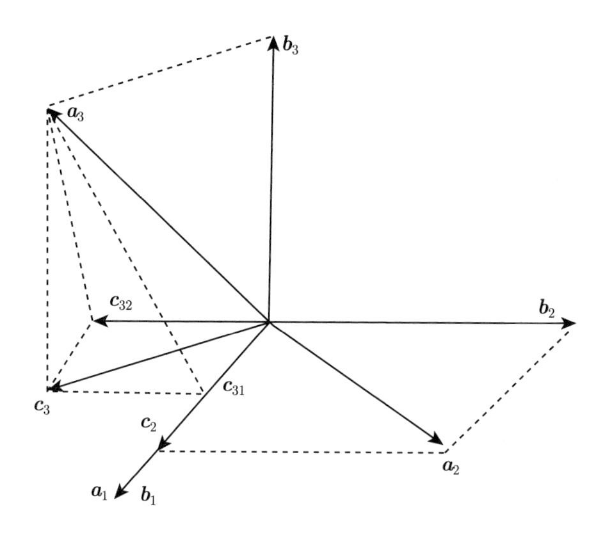


图 5.1 施密特正交化的几何意义

$\boldsymbol{b}_3=\boldsymbol{a}_3-\boldsymbol{c}_3$, 而 $\boldsymbol{c}_3$ 为 $\boldsymbol{a}_3$ 在平行于 $\boldsymbol{b}_1,\boldsymbol{b}_2$ 的平面上的投影向量, 由于 $\boldsymbol{b}_1\perp\boldsymbol{b}_2$, 故 $\boldsymbol{c}_3$ 等于 $\boldsymbol{a}_3$ 分别在 $\boldsymbol{b}_1,\boldsymbol{b}_2$ 的投影向量 $\boldsymbol{c}_{31}$ 及 $\boldsymbol{c}_{32}$ 之和, 即

$$\boldsymbol{c}_3=\boldsymbol{c}_{31}+\boldsymbol{c}_{32}=\frac{[\boldsymbol{a}_3,\boldsymbol{b}_1]}{\|\boldsymbol{b}_1\|^2}\boldsymbol{b}_1+\frac{[\boldsymbol{a}_3,\boldsymbol{b}_2]}{\|\boldsymbol{b}_2\|^2}\boldsymbol{b}_2.$$

**例 4** 已知 $\boldsymbol{\alpha}_1=\begin{pmatrix}1\\1\\1\end{pmatrix}$, 求一组非零向量 $\boldsymbol{\alpha}_2,\boldsymbol{\alpha}_3$, 使 $\boldsymbol{\alpha}_1,\boldsymbol{\alpha}_2,\boldsymbol{\alpha}_3$ 两两正交.

**解** $\boldsymbol{\alpha}_2,\boldsymbol{\alpha}_3$ 应满足方程 $\boldsymbol{a}_1^{\mathrm{T}}\boldsymbol{x}=0$, 即

$$x_1+x_2+x_3=0,$$

它的基础解系为

$$\boldsymbol{\xi}_1=\begin{pmatrix}1\\0\\-1\end{pmatrix},\quad \boldsymbol{\xi}_2=\begin{pmatrix}0\\1\\-1\end{pmatrix}.$$

把基础解系正交化即为所求, 即取

$$\boldsymbol{\alpha}_2=\boldsymbol{\xi}_1,\quad \boldsymbol{\alpha}_3=\boldsymbol{\xi}_2-\frac{[\boldsymbol{\xi}_1,\boldsymbol{\xi}_2]}{[\boldsymbol{\xi}_1,\boldsymbol{\xi}_1]}\boldsymbol{\xi}_1,$$

其中 $[\boldsymbol{\xi}_1,\boldsymbol{\xi}_2]=1$, $[\boldsymbol{\xi}_1,\boldsymbol{\xi}_1]=2$, 于是得

$$\boldsymbol{\alpha}_2=\begin{pmatrix}1\\0\\-1\end{pmatrix},\quad \boldsymbol{\alpha}_3=\begin{pmatrix}0\\1\\-1\end{pmatrix}-\frac{1}{2}\begin{pmatrix}1\\0\\-1\end{pmatrix}=\frac{1}{2}\begin{pmatrix}-1\\2\\-1\end{pmatrix}.$$

### 5.1.6 正交矩阵和正交变换

1. 正交矩阵的定义

**定义 4** 如果 $n$ 阶矩阵 $\boldsymbol{A}$ 满足

$$\boldsymbol{A}^{\mathrm{T}}\boldsymbol{A}=\boldsymbol{E}\quad (\text{即 } \boldsymbol{A}^{-1}=\boldsymbol{A}^{\mathrm{T}}),$$

那么称 $\boldsymbol{A}$ 为正交矩阵, 简称正交阵.

上式用 $\boldsymbol{A}$ 的列向量表示, 即

$$\begin{pmatrix}\boldsymbol{a}_1^{\mathrm{T}}\\\boldsymbol{a}_2^{\mathrm{T}}\\\vdots\\\boldsymbol{a}_n^{\mathrm{T}}\end{pmatrix}(\boldsymbol{a}_1,\boldsymbol{a}_2,\cdots,\boldsymbol{a}_n)=\boldsymbol{E},$$

亦即

$$(\boldsymbol{a}_i^{\mathrm{T}}\boldsymbol{a}_j)=(\delta_{ij}),$$

这也就是 $n^2$ 个关系式

$$\boldsymbol{a}_i^{\mathrm{T}}\boldsymbol{a}_j=\delta_{ij}=\begin{cases}1, & i=j,\\0, & i\neq j\end{cases}\quad (i,j=1,2,\cdots,n),$$

这就说明: 方阵 $\boldsymbol{A}$ 为正交阵的充分必要条件是 $\boldsymbol{A}$ 的列向量都是单位向量, 且两两正交.

因为 $\boldsymbol{A}^{\mathrm{T}}\boldsymbol{A}=\boldsymbol{E}$ 和 $\boldsymbol{A}\boldsymbol{A}^{\mathrm{T}}=\boldsymbol{E}$ 等价, 所以上述结论对 $\boldsymbol{A}$ 的行向量亦成立.

由此可见, $n$ 阶正交阵 $\boldsymbol{A}$ 的 $n$ 个列 (行) 向量构成向量空间 $\mathbf{R}^n$ 的一个规范正交基.

**例 5** 验证矩阵

$$
\boldsymbol{P}=\begin{pmatrix}
\frac{1}{2} & -\frac{1}{2} & \frac{1}{2} & -\frac{1}{2} \\
\frac{1}{2} & -\frac{1}{2} & -\frac{1}{2} & \frac{1}{2} \\
\frac{1}{\sqrt{2}} & \frac{1}{\sqrt{2}} & 0 & 0 \\
0 & 0 & \frac{1}{\sqrt{2}} & \frac{1}{\sqrt{2}}
\end{pmatrix}
$$

是正交阵.

**证明** $\boldsymbol{P}$ 的每个列向量都是单位向量, 且两两正交, 所以 $\boldsymbol{P}$ 是正交阵.

2. 正交矩阵的性质

正交阵有下列性质:

(1) 若 $\boldsymbol{A}$ 为正交阵, 则 $\boldsymbol{A}^{-1}=\boldsymbol{A}^{\mathrm{T}}$ 也是正交阵, $\boldsymbol{A}$ 可逆且 $|\boldsymbol{A}|=1$ 或 $-1$;

(2) 若 $\boldsymbol{A}$ 和 $\boldsymbol{B}$ 都是正交阵, 则 $\boldsymbol{AB}$ 也是正交阵.

3. 正交变换的定义

**定义 5** 若 $\boldsymbol{P}$ 为正交矩阵, 则线性变换 $\boldsymbol{y}=\boldsymbol{Px}$ 称为正交变换.

**性质** 正交变换保持向量长度不变.

设 $\boldsymbol{y}=\boldsymbol{Px}$ 为正交变换, 则有

$$
\|\boldsymbol{y}\|=\sqrt{\boldsymbol{y}^{\mathrm{T}}\boldsymbol{y}}=\sqrt{\boldsymbol{x}^{\mathrm{T}}\boldsymbol{P}^{\mathrm{T}}\boldsymbol{Px}}=\sqrt{\boldsymbol{x}^{\mathrm{T}}\boldsymbol{x}}=\|\boldsymbol{x}\|.
$$

由于 $\|\boldsymbol{x}\|$ 表示向量的长度, 相当于线段的长度, 所以 $\|\boldsymbol{y}\|=\|\boldsymbol{x}\|$ 说明经正交变换线段长度保持不变 (从而三角形的形状保持长度不变), 这是正交变换的优良特性.

## 习 题 5.1

1. 利用施密特正交化方法, 将下列各向量组化为正交的单位向量组.

(1) $\boldsymbol{\alpha}_1=(1,-2,2)^{\mathrm{T}},\boldsymbol{\alpha}_2=(-1,0,-1)^{\mathrm{T}},\boldsymbol{\alpha}_3=(5,-3,-7)^{\mathrm{T}}$;

(2) $\boldsymbol{\alpha}_1=(1,1,1,1)^{\mathrm{T}},\boldsymbol{\alpha}_2=(3,3,-1,1)^{\mathrm{T}},\boldsymbol{\alpha}_3=(-2,0,6,8)^{\mathrm{T}}$.

2. 设 $\boldsymbol{A}$ 为正交矩阵, 证明: $|\boldsymbol{A}|=\pm 1$.

3. 如果 $\boldsymbol{A}$ 为 $n$ 阶实对称矩阵, $\boldsymbol{B}$ 为 $n$ 阶正交矩阵, 则 $\boldsymbol{B}^{-1}\boldsymbol{AB}$ 为 $n$ 阶实对称矩阵.

4. 如果 $\boldsymbol{A},\boldsymbol{B}$ 为 $n$ 阶正交矩阵, 求证 $\boldsymbol{AB}$ 也是正交矩阵.

5. 证明: 上三角形的正交矩阵必为对角矩阵, 并且主对角线上的元为 1 或 $-1$.

6. 设 $\boldsymbol{A}$ 为 $n$ 阶正交矩阵, $\boldsymbol{\alpha}\in\mathbf{R}^n$, 求证: $\|\boldsymbol{A\alpha}\|=\|\boldsymbol{\alpha}\|$.

7. 设

$$
\boldsymbol{A}=\begin{pmatrix} a & b & c & d \\ -b & a & -d & c \\ -c & d & a & -b \\ -d & -c & b & a \end{pmatrix}.
$$

(1) $\boldsymbol{A}$ 是否为正交矩阵?

(2) 求 $|\boldsymbol{A}|$.

8. 求齐次线性方程组

$$
\begin{cases} 2x_1+x_2-x_3+x_4-3x_5=0, \\ x_1+x_2+x_3+x_5=0, \\ 3x_1+2x_2-x_3+x_4-2x_5=0 \end{cases}
$$

的解 (向量) 空间的一组标准正交基.

9. 设 $\boldsymbol{A}$ 为 $n$ 阶实反对称矩阵 (即 $\boldsymbol{A}^{\mathrm{T}}=-\boldsymbol{A}$), 且存在列向量 $\boldsymbol{X},\boldsymbol{Y}\in\mathbf{R}^n$, 使 $\boldsymbol{AX}=\boldsymbol{Y}$. 求证: $\boldsymbol{X}$ 与 $\boldsymbol{Y}$ 正交.

## 5.2　方阵的特征值与特征向量

工程技术中的一些问题, 如振动问题和稳定性问题, 常可归结为求一个方阵的特征值和特征向量的问题. 数学中诸如方阵的对角化及解微分方程组等问题, 也都要用到特征值的理论.

### 5.2.1　特征值和特征向量的概念

**定义 1**　设 $\boldsymbol{A}$ 是 $n$ 阶矩阵, 如果数 $\lambda$ 和 $n$ 维非零向量 $\boldsymbol{x}$ 使关系式

$$
\boldsymbol{Ax}=\lambda\boldsymbol{x} \tag{5.1}
$$

成立, 那么, 这样的数 $\lambda$ 称为矩阵 $\boldsymbol{A}$ 的特征值, 非零向量 $\boldsymbol{x}$ 称为方阵 $\boldsymbol{A}$ 的对应于特征值 $\lambda$ 的特征向量.

**注**　(1) $\boldsymbol{A}$ 是方阵;

(2) 特征向量是非零列向量;

(3) 方阵 $\boldsymbol{A}$ 的与特征值 $\lambda$ 对应的特征向量不唯一;

(4) 一个特征向量只能属于一个特征值, 对应于不同的特征值的特征向量不相等.

### 5.2.2　特征值和特征向量的求法

(5.1) 式也可写成

$$
(\boldsymbol{A}-\lambda\boldsymbol{E})\boldsymbol{x}=\mathbf{0}.
$$

这是 $n$ 个未知数 $n$ 个方程的齐次线性方程组, 它有非零解的充分必要条件是系数行列式

$$|\boldsymbol{A}-\lambda\boldsymbol{E}|=0,$$

即

$$\begin{vmatrix} a_{11}-\lambda & a_{12} & \cdots & a_{1n} \\ a_{21} & a_{22}-\lambda & \cdots & a_{2n} \\ \vdots & \vdots & & \vdots \\ a_{n1} & a_{n2} & \cdots & a_{nn}-\lambda \end{vmatrix}=0.$$

上式是以 $\lambda$ 为未知数的一元 $n$ 次方程, 称为矩阵 $\boldsymbol{A}$ 的特征方程. 其左端 $|\boldsymbol{A}-\lambda\boldsymbol{E}|$ 是 $\lambda$ 的 $n$ 次多项式, 记作 $f(\lambda)$, 称为矩阵 $\boldsymbol{A}$ 的特征多项式. 显然, $\boldsymbol{A}$ 的特征值就是特征方程的解.

求矩阵 $\boldsymbol{A}$ 的特征值、特征向量的步骤为

(1) 由特征方程 $|\boldsymbol{A}-\lambda\boldsymbol{E}|=\begin{vmatrix} a_{11}-\lambda & a_{12} & \cdots & a_{1n} \\ a_{21} & a_{22}-\lambda & \cdots & a_{2n} \\ \vdots & \vdots & & \vdots \\ a_{n1} & a_{n2} & \cdots & a_{nn}-\lambda \end{vmatrix}=0$, 求出特征值 $\lambda_1,\lambda_2,\cdots,\lambda_s$;

(2) 把得到的每一个特征值 $\lambda_i$ 代入齐次线性方程组 $(\boldsymbol{A}-\lambda_i\boldsymbol{E})\boldsymbol{x}=\boldsymbol{0}$, 求出其基础解系 $\boldsymbol{a}_1,\boldsymbol{a}_2,\cdots,\boldsymbol{a}_r$, 则矩阵 $\boldsymbol{A}$ 的对应于 $\lambda_i$ 的所有特征向量为

$$k_1\boldsymbol{\alpha}_1+k_2\boldsymbol{\alpha}_2+\cdots+k_r\boldsymbol{\alpha}_r,\quad k_i\text{是不全为零的任意常数}.$$

方阵的特征向量

### 5.2.3 特征值和特征向量的性质

特征方程在复数范围内恒有解, 其个数为方程的次数 (重根按重数计算), 因此, $n$ 阶矩阵 $\boldsymbol{A}$ 在复数范围内有 $n$ 个特征值.

设 $\lambda=\lambda_i$ 为矩阵 $\boldsymbol{A}$ 的一个特征值, 则由方程

$$(\boldsymbol{A}-\lambda_i\boldsymbol{E})\boldsymbol{x}=\boldsymbol{0}$$

可求得非零解 $\boldsymbol{x}=\boldsymbol{p}_i$, 那么 $\boldsymbol{p}_i$ 便是 $\boldsymbol{A}$ 的对应于特征值 $\lambda_i$ 的特征向量 (若 $\lambda_i$ 为实数, 则 $\boldsymbol{p}_i$ 可取实向量; 若 $\lambda_i$ 为复数, 则 $\boldsymbol{p}_i$ 可取复向量).

设 $n$ 阶矩阵 $\boldsymbol{A}=(a_{ij})$ 的特征值 $\lambda_1,\lambda_2,\cdots,\lambda_n$, 不难证明特征值的性质:

(1) $\lambda_1+\lambda_2+\cdots+\lambda_n=a_{11}+a_{22}+\cdots+a_{nn}$;

(2) $\lambda_1\lambda_2\cdots\lambda_n=|\boldsymbol{A}|$.

**例 1**　求 $\boldsymbol{A}=\begin{pmatrix}2&-1\\-1&2\end{pmatrix}$ 的特征值和特征向量.

**解**　$\boldsymbol{A}$ 的特征多项式为

$$|\boldsymbol{A}-\lambda\boldsymbol{E}|=\begin{vmatrix}2-\lambda&-1\\-1&2-\lambda\end{vmatrix}=(2-\lambda)^2-1=3-4\lambda+\lambda^2=(1-\lambda)(3-\lambda),$$

所以 $\boldsymbol{A}$ 的特征值为 $\lambda_1=1,\lambda_2=3$.

当 $\lambda_1=1$ 时, 对应的特征向量应满足 $\begin{pmatrix}2-1&-1\\-1&2-1\end{pmatrix}\begin{pmatrix}x_1\\x_2\end{pmatrix}=\begin{pmatrix}0\\0\end{pmatrix}$, 即 $\begin{cases}x_1-x_2=0,\\-x_1+x_2=0,\end{cases}$ 解方程组得 $x_1=x_2$, 所以对应的特征向量可取为 $\boldsymbol{p}_1=\begin{pmatrix}1\\1\end{pmatrix}$. 对应 $\lambda_1=1$ 的全部特征向量为 $k_1\boldsymbol{p}_1(k_1\neq 0)$.

当 $\lambda_2=3$ 时, 由 $\begin{pmatrix}2-3&-1\\-1&2-3\end{pmatrix}\begin{pmatrix}x_1\\x_2\end{pmatrix}=\begin{pmatrix}0\\0\end{pmatrix}$, 即 $\begin{pmatrix}-1&-1\\-1&-1\end{pmatrix}\begin{pmatrix}x_1\\x_2\end{pmatrix}=\begin{pmatrix}0\\0\end{pmatrix}$, 解得 $x_1=-x_2$, 所以对应的特征向量可取为 $\boldsymbol{p}_2=\begin{pmatrix}-1\\1\end{pmatrix}$. 对应 $\lambda_2=3$ 的全部特征向量为 $k_2\boldsymbol{p}_2(k_2\neq 0)$.

**例 2**　求 $\boldsymbol{A}=\begin{pmatrix}-2&1&1\\0&2&0\\-4&1&3\end{pmatrix}$, 求 $\boldsymbol{A}$ 的特征值和特征向量.

**解**　$\boldsymbol{A}$ 的特征多项式为 $|\boldsymbol{A}-\lambda\boldsymbol{E}|=\begin{vmatrix}-2-\lambda&1&1\\0&2-\lambda&0\\-4&1&3-\lambda\end{vmatrix}=-(\lambda+1)(\lambda-2)^2$, 所以 $\boldsymbol{A}$ 的特征值为 $\lambda_1=-1,\lambda_2=\lambda_3=2$.

当 $\lambda_1=-1$ 时, 解方程 $(\boldsymbol{A}+\boldsymbol{E})\boldsymbol{x}=\boldsymbol{0}$, 由于

$$A+E=\begin{pmatrix}-1&1&1\\0&3&0\\-4&1&4\end{pmatrix}\sim\begin{pmatrix}1&0&-1\\0&1&0\\0&0&0\end{pmatrix},$$

于是方程的基础解系为 $\boldsymbol{p}_1=\begin{pmatrix}1\\0\\1\end{pmatrix}$, 故对应于 $\lambda_1=-1$ 的全体特征向量为 $k\boldsymbol{p}_1(k\neq0)$.

当 $\lambda_2=\lambda_3=2$ 时, 解方程 $(\boldsymbol{A}-2\boldsymbol{E})\boldsymbol{x}=\boldsymbol{0}$. 由于

$$A-2E=\begin{pmatrix}-4&1&1\\0&0&0\\-4&1&1\end{pmatrix}\sim\begin{pmatrix}-4&1&1\\0&0&0\\0&0&0\end{pmatrix},$$

于是方程的基础解系为 $\boldsymbol{p}_2=\begin{pmatrix}0\\1\\-1\end{pmatrix}$, $\boldsymbol{p}_3=\begin{pmatrix}1\\0\\4\end{pmatrix}$, 所以对应于 $\lambda_2=\lambda_3=2$ 的全部特征向量为 $k_2\boldsymbol{p}_2+k_3\boldsymbol{p}_3$($k_2,k_3$ 不同时为 0).

**例 3** 设矩阵 $\boldsymbol{A}=\begin{pmatrix}1&-1&0\\2&x&0\\4&2&1\end{pmatrix}$, 已经 $\boldsymbol{A}$ 有特征值 $\lambda_1=1,\lambda_2=2$, 求 $x$ 的值和 $\boldsymbol{A}$ 的另一个特征值 $\lambda_3$.

**解** 根据特征值的性质, 有

$$\lambda_1+\lambda_2+\lambda_3=1+x+1;\quad \lambda_1\lambda_2\lambda_3=|\boldsymbol{A}|.$$

而 $|\boldsymbol{A}|=\begin{vmatrix}1&-1&0\\2&x&0\\4&2&1\end{vmatrix}=x+2$, 化简得

$$1+2+\lambda_3=2+x;\quad 2\lambda_3=x+2.$$

解得 $x=4;\lambda_3=3$.

**例 4** 已知 $\boldsymbol{A}^2=-\boldsymbol{A}$, 求方阵 $\boldsymbol{A}$ 的特征值.

**解** 设 $\lambda$ 是 $\boldsymbol{A}$ 的特征值, $\boldsymbol{\alpha}$ 是对应于 $\lambda$ 的特征向量, 即 $\boldsymbol{A\alpha}=\lambda\boldsymbol{\alpha}$, 有

$$\boldsymbol{A}^2\boldsymbol{\alpha}=\lambda(\boldsymbol{A\alpha})=\lambda^2\boldsymbol{\alpha},$$

由 $\boldsymbol{A}^2=-\boldsymbol{A}$ 得 $\lambda\boldsymbol{\alpha}=\boldsymbol{A}\boldsymbol{\alpha}=-\boldsymbol{A}^2\boldsymbol{\alpha}=-\lambda^2\boldsymbol{\alpha}$, 即

$$(\lambda+\lambda^2)\boldsymbol{\alpha}=\mathbf{0}\quad(\boldsymbol{\alpha}\neq\mathbf{0}).$$

所以 $\lambda+\lambda^2=0\Rightarrow\lambda=0$ 或 $\lambda=-1$.

$\boldsymbol{A}$ 的特征值为 0 或 $-1$.

**例 5**　$\lambda$ 是方阵 $\boldsymbol{A}$ 的特征值, 证明:

(1) $\lambda^2$ 是 $\boldsymbol{A}^2$ 的特征值;

(2) 当 $\boldsymbol{A}$ 可逆时, $\dfrac{1}{\lambda}$ 是 $\boldsymbol{A}^{-1}$ 的特征值.

**证明**　因为 $\lambda$ 是方阵 $\boldsymbol{A}$ 的特征值, 故有 $\boldsymbol{p}\neq\mathbf{0}$, 使 $\boldsymbol{A}\boldsymbol{p}=\lambda\boldsymbol{p}$. 于是

(1) $\boldsymbol{A}^2\boldsymbol{p}=\boldsymbol{A}(\boldsymbol{A}\boldsymbol{p})=\boldsymbol{A}(\lambda\boldsymbol{p})=\lambda(\boldsymbol{A}\boldsymbol{p})=\lambda^2\boldsymbol{p}$, 所以 $\lambda^2$ 是 $\boldsymbol{A}^2$ 的特征值;

(2) 当 $\boldsymbol{A}$ 可逆时, 由 $\boldsymbol{A}\boldsymbol{p}=\lambda\boldsymbol{p}$, 有 $\boldsymbol{p}=\lambda\boldsymbol{A}^{-1}\boldsymbol{p}$, 因 $\boldsymbol{p}\neq\mathbf{0}$, 知 $\lambda\neq0$, 故

$$\boldsymbol{A}^{-1}\boldsymbol{p}=\frac{1}{\lambda}\boldsymbol{p}.$$

所以 $\dfrac{1}{\lambda}$ 是 $\boldsymbol{A}^{-1}$ 的特征值.

按此例类推, 不难证明: 若 $\lambda$ 是 $\boldsymbol{A}$ 的特征值, 则 $\lambda^k$ 是 $\boldsymbol{A}^k$ 的特征值; 若 $\varphi(\lambda)$ 是 $\varphi(\boldsymbol{A})$ 的特征值 (其中 $\varphi(\lambda)=a_0+a_1\lambda+\cdots+a_m\lambda^m$ 是 $\lambda$ 的多项式, $\varphi(\boldsymbol{A})=a_0\boldsymbol{E}+a_1\boldsymbol{A}+\cdots+a_m\boldsymbol{A}^m$ 是矩阵 $\boldsymbol{A}$ 的多项式).

**注**　若 $\boldsymbol{A}$ 为 $n$ 阶矩阵, $\boldsymbol{x}$ 为 $\boldsymbol{A}$ 的对应于特征值 $\lambda$ 的特征向量, 则

(1) $k\boldsymbol{A}$ 的特征值为 $k\lambda$($k$ 是任意常数);

(2) $\boldsymbol{A}^m$ 的特征值为 $\lambda^m$($m$ 是正整数);

(3) 若 $\boldsymbol{A}$ 可逆, 则 $\dfrac{1}{\lambda}$ 是 $\boldsymbol{A}^{-1}$ 的特征值;

(4) 若 $f(x)$ 为 $x$ 的多项式, 则 $f(\lambda)$ 是 $f(\boldsymbol{A})$ 的特征值.

**定理 1**　设 $\lambda_1,\lambda_2,\cdots,\lambda_m$ 是方阵 $\boldsymbol{A}$ 的 $m$ 个特征值, $\boldsymbol{p}_1,\boldsymbol{p}_2,\cdots,\boldsymbol{p}_m$ 依次是与之对应的特征向量, 如果 $\lambda_1,\lambda_2,\cdots,\lambda_m$ 各不相等, 则 $\boldsymbol{p}_1,\boldsymbol{p}_2,\cdots,\boldsymbol{p}_m$ 线性无关.

**证明**　设有常数 $x_1,x_2,\cdots,x_m$, 使 $x_1\boldsymbol{p}_1+x_2\boldsymbol{p}_2+\cdots+x_m\boldsymbol{p}_m=\mathbf{0}$, 则

$$\boldsymbol{A}\left(x_1\boldsymbol{p}_1+x_2\boldsymbol{p}_2+\cdots+x_m\boldsymbol{p}_m\right)=\mathbf{0}.$$

因为 $\lambda_1,\lambda_2,\cdots,\lambda_m$ 是方阵 $\boldsymbol{A}$ 的 $m$ 个特征值, $\boldsymbol{p}_1,\boldsymbol{p}_2,\cdots,\boldsymbol{p}_m$ 依次是与之对应的特征向量. 所以

$$\boldsymbol{A}\boldsymbol{p}_i=\lambda_i\boldsymbol{p}_i\quad(i=1,2,\cdots,m).$$

所以

$$\lambda_1 x_1 \boldsymbol{p}_1 + \lambda_2 x_2 \boldsymbol{p}_2 + \cdots + \lambda_m x_m \boldsymbol{p}_m = \mathbf{0}.$$

类推之, 有

$$\lambda_1^k x_1 \boldsymbol{p}_1 + \lambda_2^k x_2 \boldsymbol{p}_2 + \cdots + \lambda_m^k x_m \boldsymbol{p}_m = \mathbf{0} \quad (k = 1, 2, \cdots, m-1).$$

把上列各式写成矩阵形式, 得

$$(x_1 \boldsymbol{p}_1, x_2 \boldsymbol{p}_2, \cdots, x_m \boldsymbol{p}_m) \begin{pmatrix} 1 & \lambda_1 & \cdots & \lambda_1^{m-1} \\ 1 & \lambda_2 & \cdots & \lambda_2^{m-1} \\ \vdots & \vdots & & \vdots \\ 1 & \lambda_m & \cdots & \lambda_m^{m-1} \end{pmatrix} = (0, 0, \cdots, 0).$$

上式等号左端第二个矩阵的行列式为范德蒙德行列式, 当各 $\lambda_i$ 不相等时, 该行列式不等于 0, 从而该矩阵可逆. 于是有

$$(x_1 \boldsymbol{p}_1, x_2 \boldsymbol{p}_2, \cdots, x_m \boldsymbol{p}_m) = (0, 0, \cdots, 0),$$

即 $x_j \boldsymbol{p}_j = \mathbf{0} (j = 1, 2, \cdots, m)$. 但 $\boldsymbol{p}_j \neq \mathbf{0}$, 故 $x_j = 0 (j = 1, 2, \cdots, m)$. 所以向量组 $\boldsymbol{p}_1, \boldsymbol{p}_2, \cdots, \boldsymbol{p}_m$ 线性无关.

**例 6**　设 $\lambda_1$ 和 $\lambda_2$ 是矩阵 $\boldsymbol{A}$ 的两个不同的特征值, 对应的特征向量依次为 $\boldsymbol{p}_1$ 和 $\boldsymbol{p}_2$, 证明 $\boldsymbol{p}_1 + \boldsymbol{p}_2$ 不是 $\boldsymbol{A}$ 的特征向量.

**证明**　按题设, 有 $\boldsymbol{A}\boldsymbol{p}_1 = \lambda_1 \boldsymbol{p}_1, \boldsymbol{A}\boldsymbol{p}_2 = \lambda_2 \boldsymbol{p}_2$, 故

$$\boldsymbol{A}(\boldsymbol{p}_1 + \boldsymbol{p}_2) = \lambda_1 \boldsymbol{p}_1 + \lambda_2 \boldsymbol{p}_2.$$

用反证法, 假设 $\boldsymbol{p}_1 + \boldsymbol{p}_2$ 是 $\boldsymbol{A}$ 的特征向量, 则应存在常数 $\lambda$, 使 $\boldsymbol{A}(\boldsymbol{p}_1 + \boldsymbol{p}_2) = \lambda(\boldsymbol{p}_1 + \boldsymbol{p}_2)$, 于是

$$\lambda(\boldsymbol{p}_1 + \boldsymbol{p}_2) = \lambda_1 \boldsymbol{p}_1 + \lambda_2 \boldsymbol{p}_2, \quad \text{即}(\lambda_1 - \lambda)\boldsymbol{p}_1 + (\lambda_2 - \lambda)\boldsymbol{p}_2 = \mathbf{0}.$$

因 $\lambda_1 \neq \lambda_2$, 按定理 1 知 $\boldsymbol{p}_1, \boldsymbol{p}_2$ 线性无关, 故由上式得 $\lambda_1 - \lambda = \lambda_2 - \lambda = 0$, 即 $\lambda_1 = \lambda_2$, 与题设矛盾. 因此 $\boldsymbol{p}_1 + \boldsymbol{p}_2$ 不是 $\boldsymbol{A}$ 的特征向量.

**例 7**　设三阶矩阵 $\boldsymbol{A}$ 的特征值为 $1, -1, 2$, 求 $|\boldsymbol{A}^* + 3\boldsymbol{A} - 2\boldsymbol{E}|$.

**解**　因为 $|\boldsymbol{A}| = 1 \times (-1) \times 2 = -2 \neq 0$, 所以 $\boldsymbol{A}$ 可逆,

$$\boldsymbol{A}^* = |\boldsymbol{A}|\,\boldsymbol{A}^{-1} = -2\boldsymbol{A}^{-1}, \quad |\boldsymbol{A}^* + 3\boldsymbol{A} - 2\boldsymbol{E}| = \left|-2\boldsymbol{A}^{-1} + 3\boldsymbol{A} - 2\boldsymbol{E}\right|.$$

记 $\phi(\boldsymbol{A}) = -2\boldsymbol{A}^{-1} + 3\boldsymbol{A} - 2\boldsymbol{E}$, 则

$$\phi(\lambda) = -2\lambda^{-1} + 3\lambda - 2.$$

所以 $\phi(\boldsymbol{A})$ 的特征值为 $\phi(1)=-1,\phi(-1)=-3,\phi(2)=3$, 故 $|\boldsymbol{A}^*+3\boldsymbol{A}-2\boldsymbol{E}|=\left|-2\boldsymbol{A}^{-1}+3\boldsymbol{A}-2\boldsymbol{E}\right|=|\phi(\boldsymbol{A})|=\phi(1)\cdot\phi(-1)\cdot\phi(2)=9$.

**例 8** 设三阶矩阵 $\boldsymbol{A}=\begin{pmatrix}2&-1&2\\5&a&3\\-1&b&-2\end{pmatrix}$ 有一个特征向量为 $\boldsymbol{\xi}=(1,1,-1)^{\mathrm{T}}$.

(1) 求 $a$ 和 $b$ 的值.

(2) 求对应于 $\boldsymbol{\xi}$ 的特征值.

**解** 设对应于 $\boldsymbol{\xi}$ 的特征值为 $\lambda$,

$$\boldsymbol{A\xi}=\begin{pmatrix}2&-1&2\\5&a&3\\-1&b&-2\end{pmatrix}\begin{pmatrix}1\\1\\-1\end{pmatrix}=\begin{pmatrix}-1\\2+a\\1+b\end{pmatrix}=\lambda\begin{pmatrix}1\\1\\-1\end{pmatrix},$$

则

$$\begin{cases}-1=\lambda,\\2+a=\lambda,\\1+b=-\lambda,\end{cases}$$

得

$$\lambda=-1,\quad a=-3,\quad b=0.$$

## 习 题 5.2

1. 判断下述结论是否正确.

(1) 实数域上的 $n$ 阶矩阵 $\boldsymbol{A}$ 一定有 $n$ 个特征向量;

(2) $\boldsymbol{A}$ 与 $\boldsymbol{A}^{\mathrm{T}}$ 有相同的特征值和特征向量;

(3) 若 $\lambda_0$ 是 $\boldsymbol{A}$ 的一个特征值, 则齐次线性方程组 $(\lambda_0\boldsymbol{E}-\boldsymbol{A})\boldsymbol{X}=\boldsymbol{0}$ 的非零解就是 $\boldsymbol{A}$ 的属于 $\lambda_0$ 的特征向量;

(4) $\boldsymbol{A}$ 的一个特征向量 $\boldsymbol{\alpha}$ 可以属于不同的特征值 $\lambda_1,\lambda_2$;

(5) 若 $\lambda_0$ 不是 $\boldsymbol{A}$ 的一个特征值, 则 $(\lambda_0\boldsymbol{E}-\boldsymbol{A})$ 可逆.

2. 设 $\boldsymbol{A}=\begin{pmatrix}-1&0&2\\1&2&-1\\1&3&0\end{pmatrix}$, 求 $\boldsymbol{A}$ 的对应于其特征值的特征子空间的基.

3. 设矩阵 $\boldsymbol{A}=\begin{pmatrix}x&0&2\\0&3&0\\2&0&2\end{pmatrix}$, 已知 $\boldsymbol{A}$ 的一个特征值 $\lambda_1=0$, 求 $\boldsymbol{A}$ 的其他特征值 $\lambda_2,\lambda_3$ 的值.

4. 已知三阶矩阵 $\boldsymbol{A}$ 的特征值为 $-1, 1, 2$, 矩阵 $\boldsymbol{B}=\boldsymbol{A}-3\boldsymbol{A}^2$. 试求 $\boldsymbol{B}$ 的特征值和 $|\boldsymbol{B}|$.

5. 试证: (1) 如果 $\boldsymbol{A}$ 为奇数阶正交矩阵, 且 $\det(\boldsymbol{A})=1$, 则 1 是 $\boldsymbol{A}$ 的一个特征值.

(2) 如果 $\boldsymbol{A}$ 为 $n$ 阶正交矩阵, 且 $\det(\boldsymbol{A})=-1$, 则 $-1$ 是 $\boldsymbol{A}$ 的一个特征值.

6. 求下列矩阵的特征值和特征向量.

(1) $\boldsymbol{A}=\begin{pmatrix} 2 & -4 \\ -3 & 3 \end{pmatrix}$; (2) $\boldsymbol{A}=\begin{pmatrix} 2 & 1 & 1 \\ 0 & 2 & 0 \\ 0 & -1 & 1 \end{pmatrix}$;

(3) $\boldsymbol{A}=\begin{pmatrix} 1 & -3 & 3 \\ 3 & -5 & 3 \\ 6 & -6 & 4 \end{pmatrix}$; (4) $\boldsymbol{A}=\begin{pmatrix} 0 & 0 & 1 \\ 0 & 1 & 0 \\ 1 & 0 & 0 \end{pmatrix}$.

# 5.3 相似矩阵

## 5.3.1 相似矩阵和相似变换的概念

**定义 1** 设 $\boldsymbol{A}, \boldsymbol{B}$ 都是 $n$ 阶矩阵, 若有 $n$ 阶可逆阵 $\boldsymbol{P}$, 使

$$\boldsymbol{P}^{-1}\boldsymbol{A}\boldsymbol{P}=\boldsymbol{B},$$

则称 $\boldsymbol{B}$ 是 $\boldsymbol{A}$ 的相似矩阵, 或说矩阵 $\boldsymbol{A}$ 与 $\boldsymbol{B}$ 相似, 记为 $\boldsymbol{A}\sim\boldsymbol{B}$. 对 $\boldsymbol{A}$ 进行运算 $\boldsymbol{P}^{-1}\boldsymbol{A}\boldsymbol{P}$ 称为对 $\boldsymbol{A}$ 进行相似变换, 可逆矩阵 $\boldsymbol{P}$ 称为把 $\boldsymbol{A}$ 变成 $\boldsymbol{B}$ 的相似变换矩阵.

例如

$$\boldsymbol{A}=\begin{pmatrix} 3 & 1 \\ 5 & -1 \end{pmatrix}, \quad \boldsymbol{B}=\begin{pmatrix} 4 & 0 \\ 0 & -2 \end{pmatrix}, \quad \boldsymbol{P}=\begin{pmatrix} 1 & 1 \\ 1 & -5 \end{pmatrix},$$

则

$$\boldsymbol{P}^{-1}=\begin{pmatrix} \frac{5}{6} & \frac{1}{6} \\ \frac{1}{6} & -\frac{1}{6} \end{pmatrix},$$

$$\boldsymbol{P}^{-1}\boldsymbol{A}\boldsymbol{P}=\begin{pmatrix} \frac{5}{6} & \frac{1}{6} \\ \frac{1}{6} & -\frac{1}{6} \end{pmatrix}\begin{pmatrix} 3 & 1 \\ 5 & -1 \end{pmatrix}\begin{pmatrix} 1 & 1 \\ 1 & -5 \end{pmatrix}=\begin{pmatrix} 4 & 0 \\ 0 & -2 \end{pmatrix}=\boldsymbol{B},$$

所以 $\boldsymbol{A}\sim\boldsymbol{B}$.

### 5.3.2 相似矩阵的性质

**定理 1**　若 $n$ 阶矩阵 $\boldsymbol{A}$ 与 $\boldsymbol{B}$ 相似, 则 $\boldsymbol{A}$ 与 $\boldsymbol{B}$ 的特征多项式相同, 从而 $\boldsymbol{A}$ 与 $\boldsymbol{B}$ 的特征值亦相同.

**证明**　因为 $\boldsymbol{A} \sim \boldsymbol{B}$, 即有可逆矩阵 $\boldsymbol{P}$, 使 $\boldsymbol{P}^{-1}\boldsymbol{A}\boldsymbol{P} = \boldsymbol{B}$. 故

$$
\begin{aligned}
|\boldsymbol{B} - \lambda\boldsymbol{E}| &= \left|\boldsymbol{P}^{-1}\boldsymbol{A}\boldsymbol{P} - \boldsymbol{P}^{-1}(\lambda\boldsymbol{E})\boldsymbol{P}\right| = \left|\boldsymbol{P}^{-1}(\boldsymbol{A} - \lambda\boldsymbol{E})\boldsymbol{P}\right| \\
&= |\boldsymbol{P}^{-1}|\,|\boldsymbol{A} - \lambda\boldsymbol{E}|\,|\boldsymbol{P}| = |\boldsymbol{A} - \lambda\boldsymbol{E}|.
\end{aligned}
$$

**推论 1**　若 $n$ 阶矩阵 $\boldsymbol{A}$ 与对角阵

$$
\boldsymbol{\varLambda} = \begin{pmatrix} \lambda_1 & & & \\ & \lambda_2 & & \\ & & \ddots & \\ & & & \lambda_n \end{pmatrix}
$$

相似, 则 $\lambda_1, \lambda_2, \cdots, \lambda_n$ 即是 $\boldsymbol{A}$ 的 $n$ 个特征值.

**证明**　因为 $\lambda_1, \lambda_2, \cdots, \lambda_n$ 是 $\boldsymbol{\varLambda}$ 的 $n$ 个特征值, 由定理 1 知 $\lambda_1, \lambda_2, \cdots, \lambda_n$ 也就是 $\boldsymbol{A}$ 的 $n$ 个特征值.

### 5.3.3 利用相似变换将方阵对角化

下面我们要讨论的主要问题是: 对 $n$ 阶矩阵 $\boldsymbol{A}$, 寻求相似变换矩阵 $\boldsymbol{P}$, 使 $\boldsymbol{P}^{-1}\boldsymbol{A}\boldsymbol{P} = \boldsymbol{\varLambda}$ 为对角阵, 这就称为把矩阵 $\boldsymbol{A}$ 对角化.

假设已经找到可逆阵 $\boldsymbol{P}$, 使 $\boldsymbol{P}^{-1}\boldsymbol{A}\boldsymbol{P} = \boldsymbol{\varLambda}$ 为对角阵, 我们来讨论 $\boldsymbol{P}$ 应满足什么关系.

把 $\boldsymbol{P}$ 用其列向量表示为

$$
\boldsymbol{P} = (\boldsymbol{p}_1, \boldsymbol{p}_2, \cdots, \boldsymbol{p}_n),
$$

由 $\boldsymbol{P}^{-1}\boldsymbol{A}\boldsymbol{P} = \boldsymbol{\varLambda}$, 得 $\boldsymbol{A}\boldsymbol{P} = \boldsymbol{P}\boldsymbol{\varLambda}$, 即

$$
\begin{aligned}
\boldsymbol{A}(\boldsymbol{p}_1, \boldsymbol{p}_2, \cdots, \boldsymbol{p}_n) &= (\boldsymbol{p}_1, \boldsymbol{p}_2, \cdots, \boldsymbol{p}_n) \begin{pmatrix} \lambda_1 & & & \\ & \lambda_2 & & \\ & & \ddots & \\ & & & \lambda_n \end{pmatrix} \\
&= (\lambda_1\boldsymbol{p}_1, \lambda_2\boldsymbol{p}_2, \cdots, \lambda_n\boldsymbol{p}_n),
\end{aligned}
$$

于是有

$$\boldsymbol{A}\boldsymbol{p}_i = \lambda_i \boldsymbol{p}_i \quad (i = 1, 2, \cdots, n).$$

可见 $\lambda_i$ 是 $\boldsymbol{A}$ 的特征值, 而 $\boldsymbol{P}$ 的列向量 $\boldsymbol{p}_i$ 就是 $\boldsymbol{A}$ 的对应于特征值 $\lambda_i$ 的特征向量. 反之, 由 5.2 节知 $\boldsymbol{A}$ 恰好有 $n$ 个特征值, 并可对应地求出 $n$ 个特征向量, 这 $n$ 个特征向量即可构成矩阵 $\boldsymbol{P}$, 使 $\boldsymbol{AP} = \boldsymbol{P\Lambda}$ (因特征向量不是唯一的, 所以矩阵 $\boldsymbol{P}$ 也不是唯一的, 并且 $\boldsymbol{P}$ 可能是复矩阵).

余下的问题是: $\boldsymbol{P}$ 是否可逆? 即 $\boldsymbol{p}_1, \boldsymbol{p}_2, \cdots, \boldsymbol{p}_n$ 是否线性无关? 如果 $\boldsymbol{P}$ 可逆, 那么便有 $\boldsymbol{P}^{-1}\boldsymbol{AP} = \boldsymbol{\Lambda}$, 即 $\boldsymbol{A}$ 与对角阵相似.

由上面的讨论即有下面的定理.

**定理 2** $n$ 阶矩阵 $\boldsymbol{A}$ 与对角阵相似 (即 $\boldsymbol{A}$ 能对角化) 的充分必要条件是 $\boldsymbol{A}$ 有 $n$ 个线性无关的特征向量.

联系 5.2 节定理 1, 可得下面的推论.

**推论 2** 如果 $n$ 阶矩阵 $\boldsymbol{A}$ 的 $n$ 个特征值互不相等, 则 $\boldsymbol{A}$ 与对角阵相似.

**注** 当 $\boldsymbol{A}$ 的特征值有重根时, 就不一定有 $n$ 个线性无关的特征向量, 从而不一定能对角化, 但如果能找到 $n$ 个线性无关的特征向量, $\boldsymbol{A}$ 定能对角化.

**例 1** 设 $\boldsymbol{A} = \begin{pmatrix} 0 & 0 & 1 \\ 1 & 1 & x \\ 1 & 0 & 0 \end{pmatrix}$, 问 $x$ 为何值时, 矩阵 $\boldsymbol{A}$ 能对角化?

**解** $|\boldsymbol{A} - \lambda\boldsymbol{E}| = \begin{vmatrix} -\lambda & 0 & 1 \\ 1 & 1-\lambda & x \\ 1 & 0 & -\lambda \end{vmatrix} = (1-\lambda)\begin{vmatrix} -\lambda & 1 \\ 1 & -\lambda \end{vmatrix} = -(\lambda-1)^2(\lambda+1)$, 得 $\lambda_1 = -1, \lambda_2 = \lambda_3 = 1$.

对应单根 $\lambda_1 = -1$, 可求得线性无关的特征向量恰有一个, 故矩阵 $\boldsymbol{A}$ 可对角化的充分必要条件是对应重根 $\lambda_2 = \lambda_3 = 1$, 有 2 个线性无关的特征向量, 即方程 $(\boldsymbol{A} - \boldsymbol{E})\boldsymbol{x} = \boldsymbol{0}$ 有 2 个线性无关的解, 亦即系数矩阵 $\boldsymbol{A} - \boldsymbol{E}$ 的秩 $r(\boldsymbol{A} - \boldsymbol{E}) = 1$.

由

$$\boldsymbol{A} - \boldsymbol{E} = \begin{pmatrix} -1 & 0 & 1 \\ 1 & 0 & x \\ 1 & 0 & -1 \end{pmatrix} \to \begin{pmatrix} 1 & 0 & -1 \\ 0 & 0 & x+1 \\ 0 & 0 & 0 \end{pmatrix},$$

要 $r(\boldsymbol{A} - \boldsymbol{E}) = 1$, 得 $x + 1 = 0$, 即 $x = -1$.

因此, 当 $x = -1$ 时, 矩阵 $\boldsymbol{A}$ 能对角化.

**例 2**　已知 $\boldsymbol{\alpha}=(1,1,-1)^{\mathrm{T}}$ 是矩阵 $\boldsymbol{A}=\begin{pmatrix}2&-1&2\\5&a&3\\-1&b&-2\end{pmatrix}$ 的一个特征向量. 试确定 $a,b$ 的值和 $\boldsymbol{\alpha}$ 所对应的特征值, 并判断 $\boldsymbol{A}$ 是否可对角化?

**解**　因为 $\boldsymbol{\alpha}=(1,1,-1)^{\mathrm{T}}$ 是矩阵 $\boldsymbol{A}=\begin{pmatrix}2&-1&2\\5&a&3\\-1&b&-2\end{pmatrix}$ 的一个特征向量, 所以

$$(\lambda\boldsymbol{E}-\boldsymbol{A})\boldsymbol{\alpha}=\boldsymbol{0},\quad \text{即}\begin{pmatrix}\lambda-2&1&-2\\-5&\lambda-a&-3\\1&-b&\lambda+2\end{pmatrix}\begin{pmatrix}1\\1\\-1\end{pmatrix}=\begin{pmatrix}0\\0\\0\end{pmatrix},$$

解此线性方程组可得 $\lambda=-1,a=-3,b=0$.

则矩阵 $\boldsymbol{A}$ 的特征多项式为

$$|\lambda\boldsymbol{E}-\boldsymbol{A}|=\begin{vmatrix}\lambda-2&1&-2\\-5&\lambda+3&-3\\1&0&\lambda+2\end{vmatrix}=(\lambda+1)^3.$$

由 $|\lambda\boldsymbol{E}-\boldsymbol{A}|=0$ 可得 $\boldsymbol{A}$ 的特征值 $\lambda_1=\lambda_2=\lambda_3=-1$.

对于 $\lambda_1=\lambda_2=\lambda_3=-1$, 解齐次线性方程组 $(\boldsymbol{A}+\boldsymbol{E})\boldsymbol{x}=\boldsymbol{0}$, 可得方程组的一个基础解系 $\boldsymbol{\alpha}_1=(-1,-1,1)^{\mathrm{T}}$.

因为对应于 $\lambda_1=\lambda_2=\lambda_3=-1$ 的线性无关的特征向量只有一个, 所以 $\boldsymbol{A}$ 不能对角化.

**例 3**　下列矩阵是否对角化? 若可对角化, 试求可逆矩阵 $\boldsymbol{P}$, 使 $\boldsymbol{P}^{-1}\boldsymbol{AP}$ 为对角阵.

$$\boldsymbol{A}=\begin{pmatrix}4&2&3\\2&1&2\\-1&-2&0\end{pmatrix}.$$

**解**　矩阵的特征多项式为

$$|\lambda\boldsymbol{E}-\boldsymbol{A}|=\begin{vmatrix}\lambda-4&-2&-3\\-2&\lambda-1&-2\\1&2&\lambda\end{vmatrix}=(\lambda-1)^2(\lambda-3).$$

由 $|\lambda\boldsymbol{E}-\boldsymbol{A}|=0$ 可得 $\boldsymbol{A}$ 的特征值 $\lambda_1=\lambda_2=1,\lambda_3=3$.

对于 $\lambda_1=\lambda_2=1$, 解齐次线性方程组 $(\boldsymbol{A}-\boldsymbol{E})\boldsymbol{x}=\boldsymbol{0}$, 可得方程组的一个基础解系 $\boldsymbol{\alpha}_1=(1,0,-1)^{\mathrm{T}}$, 因为对应于 $\lambda_1=\lambda_2=1$ 的特征向量只有一个, 所以 $\boldsymbol{A}$ 不可对角化.

### 5.3.4 利用对角矩阵计算矩阵的幂及矩阵多项式

在第 2 章中我们曾指出: 若 $\boldsymbol{A}=\boldsymbol{P}\boldsymbol{B}\boldsymbol{P}^{-1}$, 则 $\boldsymbol{A}^k=\boldsymbol{P}\boldsymbol{B}^k\boldsymbol{P}^{-1}$, $\boldsymbol{A}$ 的多项式 $\varphi(\boldsymbol{A})=\boldsymbol{P}\varphi(\boldsymbol{B})\boldsymbol{P}^{-1}$.

**定理 3** 设 $\varphi(\boldsymbol{A})=a_0\boldsymbol{E}+a_1\boldsymbol{A}+a_2\boldsymbol{A}^2+\cdots+a_n\boldsymbol{A}^n$, 若存在可逆矩阵 $\boldsymbol{P}$ 使 $\boldsymbol{P}^{-1}\boldsymbol{A}\boldsymbol{P}=\boldsymbol{B}$ 为对角矩阵, 则 $\boldsymbol{A}^k=\boldsymbol{P}\boldsymbol{B}^k\boldsymbol{P}^{-1},\varphi(\boldsymbol{A})=\boldsymbol{P}\varphi(\boldsymbol{B})\boldsymbol{P}^{-1}$.

**证明** 由于 $\boldsymbol{P}^{-1}\boldsymbol{A}\boldsymbol{P}=\boldsymbol{B}$, 故 $\boldsymbol{A}=\boldsymbol{P}\boldsymbol{B}\boldsymbol{P}^{-1}$, 于是

$$\begin{aligned}\boldsymbol{A}^k&=\underbrace{\boldsymbol{P}\boldsymbol{B}\boldsymbol{P}^{-1}\boldsymbol{P}\boldsymbol{B}\boldsymbol{P}^{-1}\cdots\boldsymbol{P}\boldsymbol{B}\boldsymbol{P}^{-1}}_{k\text{个}\boldsymbol{P}\boldsymbol{B}\boldsymbol{P}^{-1}}\\&=\boldsymbol{P}\boldsymbol{B}(\boldsymbol{P}^{-1}\boldsymbol{P})\boldsymbol{B}(\boldsymbol{P}^{-1}\boldsymbol{P})\cdots(\boldsymbol{P}^{-1}\boldsymbol{P})\boldsymbol{B}\boldsymbol{P}^{-1}\\&=\boldsymbol{P}\underbrace{\boldsymbol{B}\boldsymbol{B}\cdots\boldsymbol{B}}_{k\text{个}\boldsymbol{B}}\boldsymbol{P}^{-1}\\&=\boldsymbol{P}\boldsymbol{B}^k\boldsymbol{P}^{-1},\end{aligned}$$

$$\begin{aligned}\varphi(\boldsymbol{A})&=a_0\boldsymbol{E}+a_1\boldsymbol{A}+a_2\boldsymbol{A}^2+\cdots+a_n\boldsymbol{A}^n\\&=a_0\boldsymbol{P}\boldsymbol{E}\boldsymbol{P}^{-1}+a_1\boldsymbol{P}\boldsymbol{B}\boldsymbol{P}^{-1}+a_2\boldsymbol{P}\boldsymbol{B}^2\boldsymbol{P}^{-1}+\cdots+a_n\boldsymbol{P}\boldsymbol{B}^n\boldsymbol{P}^{-1}\\&=\boldsymbol{P}(a_0\boldsymbol{E}+a_1\boldsymbol{B}+a_2\boldsymbol{B}^2+\cdots+a_n\boldsymbol{B}^n)\boldsymbol{P}^{-1}\\&=\boldsymbol{P}\varphi(\boldsymbol{B})\boldsymbol{P}^{-1}.\end{aligned}$$

**推论 3** 设 $\varphi(\boldsymbol{A})=a_0\boldsymbol{E}+a_1\boldsymbol{A}+a_2\boldsymbol{A}^2+\cdots+a_n\boldsymbol{A}^n$, 若存在可逆矩阵 $\boldsymbol{P}$, 使 $\boldsymbol{P}^{-1}\boldsymbol{A}\boldsymbol{P}=\boldsymbol{\Lambda}$ 为对角矩阵, 则

$$\boldsymbol{A}^k=\boldsymbol{P}\boldsymbol{\Lambda}^k\boldsymbol{P}^{-1}=\boldsymbol{P}\begin{pmatrix}\lambda_1^k&&&\\&\lambda_2^k&&\\&&\ddots&\\&&&\lambda_n^k\end{pmatrix}\boldsymbol{P}^{-1},$$

$$\varphi(\boldsymbol{A})=\boldsymbol{P}\varphi(\boldsymbol{\Lambda})\boldsymbol{P}^{-1}=\boldsymbol{P}\begin{pmatrix}\varphi(\lambda_1)&&&\\&\varphi(\lambda_2)&&\\&&\ddots&\\&&&\varphi(\lambda_n)\end{pmatrix}\boldsymbol{P}^{-1}.$$

**证明**　由于

$$\boldsymbol{\Lambda}^k=\begin{pmatrix}\lambda_1^k & & & \\ & \lambda_2^k & & \\ & & \ddots & \\ & & & \lambda_n^k\end{pmatrix},\quad \varphi(\boldsymbol{\Lambda})=\begin{pmatrix}\varphi(\lambda_1) & & & \\ & \varphi(\lambda_2) & & \\ & & \ddots & \\ & & & \varphi(\lambda_n)\end{pmatrix},$$

由定理 3 的结论可得.

**注**　利用上述结论可以很方便地计算矩阵 $\boldsymbol{A}$ 的幂级多项式.

**定理 4**　设 $f(\lambda)$ 是矩阵 $\boldsymbol{A}$ 的特征多项式, 则 $f(\boldsymbol{A})=\boldsymbol{O}$.

**证明**　只证明 $\boldsymbol{A}$ 与对角矩阵相似的情形.

若 $\boldsymbol{A}$ 与对角矩阵相似, 则有可逆矩阵 $\boldsymbol{P}$, 使 $\boldsymbol{P}^{-1}\boldsymbol{A}\boldsymbol{P}=\boldsymbol{\Lambda}=\mathrm{diag}(\lambda_1,\cdots,\lambda_n)$, 其中 $\lambda_i$ 为 $\boldsymbol{A}$ 的特征值, $f(\lambda_i)=0$, 由 $\boldsymbol{A}=\boldsymbol{P}\boldsymbol{\Lambda}\boldsymbol{P}^{-1}$, 有

$$f(\boldsymbol{A})=\boldsymbol{P}f(\boldsymbol{\Lambda})\boldsymbol{P}^{-1}=\boldsymbol{P}\begin{pmatrix}f(\lambda_1) & & & \\ & f(\lambda_2) & & \\ & & \ddots & \\ & & & f(\lambda_n)\end{pmatrix}\boldsymbol{P}^{-1}=\boldsymbol{P}\boldsymbol{O}\boldsymbol{P}^{-1}=\boldsymbol{O}.$$

**例 4**　设 $\boldsymbol{A}=\begin{pmatrix}1 & 4 & 2\\ 0 & -3 & 4\\ 0 & 4 & 3\end{pmatrix}$, 求 $\boldsymbol{A}^{100}$.

**解**　因为

$$|\boldsymbol{A}-\lambda\boldsymbol{E}|=\begin{vmatrix}1-\lambda & 4 & 2\\ 0 & -3-\lambda & 4\\ 0 & 4 & 3-\lambda\end{vmatrix}=-(\lambda-1)(\lambda-5)(\lambda+5),$$

所以矩阵 $\boldsymbol{A}$ 的特征值为 $\lambda_1=1,\lambda_2=5,\lambda_3=-5$.

对特征值 $\lambda_1=1$, 解方程 $(\boldsymbol{A}-\boldsymbol{E})\boldsymbol{x}=\boldsymbol{0}$ 得特征向量 $\boldsymbol{p}_1=(1,0,0)^{\mathrm{T}}$;

对特征值 $\lambda_2=5$, 解方程 $(\boldsymbol{A}-5\boldsymbol{E})\boldsymbol{x}=\boldsymbol{0}$ 得特征向量 $\boldsymbol{p}_2=(2,1,2)^{\mathrm{T}}$;

对特征值 $\lambda_3=-5$, 解方程 $(\boldsymbol{A}+5\boldsymbol{E})\boldsymbol{x}=\boldsymbol{0}$ 得特征向量 $\boldsymbol{p}_3=(1,-2,1)^{\mathrm{T}}$.

取 $\boldsymbol{P}=(\boldsymbol{p}_1,\boldsymbol{p}_2,\boldsymbol{p}_3)=\begin{pmatrix}1 & 2 & 1\\ 0 & 1 & -2\\ 0 & 2 & 1\end{pmatrix}$, 则 $\boldsymbol{P}$ 为可逆矩阵且 $\boldsymbol{P}^{-1}\boldsymbol{A}\boldsymbol{P}=$

$\begin{pmatrix} 1 & 0 & 0 \\ 0 & 5 & 0 \\ 0 & 0 & -5 \end{pmatrix}$. 所以

$$\boldsymbol{A} = \boldsymbol{P} \begin{pmatrix} 1 & 0 & 0 \\ 0 & 5 & 0 \\ 0 & 0 & -5 \end{pmatrix} \boldsymbol{P}^{-1}.$$

所以

$$\begin{aligned} \boldsymbol{A}^{100} &= \boldsymbol{P} \begin{pmatrix} 1 & 0 & 0 \\ 0 & 5 & 0 \\ 0 & 0 & -5 \end{pmatrix}^{100} \boldsymbol{P}^{-1} \\ &= \begin{pmatrix} 1 & 2 & 1 \\ 0 & 1 & -2 \\ 0 & 2 & 1 \end{pmatrix} \begin{pmatrix} 1 & 0 & 0 \\ 0 & 5^{100} & 0 \\ 0 & 0 & 5^{100} \end{pmatrix} \begin{pmatrix} 1 & 2 & 1 \\ 0 & 1 & -2 \\ 0 & 2 & 1 \end{pmatrix}^{-1} \\ &= \frac{1}{5} \begin{pmatrix} 1 & 2 & 1 \\ 0 & 1 & -2 \\ 0 & 2 & 1 \end{pmatrix} \begin{pmatrix} 1 & 0 & 0 \\ 0 & 5^{100} & 0 \\ 0 & 0 & 5^{100} \end{pmatrix} \begin{pmatrix} 5 & 0 & -5 \\ 0 & 1 & 2 \\ 0 & -2 & 1 \end{pmatrix} \\ &= \begin{pmatrix} 1 & 0 & 5^{100}-1 \\ 0 & 5^{100} & 0 \\ 0 & 0 & 5^{100} \end{pmatrix}. \end{aligned}$$

**例 5** 某试验性生产线每年一月份进行熟练工与非熟练工的人数统计, 然后将 $\frac{1}{6}$ 熟练工支援其他生产部门, 其缺额由招收新的非熟练工补齐. 新、老非熟练工经过培训及实践至年终考核有 $\frac{2}{5}$ 成为熟练工. 设第 $n$ 年一月份统计的熟练工和非熟练工所占百分比分别为 $x_n$ 和 $y_n$, 记为向量 $\begin{pmatrix} x_n \\ y_n \end{pmatrix}$.

(1) 求 $\begin{pmatrix} x_{n+1} \\ y_{n+1} \end{pmatrix}$ 与 $\begin{pmatrix} x_n \\ y_n \end{pmatrix}$ 的关系式并写出矩阵形式: $\begin{pmatrix} x_{n+1} \\ y_{n+1} \end{pmatrix} = \boldsymbol{A} \begin{pmatrix} x_n \\ y_n \end{pmatrix}$;

(2) 验证 $\boldsymbol{\eta}_1 = \begin{pmatrix} 4 \\ 1 \end{pmatrix}, \boldsymbol{\eta}_2 = \begin{pmatrix} -1 \\ 1 \end{pmatrix}$ 是 $\boldsymbol{A}$ 的两个线性无关的特征向量, 并求出相应的特征值;

(3) 当 $\begin{pmatrix} x_1 \\ y_1 \end{pmatrix} = \begin{pmatrix} \dfrac{1}{2} \\ \dfrac{1}{2} \end{pmatrix}$ 时, 求 $\begin{pmatrix} x_{n+1} \\ y_{n+1} \end{pmatrix}$.

**解** (1) $\begin{cases} x_{n+1} = \dfrac{5}{6}x_n + \dfrac{2}{5}\left(\dfrac{1}{6}x_n + y_n\right), \\ y_{n+1} = \dfrac{3}{5}\left(\dfrac{1}{6}x_n + y_n\right). \end{cases}$ 化简得 $\begin{cases} x_{n+1} = \dfrac{9}{10}x_n + \dfrac{2}{5}y_n, \\ y_{n+1} = \dfrac{1}{10}x_n + \dfrac{3}{5}y_n. \end{cases}$ 即

$\begin{pmatrix} x_{n+1} \\ y_{n+1} \end{pmatrix} = \begin{pmatrix} \dfrac{9}{10} & \dfrac{2}{5} \\ \dfrac{1}{10} & \dfrac{3}{5} \end{pmatrix} \begin{pmatrix} x_n \\ y_n \end{pmatrix}$, 于是 $\boldsymbol{A} = \begin{pmatrix} \dfrac{9}{10} & \dfrac{2}{5} \\ \dfrac{1}{10} & \dfrac{3}{5} \end{pmatrix}$.

(2) 令 $\boldsymbol{P} = (\boldsymbol{\eta}_1, \boldsymbol{\eta}_2) = \begin{pmatrix} 4 & -1 \\ 1 & 1 \end{pmatrix}$, 则由 $|\boldsymbol{P}| = 5 \neq 0$ 知 $\boldsymbol{\eta}_1, \boldsymbol{\eta}_2$ 线性无关.

因 $\boldsymbol{A}\boldsymbol{\eta}_1 = \begin{pmatrix} 4 \\ 1 \end{pmatrix} = \boldsymbol{\eta}_1$, 故 $\boldsymbol{\eta}_1$ 为 $\boldsymbol{A}$ 的特征向量, 且相应的特征值为 $\lambda_1 = 1$.

因 $A\boldsymbol{\eta}_2 = \begin{pmatrix} -\dfrac{1}{2} \\ \dfrac{1}{2} \end{pmatrix} = \dfrac{1}{2}\boldsymbol{\eta}_2$, 故 $\boldsymbol{\eta}_2$ 为 $\boldsymbol{A}$ 的特征向量, 且相应的特征值为 $\lambda_2 = \dfrac{1}{2}$.

(3) $\begin{pmatrix} x_{n+1} \\ y_{n+1} \end{pmatrix} = \boldsymbol{A}\begin{pmatrix} x_n \\ y_n \end{pmatrix} = \boldsymbol{A}^2\begin{pmatrix} x_{n-1} \\ y_{n-1} \end{pmatrix} = \cdots = \boldsymbol{A}^n\begin{pmatrix} x_1 \\ y_1 \end{pmatrix} = \boldsymbol{A}^n \cdot \begin{pmatrix} \dfrac{1}{2} \\ \dfrac{1}{2} \end{pmatrix}$. 由 $\boldsymbol{P}^{-1}\boldsymbol{A}\boldsymbol{P} = \begin{pmatrix} \lambda_1 & 0 \\ 0 & \lambda_2 \end{pmatrix}$, 有 $\boldsymbol{A} = \boldsymbol{P}\begin{pmatrix} \lambda_1 & 0 \\ 0 & \lambda_2 \end{pmatrix}\boldsymbol{P}^{-1}$. 于是 $\boldsymbol{A}^n = \boldsymbol{P}\begin{pmatrix} \lambda_1 & 0 \\ 0 & \lambda_2 \end{pmatrix}^n\boldsymbol{P}^{-1}$. 又 $\boldsymbol{P}^{-1} = \dfrac{1}{5}\begin{pmatrix} 1 & 1 \\ -1 & 4 \end{pmatrix}$, 故

$$\boldsymbol{A}^n = \frac{1}{5}\begin{pmatrix} 4 & -1 \\ 1 & 1 \end{pmatrix}\begin{pmatrix} 1 & 0 \\ 0 & \left(\dfrac{1}{2}\right)^n \end{pmatrix}\begin{pmatrix} 1 & 1 \\ -1 & 4 \end{pmatrix}$$

$$= \frac{1}{5}\begin{pmatrix} 4+\left(\frac{1}{2}\right)^n & 4-4\left(\frac{1}{2}\right)^n \\ 1-\left(\frac{1}{2}\right)^n & 1+4\left(\frac{1}{2}\right)^n \end{pmatrix}.$$

因此

$$\begin{pmatrix} x_{n+1} \\ y_{n+1} \end{pmatrix} = \boldsymbol{A}^n \begin{pmatrix} \frac{1}{2} \\ \frac{1}{2} \end{pmatrix} = \frac{1}{10}\begin{pmatrix} 8-3\left(\frac{1}{2}\right)^n \\ 2+3\left(\frac{1}{2}\right)^n \end{pmatrix}.$$

## 习 题 5.3

1. 判断下述结论是否正确, 并简述理由.

(1) 如果 $\boldsymbol{A} \sim \boldsymbol{B}$, 则存在对角矩阵 $\boldsymbol{\Lambda}$, 使 $\boldsymbol{A}, \boldsymbol{B}$ 都相似于 $\boldsymbol{\Lambda}$;

(2) 如果 $\boldsymbol{A} \sim \boldsymbol{B}$, 则 $\boldsymbol{A}, \boldsymbol{B}$ 有相同的特征值和特征向量;

(3) 如果 $\boldsymbol{A} \sim \boldsymbol{B}$, 则对任意的常数 $\lambda$, 有 $\lambda \boldsymbol{E} - \boldsymbol{A} = \lambda \boldsymbol{E} - \boldsymbol{B}$;

(4) 如果 $\boldsymbol{A} \sim \boldsymbol{B}$, 则对任意的常数 $\lambda$, 有 $\lambda \boldsymbol{E} - \boldsymbol{A} \sim \lambda \boldsymbol{E} - \boldsymbol{B}$.

2. 设矩阵 $\boldsymbol{A} \sim \boldsymbol{B}$, 其中

$$\boldsymbol{A} = \begin{pmatrix} 1 & -1 & 1 \\ 2 & 4 & -2 \\ -3 & -3 & a \end{pmatrix}, \quad \boldsymbol{B} = \begin{pmatrix} 2 & & \\ & 2 & \\ & & b \end{pmatrix}.$$

(1) 求 $a, b$ 的值;

(2) 求可逆矩阵 $\boldsymbol{P}$, 使 $\boldsymbol{P}^{-1}\boldsymbol{A}\boldsymbol{P} = \boldsymbol{B}$.

3. $\boldsymbol{A}$ 为三阶矩阵, $\boldsymbol{A}$ 的特征值为 1, 3, 5. 试求行列式 $|\boldsymbol{A}^* - 2\boldsymbol{E}|$ 的值, 其中 $\boldsymbol{A}^*$ 是 $\boldsymbol{A}$ 的伴随矩阵.

4. 设 $n$ 阶矩阵

$$\boldsymbol{A} = \begin{pmatrix} a & a & a & \cdots & a \\ a & a & a & \cdots & a \\ a & a & a & \cdots & a \\ \vdots & \vdots & \vdots & & \vdots \\ a & a & a & \cdots & a \end{pmatrix}.$$

(1) 求 $\boldsymbol{A}$ 的特征值和特征向量;

(2) $\boldsymbol{A}$ 是否可以对角化? 若可以, 试求出可逆矩阵 $\boldsymbol{P}$, 使 $\boldsymbol{P}^{-1}\boldsymbol{A}\boldsymbol{P}$ 为对角矩阵.

5. 设矩阵 $\boldsymbol{A} = \begin{pmatrix} 0 & 1 & 0 & 0 \\ 1 & 0 & 0 & 0 \\ 0 & 0 & y & 1 \\ 0 & 0 & 1 & 2 \end{pmatrix}$, 已知 $\boldsymbol{A}$ 的一个特征值为 3.

(1) 求 $y$ 的值; (2) 求矩阵 $\boldsymbol{P}$, 使 $(\boldsymbol{AP})^{\mathrm{T}}(\boldsymbol{AP})$ 为对角矩阵.

6. 设 $\boldsymbol{A}=\begin{pmatrix} 3 & -2 \\ -2 & 3 \end{pmatrix}$, 求 $\varphi(\boldsymbol{A})=\boldsymbol{A}^{10}-5\boldsymbol{A}^{9}$ .

## 5.4　对称矩阵的对角化

### 5.4.1　对称矩阵的性质

一个 $n$ 阶矩阵具备什么条件才能对角化？这是一个较复杂的问题. 因此我们仅讨论 $\boldsymbol{A}$ 为对称阵的情形.

**定理 1**　对称阵的特征值为实数.

**证明**　设复数 $\lambda$ 为是实对称矩阵 $\boldsymbol{A}$ 的特征值, 复向量 $\boldsymbol{x}$ 为对应的特征向量, 即

$$\boldsymbol{Ax}=\lambda\boldsymbol{x},\quad \boldsymbol{x}\neq\boldsymbol{0}.$$

用 $\overline{\lambda}$ 表示 $\lambda$ 的共轭复数, $\overline{\boldsymbol{x}}$ 表示 $\boldsymbol{x}$ 的共轭向量, 由于 $\boldsymbol{A}$ 为实对称矩阵, 故 $\overline{\boldsymbol{A}}=\boldsymbol{A},\boldsymbol{A}^{\mathrm{T}}=\boldsymbol{A}$, 于是有 $\boldsymbol{A}\,\overline{\boldsymbol{x}}=\overline{\boldsymbol{A}}\,\overline{\boldsymbol{x}}=\overline{(\boldsymbol{Ax})}=\overline{(\lambda\boldsymbol{x})}=\overline{\lambda}\,\overline{\boldsymbol{x}}$, 从而

$$\overline{\boldsymbol{x}}^{\mathrm{T}}\boldsymbol{Ax}=\overline{\boldsymbol{x}}^{\mathrm{T}}(\boldsymbol{Ax})=\overline{\boldsymbol{x}}^{\mathrm{T}}(\lambda\boldsymbol{x})=\lambda\overline{\boldsymbol{x}}^{\mathrm{T}}\boldsymbol{x},\tag{5.2}$$

$$\overline{\boldsymbol{x}}^{\mathrm{T}}\boldsymbol{Ax}=(\overline{\boldsymbol{x}}^{\mathrm{T}}\boldsymbol{A}^{\mathrm{T}})\boldsymbol{x}=(\boldsymbol{A}\overline{\boldsymbol{x}})^{\mathrm{T}}\boldsymbol{x}=(\overline{\lambda}\overline{\boldsymbol{x}})^{\mathrm{T}}\boldsymbol{x}=\overline{\lambda}\overline{\boldsymbol{x}}^{\mathrm{T}}\boldsymbol{x}.\tag{5.3}$$

(5.2)–(5.3) 式得 $\left(\lambda-\overline{\lambda}\right)\overline{\boldsymbol{x}}^{\mathrm{T}}\boldsymbol{x}=\boldsymbol{0}$.

由于 $\boldsymbol{x}\neq\boldsymbol{0}$, 故 $\overline{\boldsymbol{x}}^{\mathrm{T}}\boldsymbol{x}=\sum\limits_{i=1}^{n}\overline{\boldsymbol{x}}_i\boldsymbol{x}_i=\sum\limits_{i=1}^{n}\boldsymbol{x}_i^2\neq 0$, 故 $\lambda-\overline{\lambda}=0$, 即 $\lambda=\overline{\lambda}$, 说明 $\lambda$ 是实数.

**注**　定理 1 的意义是: 由于对称矩阵 $\boldsymbol{A}$ 的特征值 $\lambda_i$ 为实数, 所以齐次线性方程组 $(\boldsymbol{A}-\lambda_i\boldsymbol{E})\boldsymbol{x}=\boldsymbol{0}$ 是实系数方程组, 由 $|\boldsymbol{A}-\lambda_i\boldsymbol{E}|=0$ 知必有实的基础解系, 从而对应的特征向量可以取实向量.

**定理 2**　设 $\lambda_1,\lambda_2$ 是对称阵 $\boldsymbol{A}$ 的两个特征值, $\boldsymbol{p}_1,\boldsymbol{p}_2$ 是对应的特征向量. 若 $\lambda_1\neq\lambda_2$, 则 $\boldsymbol{p}_1$ 与 $\boldsymbol{p}_2$ 正交.

**证明**　$\lambda_1\boldsymbol{p}_1=\boldsymbol{Ap}_1,\lambda_2\boldsymbol{p}_2=\boldsymbol{Ap}_2,\lambda_1\neq\lambda_2$.

因 $\boldsymbol{A}$ 对称, 故 $\lambda_1\boldsymbol{p}_1^{\mathrm{T}}=(\lambda_1\boldsymbol{p}_1)^{\mathrm{T}}=(\boldsymbol{Ap}_1)^{\mathrm{T}}=\boldsymbol{p}_1^{\mathrm{T}}\boldsymbol{A}^{\mathrm{T}}=\boldsymbol{p}_1^{\mathrm{T}}\boldsymbol{A}$, 于是

$$\lambda_1\boldsymbol{p}_1^{\mathrm{T}}\boldsymbol{p}_2=\boldsymbol{p}_1^{\mathrm{T}}\boldsymbol{Ap}_2=\boldsymbol{p}_1^{\mathrm{T}}(\lambda_2\boldsymbol{p}_2)=\lambda_2\boldsymbol{p}_1^{\mathrm{T}}\boldsymbol{p}_2,$$

即

$$(\lambda_1-\lambda_2)\boldsymbol{p}_1^{\mathrm{T}}\boldsymbol{p}_2=0.$$

但 $\lambda_1 \neq \lambda_2$, 故 $\boldsymbol{p}_1^{\mathrm{T}}\boldsymbol{p}_2 = 0$, 即 $\boldsymbol{p}_1$ 与 $\boldsymbol{p}_2$ 正交.

**定理 3** 设 $\boldsymbol{A}$ 为 $n$ 阶对称阵, 则必有正交阵 $\boldsymbol{P}$, 使 $\boldsymbol{P}^{-1}\boldsymbol{A}\boldsymbol{P} = \boldsymbol{P}^{\mathrm{T}}\boldsymbol{A}\boldsymbol{P} = \boldsymbol{\Lambda}$, 其中 $\boldsymbol{\Lambda}$ 是以 $\boldsymbol{A}$ 的 $n$ 个特征值为对角元的对角阵.

此定理不予证明.

**推论 1** 设 $\boldsymbol{A}$ 为 $n$ 阶对称阵, $\lambda$ 是 $\boldsymbol{A}$ 的特征方程的 $k$ 重根, 则矩阵 $\boldsymbol{A} - \lambda\boldsymbol{E}$ 的秩 $R(\boldsymbol{A} - \lambda\boldsymbol{E}) = n - k$, 从而对应特征值 $\lambda$ 恰有 $k$ 个线性无关的特征向量.

**证明** 按定理 3 知对称阵 $\boldsymbol{A}$ 与对角阵 $\boldsymbol{\Lambda} = \mathrm{diag}(\lambda_1, \cdots, \lambda_n)$ 相似, 从而 $\boldsymbol{A} - \lambda\boldsymbol{E}$ 与 $\boldsymbol{\Lambda} - \lambda\boldsymbol{E} = \mathrm{diag}(\lambda_1 - \lambda, \cdots, \lambda_n - \lambda)$ 相似.

当 $\lambda$ 是 $\boldsymbol{A}$ 的 $k$ 重特征根时, $\lambda_1, \lambda_2, \cdots, \lambda_n$ 这 $n$ 个特征值中有 $k$ 个等于 $\lambda$, 有 $n - k$ 个不等于 $\lambda$, 从而对角阵 $\boldsymbol{\Lambda} - \lambda\boldsymbol{E}$ 的对角元恰有 $k$ 个等于 0, 于是 $R(\boldsymbol{\Lambda} - \lambda\boldsymbol{E}) = n - k$. 而 $R(\boldsymbol{A} - \lambda\boldsymbol{E}) = R(\boldsymbol{\Lambda} - \lambda\boldsymbol{E})$, 所以 $R(\boldsymbol{A} - \lambda\boldsymbol{E}) = n - k$.

### 5.4.2 利用正交矩阵将对称矩阵对角化的方法

依据定理 3 及其推论, 我们有下述把对角阵 $\boldsymbol{A}$ 对角化的步骤:

(i) 由 $|\boldsymbol{A} - \lambda\boldsymbol{E}| = 0$ 求出 $\boldsymbol{A}$ 的全部互不相等的特征值 $\lambda_1, \cdots, \lambda_s$, 它们的重数依次为

$$k_1, \cdots, k_s \quad (k_1 + \cdots + k_s = n).$$

(ii) 对每个 $k_i$ 重特征值 $\lambda_i$, 求方程 $(\boldsymbol{A} - \lambda_i\boldsymbol{E})\boldsymbol{x} = \boldsymbol{0}$ 的基础解系, 得 $k_i$ 个线性无关的特征向量. 再把它们正交化、单位化, 得 $k_i$ 个两两正交的单位特征向量. 因 $k_1 + \cdots + k_s = n$, 故总共可得 $n$ 个两两正交的单位特征向量.

(iii) 把这 $n$ 个两两正交的单位特征向量构成正交矩阵 $\boldsymbol{P}$, 便有 $\boldsymbol{P}^{-1}\boldsymbol{A}\boldsymbol{P} = \boldsymbol{P}^{\mathrm{T}}\boldsymbol{A}\boldsymbol{P} = \boldsymbol{\Lambda}$. 注意 $\boldsymbol{\Lambda}$ 中对角元的排列次序应与 $\boldsymbol{P}$ 中列向量的排列次序相对应.

**例 1** 设 $\boldsymbol{A} = \begin{pmatrix} 1 & 1 & 1 \\ 1 & 1 & 1 \\ 1 & 1 & 1 \end{pmatrix}$, 求可逆矩阵 $\boldsymbol{P}$, 使 $\boldsymbol{P}^{-1}\boldsymbol{A}\boldsymbol{P} = \boldsymbol{\Lambda}$ 为对角阵.

**解** 矩阵 $\boldsymbol{A}$ 的特征多项式为

$$|\boldsymbol{A} - \lambda\boldsymbol{E}| = \begin{vmatrix} 1-\lambda & 1 & 1 \\ 1 & 1-\lambda & 1 \\ 1 & 1 & 1-\lambda \end{vmatrix} = \lambda^2(3 - \lambda).$$

由 $|\boldsymbol{A} - \lambda\boldsymbol{E}| = 0$ 可得 $\boldsymbol{A}$ 的特征值 $\lambda_1 = \lambda_2 = 0, \lambda_3 = 3$.

对于 $\lambda_1 = \lambda_2 = 0$, 解齐次线性方程组 $(\boldsymbol{A} - 0\boldsymbol{E})\boldsymbol{X} = \boldsymbol{0}$, 可得方程组的一个基础解系: $\boldsymbol{\alpha}_1 = (-1, 1, 0)^{\mathrm{T}}, \boldsymbol{\alpha}_2 = (-1, 0, 1)^{\mathrm{T}}$.

对于 $\lambda_3=3$, 解齐次线性方程组 $(\boldsymbol{A}-3\boldsymbol{E})\boldsymbol{X}=\boldsymbol{0}$, 可得方程组的一个基础解系: $\boldsymbol{\alpha}_3=(1,1,1)^{\mathrm{T}}$.

将向量组 $\boldsymbol{\alpha}_1,\boldsymbol{\alpha}_2$ 正交化: 取 $\boldsymbol{\xi}_1=\boldsymbol{\alpha}_1$,

$$\boldsymbol{\xi}_2=\boldsymbol{\alpha}_2-\frac{[\boldsymbol{\xi}_1,\boldsymbol{\alpha}_2]}{\|\boldsymbol{\xi}_1\|^2}\boldsymbol{\xi}_1=\begin{pmatrix}-1\\0\\1\end{pmatrix}-\frac{1}{2}\begin{pmatrix}-1\\1\\0\end{pmatrix}=-\frac{1}{2}\begin{pmatrix}1\\1\\-2\end{pmatrix}.$$

再将 $\boldsymbol{\xi}_1,\boldsymbol{\xi}_2$ 单位化, 得

$$\boldsymbol{\gamma}_1=\left(\frac{1}{\sqrt{2}},-\frac{1}{\sqrt{2}},0\right)^{\mathrm{T}},\quad \boldsymbol{\gamma}_2=\left(-\frac{1}{\sqrt{6}},-\frac{1}{\sqrt{6}},\frac{2}{\sqrt{6}}\right)^{\mathrm{T}},$$

将向量 $\boldsymbol{\alpha}_3$ 单位化得 $\boldsymbol{\gamma}_3=\left(\frac{1}{\sqrt{3}},\frac{1}{\sqrt{3}},\frac{1}{\sqrt{3}}\right)^{\mathrm{T}}$. 令

$$\boldsymbol{P}=(\boldsymbol{\gamma}_1,\boldsymbol{\gamma}_2,\boldsymbol{\gamma}_3)=\begin{pmatrix}\frac{1}{\sqrt{2}} & -\frac{1}{\sqrt{6}} & \frac{1}{\sqrt{3}}\\ -\frac{1}{\sqrt{2}} & -\frac{1}{\sqrt{6}} & \frac{1}{\sqrt{3}}\\ 0 & \frac{2}{\sqrt{6}} & \frac{1}{\sqrt{3}}\end{pmatrix},$$

则 $\boldsymbol{P}^{-1}\boldsymbol{A}\boldsymbol{P}=\begin{pmatrix}0&0&0\\0&0&0\\0&0&3\end{pmatrix}$.

**例 2** 设 $n$ 阶矩阵

$$\boldsymbol{A}=\begin{pmatrix}1&b&\cdots&b\\b&1&\cdots&b\\\vdots&\vdots&&\vdots\\b&b&\cdots&1\end{pmatrix}.$$

(1) 求 $\boldsymbol{A}$ 的特征值与特征向量; (2) 求可逆矩阵 $\boldsymbol{P}$, 使 $\boldsymbol{P}^{-1}\boldsymbol{A}\boldsymbol{P}$ 为对角矩阵.

**解** $|\boldsymbol{A}-\lambda\boldsymbol{E}|=\{[(n-1)b+1]-\lambda\}[(1-b)-\lambda]^{n-1}$, 则 $\boldsymbol{A}$ 的特征值

$$\lambda_1=(n-1)b+1,\quad \lambda_{2,\cdots,n}=1-b.$$

(1) 当 $b=0$ 时, $\boldsymbol{A}=\boldsymbol{E}$. $\boldsymbol{A}$ 的特征值 $\lambda_{1,2,\cdots,n}=1$, 任意非零向量都是 $\boldsymbol{A}$ 的特征向量; 对任意可逆矩阵 $\boldsymbol{P}$, 都有 $\boldsymbol{P}^{-1}\boldsymbol{A}\boldsymbol{P}=\boldsymbol{E}$.

(2) 当 $b\neq 0$ 时, $\boldsymbol{A}$ 的属于 $\lambda_1=(n-1)b+1$ 的线性无关的特征向量 $\boldsymbol{p}_1=(1,1,1,\cdots,1)^{\mathrm{T}}$, 而全部特征向量 $\boldsymbol{x}=k\boldsymbol{p}_1, k$ 为不为零的常数; $\boldsymbol{A}$ 的属于 $\lambda_{2,\cdots,n}=1-b$ 的线性无关的特征向量

$$\boldsymbol{p}_2=(-1,1,0,\cdots,0)^{\mathrm{T}}, \boldsymbol{p}_3=(-1,0,1,\cdots,0)^{\mathrm{T}}, \cdots, \boldsymbol{p}_n=(-1,0,0,\cdots,1)^{\mathrm{T}}.$$

而全部特征向量 $\boldsymbol{x}=k_2\boldsymbol{p}_2+k_3\boldsymbol{p}_3+\cdots+k_n\boldsymbol{p}_n$, 其中 $k_2,k_3,\cdots,k_n$ 为不全为零的任意常数. 令

$$\boldsymbol{P}=(\boldsymbol{p}_1,\boldsymbol{p}_2,\boldsymbol{p}_3,\cdots,\boldsymbol{p}_n)\Rightarrow \boldsymbol{P}^{-1}\boldsymbol{A}\boldsymbol{P}=\boldsymbol{\Lambda}=\operatorname{diag}((n-1)b+1,1-b,1-b,\cdots,1-b).$$

**例 3** 设矩阵 $\boldsymbol{A}=\begin{pmatrix}1&2&-3\\-1&4&-3\\1&a&5\end{pmatrix}$ 的特征方程有一个二重根, 求 $a$ 的值, 并讨论 $\boldsymbol{A}$ 是否可相似对角化.

**解** $|\boldsymbol{A}-\lambda\boldsymbol{E}|=(2-\lambda)\left[\lambda^2-8\lambda+(3a+18)\right]$.

(1) 若 $\lambda=2$ 为 $\boldsymbol{A}$ 的二重特征值, 则 $\left[\lambda^2-8\lambda+(3a+18)\right]\big|_{\lambda=2}=0\Rightarrow a=-2$, 此时 $\boldsymbol{A}$ 的特征值为 $\lambda_{1,2}=2,\lambda_3=6$. 又 $R(A-2E)=1\Rightarrow \boldsymbol{A}$ 的属于 $\lambda_{1,2}=2$ 的线性无关的特征向量有两个, 则 $\boldsymbol{A}$ 能对角化.

(2) 若 $\lambda=2$ 不是 $\boldsymbol{A}$ 的二重特征值, 则 $\Delta=(-8)^2-4(3a+18)=0\Rightarrow a=-\dfrac{2}{3}$, 此时 $A$ 的特征值为 $\lambda_1=2,\lambda_{2,3}=4$. 又 $R(\boldsymbol{A}-4\boldsymbol{E})=2\Rightarrow \boldsymbol{A}$ 的属于 $\lambda_{2,3}=4$ 的线性无关的特征向量只有一个, 则 $\boldsymbol{A}$ 不能对角化.

## 习　题　5.4

1. 下列实对称矩阵 $\boldsymbol{A}$, 求正交矩阵 $\boldsymbol{Q}$, 使 $\boldsymbol{Q}^{-1}\boldsymbol{A}\boldsymbol{Q}$ 为对角矩阵.

(1) $\boldsymbol{A}=\begin{pmatrix}0&0&1\\0&0&0\\1&0&0\end{pmatrix}$; (2) $\boldsymbol{A}=\begin{pmatrix}1&-2&0\\-2&2&-2\\0&-2&3\end{pmatrix}$.

2. 设三阶实对称矩阵 $\boldsymbol{A}$ 的特征值为 1, 2, 3, 对应的特征向量分别为 $\boldsymbol{\alpha}_1=(1,1,1)^{\mathrm{T}}, \boldsymbol{\alpha}_2=(1,0,1)^{\mathrm{T}}, \boldsymbol{\alpha}_3=(0,1,1)^{\mathrm{T}}$, 求矩阵 $\boldsymbol{A}$ 和 $\boldsymbol{A}^3$.

# 5.5 二次型及其标准形

## 5.5.1 二次型及有关概念

在解析几何里, 为了便于研究二次曲线

$$ax^2 + bxy + cy^2 = 1 \tag{5.4}$$

的几何性质, 可以选择适当的坐标旋转变换

$$\begin{cases} x = x'\cos\theta - y'\sin\theta, \\ y = x'\sin\theta + y'\cos\theta. \end{cases}$$

把方程化为标准形

$$mx'^2 + ny'^2 = 1.$$

式 (5.4) 的左边是一个二次齐次多项式, 从代数学的观点看, 化标准形的过程就是通过变量的线性变换化简一个二次齐次多项式, 使它只含有平方项. 这样一个问题, 在许多理论问题或实际问题中常会遇到. 现在我们把这类问题一般化, 讨论 $n$ 个变量的二次齐次多项式的化简问题.

**定义 1** 含有 $n$ 个变量 $x_1, x_2, \cdots, x_n$ 的二次齐次函数

$$\begin{aligned} f(x_1, x_2, \cdots, x_n) =& a_{11}x_1^2 + a_{22}x_2^2 + \cdots + a_{nn}x_n^2 + 2a_{12}x_1x_2 \\ &+ 2a_{13}x_1x_3 + \cdots + 2a_{n-1,n}x_{n-1}x_n \end{aligned} \tag{5.5}$$

称为二次型.

取 $a_{ij} = a_{ji}$, 则 $2a_{ij}x_ix_j = a_{ij}x_ix_j + a_{ji}x_jx_i$, 于是 (5.5) 式可写成

$$\begin{aligned} f =& a_{11}x_1^2 + a_{12}x_1x_2 + \cdots + a_{1n}x_1x_n \\ &+ a_{21}x_2x_1 + a_{22}x_2^2 + \cdots + a_{2n}x_2x_n + \cdots + a_{n1}x_nx_1 + a_{n2}x_nx_2 + \cdots + a_{nn}x_n^2 \\ =& \sum_{i,j=1}^{n} a_{ij}x_ix_j. \end{aligned} \tag{5.6}$$

对于二次型, 我们讨论的主要问题是：寻求可逆的线性变换

$$\begin{cases} x_1 = c_{11}y_1 + c_{12}y_2 + \cdots + c_{1n}y_n, \\ x_2 = c_{21}y_1 + c_{22}y_2 + \cdots + c_{2n}y_n, \\ \cdots\cdots \\ x_n = c_{n1}y_1 + c_{n2}y_2 + \cdots + c_{nn}y_n \end{cases} \tag{5.7}$$

使二次型只含平方项, 也就是用式 (5.7) 代入式 (5.5), 能使

$$f = k_1 y_1^2 + k_2 y_2^2 + \cdots + k_n y_n^2.$$

这种只含平方项的二次型, 称为二次型的标准形 (或法式).

如果标准形的系数 $k_1, k_2, \cdots, k_n$ 只在 1, $-1$, 0 三个数中取值, 也就是用式 (5.7) 代入式 (5.5), 能使

$$f = y_1^2 + \cdots + y_p^2 - y_{p+1}^2 - \cdots - y_r^2.$$

则称上式为二次型的规范形.

当 $a_{ij}$ 为复数时, $f$ 称为复二次型; 当 $a_{ij}$ 为实数时, $f$ 称为实二次型. 这里, 我们仅讨论实二次型, 所求的线性变换式 (5.7) 也限于实系数范围.

### 5.5.2 二次型的表示方法

由式 (5.6), 利用矩阵, 二次型可表示为

$$\begin{aligned} f(x_1, x_2, \cdots, x_n) &= a_{11}x_1^2 + a_{22}x_2^2 + \cdots + a_{nn}x_n^2 + 2a_{12}x_1x_2 \\ &\quad + 2a_{13}x_1x_3 + \cdots + 2a_{n-1,n}x_{n-1}x_n \\ &= x_1(a_{11}x_1 + \cdots + a_{1n}x_n) + \cdots + x_n(a_{n1}x_1 + \cdots + a_{nn}x_n) \\ &= (x_1, \cdots, x_n)\begin{pmatrix} a_{11}x_1 + \cdots + a_{1n}x_n \\ \cdots\cdots \\ a_{n1}x_1 + \cdots + a_{nn}x_n \end{pmatrix} \\ &= (x_1, \cdots, x_n)\begin{pmatrix} a_{11} & \cdots & a_{1n} \\ \vdots & & \vdots \\ a_{n1} & \cdots & a_{nn} \end{pmatrix}\begin{pmatrix} x_1 \\ \vdots \\ x_n \end{pmatrix}. \end{aligned}$$

记

$$\boldsymbol{A} = \begin{pmatrix} a_{11} & a_{12} & \cdots & a_{1n} \\ a_{21} & a_{22} & \cdots & a_{2n} \\ \vdots & \vdots & & \vdots \\ a_{n1} & a_{n2} & \cdots & a_{nn} \end{pmatrix},$$

则二次型可记为

$$f(\boldsymbol{x}) = \boldsymbol{x}^{\mathrm{T}}\boldsymbol{A}\boldsymbol{x}, \tag{5.8}$$

其中 $\boldsymbol{A}$ 为对称阵.

例如, 二次型 $f = x^2 - 3z^2 - 4xy + yz$ 用矩阵记号写出来, 就是

$$f=(x,y,z)\begin{pmatrix}1&-2&0\\-2&0&\frac{1}{2}\\0&\frac{1}{2}&-3\end{pmatrix}\begin{pmatrix}x\\y\\z\end{pmatrix}.$$

任给一个二次型, 就唯一地确定一个对称阵; 反之, 任给一个对称阵, 也可唯一地确定一个二次型. 这样, 二次型与对称阵之间存在一一对应的关系. 因此, 我们把对称阵 $\boldsymbol{A}$ 叫做二次型 $f$ 的矩阵, 也把 $f$ 叫做对称阵 $\boldsymbol{A}$ 的二次型. 对称阵 $\boldsymbol{A}$ 的秩就叫做二次型 $f$ 的秩.

二次型定义

### 5.5.3 合同矩阵及其性质

记 $\boldsymbol{C}=(c_{ij})$, 把可逆变换 (5.7) 记为

$$\boldsymbol{x}=\boldsymbol{C}\boldsymbol{y}.$$

代入式 (5.8), 有 $f(\boldsymbol{x})=\boldsymbol{x}^{\mathrm{T}}\boldsymbol{A}\boldsymbol{x}=(\boldsymbol{C}\boldsymbol{y})^{\mathrm{T}}\boldsymbol{A}\boldsymbol{x}(\boldsymbol{C}\boldsymbol{y})=\boldsymbol{y}^{\mathrm{T}}(\boldsymbol{C}^{\mathrm{T}}\boldsymbol{A}\boldsymbol{C})\boldsymbol{y}$.

**定义 2**　设 $\boldsymbol{A}$ 和 $\boldsymbol{B}$ 是 $n$ 阶矩阵, 若有可逆矩阵 $\boldsymbol{C}$, 使 $\boldsymbol{B}=\boldsymbol{C}^{\mathrm{T}}\boldsymbol{A}\boldsymbol{C}$, 则称矩阵 $\boldsymbol{A}$ 与 $\boldsymbol{B}$ 合同. 显然, 若 $\boldsymbol{A}$ 为对称阵, 则 $\boldsymbol{B}=\boldsymbol{C}^{\mathrm{T}}\boldsymbol{A}\boldsymbol{C}$ 也为对称阵, 且 $R(\boldsymbol{A})=R(\boldsymbol{B})$. 事实上,

$$(\boldsymbol{B})^{\mathrm{T}}=(\boldsymbol{C}^{\mathrm{T}}\boldsymbol{A}\boldsymbol{C})^{\mathrm{T}}=\boldsymbol{C}^{\mathrm{T}}\boldsymbol{A}^{\mathrm{T}}\boldsymbol{C}=\boldsymbol{C}^{\mathrm{T}}\boldsymbol{A}\boldsymbol{C}=\boldsymbol{B},$$

即 $\boldsymbol{B}$ 为对称阵. 又因 $\boldsymbol{B}=\boldsymbol{C}^{\mathrm{T}}\boldsymbol{A}\boldsymbol{C}$, 而 $\boldsymbol{C}$ 可逆, 从而 $\boldsymbol{C}^{\mathrm{T}}$ 也可逆, 由矩阵的性质即知 $R(\boldsymbol{A})=R(\boldsymbol{B})$.

由此可知, 经可逆变换 $\boldsymbol{x}=\boldsymbol{C}\boldsymbol{y}$ 后, 二次型 $f$ 的矩阵由 $\boldsymbol{A}$ 变为与 $\boldsymbol{A}$ 合同的矩阵 $\boldsymbol{C}^{\mathrm{T}}\boldsymbol{A}\boldsymbol{C}$, 且二次型的秩不变.

### 5.5.4 化二次型为标准形

要使二次型 $f$ 经可逆变换 $\boldsymbol{x}=\boldsymbol{C}\boldsymbol{y}$ 变成标准形, 这就是要使

$$\begin{aligned}\boldsymbol{y}^{\mathrm{T}}\boldsymbol{C}^{\mathrm{T}}\boldsymbol{A}\boldsymbol{C}\boldsymbol{y}&=k_1y_1^2+k_2y_2^2+\cdots+k_ny_n^2\\&=(y_1,y_2,\cdots,y_n)\begin{pmatrix}k_1&&&\\&k_2&&\\&&\ddots&\\&&&k_n\end{pmatrix}\begin{pmatrix}y_1\\y_2\\\vdots\\y_n\end{pmatrix}.\end{aligned}$$

也就是要使 $\boldsymbol{C}^{\mathrm{T}}\boldsymbol{A}\boldsymbol{C}$ 成为对角阵. 因此, 我们的主要问题就是: 对于矩阵 $\boldsymbol{A}$, 寻求可逆矩阵 $\boldsymbol{C}$, 使 $\boldsymbol{C}^{\mathrm{T}}\boldsymbol{A}\boldsymbol{C}$ 为对角阵. 这个问题称为把对角阵 $\boldsymbol{A}$ 合同对角化.

由 5.4 节定理 3 知, 任给对称阵 $\boldsymbol{A}$, 总有正交阵 $\boldsymbol{P}$, 使 $\boldsymbol{P}^{-1}\boldsymbol{A}\boldsymbol{P}=\boldsymbol{P}^{\mathrm{T}}\boldsymbol{A}\boldsymbol{P}=\boldsymbol{\Lambda}$. 把此结论用于二次型, 即有下面的定理.

**定理 1** 任给二次型 $f=\sum_{i,j=1}^{n}a_{ij}x_ix_j(a_{ij}=a_{ji})$, 总有正交变换 $\boldsymbol{x}=\boldsymbol{P}\boldsymbol{y}$, 使 $f$ 化为标准形

$$f=\lambda_1y_1^2+\lambda_2y_2^2+\cdots+\lambda_ny_n^2,$$

其中 $\lambda_1,\lambda_2,\cdots,\lambda_n$ 是 $f$ 的矩阵 $\boldsymbol{A}=(a_{ij})$ 的特征值.

**推论 1** 任给 $n$ 元二次型 $f(\boldsymbol{x})=\boldsymbol{x}^{\mathrm{T}}\boldsymbol{A}x(\boldsymbol{A}^{\mathrm{T}}=\boldsymbol{A})$, 总有可逆变换 $\boldsymbol{x}=\boldsymbol{C}\boldsymbol{z}$, 使 $f(\boldsymbol{C}\boldsymbol{z})$ 为规范形.

**证明** 按定理 1, 有

$$f(\boldsymbol{P}\boldsymbol{y})=\boldsymbol{y}^{\mathrm{T}}\boldsymbol{\Lambda}\boldsymbol{y}=\lambda_1y_1^2+\lambda_2y_2^2+\cdots+\lambda_ny_n^2,$$

设二次型 $f$ 的秩为 $r$, 则特征值 $\lambda_i$ 恰有 $r$ 个不为 0, 不妨设 $\lambda_1,\lambda_2,\cdots,\lambda_r$ 不等于 0, $\lambda_{r+1}=\lambda_{r+2}=\cdots=\lambda_n=0$, 令

$$\boldsymbol{K}=\begin{pmatrix}k_1&&&\\&k_2&&\\&&\ddots&\\&&&k_n\end{pmatrix},\quad 其中\ k_i=\begin{cases}\dfrac{1}{\sqrt{|\lambda_i|}}, & i\leqslant r,\\ 1, & i>r,\end{cases}$$

则 $\boldsymbol{K}$ 可逆, 变换 $\boldsymbol{y}=\boldsymbol{K}\boldsymbol{z}$ 把 $f(\boldsymbol{P}\boldsymbol{y})$ 化为

$$f(\boldsymbol{P}\boldsymbol{K}\boldsymbol{z})=\boldsymbol{z}^{\mathrm{T}}\boldsymbol{K}^{\mathrm{T}}\boldsymbol{P}^{\mathrm{T}}\boldsymbol{A}\boldsymbol{P}\boldsymbol{K}\boldsymbol{z}=\boldsymbol{z}^{\mathrm{T}}\boldsymbol{K}^{\mathrm{T}}\boldsymbol{\Lambda}\boldsymbol{K}\boldsymbol{z},$$

而

$$\boldsymbol{K}^{\mathrm{T}}\boldsymbol{\Lambda}\boldsymbol{K}=\mathrm{diag}\left(\frac{\lambda_1}{|\lambda_1|},\cdots,\frac{\lambda_r}{|\lambda_r|},0,\cdots,0\right),$$

记 $\boldsymbol{C}=\boldsymbol{P}\boldsymbol{K}$, 即知可逆变换 $\boldsymbol{x}=\boldsymbol{C}\boldsymbol{z}$ 把 $f$ 化成规范形

$$f(\boldsymbol{C}\boldsymbol{z})=\frac{\lambda_1}{|\lambda_1|}z_1^2+\cdots+\frac{\lambda_r}{|\lambda_r|}z_r^2.$$

**注** 由以上讨论可知用正交变换化二次型为标准形的方法:

(i) 将二次型表示为矩阵形式 $f(\boldsymbol{x})=\boldsymbol{x}^{\mathrm{T}}\boldsymbol{A}\boldsymbol{x}$, 求出 $\boldsymbol{A}$;

(ii) 求出 $\boldsymbol{A}$ 的全部互不相等的特征值 $\lambda_1, \lambda_2, \cdots, \lambda_s$, 它们的重数依次为 $k_1, k_2, \cdots, k_s(k_1+k_2+\cdots+k_s=n)$;

(iii) 对每个 $k_i$ 重特征值, 解方程 $(\boldsymbol{A}-\lambda_i\boldsymbol{E})\boldsymbol{x}=\boldsymbol{0}$, 得 $k_i$ 个线性无关的特征向量. 再把它们正交化、单位化, 得 $k_i$ 个两两正交的单位特征向量. 因 $k_1+k_2+\cdots+k_s=n$, 故共得 $n$ 个两两正交的单位特征向量;

(iv) 将这 $n$ 个两两正交的单位特征向量构成正交阵 $\boldsymbol{P}$, 则 $\boldsymbol{P}^{-1}\boldsymbol{A}\boldsymbol{P}=\boldsymbol{\Lambda}$;

(v) 作正交变换 $\boldsymbol{x}=\boldsymbol{P}\boldsymbol{y}$, 则得 $f$ 的标准形 $f=\lambda_1 y_1^2+\cdots+\lambda_n y_n^2$.

**例 1**　设 $\boldsymbol{A}=\begin{pmatrix}1&1&1&1\\1&1&1&1\\1&1&1&1\\1&1&1&1\end{pmatrix}, \boldsymbol{B}=\begin{pmatrix}4&0&0&0\\0&0&0&0\\0&0&0&0\\0&0&0&0\end{pmatrix}$, 则 $\boldsymbol{A}$ 与 $\boldsymbol{B}$(　　).

(A) 合同且相似　　　　(B) 合同但不相似

(C) 不合同但相似　　　　(D) 不合同且不相似

**解**　令 $|\boldsymbol{A}-\lambda\boldsymbol{E}|=\lambda^3(\lambda-4)=0$, 解得 $\lambda=4,0,0,0$. 由于 $\boldsymbol{A}$ 为实对称矩阵, 故存在正交矩阵 $\boldsymbol{P}$, 使 $\boldsymbol{P}^{\mathrm{T}}\boldsymbol{A}\boldsymbol{P}=\boldsymbol{B}$ 或 $\boldsymbol{P}^{-1}\boldsymbol{A}\boldsymbol{P}=\boldsymbol{B}$, 因而 $\boldsymbol{A}$ 与 $\boldsymbol{B}$ 合同且相似, 故应选 (A).

**例 2**　将二次型

$$f=17x_1^2+14x_2^2+14x_3^2-4x_1x_2-4x_1x_3-8x_2x_3$$

通过正交变换 $\boldsymbol{x}=\boldsymbol{P}\boldsymbol{y}$, 化为标准形.

**解**　二次型的矩阵为 $\boldsymbol{A}=\begin{pmatrix}17&-2&-2\\-2&14&-4\\-2&-4&14\end{pmatrix}$.

由 $|\boldsymbol{A}-\lambda\boldsymbol{E}|=\begin{vmatrix}17-\lambda&-2&-2\\-2&14-\lambda&-4\\-2&-4&14-\lambda\end{vmatrix}=(\lambda-18)^2(\lambda-9)$ 得 $\boldsymbol{A}$ 的特征值 $\lambda_1=9,\ \lambda_2=\lambda_3=18$.

对 $\lambda_1=9$, 解方程 $(\boldsymbol{A}-9\boldsymbol{E})\boldsymbol{x}=\boldsymbol{0}$ 得基础解系 $\boldsymbol{\xi}_1=\begin{pmatrix}1\\2\\2\end{pmatrix}$, 将之单位化得

$$\boldsymbol{p}_1 = \begin{pmatrix} \frac{1}{3} \\ \frac{2}{3} \\ \frac{2}{3} \end{pmatrix};$$

对 $\lambda_2 = \lambda_3 = 18$, 解方程 $(\boldsymbol{A} - 18\boldsymbol{E})\boldsymbol{x} = \boldsymbol{0}$ 得基础解系 $\boldsymbol{\xi}_2 = \begin{pmatrix} -2 \\ 1 \\ 0 \end{pmatrix}, \boldsymbol{\xi}_3 = \begin{pmatrix} -2 \\ 0 \\ 1 \end{pmatrix}$, 将 $\boldsymbol{\xi}_2, \boldsymbol{\xi}_3$ 正交化得

$$\boldsymbol{\eta}_2 = \boldsymbol{\xi}_2 = \begin{pmatrix} -2 \\ 1 \\ 0 \end{pmatrix}, \quad \boldsymbol{\eta}_3 = \boldsymbol{\xi}_3 - \frac{[\boldsymbol{\eta}_2, \boldsymbol{\xi}_3]}{\|\boldsymbol{\eta}_2\|^2}\boldsymbol{\eta}_2 = \begin{pmatrix} -2 \\ 0 \\ 1 \end{pmatrix} - \frac{4}{5}\begin{pmatrix} -2 \\ 1 \\ 0 \end{pmatrix} = \frac{1}{5}\begin{pmatrix} -2 \\ -4 \\ 5 \end{pmatrix},$$

再将 $\boldsymbol{\eta}_2, \boldsymbol{\eta}_3$ 单位化得

$$\boldsymbol{p}_2 = \begin{pmatrix} -2/\sqrt{5} \\ 1/\sqrt{5} \\ 0 \end{pmatrix}, \quad \boldsymbol{p}_3 = \begin{pmatrix} -2/\sqrt{45} \\ -4/\sqrt{45} \\ 5/\sqrt{45} \end{pmatrix}.$$

取

$$\boldsymbol{P} = \begin{pmatrix} 1/3 & -2/\sqrt{5} & -2/\sqrt{45} \\ 2/3 & 1/\sqrt{5} & -4/\sqrt{45} \\ 2/3 & 0 & 5/\sqrt{45} \end{pmatrix},$$

作正交变换为 $\begin{pmatrix} x_1 \\ x_2 \\ x_3 \end{pmatrix} = \begin{pmatrix} 1/3 & -2/\sqrt{5} & -2/\sqrt{45} \\ 2/3 & 1/\sqrt{5} & -4/\sqrt{45} \\ 2/3 & 0 & 5/\sqrt{45} \end{pmatrix}\begin{pmatrix} y_1 \\ y_2 \\ y_3 \end{pmatrix}$, 则有

$$f = 9y_1^2 + 18y_2^2 + 18y_3^2.$$

**例 3** 求一个正交变换 $\boldsymbol{x} = \boldsymbol{P}\boldsymbol{y}$, 把二次型

$$f = -2x_1x_2 + 2x_1x_3 + 2x_2x_3$$

化为标准形.

**解**　二次型的矩阵为

$$A=\begin{pmatrix}0&-1&1\\-1&0&1\\1&1&0\end{pmatrix},$$

矩阵 $\boldsymbol{A}$ 的特征多项式为

$$|\boldsymbol{A}-\lambda\boldsymbol{E}|=\begin{vmatrix}-\lambda&-1&1\\-1&-\lambda&1\\1&1&-\lambda\end{vmatrix}=-(\lambda-1)^2(\lambda+2).$$

由 $|\lambda\boldsymbol{E}-\boldsymbol{A}|=0$ 可得 $\boldsymbol{A}$ 的特征值 $\lambda_1=-2,\lambda_2=\lambda_3=1$.

对于 $\lambda_1=-2$, 解齐次线性方程组 $(\boldsymbol{A}+2\boldsymbol{E})\boldsymbol{x}=\boldsymbol{0}$, 可得方程组的一个基础解系

$$\boldsymbol{\xi}_1=\begin{pmatrix}-1\\-1\\1\end{pmatrix}.$$

将 $\boldsymbol{\xi}_1$ 单位化, 得

$$\boldsymbol{p}_1=\frac{1}{\sqrt{3}}\begin{pmatrix}-1\\-1\\1\end{pmatrix}.$$

对于 $\lambda_2=\lambda_3=1$, 解齐次线性方程组 $(\boldsymbol{A}-\boldsymbol{E})\boldsymbol{x}=\boldsymbol{0}$, 可得方程组的一个基础解系: $\boldsymbol{\xi}_2=(-1,1,0)^{\mathrm{T}},\boldsymbol{\xi}_3=(1,0,1)^{\mathrm{T}}$.

将向量组 $\boldsymbol{\xi}_2,\boldsymbol{\xi}_3$ 正交化: 取 $\boldsymbol{\eta}_2=\boldsymbol{\xi}_1$,

$$\boldsymbol{\eta}_3=\boldsymbol{\xi}_3-\frac{[\boldsymbol{\eta}_2,\boldsymbol{\xi}_3]}{\|\boldsymbol{\eta}_2\|^2}\boldsymbol{\eta}_2=\begin{pmatrix}1\\0\\1\end{pmatrix}+\frac{1}{2}\begin{pmatrix}-1\\1\\0\end{pmatrix}=\frac{1}{2}\begin{pmatrix}1\\1\\2\end{pmatrix}.$$

再将 $\boldsymbol{\eta}_2,\boldsymbol{\eta}_3$ 单位化, 得

$$\boldsymbol{p}_2=\left(-\frac{1}{\sqrt{2}},\frac{1}{\sqrt{2}},0\right)^{\mathrm{T}},\quad \boldsymbol{p}_3=\left(\frac{1}{\sqrt{6}},\frac{1}{\sqrt{6}},\frac{2}{\sqrt{6}}\right)^{\mathrm{T}}.$$

将 $\boldsymbol{p}_1,\boldsymbol{p}_2,\boldsymbol{p}_3$ 构成正交阵

$$\boldsymbol{P}=(\boldsymbol{p}_1,\boldsymbol{p}_2,\boldsymbol{p}_3)=\begin{pmatrix}-\frac{1}{\sqrt{3}} & -\frac{1}{\sqrt{2}} & \frac{1}{\sqrt{6}}\\ -\frac{1}{\sqrt{3}} & \frac{1}{\sqrt{2}} & \frac{1}{\sqrt{6}}\\ \frac{1}{\sqrt{3}} & 0 & \frac{2}{\sqrt{6}}\end{pmatrix},$$

使 $\boldsymbol{P}^{\mathrm{T}}\boldsymbol{AP}=\boldsymbol{\Lambda}=\begin{pmatrix}-2&0&0\\0&1&0\\0&0&1\end{pmatrix}$, 于是有正交变换

$$\begin{pmatrix}x_1\\x_2\\x_3\end{pmatrix}=\begin{pmatrix}-\frac{1}{\sqrt{3}} & -\frac{1}{\sqrt{2}} & \frac{1}{\sqrt{6}}\\ -\frac{1}{\sqrt{3}} & \frac{1}{\sqrt{2}} & \frac{1}{\sqrt{6}}\\ \frac{1}{\sqrt{3}} & 0 & \frac{2}{\sqrt{6}}\end{pmatrix}\begin{pmatrix}y_1\\y_2\\y_3\end{pmatrix},$$

把二次型 $f$ 化成标准形

$$f=-2y_1^2+y_2^2+y_3^2.$$

如果要把二次型 $f$ 化成规范形, 只需令

$$\begin{cases}y_1=\dfrac{1}{\sqrt{2}}z_1,\\ y_2=z_2,\\ y_3=z_3,\end{cases}$$

即得 $f$ 的规范形

$$f=-z_1^2+z_2^2+z_3^2.$$

## 习　题　5.5

1. 用正交变换法将下列二次型化为标准形, 并写出所作的线性变换.

(1) $f(x_1,x_2,x_3)=2x_1^2+x_2^2-4x_1x_2-4x_2x_3$;

(2) $f(x_1,x_2,x_3)=2x_1x_2-2x_2x_3$;

(3) $f(x_1,x_2,x_3)=x_1^2+2x_2^2+3x_3^2-4x_1x_2-4x_2x_3$.

2. 已经实二次型 $f(x_1,x_2,x_3)=a\left(x_1^2+x_2^2+x_3^2\right)+4x_1x_2+4x_1x_3+4x_2x_3$ 经正交变换 $\boldsymbol{x}=\boldsymbol{Py}$ 可化成标准形 $f=6y_1^2$, 求 $a$ 的值.

## 5.6 用配方法化二次型成标准形

用正交变换化二次型成标准形, 具有保持几何形状不变的特点. 如果不限于用正交变换, 那么还可以有多种方法 (对应有多个可逆的线性变换) 把二次型化为标准形. 这里只介绍拉格朗日配方法, 下面举例来说明这种方法.

**例 1** 化下列二次型成标准形, 并求所用的变换矩阵:

(1) $f(x_1,x_2,x_3)=x_1^2+2x_2^2+5x_3^2+2x_1x_2+2x_1x_3+6x_2x_3$;

(2) $f(x_1,x_2,x_3)=2x_1x_2+4x_1x_3$;

**解** (1) 先将含有 $x_1$ 的项配方, 故把含 $x_1$ 的项归并起来, 配方可得

$$\begin{aligned}f&=x_1^2+2x_1(x_2+x_3)+(x_2+x_3)^2-(x_2+x_3)^2+2x_2^2+6x_2x_3+5x_3^2\\&=(x_1+x_2+x_3)^2+x_2^2+4x_2x_3+4x_3^2.\end{aligned}$$

上式右端除第一项已不再含 $x_1$, 再对后三项中含有 $x_2$ 的项配方, 则有

$$f(x_1,x_2,x_3)=(x_1+x_2+x_3)^2+x_2^2+4x_2x_3+4x_3^2=(x_1+x_2+x_3)^2+(x_2+2x_3)^2.$$

令

$$\begin{cases}y_1=x_1+x_2+x_3,\\y_2=x_2+2x_3,\\y_3=x_3,\end{cases}\quad 即\begin{cases}x_1=y_1-y_2+y_3,\\x_2=y_2-2y_3,\\x_3=y_3,\end{cases}$$

就把 $f$ 化成标准形 (规范形)$f=y_1^2+y_2^2$, 所用变换矩阵为

$$\boldsymbol{C}=\begin{pmatrix}1&-1&1\\0&1&-2\\0&0&1\end{pmatrix}\quad (|\boldsymbol{C}|=1\neq 0).$$

(2) 此二次型没有平方项, 只有混合项. 因此先作变换, 使其有平方项, 然后按题 (1) 的方法进行配方. 令

$$\begin{cases}x_1=y_1+y_2,\\x_2=y_1-y_2,\\x_3=y_3,\end{cases}\quad 即\begin{pmatrix}x_1\\x_2\\x_3\end{pmatrix}=\begin{pmatrix}1&1&0\\1&-1&0\\0&0&1\end{pmatrix}\begin{pmatrix}y_1\\y_2\\y_3\end{pmatrix}.$$

则原二次型化为

$$f(x_1,x_2,x_3)=2(y_1+y_2)(y_1-y_2)+4(y_1+y_2)y_3$$

$$= 2y_1^2 - 2y_2^2 + 4y_1y_3 + 4y_2y_3$$
$$= 2(y_1 + y_3)^2 - 2(y_2 - y_3)^2.$$

设 $\boldsymbol{Y} = (y_1, y_2, y_3)^{\mathrm{T}}, \boldsymbol{Z} = (z_1, z_2, z_3)^{\mathrm{T}}, \boldsymbol{B} = \begin{pmatrix} 1 & 0 & -1 \\ 0 & 1 & 1 \\ 0 & 0 & 1 \end{pmatrix}$, 令 $\boldsymbol{Y} = \boldsymbol{BZ}$, 则可将原二次型化为标准形 $2z_1^2 - 2z_2^2$.

**注** 拉格朗日配方法的具体步骤如下:

(i) 若二次型含有 $x_i$ 的平方项, 则先把含有 $x_i$ 的乘积项集中, 然后配方, 再用同样的方法对其余的变量进行配方, 直到都配成平方项为止, 经过可逆线性变换, 就得到二次型的标准形;

(ii) 若二次型中不含有平方项, 但是 $a_{ij} \neq 0 (i \neq j)$, 则先作可逆线性变换

$$\begin{cases} x_i = y_i - y_j, \\ x_j = y_i + y_j, \qquad (k = 1, 2, \cdots, n) \quad 且 \quad k \neq i, j, \\ x_k = y_k \end{cases}$$

化二次型为含有平方项的二次型, 然后再按 (i) 中方法配方.

### 习 题 5.6

用配方法将下列二次型化成标准形, 并写出所用变换的矩阵.

(1) $f(x_1, x_2, x_3) = 2x_1^2 + 2x_2^2 + 5x_3^2 + 2x_1x_2 + 2x_1x_3 + 4x_2x_3$;

(2) $f(x_1, x_2, x_3) = x_1x_2 + 4x_1x_3$;

(3) $f(x_1, x_2, x_3) = -4x_1x_2 + 2x_1x_3 + 2x_2x_3$.

## 5.7 正定二次型

### 5.7.1 惯性定理

二次型的标准形显然不是唯一的, 只是标准形中所含项数是确定的 (即为二次型的秩). 不仅如此, 在限定变换为实变换时, 标准形中正系数的个数是不变的 (从而负系数的个数也不变), 也就是有下面的定理.

**定理 1** 设有二次型 $f(\boldsymbol{x}) = \boldsymbol{x}^{\mathrm{T}}\boldsymbol{Ax}$, 它的秩为 $r$, 有两个可逆变换

$$\boldsymbol{x} = \boldsymbol{Cy} \quad 及 \quad \boldsymbol{x} = \boldsymbol{Pz}$$

使

$$f = k_1y_1^2 + k_2y_2^2 + \cdots + k_ry_r^2 \quad (k_i \neq 0),$$

及

$$f=\lambda_1 z_1^2+\lambda_2 z_2^2+\cdots+\lambda_r z_r^2 \quad (\lambda_i \neq 0),$$

则 $k_1, k_2, \cdots, k_r$ 中正数的个数与 $\lambda_1, \lambda_2, \cdots, \lambda_r$ 中正数的个数相等.

这个定理称为惯性定理, 这里不予证明.

二次型的标准形中正系数的个数称为二次型的正惯性指数, 负系数的个数为负惯性指数. 若二次型 $f$ 的正惯性指数为 $p$, 秩为 $r$, 则 $f$ 的规范形便可确定为

$$f=y_1^2+\cdots+y_p^2-y_{p+1}^2-\cdots-y_r^2.$$

科学技术上用得较多的二次型是正惯性指数为 $n$ 或负惯性指数为 $n$ 的 $n$ 元二次型, 我们有下述定义.

### 5.7.2 正 (负) 定二次型的概念

**定义 1** 设有二次型 $f(\boldsymbol{x})=\boldsymbol{x}^{\mathrm{T}}\boldsymbol{A}\boldsymbol{x}$, 如果对任何 $\boldsymbol{x}\neq\mathbf{0}$, 都有 $f(\boldsymbol{x})>0$ (显然 $f(\mathbf{0})=0$), 则称 $f$ 为正定二次型, 并称对称矩阵 $\boldsymbol{A}$ 是正定的; 如果对任何 $\boldsymbol{x}\neq\mathbf{0}$, 都有 $f(\boldsymbol{x})<0$, 则称 $f$ 为负定二次型, 并称对称矩阵 $\boldsymbol{A}$ 是负定的.

### 5.7.3 正 (负) 定二次型的判别

**定理 2** $n$ 元二次型 $f=\boldsymbol{x}^{\mathrm{T}}\boldsymbol{A}\boldsymbol{x}$ 为正定的充分必要条件是: 它的标准形的 $n$ 个系数全为正, 即它的规范形的 $n$ 个系数全为 1, 亦即它的正惯性指数等于 $n$.

**证明** 设可逆变换 $\boldsymbol{x}=\boldsymbol{C}\boldsymbol{y}$ 使

$$f(\boldsymbol{x})=f(\boldsymbol{C}\boldsymbol{y})=\sum_{i=1}^{n} k_i y_i^2.$$

先证充分性. 设 $k_i>0(i=1,\cdots,n)$. 任给 $\boldsymbol{x}\neq\mathbf{0}$, 则 $\boldsymbol{y}=\boldsymbol{C}^{-1}\boldsymbol{x}\neq\mathbf{0}$, 故

$$f(x)=\sum_{i=1}^{n} k_i y_i^2>0.$$

再证必要性. 用反证法. 假设有 $k_s\leqslant 0$, 则当 $\boldsymbol{y}=\boldsymbol{e}_s$ (单位坐标向量) 时, $f(\boldsymbol{C}\boldsymbol{e}_s)=k_s\leqslant 0$. 显然, 这与 $f$ 为正定相矛盾. 这就证明了 $k_i>0(i=1,\cdots,n)$.

**推论 1** 对称阵 $\boldsymbol{A}$ 为正定的充分必要条件是: $\boldsymbol{A}$ 的特征值全为正.

**定理 3** 对称阵 $\boldsymbol{A}$ 为正定的充分必要条件是: $\boldsymbol{A}$ 的各阶主子式都为正, 即

$$a_{11}>0,\ \begin{vmatrix} a_{11} & a_{12} \\ a_{21} & a_{22} \end{vmatrix}>0,\cdots,\ \begin{vmatrix} a_{11} & a_{12} & \cdots & a_{1n} \\ a_{21} & a_{22} & \cdots & a_{2n} \\ \vdots & \vdots & & \vdots \\ a_{n1} & a_{n2} & \cdots & a_{nn} \end{vmatrix}>0,$$

对称阵 $\boldsymbol{A}$ 为负定的充分必要条件是: 奇数阶主子式为负, 而偶数阶主子式为正, 即

$$(-1)^r \begin{vmatrix} a_{11} & \cdots & a_{1r} \\ \vdots & & \vdots \\ a_{r1} & \cdots & a_{rr} \end{vmatrix} > 0.$$

这个定理称为赫尔维茨定理, 这里不予证明.

**例 1** 判定二次型 $f = -5x^2 - 6y^2 - 4z^2 + 4xy + 4xz$ 的正定性.

**解** $f$ 的矩阵为

$$\boldsymbol{A} = \begin{pmatrix} -5 & 2 & 2 \\ 2 & -6 & 0 \\ 2 & 0 & -4 \end{pmatrix},$$

$$a_{11} = -5 < 0, \quad \begin{vmatrix} a_{11} & a_{12} \\ a_{21} & a_{22} \end{vmatrix} = \begin{vmatrix} -5 & 2 \\ 2 & -6 \end{vmatrix} = 26, \quad |\boldsymbol{A}| = -80 < 0,$$

根据定理 3 知 $f$ 为负定二次型.

设 $f(x, y)$ 是二元正定二次型, 则 $f(x, y) = c(c > 0$为常数$)$ 的图形是以原点为中心的椭圆. 当把 $c$ 看成任意常数时则是一族椭圆. 这族椭圆随着 $c \to 0$ 而收缩到原点. 当 $f$ 为三元正定二次型时, $f(x, y, z) = c(c > 0)$ 的图形是一族椭球.

**例 2** 当 $t$ 为何值时, 下列二次型

$$f(x_1, x_2, x_3) = x_1^2 + 4x_2^2 + x_3^2 + 2tx_1x_2 + 10x_1x_3 + 6x_2x_3$$

为正定二次型.

**解** 二次型 $f(x_1, x_2, x_3)$ 的矩阵为

$$\boldsymbol{A} = \begin{pmatrix} 1 & t & 5 \\ t & 4 & 3 \\ 5 & 3 & 1 \end{pmatrix},$$

由于

$$\begin{vmatrix} 1 & t \\ t & 4 \end{vmatrix} = 4 - t^2, \quad \begin{vmatrix} 1 & t & 5 \\ t & 4 & 3 \\ 5 & 3 & 1 \end{vmatrix} = -t^2 + 30t - 105.$$

但易知不等式组

$$\begin{cases} 4-t^2>0, \\ -t^2+30t-105>0 \end{cases}$$

无解, 因此, 不论 $t$ 取何值, 此二次型都不是正定的.

**例 3**　设矩阵 $\boldsymbol{A}=\begin{pmatrix} 1 & 0 & 1 \\ 0 & 2 & 0 \\ 1 & 0 & 1 \end{pmatrix}$, 矩阵 $\boldsymbol{B}=(k\boldsymbol{E}+\boldsymbol{A})^2$, 其中 $k$ 为实数, $\boldsymbol{E}$ 为单位矩阵. 求对角矩阵 $\boldsymbol{\Lambda}$, 使 $\boldsymbol{B}$ 与 $\boldsymbol{\Lambda}$ 相似, 并求 $k$ 为何值时, $\boldsymbol{B}$ 为正定矩阵.

**解**　$\boldsymbol{A}$ 为对称矩阵, 则 $\boldsymbol{B}$ 也是对称矩阵. 又 $\boldsymbol{A}$ 的特征值为 $\lambda_1=0, \lambda_{2,3}=2$, 则 $\boldsymbol{B}$ 的特征值为

$$\mu_1=(k+\lambda_1)^2=k^2, \quad \mu_{2,3}=(k+\lambda_{2,3})^2=(k+2)^2.$$

则存在正交矩阵 $\boldsymbol{P}$, 使得 $\boldsymbol{P}^{\mathrm{T}}\boldsymbol{B}\boldsymbol{P}=\boldsymbol{\Lambda}=\mathrm{diag}\left\{k^2,(k+2)^2,(k+2)^2\right\}$.

$\boldsymbol{B}$ 为正定矩阵 $\Leftrightarrow \boldsymbol{B}$ 的特征值全大于零 $\Rightarrow k\neq 0$ 且 $k\neq -2$.

**例 4**　设 $\boldsymbol{A}$ 为正定矩阵, 则 $\boldsymbol{A}^{-1}$ 和 $\boldsymbol{A}^*$ 也是正定矩阵, 其中 $\boldsymbol{A}^*$ 为 $\boldsymbol{A}$ 的伴随矩阵.

**证明**　因为 $\boldsymbol{A}$ 为正定矩阵, 故 $\boldsymbol{A}$ 为实对称矩阵. 从而 $(\boldsymbol{A}^{-1})^{\mathrm{T}}=(\boldsymbol{A}^{\mathrm{T}})^{-1}=\boldsymbol{A}^{-1}$, 即 $\boldsymbol{A}^{-1}$ 也为对称矩阵, $(\boldsymbol{A}^*)^{\mathrm{T}}=(\boldsymbol{A}^{\mathrm{T}})^*=\boldsymbol{A}^*$, 即 $\boldsymbol{A}^*$ 也为对称矩阵.

由已知条件可知, 存在可逆矩阵 $\boldsymbol{C}$, 使得

$$\boldsymbol{A}=\boldsymbol{C}^{\mathrm{T}}\boldsymbol{C}.$$

于是

$$\boldsymbol{A}^{-1}=(\boldsymbol{C}^{\mathrm{T}}\boldsymbol{C})^{-1}=\boldsymbol{C}^{-1}(\boldsymbol{C}^{-1})^{\mathrm{T}}=\boldsymbol{Q}^{\mathrm{T}}\boldsymbol{Q},$$

$$\boldsymbol{A}^*=|\boldsymbol{A}|\boldsymbol{A}^{-1}=|\boldsymbol{A}|\boldsymbol{C}^{-1}(\boldsymbol{C}^{-1})^{\mathrm{T}}=\sqrt{|\boldsymbol{A}|}\boldsymbol{C}^{-1}(\sqrt{|\boldsymbol{A}|}\boldsymbol{C}^{-1})^{\mathrm{T}}=\boldsymbol{P}^{\mathrm{T}}\boldsymbol{P},$$

其中 $\boldsymbol{Q}=(\boldsymbol{C}^{-1})^{\mathrm{T}}, \boldsymbol{P}=\left(\sqrt{|\boldsymbol{A}|}\boldsymbol{C}^{-1}\right)^{\mathrm{T}}$ 都为可逆矩阵.

故 $\boldsymbol{A}^{-1}$ 和 $\boldsymbol{A}^*$ 都为正定矩阵.

**注**　正定矩阵的性质:

(1) 设 $\boldsymbol{A}$ 为正定实对称阵, 则 $\boldsymbol{A}^{\mathrm{T}}, \boldsymbol{A}^{-1}, \boldsymbol{A}^*$ 均为正定矩阵;

(2) 若 $\boldsymbol{A}, \boldsymbol{B}$ 均为 $n$ 阶正定矩阵, 则 $\boldsymbol{A}+\boldsymbol{B}$ 也是正定矩阵.

## 习 题 5.7

1. 当 $t$ 为何值时, 下列二次型为正定二次型:

(1) $f(x_1,x_2,x_3)=x_1^2+x_2^2+5x_3^2+2tx_1x_2-2x_1x_3+4x_2x_3$;

(2) $f(x_1,x_2,x_3)=2x_1^2+x_2^2+x_3^2+2x_1x_2+tx_2x_3$.

2. 设 $\boldsymbol{A},\boldsymbol{B}$ 为 $n$ 阶正定矩阵, 证明 $\boldsymbol{BAB}$ 也是正定矩阵.

3. 证明: 正定矩阵主对角线上的元素都是正的.

# 5.8 考研例题选讲

矩阵的特征值与特征向量, 几乎每年考研大题都会涉及这章的内容. 考大题的时候较多. 重点考察三个方面, 一是特征值与特征向量的定义、性质以及求法; 二是矩阵的相似对角化问题, 三是实对称矩阵的性质以及正交相似对角化的问题. 二次型有两个重点：一是化二次型为标准形; 二是正定二次型. 前一个重点主要考察大题, 有两种处理方法：配方法与正交变换法, 而正交变换法是考察的重中之重.

5.8 考研例题选讲

# 5.9 数 学 实 验

### 5.9.1 实验目的

熟练使用 MATLAB 软件处理和解决以下问题的程序:

(1) 实对称阵的相似对角化;

(2) 向量的内积与正交性;

(3) 矩阵特征值与特征向量的计算;

(4) 方阵相似性的讨论;

(5) 用正交变化法将二次型化为标准形;

(6) 判断二次型的正定性;

(7) 二次型在几何、极值方面的应用.

### 5.9.2 实验相关的 MATLAB 命令和函数

| 命令 | 功能说明 |
|---|---|
| eig(A) | r 为一列向量, 其元素为矩阵 A 的特征值 |
| [V,D] = eig(A) | 矩阵 D 为矩阵 A 的特征值所构成的对角阵, 矩阵 V 的列为矩阵 A 的单位特征向量, 它与 D 中的特征值一一对应 |
| jordan(A) | 计算 A 的若尔当标准形 |
| [P,J] = jordan(A) | 计算相似变换矩阵 P 及若尔当标准形 J |
| [v,D] = schur(A) | 矩阵 D 为对称矩阵 A 的特征值所构成的对角阵, 矩阵 V 的列为矩阵 A 的单位特征向量, 它与 D 中的特征值一一对应 |
| [U,S,V] = svd(A) | U, V 都是正交矩阵, S 是矩阵 A 的奇异值构成的对角矩阵, 满足 $A = USV^{\mathrm{T}}$ |
| eigshow(A1) | 显示矩阵 A1 的特征值和特征向量 |
| Q = orth(A) | 求正交矩阵 Q, 利用 norm(Q′∗ Q - eye(n)) 检验 |
| Z = null(A) | 计算矩阵 A 的化零矩阵 |
| Z = null(A,'r') | 矩阵 A 的化零矩阵的规范形式 |

### 5.9.3 实验内容

**例 1**　设向量 $\boldsymbol{\alpha}_1 = (1,-2,2)^{\mathrm{T}}, \boldsymbol{\alpha}_2 = (-1,0,-1)^{\mathrm{T}}$, 求单位化向量 $\boldsymbol{\alpha}_1$ 及向量 $\boldsymbol{\alpha}_1, \boldsymbol{\alpha}_2$ 的夹角.

**解**　根据向量归一化和两向量夹角公式:

$$\boldsymbol{x}_0 = \frac{\boldsymbol{x}}{\sqrt{x_1^2 + x_2^2 + \cdots + x_n^2}}, \quad \boldsymbol{\theta} = \arccos \frac{|\boldsymbol{\alpha}_1 \cdot \boldsymbol{\alpha}_2|}{|\boldsymbol{\alpha}_1| \cdot |\boldsymbol{\alpha}_2|}.$$

在 MATLAB 命令窗口中输入:

```
>> a1=[1,-2,2]';
>> a2=[-1,0,-1]';
>> a01=a1/norm(a1) %向量归一化方式一
a01 =
     0.3333
    -0.6667
     0.6667
>> a02=a2/sqrt(a2'*a2) %向量归一化方式二
a02 =
    -0.7071
          0
    -0.7071
>> theta=acos((a1'*a2)/sqrt(a1'*a1*a2'*a2))
```

输出结果为

```
theta =
     2.3562
```

**例 2** 已知向量 $\boldsymbol{\alpha}_1=(1,1,1),\boldsymbol{\alpha}_2=(3,3,1),\boldsymbol{\alpha}_3=(-2,0,6)$, 求其规范正交向量.

**解** 向量的正交化理论上采用的是施密特法正交化, 可以先利用课本中的方法对向量进行正交化, 然后在 MATLAB 中验证. 我们利用 MATLAB 中矩阵正交三角分解 (QR) 子程序 qr.m 实现向量的正交化, 将 $\boldsymbol{V}$ 分解为 $\boldsymbol{Q}$(正交矩阵) 和 $\boldsymbol{R}$(上三角矩阵) 的乘积.

在 MATLAB 命令窗口输入:

```
>> clear all
>> a1=[1,1,1];
>> a2=[3,3,1];
>> a3=[-2,0,6];
>> A=[a1;a2;a3]
A =
     1     1     1
     3     3     1
    -2     0     6
>> [Q,R]=qr(A)
Q =
   -0.2673   -0.1690    0.9487
   -0.8018   -0.5071   -0.3162
    0.5345   -0.8452    0.0000
R =
   -3.7417   -2.6726    2.1381
         0   -1.6903   -5.7470
         0         0    0.6325
```

检验 $\boldsymbol{Q}$ 是否为规范化正交基向量

```
>> Q'*Q
ans =
    1.0000         0    0.0000
         0    1.0000    0.0000
    0.0000    0.0000    1.0000
```

**例 3** 计算矩阵 $\boldsymbol{A}=\begin{pmatrix}1&2\\3&1\end{pmatrix},\boldsymbol{B}=\begin{pmatrix}1&1\\1&1\end{pmatrix}$ 的特征值和特征向量.

**解** 在 MATLAB 命令窗口中输入:

```
>> clear all
>> A=[1 2;3 1];
>> B=[1 1;1 1];
>> [v1,D1]=eig(A)%显示矩阵A的特征值和特征向量
```

输出结果如下:

```
v1 =
     0.6325   -0.6325
     0.7746    0.7746
D1 =
     3.4495         0
          0   -1.4495
>> eigshow(A)  %演示向量x与Ax之间的关系
```

向量 $\boldsymbol{x}$ 与 $\boldsymbol{Ax}$ 之间的关系如图 5.2 所示. 鼠标拖动向量 $\boldsymbol{x}$ 旋转时, $\boldsymbol{Ax}$ 也开始旋转, 向量 $\boldsymbol{x}$ 的轨迹是一个圆, 向量 $\boldsymbol{Ax}$ 的轨迹为一椭圆, 当向量 $\boldsymbol{Ax}$ 和 $\boldsymbol{x}$ 共线时, 有 $\boldsymbol{Ax}=\lambda\boldsymbol{x}$ 成立, $\lambda$ 为实数因子, $\boldsymbol{x}$ 与 $\boldsymbol{Ax}$ 共线的位置为特征位置.

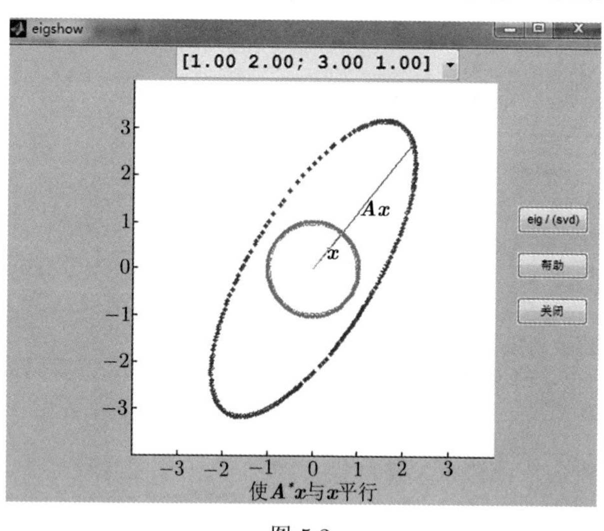


图 5.2

```
>> B=[1 1;1 1];
>> [V2,D2]=eig(B) %显示矩阵B的特征值和特征向量
V2 =
   -0.7071    0.7071
    0.7071    0.7071
D2 =
     0     0
```

```
      0        2
>> eigshow(B)       %演示向量x与Bx之间的关系
```

向量 $\boldsymbol{x}$ 与 $\boldsymbol{Bx}$ 之间的关系如图 5.3.

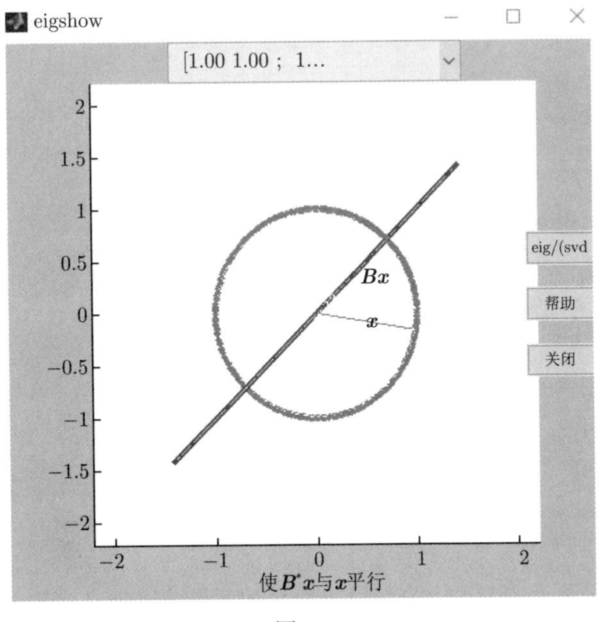


图 5.3

$\boldsymbol{x}$ 的轨迹是一个圆, 而 $\boldsymbol{Bx}$ 的轨迹则是一条直线, 拖动向量 $\boldsymbol{x}$ 顺时针旋转, $\boldsymbol{Bx}$ 沿着直线上下移动.

**例 4** 判定矩阵 $\boldsymbol{A}=\begin{pmatrix}1 & -2 & 0\\ -2 & 2 & -2\\ 0 & -2 & 3\end{pmatrix}$ 是否可对角化, 若可以, 请找出相似变换矩阵 $\boldsymbol{P}$ 及对角矩阵 $\boldsymbol{D}$.

**解**

在 MATLAB 命令窗口中输入:

```
>> clear
>> A=[1 -2 0;-2 2 -2;0 -2 3];
>> [VA,DA]=eig(A);%VA为所求的正交阵, DA为A的特征值所构成的对角阵
>> r=rank(VA);
>> [m,n]=size(A);
>> if r==n
P=VA
D=DA
```

```
end
P =
   -0.6667   -0.6667    0.3333
   -0.6667    0.3333   -0.6667
   -0.3333    0.6667    0.6667
D =
   -1.0000         0         0
         0    2.0000         0
         0         0    5.0000
>> DA
DA =    -1.0000         0         0
              0    2.0000         0
              0         0    5.0000
>> VA
VA =
   -0.6667   -0.6667    0.3333
   -0.6667    0.3333   -0.6667
   -0.3333    0.6667    0.6667
>> r
r =     3
```

其中, VA 为所求的正交阵, DA 为 $\boldsymbol{A}$ 的特征值所构成的对角阵.

**例 5**　求正交相似变换矩阵 $\boldsymbol{P}$, 将矩阵 $\boldsymbol{A}=\begin{pmatrix}1 & -2 & 2\\ -2 & -2 & 4\\ 2 & 4 & -2\end{pmatrix}$ 相似对角化, 并求出对角化后所得的对角阵.

**解**　在 MATLAB 命令窗口中输入:

```
>> clear
>> A=[1 -2 2;-2 -2 4;2 4 -2];
>> [P,X]=schur(A)
P =
    0.3333   -0.1293    0.9339
    0.6667   -0.6681   -0.3304
   -0.6667   -0.7327    0.1365
X =    -7.0000         0         0
             0    2.0000         0
             0         0    2.0000
```

显示结果可以得出: 方阵 $\boldsymbol{A}$ 的秩为 3, 故可以对角化.

为了验证 $\boldsymbol{P}$ 是正交矩阵, 输入:

```
>> P'*P
ans =
    1.0000    0.0000    0.0000
    0.0000    1.0000         0
    0.0000         0    1.0000
>> X1=inv(P)*A*P
X1 =
   -7.0000    0.0000   -0.0000
    0.0000    2.0000    0.0000
    0.0000    0.0000    2.0000
>> X2=P'*A*P
X2 =
   -7.0000    0.0000   -0.0000
    0.0000    2.0000    0.0000
   -0.0000    0.0000    2.0000
```

第一个结果说明 $\boldsymbol{P}^{\mathrm{T}}\boldsymbol{P}=\boldsymbol{E}$, 所有 $\boldsymbol{P}$ 是正交矩阵, 第二个与第三个结果说明可对角化.

**例 6** 设三阶方阵 $\boldsymbol{A}=\begin{pmatrix}2&1&1\\0&2&0\\0&-1&1\end{pmatrix}$, 求 $\boldsymbol{A}^{100}$.

**解** 本题的思路是先将矩阵 $\boldsymbol{A}$ 进行相似对角化, 然后再求解 $\boldsymbol{A}^n$, 验证其结果, 在 MATLAB 命令窗口中输入:

```
>> clear
>> A=[2 1 1;0 2 0;0 -1 1];
>> A^100
ans =
   1.0e+30 *
    1.2677    1.2677    1.2677
         0    1.2677         0
         0   -1.2677    0.0000
```

**例 7** 求一个正交变换, 化二次型 $f(x_1,x_2,x_3)=2x_1^2+3x_2^2+3x_3^2+4x_2x_3$.

**解** 二次型的矩阵为 $\boldsymbol{A}=\begin{pmatrix}2&0&0\\0&3&2\\0&2&3\end{pmatrix}$.

在 MATLAB 命令窗口中输入:

```
>> clear
```

```
>> A=[2 0 0;0 3 2;0 2 3];
>> [P,X]=eig(A);
>> syms y1 y2 y3
>> f=[y1 y2 y3]*X*[y1;y2;y3]
f =
y1^2 + 2*y2^2 + 5*y3^2
>>X
X =     1.0000         0         0
             0    2.0000         0
             0         0    5.0000
```

最后将二次型化为标准形 $f=y_1^2+2y_2^2+5y_3^2$.

# 第 6 章　线性空间与线性变换

在第 4 章中, 我们把几何向量推广到 $n$ 维向量, 讨论了向量的线性运算和向量间的线性关系, 并由此得到了 $n$ 维向量空间的概念. 它们对于研究线性方程组解的结构具有十分重要的意义. 向量空间又称线性空间, 是最基本的数学概念之一, 它的理论和方法已经渗透到自然科学、工程技术的各个领域. 在此章中, 我们将把这些概念进行推广, 使向量及向量空间的概念更具一般性. 当然, 推广后的向量概念也更加抽象化了. 这一章将介绍线性空间的概念、性质及子空间; 讨论线性空间的基与坐标; 介绍线性变换的定义, 研究线性变换的矩阵等有关概念.

## 6.1　线性空间的定义与性质

### 6.1.1　线性空间的定义

**定义 1**　设 $V$ 是一个非空集合, $F$ 为一数域. 如果对于任意两个元素 $\boldsymbol{\alpha}, \boldsymbol{\beta} \in V$, 总有唯一的一个元素 $\boldsymbol{\gamma} \in V$ 与之对应, 称为 $\boldsymbol{\alpha}$ 与 $\boldsymbol{\beta}$ 的和, 记作 $\boldsymbol{\gamma} = \boldsymbol{\alpha} + \boldsymbol{\beta}$; 若对于一数 $\lambda \in F$ 与任一元素 $\alpha \in V$, 总有唯一的一个元素 $\boldsymbol{\delta} \in V$ 与之对应, 称为 $\lambda$ 与 $\boldsymbol{\alpha}$ 的积, 记作 $\boldsymbol{\delta} = \lambda\boldsymbol{\alpha}$. 若上述的两种运算满足以下八条运算规律, 那么 $V$ 就称为数域 $F$ 上的线性空间:

(1) $\boldsymbol{\alpha} + \boldsymbol{\beta} = \boldsymbol{\beta} + \boldsymbol{\alpha}$;

(2) $(\boldsymbol{\alpha} + \boldsymbol{\beta}) + \boldsymbol{\gamma} = \boldsymbol{\alpha} + (\boldsymbol{\beta} + \boldsymbol{\gamma})$;

(3) 在 $V$ 存在零元素 $\mathbf{0}$, 对任何 $\boldsymbol{\alpha} \in V$, 都有 $\boldsymbol{\alpha} + \mathbf{0} = \boldsymbol{\alpha}$;

(4) 对任何 $\boldsymbol{\alpha} \in V$, 都有 $\boldsymbol{\alpha}$ 的负元素 $\boldsymbol{\beta} \in V$, 使 $\boldsymbol{\alpha} + \boldsymbol{\beta} = \mathbf{0}$;

(5) $1\boldsymbol{\alpha} = \boldsymbol{\alpha}$;

(6) $\lambda(\mu\boldsymbol{\alpha}) = (\lambda\mu)\boldsymbol{\alpha}$;

(7) $(\lambda + \mu)\boldsymbol{\alpha} = \lambda\boldsymbol{\alpha} + \mu\boldsymbol{\alpha}$;

(8) $\lambda(\boldsymbol{\alpha} + \boldsymbol{\beta}) = \lambda\boldsymbol{\alpha} + \lambda\boldsymbol{\beta}$.

这里 $\boldsymbol{\alpha}, \boldsymbol{\beta}, \boldsymbol{\gamma} \in V; \lambda, \mu \in F$.

简言之, 满足以上八条规律的加法及数乘运算, 就称为 $V$ 上的线性运算, 凡定义了线性运算的集合, 就称线性空间.

线性空间中的元素称为向量, 显然, 这里所说的向量比几何空间及 $n$ 维向量空间中的向量更为抽象, 更为广泛, 线性空间 $V$ 中的向量也就不一定是有序数组了.

在一个非空集合上, 若对于所定义的加法和数乘运算不封闭, 或者运算不满足八条性质的某一条, 则此集合就不能构成线性空间.

线性空间是实际问题的抽象, 它有广泛性和多样性的特点, 下面通过几个例题来熟悉下线性空间的概念.

**例 1** 设 $V = \{\mathbf{0}\}$ 只包含一个元素, 对于实数域 $\mathbf{R}$, 定义

$$\mathbf{0} + \mathbf{0} = \mathbf{0}, \quad k\mathbf{0} = \mathbf{0} \quad (k \in \mathbf{R}),$$

可以验证上述运算满足八条运算法则, $\mathbf{0}$ 就是 $V$ 的零元素, 则 $V = \{\mathbf{0}\}$ 是 $\mathbf{R}$ 上的一个线性空间, 称之为零空间.

**例 2** 通过以前所学知识, 不难判断:

(1) 复数集 $\mathbf{C}$ 对于复数的加法和数乘构成复数域 $\mathbf{C}$ 上的线性空间.

(2) 实数域 $\mathbf{R}$ 上的 $n$ 元非齐次线性方程组 $\boldsymbol{AX} = \boldsymbol{b}$ 的所有解向量, 对于向量的加法和数量乘法不能构成 $\mathbf{R}$ 上的线性空间, 因为关于线性运算不封闭.

(3) 定义在闭区间 $[a, b]$ 上的连续实函数集合 $\mathbf{R}[a, b]$, 对于通常函数的加法和数乘运算构成实数域 $\mathbf{R}$ 上的线性空间.

(4) 集合 $\mathbf{R}^{m\times n}$ 对于矩阵的加法和数乘构成实数域 $\mathbf{R}$ 上的线性空间.

**例 3** 记次数不超过 $n$ 的多项式的全体为 $P[x]_n$, 即

$$P[x]_n = \{p = a_n x_n + \cdots + a_1 x + a_0 \,|a_n, \cdots, a_1, a_0 \in \mathbf{R}\},$$

试验证对通常的多项式的加法与数乘运算构成线性空间.

**证明** 注意到通常的多项式的加法与数乘运算满足线性运算的八条规律, 且

$$\begin{aligned}&(a_n x^n + \cdots + a_1 x + a_0) + (b_n x^n + \cdots + b_1 x + b_0)\\ =&(a_n + b_n)x^n + \cdots + (a_1 + b_1)x + (a_0 + b_0) \in P[x]_n.\\ &\lambda(a_n x^n + \cdots + a_1 x + a_0) = (\lambda a_n)x^n + \cdots + (\lambda a_1)x + (\lambda a_0) \in P[x]_n.\end{aligned}$$

即 $P[x]_n$ 对加法和数乘运算封闭. 故 $P[x]_n$ 构成一线性空间.

**例 4** 证明 $n$ 次多项式的全体

$$Q[x]_n = \{p = a_n x_n + \cdots + a_1 x_1 + a_0 \,|a_n, \cdots, a_0 \in \mathbf{R}\text{ , 且}\alpha_n \neq 0\}$$

对于通常的多项式加法和数乘运算不构成线性空间.

**证明** 因为 $0 \cdot p = 0(a_n x^n + \cdots + a_1 x + a_0) = 0 \notin Q[x]_n$, 所以 $Q[x]_n$ 对数乘运算不封闭. 因而 $Q[x]_n$ 不能构成一线性空间.

**例 5** 正弦函数的集合 $S[x] = \{s = A\sin(x + B) \,|A, B \in \mathbf{R}\}$, 对于通常的函数加法及数乘函数的乘法构成线性空间.

**证明** 因为

$$\begin{aligned}s_1+s_2&=A_1\sin(x+B_1)+A_2\sin(x+B_2)\\&=(a_1\cos x+b_1\sin x)+(a_2\cos x+b_2\sin x)\\&=(a_1+a_2)\cos x+(b_1+b_2)\sin x=A\sin(x+B)\in S[x],\end{aligned}$$

其中

$$\begin{aligned}&a_1=A_1\sin B_1,\quad b_1=A_1\cos B_1,\quad a_2=A_2\sin B_2,\\&b_2=A_2\cos B_2,\quad A=\sqrt{(a_1+a_2)^2+(b_1+b_2)^2},\\&\lambda s_1=\lambda A_1\sin(x+B_1)=(\lambda A_1)\sin(x+B_1)\in S[x].\end{aligned}$$

所以 $S[x]$ 是一个线性空间.

**例 6** $n$ 个有序实数组成的数组的全体 $S^n=\{\boldsymbol{x}=(x_1,x_2,\cdots,x_n)^{\mathrm{T}}|x_1,x_2,\cdots,x_n\in\mathbf{R}\}$ 对于通常的有序数组的加法及如下定义的数乘:

$$\lambda\circ(x_1,\cdots,x_n)^{\mathrm{T}}=(0,\cdots,0),\quad \lambda\in\mathbf{R},x\in S^n$$

不构成线性空间.

**解** 虽然可证得 $S^n$ 对加法和数乘运算封闭, 但 $1\circ\boldsymbol{x}=\mathbf{0}$, 不满足第五条运算规律.

由于所定义的运算不是线性运算, 故 $S^n$ 不是线性空间.

**例 7** 正实数的全体记作 $\mathbf{R}^+$, 在其中定义加法及数乘运算为

$$a\oplus b=ab,\quad \lambda\circ a=a^\lambda\quad(\lambda\in\mathbf{R},a,b\in\mathbf{R}^+).$$

验证 $\mathbf{R}^+$ 对上述加法与数乘运算构成线性空间.

**证明**

$$\forall a,b\in\mathbf{R}^+,\quad a\oplus b=ab\in\mathbf{R}^+;$$

$$\forall\lambda\in\mathbf{R},\quad a\in\mathbf{R}^+,\quad \lambda\circ a=a^\lambda\in\mathbf{R}^+.$$

故对定义的加法与数乘运算封闭.

下面逐一验证八条线性运算规律:

(1) $a\oplus b=ab=ba=b\oplus a$;

(2) $(a\oplus b)\oplus c=(ab)\oplus c=(ab)c=a\oplus(b\oplus c)$;

(3) $\mathbf{R}^+$ 中存在零元素 1, 对任何 $a\in\mathbf{R}^+$, 有 $a\oplus 1=a\cdot 1=a$;

(4) $\forall a\in\mathbf{R}^+$, 有负元素 $a^{-1}\in\mathbf{R}^+$, 使 $a\oplus a^{-1}=a\cdot a^{-1}=1$;

(5) $1 \circ a = a^1 = a$;

(6) $\lambda \circ (\mu \circ a) = \lambda \circ a^\mu = (a^\mu)^\lambda = a^{\lambda\mu} = (\lambda\mu) \circ a$;

(7) $(\lambda + \mu) \circ a = a^{\lambda+\mu} = a^\lambda a^\mu = a^\lambda \oplus a^\mu = (\lambda \circ a) \oplus (\mu \circ a)$;

(8) $\lambda \circ (a \oplus b) = \lambda \circ (ab) = (ab)^\lambda = a^\lambda b^\lambda = a^\lambda \oplus b^\lambda = (\lambda \circ a) \oplus (\lambda \circ b)$.

所以 $\mathbf{R}^+$ 对所定义的加法和数乘运算构成线性空间.

通过以上几个例题, 我们发现, 判断一个集合是否构成线性空间, 不能只检验对加法和数乘运算的封闭性. 如果所定义的加法和数乘运算不是通常的实数间的加乘运算, 就应该仔细检验是否满足八条线性运算规律 (如例 7).

### 6.1.2　线性空间的性质

由定义, 可以证明抽象的线性空间的一些简单性质:

(1) 零元素是唯一的.

(2) 任一元素的负元素是唯一的.

(3) $0\boldsymbol{\alpha} = \mathbf{0}; (-1)\boldsymbol{\alpha} = -\boldsymbol{\alpha}; \lambda\mathbf{0} = \mathbf{0}$.

(4) 若 $\lambda\boldsymbol{\alpha} = \mathbf{0}$, 则 $\lambda = 0$ 或 $\boldsymbol{\alpha} = \mathbf{0}$.

**证明**　(1) 假设 $\mathbf{0}_1, \mathbf{0}_2$ 是线性空间 $V$ 中的两个零元素, 由于 $\mathbf{0}_1$ 是零元素, 所以有 $\mathbf{0}_1 + \mathbf{0}_2 = \mathbf{0}_2$,

因为 $\mathbf{0}_2$ 是零元素, 所以 $\mathbf{0}_1 + \mathbf{0}_2 = \mathbf{0}_1$, 故 $\mathbf{0}_1 = \mathbf{0}_2$.

(2) 假设 $\boldsymbol{\beta}, \boldsymbol{\gamma}$ 均为 $\boldsymbol{\alpha}$ 的负元素, 由负元素的定义有

$$\boldsymbol{\alpha} + \boldsymbol{\beta} = \mathbf{0}, \quad \boldsymbol{\alpha} + \boldsymbol{\gamma} = \mathbf{0},$$

于是

$$\boldsymbol{\beta} = \boldsymbol{\beta} + \mathbf{0} = \boldsymbol{\beta} + (\boldsymbol{\alpha} + \boldsymbol{\beta}) = (\boldsymbol{\beta} + \boldsymbol{\alpha}) + \boldsymbol{\gamma} = \mathbf{0} + \boldsymbol{\gamma} = \boldsymbol{\gamma}.$$

(3) 因 $\boldsymbol{\alpha} + 0\boldsymbol{\alpha} = 1\boldsymbol{\alpha} + 0\boldsymbol{\alpha} = (1+0)\boldsymbol{\alpha} = 1\boldsymbol{\alpha} = \boldsymbol{\alpha}$, 所以 $0\boldsymbol{\alpha} = \mathbf{0}$, 因 $\boldsymbol{\alpha} + (-1)\boldsymbol{\alpha} = 1\boldsymbol{\alpha} + (-1)\boldsymbol{\alpha} = [1 + (-1)]\boldsymbol{\alpha} = 0\boldsymbol{\alpha} = \mathbf{0}$, 所以 $(-1)\boldsymbol{\alpha} = -\boldsymbol{\alpha}$,

$$\lambda\mathbf{0} = \lambda[\boldsymbol{\alpha} + (-1)\boldsymbol{\alpha}] = \lambda\boldsymbol{\alpha} + (-\lambda)\boldsymbol{\alpha} = [\lambda + (-\lambda)]\boldsymbol{\alpha} = 0\boldsymbol{\alpha} = \mathbf{0}.$$

(4) 假设 $\lambda \neq 0$, 则 $\dfrac{1}{\lambda}(\lambda\boldsymbol{\alpha}) = \dfrac{1}{\lambda}\mathbf{0} = \mathbf{0}$, 而 $\dfrac{1}{\lambda}(\lambda\boldsymbol{\alpha}) = \left(\dfrac{1}{\lambda}\lambda\right)\boldsymbol{\alpha} = 1\boldsymbol{\alpha} = \boldsymbol{\alpha}$, 于是 $\boldsymbol{\alpha} = \mathbf{0}$.

### 6.1.3　线性空间的子空间

对于数域 $F$ 上的线性空间 $V$, 它的子集合 $W$ 关于 $V$ 中的两种运算可能是封闭的, 也可能是不封闭的, 例如 $\mathbf{R}^3$ 的下列子集合:

$$W_1 = \{(x_1, x_2, x_3) \,|\, x_1 - x_2 + 3x_3 = 0\},$$

$$W_2 = \{(x_1, x_2, x_3) \,|x_1 - x_2 + 3x_3 = 1\}.$$

$W_1$ 是过原点的平面 $x_1 - x_2 + 3x_3 = 0$ 上的全体向量; $W_2$ 是不过原点的平面 $x_1 - x_2 + 3x_3 = 1$ 上的全体向量. 容易验证 $W_1$ 关于向量的加法和数乘运算是封闭的, 而 $W_2$ 对这两种运算是不封闭的.

显然, $W_2$ 对 $\mathbf{R}^3$ 中的线性运算不构成一个线性空间, 因而不是 $\mathbf{R}^3$ 的一个线性子空间, 而 $W_1$ 则是 $\mathbf{R}^3$ 的一个线性子空间. 下面给出线性空间的子空间的定义.

**定义 2** 设 $V$ 是一个线性空间, $L$ 是 $V$ 的一个非空子集, 如果 $L$ 对于 $V$ 中所定义的加法和数乘两种运算也构成一个线性空间, 则称 $L$ 为 $V$ 的子空间.

在线性空间 $V$ 中, 由单个零向量组成的集合 $W = \{\mathbf{0}\}$ 也是线性空间, 称 $W$ 为 $V$ 的零子空间. 而线性空间 $V$ 也是其本身的一个子空间.

在线性空间 $V$ 中, 零子空间 $\{\mathbf{0}\}$ 与线性空间 $V$ 本身这两个子空间有时称为**平凡子空间**, 而 $V$ 的其他子空间则称为**非平凡子空间**.

**定理 1** 线性空间 $V$ 的非空子集 $L$ 构成子空间的充分必要条件是: $L$ 对于 $V$ 中的线性运算封闭.

**例 8** (1) 实数域 $\mathbf{R}$ 上所有次数不超过 $n$ 的一元多项式组成的线性空间 $P[x]_n$, 是实数域 $\mathbf{R}$ 上所有一元多项式组成的线性空间 $\mathbf{R}[x]$ 的子空间.

(2) 数域 $\mathbf{R}$ 上的所有 $n$ 阶数量矩阵组成的线性空间, 是 $\mathbf{R}$ 上的所有 $n$ 阶矩阵组成的线性空间的子空间.

**例 9** 设 $\boldsymbol{A} \in F^{m\times n}$, 则齐次线性方程组 $\boldsymbol{Ax} = \mathbf{0}$ 的解集合

$$S = \{\boldsymbol{x} \,|\, \boldsymbol{Ax} = \mathbf{0}\}$$

是 $F^n$ 的一个子空间, 叫做齐次线性方程组的**解空间** (也称矩阵 $\boldsymbol{A}$ 的**零空间**, 记作 $N(\boldsymbol{A})$), 但是非齐次线性方程组 $\boldsymbol{Ax} = \boldsymbol{b}$ 的解集合不是 $F^n$ 的子空间.

**例 10** $\mathbf{R}^{2\times 3}$ 的下列子集是否构成子空间? 为什么?

(1) $W_1 = \left\{ \begin{pmatrix} 1 & b & 0 \\ 0 & c & d \end{pmatrix} \middle| b, c, d \in \mathbf{R} \right\}$;

(2) $W_2 = \left\{ \begin{pmatrix} a & b & 0 \\ 0 & 0 & c \end{pmatrix} \middle| a + b + c = 0, a, b, c \in \mathbf{R} \right\}$.

**解** (1) 不构成子空间.

因为对 $\boldsymbol{A} = \boldsymbol{B} = \begin{pmatrix} 1 & b & 0 \\ 0 & c & d \end{pmatrix} \in W_1$, 有 $\boldsymbol{A} + \boldsymbol{B} = \begin{pmatrix} 2 & 2b & 0 \\ 0 & 2c & 2d \end{pmatrix} \notin W_1$,

即 $W_1$ 对矩阵加法不封闭, 不构成子空间.

(2) 因 $\begin{pmatrix} 0 & 0 & 0 \\ 0 & 0 & 0 \end{pmatrix} \in W_2$, 即 $W_2$ 非空.

对任意 $\boldsymbol{A} = \begin{pmatrix} a_1 & b_1 & 0 \\ 0 & 0 & c_1 \end{pmatrix}, \boldsymbol{B} = \begin{pmatrix} a_2 & b_2 & 0 \\ 0 & 0 & c_2 \end{pmatrix} \in W_2$, 有 $a_1 + b_1 + c_1 = 0, a_2 + b_2 + c_2 = 0$.

于是 $\boldsymbol{A} + \boldsymbol{B} = \begin{pmatrix} a_1 + a_2 & b_1 + b_2 & 0 \\ 0 & 0 & c_1 + c_2 \end{pmatrix}$, 满足 $(a_1 + a_2) + (b_1 + b_2) + (c_1 + c_2) = 0$, 即 $\boldsymbol{A} + \boldsymbol{B} \in W_2$.

对任意 $k \in \mathbf{R}$ 有 $k\boldsymbol{A} = \begin{pmatrix} ka_1 & kb_1 & 0 \\ 0 & 0 & kc_1 \end{pmatrix}$, 且 $ka_1 + kb_1 + kc_1 = 0$, 即 $k\boldsymbol{A} \in W_2$, 故 $W_2$ 是 $\mathbf{R}^{2\times 3}$ 的子空间.

**例 11**　设 $H$ 是所有形如 $(\alpha - 2\beta, \beta - 2\alpha, \alpha, \beta)$ 的向量所构成的集合, 其中 $\alpha, \beta$ 是任意的数. 即 $H = \{(\alpha - 2\beta, \beta - 2\alpha, \alpha, \beta) \,|\alpha, \beta \in \mathbf{R}\}$. 证明 $H$ 是 $\mathbf{R}^4$ 的子空间.

**证明**　把 $H$ 中的向量记成列向量的形式, $H$ 中的任意向量都具有如下形式:

$$\begin{pmatrix} \alpha - 2\beta \\ \beta - 2\alpha \\ \alpha \\ \beta \end{pmatrix} = \alpha \begin{pmatrix} 1 \\ -2 \\ 1 \\ 0 \end{pmatrix} + \beta \begin{pmatrix} -2 \\ 1 \\ 0 \\ 1 \end{pmatrix}.$$

令 $\boldsymbol{p}_1 = \begin{pmatrix} 1 \\ -2 \\ 1 \\ 0 \end{pmatrix}, \boldsymbol{p}_2 = \begin{pmatrix} -2 \\ 1 \\ 0 \\ 1 \end{pmatrix}$, 则 $H$ 是由 $\boldsymbol{p}_1, \boldsymbol{p}_2$ 的线性组合的向量所构成的集合. 即

$$H = \{k_1 p_1 + k_2 p_2 \,|k_1, k_2 \in \mathbf{R}\}.$$

在 $H$ 中任取两向量 $\boldsymbol{\gamma}_1 = k_1\boldsymbol{p}_1 + k_2\boldsymbol{p}_2$ 和 $\boldsymbol{\gamma}_2 = l_1\boldsymbol{p}_1 + l_2\boldsymbol{p}_2$, 有

$$\boldsymbol{\gamma}_1 + \boldsymbol{\gamma}_2 = (k_1\boldsymbol{p}_1 + k_2\boldsymbol{p}_2) + (l_1\boldsymbol{p}_1 + l_2\boldsymbol{p}_2) = (k_1 + l_1)\,\boldsymbol{p}_1 + (k_2 + l_2)\,\boldsymbol{p}_2 \in H.$$

又对于 $c \in \mathbf{R}$, 有

$$c\boldsymbol{\gamma}_1 = c\,(k_1\boldsymbol{p}_1 + k_2\boldsymbol{p}_2) = (ck_1)\,\boldsymbol{p}_1 + (ck_2)\,\boldsymbol{p}_2 \in H.$$

所以 $H$ 是 $\mathbf{R}^4$ 的子空间.

**注** 例 11 给出了一种非常有用的技巧, 利用它可以将子空间 $H$ 表示成更小的向量集合的线性组合. 如果 $H$ 是由 $\boldsymbol{p}_1,\boldsymbol{p}_2,\cdots,\boldsymbol{p}_n$ 的线性组合的向量所构成的集合, 可以利用向量 (组)$\boldsymbol{p}_1,\boldsymbol{p}_2,\cdots,\boldsymbol{p}_n$ 来研究子空间 $H$, 也可以把 $H$ 中无穷多个向量的计算简化成 $\boldsymbol{p}_1,\boldsymbol{p}_2,\cdots,\boldsymbol{p}_n$ 中向量的运算.

**定理 2** 设 $V$ 是数域 $F$ 上的线性空间, $S$ 是 $V$ 的一个非空子集合, 则 $S$ 中一切向量组的所有线性组合组成的集合

$$W=\{k_1\boldsymbol{\alpha}_1+\cdots+k_m\boldsymbol{\alpha}_m\,|\boldsymbol{\alpha}_i\in S,k_i\in F,i=1,\cdots,m\}$$

是 $V$ 中包含 $S$ 的最小的子空间.

**证明** $W$ 显然包含 $S$. 设 $\boldsymbol{\alpha},\boldsymbol{\beta}\in W$, 则存在 $\boldsymbol{\alpha}_1,\boldsymbol{\alpha}_2,\cdots,\boldsymbol{\alpha}_m$, $\boldsymbol{\beta}_1,\boldsymbol{\beta}_2,\cdots,\boldsymbol{\beta}_n\in S$ 及 $k_1,k_2,\cdots,k_m,l_1,l_2,\cdots,l_n\in F$, 使得

$$\boldsymbol{\alpha}=k_1\boldsymbol{\alpha}_1+k_2\boldsymbol{\alpha}_2+\cdots+k_m\boldsymbol{\alpha}_m,$$

$$\boldsymbol{\beta}=l_1\boldsymbol{\beta}_1+l_2\boldsymbol{\beta}_2+\cdots+l_n\boldsymbol{\beta}_n.$$

于是 $\boldsymbol{\alpha}+\boldsymbol{\beta}=(k_1\boldsymbol{\alpha}_1+k_2\boldsymbol{\alpha}_2+\cdots+k_m\boldsymbol{\alpha}_m)+(l_1\boldsymbol{\beta}_1+l_2\boldsymbol{\beta}_2+\cdots+l_n\boldsymbol{\beta}_n)\in W$.

又 $\forall k\in F$, 也有

$$k\boldsymbol{\alpha}=k\,(k_1\boldsymbol{\alpha}_1+k_2\boldsymbol{\alpha}_2+\cdots+k_m\boldsymbol{\alpha}_m)=kk_1\boldsymbol{\alpha}_1+\cdots+kk_m\boldsymbol{\alpha}_m\in W,$$

所以 $W$ 是 $V$ 的一个子空间.

再设 $W^*$ 是 $V$ 中包含 $S$ 的任一个子空间, 则

$$\forall\,\boldsymbol{\alpha}=k_1\boldsymbol{\alpha}_1+k_2\boldsymbol{\alpha}_2+\cdots+k_m\boldsymbol{\alpha}_m,$$

由于 $\boldsymbol{\alpha}_1,\boldsymbol{\alpha}_2,\cdots,\boldsymbol{\alpha}_m\in S\subseteq W^*$, 所以必有 $\boldsymbol{\alpha}\in W^*$, 从而 $W\subseteq W^*$, 因此 $W$ 是 $V$ 中包含 $S$ 的最小子空间.

定理 2 中的 $W$ 称为由 $V$ 的非空子集 $S$ 生成的 $V$ 的子空间, 或者说 $S$ 生成 $W$, 当 $S$ 为有限子集 $\{\boldsymbol{\alpha}_1,\boldsymbol{\alpha}_2,\cdots,\boldsymbol{\alpha}_m\}$ 时, 记 $W=L\,(\boldsymbol{\alpha}_1,\boldsymbol{\alpha}_2,\cdots,\boldsymbol{\alpha}_m)$, 并称 $W$ 是由向量组 $\boldsymbol{\alpha}_1,\boldsymbol{\alpha}_2,\cdots,\boldsymbol{\alpha}_m$ 生成的子空间.

例如, 齐次线性方程组 $\boldsymbol{A}\boldsymbol{x}=\boldsymbol{0}$ 的解空间是由它的基础解系生成的子空间; $\mathbf{R}^3$ 中任一个过原点的平面上的全体向量所构成的子空间, 是由该平面上任意两个线性无关的向量生成的子空间.

**定理 3** 设 $W_1,W_2$ 是数域 $F$ 上的线性空间 $V$ 的两个子空间, 且 $W_1=L\,(\boldsymbol{\alpha}_1,\boldsymbol{\alpha}_2,\cdots,\boldsymbol{\alpha}_s)\,,W_2=L\,(\boldsymbol{\beta}_1,\boldsymbol{\beta}_2,\cdots,\boldsymbol{\beta}_t)$, 则 $W_1=W_2$ 的充分必要条件是两个向量组 $\boldsymbol{\alpha}_1,\boldsymbol{\alpha}_2,\cdots,\boldsymbol{\alpha}_s$ 与 $\boldsymbol{\beta}_1,\boldsymbol{\beta}_2,\cdots,\boldsymbol{\beta}_t$ 可以相互线性表示 (即两个向量组中的每个向量都可以由另一个向量线性表示).

**证明**　必要性是显然的, 下面证充分性.

设 $\alpha = k_1\boldsymbol{\alpha}_1 + k_2\boldsymbol{\alpha}_2 + \cdots + k_s\boldsymbol{\alpha}_s \in W_1$, 由于 $\boldsymbol{\alpha}_i\,(i=1,\cdots,s)$ 可由向量组 $\boldsymbol{\beta}_1,\boldsymbol{\beta}_2,\cdots,\boldsymbol{\beta}_t$ 线性表示, 所以 $\boldsymbol{\alpha}$ 可由 $\boldsymbol{\beta}_1,\boldsymbol{\beta}_2,\cdots,\boldsymbol{\beta}_t$ 线性表示, 即存在 $l_1,l_2,\cdots,l_t \in F$, 使

$$\boldsymbol{\alpha} = l_1\boldsymbol{\beta}_1 + l_2\boldsymbol{\beta}_2 + \cdots + l_t\boldsymbol{\beta}_t,$$

因此, $W_1 \subseteq W_2$.

同理可证, $W_2 \subseteq W_1$, 从而有 $W_1 = W_2$.

**定义 3**　设 $W_1, W_2$ 是线性空间 $V$ 的两个子空间, 则 $V$ 的子集合

$$W_1 \cap W_2 = \{\boldsymbol{\alpha}\,|\boldsymbol{\alpha} \in W_1 \text{且 } \boldsymbol{\alpha} \in W_2\},$$

$$W_1 + W_2 = \{\boldsymbol{\alpha}_1 + \boldsymbol{\alpha}_2\,|\boldsymbol{\alpha}_1 \in W_1, \boldsymbol{\alpha}_2 \in W_2\}$$

分别称为两个子空间的交与和. 如果 $W_1 \cap W_2 = \{\mathbf{0}\}$, 就称 $W_1 + W_2$ 为**直和**, 记作 $W_1 \oplus W_2$.

需要注意的是, $W_1 + W_2$ 是由 $W_1$ 中的任意向量与 $W_2$ 中的任意向量的和组成的集合, 这与 $W_1 \cup W_2$ 的概念是不同的.

**定理 4**　数域 $F$ 上线性空间 $V$ 的两个子空间 $W_1, W_2$ 的交与和仍是 $V$ 的子空间.

**证明**　我们只证 $W_1 + W_2$ 是 $V$ 的子空间, 为此只需证 $W_1 + W_2$ 对 $V$ 中的线性运算封闭.

设 $\boldsymbol{\alpha}, \boldsymbol{\beta} \in W_1 + W_2$, 即存在 $\boldsymbol{\alpha}_1, \boldsymbol{\beta}_1 \in W_1; \boldsymbol{\alpha}_2, \boldsymbol{\beta}_2 \in W_2$, 使

$$\boldsymbol{\alpha} = \boldsymbol{\alpha}_1 + \boldsymbol{\alpha}_2, \quad \boldsymbol{\beta} = \boldsymbol{\beta}_1 + \boldsymbol{\beta}_2,$$

于是

$$\begin{aligned}\boldsymbol{\alpha} + \boldsymbol{\beta} &= (\boldsymbol{\alpha}_1 + \boldsymbol{\alpha}_2) + (\boldsymbol{\beta}_1 + \boldsymbol{\beta}_2)\\ &= (\boldsymbol{\alpha}_1 + \boldsymbol{\beta}_1) + (\boldsymbol{\alpha}_2 + \boldsymbol{\beta}_2) \in W_1 + W_2,\end{aligned}$$

再设 $\lambda \in F$, 则

$$\lambda\boldsymbol{\alpha} = \lambda(\boldsymbol{\alpha}_1 + \boldsymbol{\alpha}_2) = \lambda\boldsymbol{\alpha}_1 + \lambda\boldsymbol{\alpha}_2 \in W_1 + W_2.$$

故 $W_1 + W_2$ 也是 $V$ 的一个子空间.

下面介绍有用的矩阵列空间和行空间以及 $\mathbf{R}^n$ 的正交子空间的概念.

**定义 4**　矩阵 $\boldsymbol{A}$ 的列 (行) 向量组生成的子空间, 称为矩阵 $A$ 的**列 (行) 空间**, 记作 $R(\boldsymbol{A})\left(R\left(\boldsymbol{A}^{\mathrm{T}}\right)\right)$.

若 $\boldsymbol{A}\in\boldsymbol{M}_{m\times n}$, 则 $\boldsymbol{A}$ 的列向量组 $\boldsymbol{\beta}_1,\boldsymbol{\beta}_2,\cdots,\boldsymbol{\beta}_n\in\mathbf{R}^m$, 行向量组 $\boldsymbol{\alpha}_1^{\mathrm{T}},\boldsymbol{\alpha}_2^{\mathrm{T}},\cdots,\alpha_m^{\mathrm{T}}\in\mathbf{R}^n$, 于是, $\boldsymbol{R}(\boldsymbol{A})=L(\boldsymbol{\beta}_1,\boldsymbol{\beta}_2,\cdots,\boldsymbol{\beta}_n)$ 是 $\mathbf{R}^m$ 的一个子空间; $R\left(\boldsymbol{A}^{\mathrm{T}}\right)=L\left(\boldsymbol{\alpha}_1^{\mathrm{T}},\boldsymbol{\alpha}_2^{\mathrm{T}},\cdots,\boldsymbol{\alpha}_m^{\mathrm{T}}\right)$ 是 $\mathbf{R}^n$ 的一个子空间.

**定义 5** 设向量 $\boldsymbol{\alpha}\in\mathbf{R}^n, W$ 是 $\mathbf{R}^n$ 的一个子空间, 如果对于任意的 $\boldsymbol{\gamma}\in W$, 都有 $[\boldsymbol{\alpha},\boldsymbol{\gamma}]=0$, 就称 $\boldsymbol{\alpha}$ 与子空间 $W$ 正交, 记作 $\boldsymbol{\alpha}\perp W$.

**定义 6** 设 $V$ 和 $W$ 是 $\mathbf{R}^n$ 的两个子空间, 如果对于任意的 $\boldsymbol{\alpha}\in V,\boldsymbol{\gamma}\in W$, 都有 $[\boldsymbol{\alpha},\boldsymbol{\gamma}]=0$, 就称 $V$ 和 $W$ **正交**, 记作 $V\perp W$.

例如, $\mathbf{R}^3$ 中 $xOy$ 平面上的全体向量和 $z$ 轴上的全体向量, 分别是 $\mathbf{R}^3$ 的二维和一维子空间, 它们是两个正交的子空间. 但是过原点互相垂直的两个平面上的全体向量构成的两个子空间不是正交的子空间, 因为它们交线上的非零向量自身的内积不等于零.

齐次线性方程组 $\boldsymbol{Ax}=\mathbf{0}$, 即

$$\begin{cases}a_{11}x_1+a_{12}x_2+\cdots+a_{1n}x_n=0,\\ a_{21}x_1+a_{22}x_2+\cdots+a_{2n}x_n=0,\\ \qquad\qquad\cdots\cdots\\ a_{m1}x_1+a_{m2}x_2+\cdots+a_{mn}x_n=0.\end{cases}$$

其每个解向量与系数矩阵 $\boldsymbol{A}$ 的每个行向量都正交, 所以解向量空间与 $\boldsymbol{A}$ 的行空间是正交的, 即

$$N(\boldsymbol{A})\perp R\left(\boldsymbol{A}^{\mathrm{T}}\right).$$

**定理 5** $\mathbf{R}^n$ 中与子空间 $V$ 正交的全部向量所构成的集合

$$W=\{\alpha\,|\alpha\perp V,\alpha\in\mathbf{R}^n\}$$

是 $\mathbf{R}^n$ 的一个子空间.

**证明** 因为零向量与任何子空间正交, 所以 $W$ 是非空集合, 设 $\boldsymbol{\alpha}_1,\boldsymbol{\alpha}_2\in W$. 于是对任意的 $\boldsymbol{\gamma}\in V$, 都有 $[\boldsymbol{\alpha}_1,\boldsymbol{\gamma}]=0,[\boldsymbol{\alpha}_2,\boldsymbol{\gamma}]=0$, 从而有

$$[\boldsymbol{\alpha}_1+\boldsymbol{\alpha}_2,\boldsymbol{\gamma}]=0,\quad [k\boldsymbol{\alpha}_1,\boldsymbol{\gamma}]=0\quad (k\in\mathbf{R}),$$

所以 $(\boldsymbol{\alpha}_1+\boldsymbol{\alpha}_2)\perp V, k\boldsymbol{\alpha}_1\perp V$, 即 $\boldsymbol{\alpha}_1+\boldsymbol{\alpha}_2\in W, k\boldsymbol{\alpha}_1\in W$, 故 $W$ 是 $\mathbf{R}^n$ 的一个子空间.

**定义 7** $\mathbf{R}^n$ 中与子空间 $V$ 正交的全体向量构成的子空间 $W$, 称为 $V$ 的正交补, 记作 $W=V^{\perp}$.

例如, 齐次线性方程组 $\boldsymbol{Ax}=\mathbf{0}$ 的解空间 $N(\boldsymbol{A})$ 是由与 $\boldsymbol{A}$ 的行向量都正交的全部向量构成, 所以

$$N(\boldsymbol{A})=\left(R\left(\boldsymbol{A}^{\mathrm{T}}\right)\right)^{\perp}.$$

这是齐次线性方程组 $\boldsymbol{Ax}=\mathbf{0}$ 的解空间的一个基本性质.

### 习 题 6.1

1. 验证以下集合对于指定的运算是否构成线性空间.

(1) 全体 2 阶对称矩阵的集合, 对矩阵加法和矩阵的数量乘法.

(2) 所有 $n$ 阶可逆矩阵, 对矩阵加法和矩阵的数量乘法.

(3) 任一个二阶常系数线性齐次微分方程解的集合, 对函数的加法和数与函数的乘积.

(4) 微分方程 $y''+3y'-2y=5$ 的全部解, 对函数的加法和数与函数的乘积.

(5) 设 $V$ 为二维实向量的集合, 定义加法和数量乘法如下：

$$(a_1,a_2)+(b_1,b_2)=(a_1+b_1,a_2+b_2),$$

$$k(a_1,a_2)=(ka_1,0).$$

2. 验证：与向量 $(0,0,1)^{\mathrm{T}}$ 不平行的全体三维数组向量, 对于数组向量的加法和数乘运算不构成线性空间.

3. 判断下列 $\mathbf{R}^3$ 的子集是否构成 $\mathbf{R}^3$ 的子空间.

(1) 形如 $(a,b,a+3)$ 的向量全体;  (2) 形如 $(a,0,c)$ 的全体向量.

4. 下述集合对于向量空间 $\mathbf{R}^4$ 中的加法和数乘运算, 是否构成 $\mathbf{R}^4$ 的子空间?

(1) $H_1=\{(x_1,x_2,x_3,x_4)\,|x_1-x_2=2\}$;

(2) $H_1=\{(x_1,x_2,x_3,x_4)\,|x_3=x_1+2x_2,x_4=x_1-3x_2\}$.

5. 设 $W$ 是所有形如 $\begin{pmatrix}7\alpha+4\beta\\2\alpha\\\beta\end{pmatrix}$ 的向量所构成的集合, 其中 $\alpha,\beta$ 是任意的数量. 求向量 $\boldsymbol{p}_1,\boldsymbol{p}_2$, 使得 $W$ 是由 $\boldsymbol{p}_1,\boldsymbol{p}_2$ 的线性组合的向量所构成的集合, 并证明 $W$ 是 $\mathbf{R}^3$ 的子空间.

## 6.2 基、维数与坐标

在第 4 章中, 我们介绍了一些重要概念, 如线性组合、线性表示、线性相关、线性无关等. 这些概念以及有关的性质只涉及线性运算, 而在 6.1 节中, 我们把第 4 章中的向量空间推广到一般的线性空间, 它们对于一般的线性空间仍然适用. 以后我们将直接引用这些概念和性质.

### 6.2.1 线性空间的基与维数

在第 4 章中我们已经提出了基与维数的概念, 这当然也适用于一般的线性空间. 这是线性空间的主要特征, 特再叙述如下.

**定义 1** 在线性空间 $V$ 中, 若存在 $n$ 个元素 $\boldsymbol{\alpha}_1,\boldsymbol{\alpha}_2,\cdots,\boldsymbol{\alpha}_n$ 满足：

(1) $\boldsymbol{\alpha}_1,\boldsymbol{\alpha}_2,\cdots,\boldsymbol{\alpha}_n$ 线性无关;

(2) $V$ 中任一元素 $\boldsymbol{\alpha}$ 总可由 $\boldsymbol{\alpha}_1,\boldsymbol{\alpha}_2,\cdots,\boldsymbol{\alpha}_n$ 线性表示, 则称 $\boldsymbol{\alpha}_1,\boldsymbol{\alpha}_2,\cdots,\boldsymbol{\alpha}_n$ 为线性空间 $V$ 的一个**基**, $n$ 称为线性空间 $V$ 的**维数**, 记为 $\dim V=n$.

维数为 $n$ 的线性空间称为 $n$ **维线性空间**, 记作 $V_n$.

线性空间的维数可以是无穷. 当一个线性空间 $V$ 中存在任意多个线性无关的向量时, 则称 $V$ 是**无限维的**.

在 $n$ 维线性空间 $V$ 中, 任意 $n+1$ 个元素 $\boldsymbol{\beta}_1,\boldsymbol{\beta}_2,\cdots,\boldsymbol{\beta}_{n+1}$ 都可以由 $V$ 的一个基 $\boldsymbol{\alpha}_1,\boldsymbol{\alpha}_2,\cdots,\boldsymbol{\alpha}_n$ 线性表出, 因此, 在 $n$ 维线性空间中任意 $n+1$ 个元素都是线性相关的. 所以, $n$ 维线性空间 $V$ 中, 任何 $n$ 个线性无关的向量都是 $V$ 的一个基.

在线性空间 $V$ 中, 由向量组 $\boldsymbol{\alpha}_1,\boldsymbol{\alpha}_2,\cdots,\boldsymbol{\alpha}_s$ 生成的子空间 $L(\boldsymbol{\alpha}_1,\boldsymbol{\alpha}_2,\cdots,\boldsymbol{\alpha}_s)$ 的维数等于向量组 $\boldsymbol{\alpha}_1,\boldsymbol{\alpha}_2,\cdots,\boldsymbol{\alpha}_s$ 的秩, 向量组 $\boldsymbol{\alpha}_1,\boldsymbol{\alpha}_2,\cdots,\boldsymbol{\alpha}_s$ 的极大线性无关组是 $L(\boldsymbol{\alpha}_1,\boldsymbol{\alpha}_2,\cdots,\boldsymbol{\alpha}_s)$ 的基. 矩阵 $\boldsymbol{A}$ 的列空间 $R(\boldsymbol{A})$ 和行空间 $R\left(\boldsymbol{A}^{\mathrm{T}}\right)$ 的维数都等于 $r(A)$. $V$ 的零子空间 $\{\mathbf{0}\}$ 的维数为零.

齐次线性方程组 $\boldsymbol{A}\boldsymbol{x}=\mathbf{0}$ 的基础解系是其解空间 $N(\boldsymbol{A})$ 的基, 如果 $\boldsymbol{A}$ 是 $m\times n$ 矩阵, 秩 $(\boldsymbol{A})=r$, 则解空间 $N(\boldsymbol{A})$ 的维数为 $n-r$, 所以

$$\dim\left(R\left(\boldsymbol{A}^{\mathrm{T}}\right)\right)+\dim\left(N(\boldsymbol{A})\right)=n.$$

这是 $\boldsymbol{A}\boldsymbol{x}=\mathbf{0}$ 的解空间的又一个基本性质.

**定理 1**(子空间的维数公式)　设 $W_1,W_2$ 是线性空间 $V$ 的子空间, 则

$$\dim W_1+\dim W_2=\dim\left(W_1+W_2\right)+\dim\left(W_1\cap W_2\right).$$

**证明**　设 $\dim W_1=s,\dim W_2=t,\dim(W_1\cap W_2)=r$, 则 $W_1\cap W_2=L(\boldsymbol{\alpha}_1,\boldsymbol{\alpha}_2,\cdots,\boldsymbol{\alpha}_r)$, $W_1=L(\boldsymbol{\alpha}_1,\boldsymbol{\alpha}_2,\cdots,\boldsymbol{\alpha}_r,\boldsymbol{\beta}_1,\boldsymbol{\beta}_2,\cdots,\boldsymbol{\beta}_{s-r})$, $W_2=L(\boldsymbol{\alpha}_1,\boldsymbol{\alpha}_2,\cdots,\boldsymbol{\alpha}_r,\boldsymbol{\gamma}_1,\boldsymbol{\gamma}_2,\cdots,\boldsymbol{\gamma}_{t-r})$, 于是

$$W_1+W_2=L\left(\boldsymbol{\alpha}_1,\boldsymbol{\alpha}_2,\cdots,\boldsymbol{\alpha}_r,\boldsymbol{\beta}_1,\boldsymbol{\beta}_2,\cdots,\boldsymbol{\beta}_{s-r},\boldsymbol{\gamma}_1,\boldsymbol{\gamma}_2,\cdots,\boldsymbol{\gamma}_{t-r}\right).$$

如此, 只要证明 $\dim(W_1+W_2)=s+t-r$, 即上述生成 $W_1+W_2$ 的 $s+t-r$ 个向量是线性无关的. 为此, 设

$$\begin{aligned}&a_1\boldsymbol{\alpha}_1+a_2\boldsymbol{\alpha}_2+\cdots+a_r\boldsymbol{\alpha}_r+b_1\boldsymbol{\beta}_1+b_2\boldsymbol{\beta}_2+\cdots+b_{s-r}\boldsymbol{\beta}_{s-r}\\&+c_1\boldsymbol{\gamma}_1+c_2\boldsymbol{\gamma}_2+\cdots+c_{t-r}\boldsymbol{\gamma}_{t-r}=\mathbf{0},\end{aligned}\tag{6.1}$$

于是

$$\begin{aligned}&a_1\boldsymbol{\alpha}_1+a_2\boldsymbol{\alpha}_2+\cdots+a_r\boldsymbol{\alpha}_r+b_1\boldsymbol{\beta}_1+b_2\boldsymbol{\beta}_2+\cdots+b_{s-r}\boldsymbol{\beta}_{s-r}\\=&-c_1\boldsymbol{\gamma}_1-c_2\boldsymbol{\gamma}_2-\cdots-c_{t-r}\boldsymbol{\gamma}_{t-r}.\end{aligned}\tag{6.2}$$

因为 (6.2) 式两端的向量分别属于 $W_1$ 和 $W_2$, 所以它们都属于 $W_1 \cap W_2$, 因此

$$-c_1\boldsymbol{\gamma}_1 - c_2\boldsymbol{\gamma}_2 - \cdots - c_{t-r}\boldsymbol{\gamma}_{t-r} = d_1\boldsymbol{\alpha}_1 + d_2\boldsymbol{\alpha}_2 + \cdots + d_r\boldsymbol{\alpha}_r,$$

即

$$d_1\boldsymbol{\alpha}_1 + d_2\boldsymbol{\alpha}_2 + \cdots + d_r\boldsymbol{\alpha}_r + c_1\boldsymbol{\gamma}_1 + c_2\boldsymbol{\gamma}_2 + \cdots + c_{t-r}\boldsymbol{\gamma}_{t-r} = \mathbf{0},$$

其中 $\boldsymbol{\alpha}_1, \boldsymbol{\alpha}_2, \cdots, \boldsymbol{\alpha}_r, \boldsymbol{\gamma}_1, \boldsymbol{\gamma}_2, \cdots, \boldsymbol{\gamma}_{t-r}$ 是 $W_2$ 的基, 所以其系数全为零, 将其代入 (6.2) 式右端, 又得 (6.2) 式的左端系数全为零, 所以 (6.1) 式中向量组线性无关.

若 $\boldsymbol{\alpha}_1, \boldsymbol{\alpha}_2, \cdots, \boldsymbol{\alpha}_n$ 为 $V_n$ 的一个基, 则 $V_n$ 可表示为

$$V_n = \{\boldsymbol{\alpha} = x_1\boldsymbol{\alpha}_1 + x_2\boldsymbol{\alpha}_2 + \cdots + x_n\boldsymbol{\alpha}_n \,|x_1, x_2, \cdots, x_n \in \mathbf{R}\},$$

$\forall \boldsymbol{\alpha} \in V_n$ 都有一组有序数 $x_1, x_2, \cdots, x_n$, 使得

$$\boldsymbol{\alpha} = x_1\boldsymbol{\alpha}_1 + x_2\boldsymbol{\alpha}_2 + \cdots + x_n\boldsymbol{\alpha}_n.$$

由 $\boldsymbol{\alpha}_1, \boldsymbol{\alpha}_2, \cdots, \boldsymbol{\alpha}_n$ 为 $V_n$ 的一个基, 可知这组数是唯一的.

反之, 任给一组有序数 $x_1, x_2, \cdots, x_n$, 总有唯一的元素

$$\boldsymbol{\alpha} = x_1\boldsymbol{\alpha}_1 + x_2\boldsymbol{\alpha}_2 + \cdots + x_n\boldsymbol{\alpha}_n \in V_n,$$

于是

$$V_n\text{的元素}\boldsymbol{\alpha} \xleftrightarrow{\text{一一对应}} \text{有序数组}(x_1, x_2, \cdots, x_n)^{\mathrm{T}}.$$

**定义 2**　设 $\boldsymbol{\alpha}_1, \boldsymbol{\alpha}_2, \cdots, \boldsymbol{\alpha}_n$ 是线性空间 $V_n$ 的一个基, 对于任一元素 $\boldsymbol{\alpha} \in V_n$, 有且仅有一组有序数 $x_1, x_2, \cdots, x_n$ 使

$$\boldsymbol{\alpha} = x_1\boldsymbol{\alpha}_1 + x_2\boldsymbol{\alpha}_2 + \cdots + x_n\boldsymbol{\alpha}_n,$$

则称有序数组 $x_1, x_2, \cdots, x_n$ 为元素 $\boldsymbol{\alpha}$ 在基 $\boldsymbol{\alpha}_1, \boldsymbol{\alpha}_2, \cdots, \boldsymbol{\alpha}_n$ 下的坐标, 并记作

$$\boldsymbol{\alpha} = (x_1, x_2, \cdots, x_n)^{\mathrm{T}}.$$

**例 1**　在线性空间 $\mathbf{R}^n$ 中, $n$ 元齐次线性方程组:

$$\begin{cases} a_{11}x_1 + a_{12}x_2 + \cdots + a_{1n}x_n = 0, \\ a_{21}x_1 + a_{22}x_2 + \cdots + a_{2n}x_n = 0, \\ \quad\cdots\cdots \\ a_{m1}x_1 + a_{m2}x_2 + \cdots + a_{mn}x_n = 0 \end{cases}$$

的全部解向量组成 $\mathbf{R}^n$ 的一个子空间. 称这个子空间为该齐次线性方程组的解空间 $V$. 显然, 当该方程组的系数矩阵 $\boldsymbol{A}=(a_{ij})_{m\times n}$ 的秩为 $r<n$ 时, 存在基础解系 $\boldsymbol{\eta}_1,\boldsymbol{\eta}_2,\cdots,\boldsymbol{\eta}_{n-r}$. 而基础解系 $\boldsymbol{\eta}_1,\boldsymbol{\eta}_2,\cdots,\boldsymbol{\eta}_{n-r}$ 就是解空间 $V$ 的基, 从而解空间的维数为 $n-r$, 且 $V=L(\boldsymbol{\eta}_1,\boldsymbol{\eta}_2,\cdots,\boldsymbol{\eta}_{n-r})$.

**例 2** 在 $n$ 维线性空间 $\mathbf{R}^n$ 中, 显然

$$\boldsymbol{\varepsilon}_1=(1,0,\cdots,0)^{\mathrm{T}},\boldsymbol{\varepsilon}_2=(0,1,\cdots,0)^{\mathrm{T}},\cdots,\boldsymbol{\varepsilon}_n=(0,\cdots,0,1)^{\mathrm{T}}$$

为 $\mathbf{R}^n$ 的一组基, 对于 $\mathbf{R}^n$ 中的任一向量 $\boldsymbol{\alpha}=(a_1,a_2,\cdots,a_n)^{\mathrm{T}}$, 有 $\boldsymbol{\alpha}=a_1\boldsymbol{\varepsilon}_1+a_2\boldsymbol{\varepsilon}_2+\cdots+a_n\boldsymbol{\varepsilon}_n$. 因此 $\boldsymbol{\alpha}$ 在基 $\boldsymbol{\varepsilon}_1,\boldsymbol{\varepsilon}_2,\cdots,\boldsymbol{\varepsilon}_n$ 下的坐标为 $(a_1,a_2,\cdots,a_n)$.

**例 3** 证明：在线性空间 $P[x]_4$ 中, $\boldsymbol{p}_1=1,\boldsymbol{p}_2=x,\boldsymbol{p}_3=x^2,\boldsymbol{p}_4=x^3,\boldsymbol{p}_5=x^4$ 是它的一个基.

**证明** 因为任一不超过 4 次的多项式

$$\boldsymbol{p}=a_4x^4+a_3x^3+a_2x^2+a_1x+a_0$$

可表示为

$$\boldsymbol{p}=a_0\boldsymbol{p}_1+a_1\boldsymbol{p}_2+a_2\boldsymbol{p}_3+a_3\boldsymbol{p}_4+a_4\boldsymbol{p}_5.$$

因此 $\boldsymbol{p}$ 在这个基下的坐标为

$$(a_0,a_1,a_2,a_3,a_4)^{\mathrm{T}}.$$

若取另一基

$$\boldsymbol{q}_1=1,\quad \boldsymbol{q}_2=1+x,\quad \boldsymbol{q}_3=2x^2,\quad \boldsymbol{q}_4=x^3,\quad \boldsymbol{q}_5=x^4,$$

则

$$\boldsymbol{p}=(a_0-a_1)\boldsymbol{q}_1+a_1\boldsymbol{q}_2+\frac{1}{2}a_2\boldsymbol{q}_3+a_3\boldsymbol{q}_4+a_4\boldsymbol{q}_5.$$

因此 $\boldsymbol{p}$ 在这个基下的坐标为 $\left(a_0-a_1,a_1,\dfrac{1}{2}a_2,a_3,a_4\right)^{\mathrm{T}}$.

值得注意的是, 线性空间 $V$ 的任一元素在不同基下所对应的坐标一般不同, 但一个元素在一个确定基下对应的坐标是唯一的.

在建立了坐标以后, 就能把抽象的向量 $\boldsymbol{\alpha}$ 与具体的数组向量 $(x_1,x_2,\cdots,x_n)^{\mathrm{T}}$ 联系起来. 并且还可把 $V_n$ 中抽象的线性运算与数组向量的线性运算联系起来.

设 $\boldsymbol{\alpha},\boldsymbol{\beta}\in V_n$, 而 $\boldsymbol{\alpha}_1,\boldsymbol{\alpha}_2,\cdots,\boldsymbol{\alpha}_n$ 为线性空间 $V_n$ 的一个**基**, 则

$$\boldsymbol{\alpha}=x_1\boldsymbol{\alpha}_1+x_2\boldsymbol{\alpha}_2+\cdots+x_n\boldsymbol{\alpha}_n,\quad \boldsymbol{\beta}=y_1\boldsymbol{\alpha}_1+y_2\boldsymbol{\alpha}_2+\cdots+y_n\boldsymbol{\alpha}_n,$$

于是

$$\boldsymbol{\alpha}+\boldsymbol{\beta}=(x_1+y_1)\,\boldsymbol{\alpha}_1+(x_2+y_2)\,\boldsymbol{\alpha}_2+\cdots+(x_n+y_n)\,\boldsymbol{\alpha}_n,$$

$$\lambda\boldsymbol{\alpha}=(\lambda x_1)\,\boldsymbol{\alpha}_1+(\lambda x_2)\,\boldsymbol{\alpha}_2+\cdots+(\lambda x_n)\,\boldsymbol{\alpha}_n,$$

即 $\boldsymbol{\alpha}+\boldsymbol{\beta}$ 的坐标为

$$(x_1+y_1,\cdots,x_n+y_n)^{\mathrm{T}}=(x_1,\cdots,x_n)^{\mathrm{T}}+(y_1,\cdots,y_n)^{\mathrm{T}},$$

$\lambda\boldsymbol{\alpha}$ 的坐标为

$$(\lambda x_1,\cdots,\lambda x_n)^{\mathrm{T}}=\lambda\,(x_1,\cdots,x_n)^{\mathrm{T}}.$$

### 6.2.2　线性空间的同构

设 $\boldsymbol{\alpha}_1,\boldsymbol{\alpha}_2,\cdots,\boldsymbol{\alpha}_n$ 是 $n$ 维线性空间 $V_n$ 的一组基, 在这组基下, $V_n$ 中的每个向量都有唯一确定的坐标, 而向量的坐标可以看作 $\mathbf{R}^n$ 中的元素, 因此向量与它的坐标之间的对应就是 $V_n$ 到 $\mathbf{R}^n$ 的一个映射. 对于 $V_n$ 中不同的向量, 它们的坐标也不同, 即对应于 $\mathbf{R}^n$ 中的不同元素. 反过来, 由于 $\mathbf{R}^n$ 中的每个元素都有 $V_n$ 中的向量与之对应, 我们称这样的映射是 $V_n$ 与 $\mathbf{R}^n$ 的一个一一对应的映射. 这个映射的一个重要特征表现在它保持线性运算 (加法和数乘) 的关系不变, 即

设 $\boldsymbol{\alpha}\leftrightarrow(x_1,\cdots,x_n)^{\mathrm{T}},\boldsymbol{\beta}\leftrightarrow(y_1,\cdots,y_n)^{\mathrm{T}}$, 则

(1) $\boldsymbol{\alpha}+\boldsymbol{\beta}\leftrightarrow(x_1,\cdots,x_n)^{\mathrm{T}}+(y_1,\cdots,y_n)^{\mathrm{T}}$;

(2) $\lambda\boldsymbol{\alpha}\leftrightarrow\lambda\,(x_1,\cdots,x_n)^{\mathrm{T}}$.

因此, 我们可以说 $V_n$ 与 $\mathbf{R}^n$ 有相同的结构, 我们称 $V_n$ 与 $\mathbf{R}^n$ 同构.

**定义 3**　设 $U, V$ 是 $\mathbf{R}$ 上的两个线性空间, 如果它们的元素之间有一一对应关系, 且这个对应关系保持线性组合的对应, 则称线性空间 $U$ 与 $V$ **同构**.

显然, 实数域 $\mathbf{R}$ 上任意两个 $n$ 维线性空间都同构. 即维数相同的线性空间必同构.

同构的概念除了一一对应外, 主要是保持线性运算的对应关系. 因此,$V_n$ 中的抽象的线性运算就可以转化为 $\mathbf{R}^n$ 中的线性运算, 并且 $\mathbf{R}^n$ 中只涉及线性运算的性质就都适用于 $V_n$.

**例 4**　利用同构判断多项式 $x^3+1,-2x^2+x+3,-x^3+3x^2-x$ 在 $P\,[x]_3$ 中的线性相关性.

**解**　由 $V_n$ 与 $\mathbf{R}^n$ 同构, 所以上述多项式可以记作 $\begin{pmatrix}1\\0\\0\\1\end{pmatrix},\begin{pmatrix}0\\-2\\1\\3\end{pmatrix},\begin{pmatrix}-1\\3\\-1\\0\end{pmatrix}$.

对矩阵施行初等行变换

$$\begin{pmatrix} 1 & 0 & -1 \\ 0 & -2 & 3 \\ 0 & 1 & -1 \\ 1 & 3 & 0 \end{pmatrix} \to \begin{pmatrix} 1 & 0 & -1 \\ 0 & -2 & 3 \\ 0 & 0 & 1/2 \\ 1 & 3 & 0 \end{pmatrix},$$

所以向量组 $\begin{pmatrix} 1 \\ 0 \\ 0 \\ 1 \end{pmatrix}, \begin{pmatrix} 0 \\ -2 \\ 1 \\ 3 \end{pmatrix}, \begin{pmatrix} -1 \\ 3 \\ -1 \\ 0 \end{pmatrix}$ 线性无关, 故多项式 $x^3+1, -2x^2+x+3, -x^3+3x^2-x$ 在 $P[x]_3$ 中线性无关.

## 习 题 6.2

1. 求二阶实对称矩阵的集合在数域 $\mathbf{R}$ 上构成的线性空间的一个基, 指出该空间的维数, 并求任一个二阶实对称矩阵 $\begin{pmatrix} a & b \\ b & c \end{pmatrix}$ 在此基下的坐标.

2. 在线性空间 $P[x]_3$ 中, 求向量 $1+x+x^2$ 在基 $1, x-1, (x-2)(x-1)$ 下的坐标.

3. 在线性空间 $P[x]_n$ 中, 取一组基

$$\boldsymbol{\varepsilon}_1 = 1, \boldsymbol{\varepsilon}_2 = (x-a), \boldsymbol{\varepsilon}_3 = (x-a)^2, \cdots, \boldsymbol{\varepsilon}_n = (x-a)^{n-1}.$$

对于 $f(x) \in P[x]_n$, 试求 $f(x)$ 在该基下的坐标.

4. 设 $\boldsymbol{\alpha}_1 = \begin{pmatrix} 1 \\ 0 \\ 0 \end{pmatrix}, \boldsymbol{\alpha}_2 = \begin{pmatrix} 1 \\ 1 \\ 0 \end{pmatrix}, \boldsymbol{\alpha}_3 = \begin{pmatrix} 1 \\ 1 \\ 1 \end{pmatrix}$, 试证明 $\boldsymbol{\alpha}_1, \boldsymbol{\alpha}_2, \boldsymbol{\alpha}_3$ 是 $\mathbf{R}^3$ 的一个基, 并求任意的 $\boldsymbol{\alpha} = \begin{pmatrix} a_1 \\ a_2 \\ a_3 \end{pmatrix}$ 在 $\boldsymbol{\alpha}_1, \boldsymbol{\alpha}_2, \boldsymbol{\alpha}_3$ 下的坐标.

5. 在 $\mathbf{R}^4$ 中求向量 $\boldsymbol{\alpha}$ 关于 $\boldsymbol{\xi}_1, \boldsymbol{\xi}_2, \boldsymbol{\xi}_3, \boldsymbol{\xi}_4$ 的坐标, 其中

$$\boldsymbol{\xi}_1 = \begin{pmatrix} 1 \\ 1 \\ 1 \\ 1 \end{pmatrix}, \quad \boldsymbol{\xi}_2 = \begin{pmatrix} 1 \\ 1 \\ -1 \\ -1 \end{pmatrix}, \quad \boldsymbol{\xi}_3 = \begin{pmatrix} 1 \\ -1 \\ 1 \\ -1 \end{pmatrix}, \quad \boldsymbol{\xi}_4 = \begin{pmatrix} 1 \\ -1 \\ -1 \\ 1 \end{pmatrix}, \quad \boldsymbol{\alpha} = \begin{pmatrix} 1 \\ 2 \\ -2 \\ 1 \end{pmatrix}.$$

6. 利用同构证明多项式 $2x^2+1, 5x^2+x+4, 2x+3$ 在 $P[x]_2$ 中线性相关.

## 6.3 基变换与坐标变换

对于 $n$ 维向量空间 $V_n$ 中的每个向量 $\boldsymbol{x}$, 如果选定了一个基 $\boldsymbol{\alpha}_1,\boldsymbol{\alpha}_2,\cdots,\boldsymbol{\alpha}_n$, 则有一个坐标向量与之对应, 然而, 线性空间的基是不唯一的, 同一个向量在不同基下的坐标不同, 这些坐标之间又有什么关系呢? 本节中, 我们将探讨 $V_n$ 中的两个非自然基之间的变换公式与向量 $\boldsymbol{x}$ 在不同基下的坐标变换关系.

### 6.3.1 基变换公式与过渡矩阵

设 $\boldsymbol{\alpha}_1,\boldsymbol{\alpha}_2,\cdots,\boldsymbol{\alpha}_n$ 及 $\boldsymbol{\beta}_1,\boldsymbol{\beta}_2,\cdots,\boldsymbol{\beta}_n$ 是线性空间 $V_n$ 的两个基, 且有

$$\begin{cases} \boldsymbol{\beta}_1 = p_{11}\boldsymbol{\alpha}_1 + p_{21}\boldsymbol{\alpha}_2 + \cdots + p_{n1}\boldsymbol{\alpha}_n, \\ \boldsymbol{\beta}_2 = p_{12}\boldsymbol{\alpha}_1 + p_{22}\boldsymbol{\alpha}_2 + \cdots + p_{n2}\boldsymbol{\alpha}_n, \\ \qquad\cdots\cdots \\ \boldsymbol{\beta}_n = p_{1n}\boldsymbol{\alpha}_1 + p_{2n}\boldsymbol{\alpha}_2 + \cdots + p_{nn}\boldsymbol{\alpha}_n, \end{cases} \tag{6.3}$$

$$\begin{pmatrix} \boldsymbol{\beta}_1 \\ \boldsymbol{\beta}_2 \\ \vdots \\ \boldsymbol{\beta}_n \end{pmatrix} = \begin{pmatrix} p_{11} & p_{21} & \cdots & p_{n1} \\ p_{12} & p_{22} & \cdots & p_{n2} \\ \vdots & \vdots & & \vdots \\ p_{1n} & p_{2n} & \cdots & p_{nn} \end{pmatrix} \begin{pmatrix} \boldsymbol{\alpha}_1 \\ \boldsymbol{\alpha}_2 \\ \vdots \\ \boldsymbol{\alpha}_n \end{pmatrix} = \boldsymbol{P}^{\mathrm{T}} \begin{pmatrix} \boldsymbol{\alpha}_1 \\ \boldsymbol{\alpha}_2 \\ \vdots \\ \boldsymbol{\alpha}_n \end{pmatrix},$$

或

$$(\boldsymbol{\beta}_1,\boldsymbol{\beta}_2,\cdots,\boldsymbol{\beta}_n) = (\boldsymbol{\alpha}_1,\boldsymbol{\alpha}_2,\cdots,\boldsymbol{\alpha}_n)\boldsymbol{P}. \tag{6.4}$$

(6.3) 或 (6.4) 称为基变换公式, 矩阵 $\boldsymbol{P}$ 称为由基 $\boldsymbol{\alpha}_1,\boldsymbol{\alpha}_2,\cdots,\boldsymbol{\alpha}_n$ 到基 $\boldsymbol{\beta}_1,\boldsymbol{\beta}_2,\cdots,\boldsymbol{\beta}_n$ 的过渡矩阵. 并且过渡矩阵 $\boldsymbol{P}$ 可逆.

### 6.3.2 坐标变换公式

**定理 1** 设 $V_n$ 中的元素 $\boldsymbol{\alpha}$, 在基 $\boldsymbol{\alpha}_1,\boldsymbol{\alpha}_2,\cdots,\boldsymbol{\alpha}_n$ 下的坐标为 $(x_1,x_2,\cdots,x_n)^{\mathrm{T}}$, 在基 $\boldsymbol{\beta}_1,\boldsymbol{\beta}_2,\cdots,\boldsymbol{\beta}_n$ 下的坐标为 $(x_1',x_2',\cdots,x_n')^{\mathrm{T}}$, 若两个基满足关系式 (6.4), 则有坐标变换公式

$$\begin{pmatrix} x_1 \\ x_2 \\ \vdots \\ x_n \end{pmatrix} = \boldsymbol{P} \begin{pmatrix} x_1' \\ x_2' \\ \vdots \\ x_n' \end{pmatrix} \quad 或 \quad \begin{pmatrix} x_1' \\ x_2' \\ \vdots \\ x_n' \end{pmatrix} = \boldsymbol{P}^{-1} \begin{pmatrix} x_1 \\ x_2 \\ \vdots \\ x_n \end{pmatrix}. \tag{6.5}$$

**证明** 因

$$\boldsymbol{\alpha}=(\boldsymbol{\alpha}_1,\boldsymbol{\alpha}_2,\cdots,\boldsymbol{\alpha}_n)\begin{pmatrix}x_1\\x_2\\\vdots\\x_n\end{pmatrix},$$

又

$$\boldsymbol{\alpha}=(\boldsymbol{\beta}_1,\boldsymbol{\beta}_2,\cdots,\boldsymbol{\beta}_n)\begin{pmatrix}x_1'\\x_2'\\\vdots\\x_n'\end{pmatrix}=(\boldsymbol{\alpha}_1,\boldsymbol{\alpha}_2,\cdots,\boldsymbol{\alpha}_n)\boldsymbol{P}\begin{pmatrix}x_1'\\x_2'\\\vdots\\x_n'\end{pmatrix},$$

由于 $\boldsymbol{\alpha}_1,\boldsymbol{\alpha}_2,\cdots,\boldsymbol{\alpha}_n$ 线性无关, 故有关系式 (6.5) 成立.

易证这个定理的逆命题也成立.

**例 1** 设 $\boldsymbol{\alpha}_1=\begin{pmatrix}1\\0\end{pmatrix},\boldsymbol{\alpha}_2=\begin{pmatrix}-1\\1\end{pmatrix}$ 为线性空间 $\mathbf{R}^2$ 的一组基, 令 $\boldsymbol{\beta}_1=2\boldsymbol{\alpha}_1+\boldsymbol{\alpha}_2$, $\boldsymbol{\beta}_2=-\boldsymbol{\alpha}_1+3\boldsymbol{\alpha}_2$, 试证明 $\boldsymbol{\beta}_1,\boldsymbol{\beta}_2$ 是 $\mathbf{R}^2$ 的另一组基, 并求由基 $\boldsymbol{\alpha}_1,\boldsymbol{\alpha}_2$ 到 $\boldsymbol{\beta}_1,\boldsymbol{\beta}_2$ 的过渡矩阵.

**解** 因为

$$\boldsymbol{\beta}_1=2\boldsymbol{\alpha}_1+\boldsymbol{\alpha}_2=2\begin{pmatrix}1\\0\end{pmatrix}+\begin{pmatrix}-1\\1\end{pmatrix}=\begin{pmatrix}1\\1\end{pmatrix},$$

$$\boldsymbol{\beta}_2=-\boldsymbol{\alpha}_1+3\boldsymbol{\alpha}_2=-\begin{pmatrix}1\\0\end{pmatrix}+3\begin{pmatrix}-1\\1\end{pmatrix}=\begin{pmatrix}-4\\3\end{pmatrix},$$

显然 $\boldsymbol{\beta}_1,\boldsymbol{\beta}_2$ 也线性无关, 因此 $\boldsymbol{\beta}_1,\boldsymbol{\beta}_2$ 也是 $\mathbf{R}^2$ 一组基, 且

$$(\boldsymbol{\beta}_1,\boldsymbol{\beta}_2)=(\boldsymbol{\alpha}_1,\boldsymbol{\alpha}_2)\begin{pmatrix}2&-1\\1&3\end{pmatrix},$$

所以 $\boldsymbol{A}=\begin{pmatrix}2&-1\\1&3\end{pmatrix}$ 是由基 $\boldsymbol{\alpha}_1,\boldsymbol{\alpha}_2$ 到 $\boldsymbol{\beta}_1,\boldsymbol{\beta}_2$ 的过渡矩阵.

**例 2** 设 $\boldsymbol{\alpha}_1=(-2,1,3)^{\mathrm{T}},\boldsymbol{\alpha}_2=(-1,0,1)^{\mathrm{T}},\boldsymbol{\alpha}_3=(-2,-5,-1)^{\mathrm{T}}$ 为 $\mathbf{R}^3$ 的一个基, 试求 $\boldsymbol{\beta}=(4,12,6)^{\mathrm{T}}$, 关于该基的坐标.

**解** $\mathbf{R}^3$ 的标准基为 $\boldsymbol{\varepsilon}_1=(1,0,0)^{\mathrm{T}},\boldsymbol{\varepsilon}_2=(0,1,0)^{\mathrm{T}},\boldsymbol{\varepsilon}_3=(0,0,1)^{\mathrm{T}}$.

显然有 $\begin{pmatrix} -2 & -1 & -2 \\ 1 & 0 & -5 \\ 3 & 1 & -1 \end{pmatrix} = \begin{pmatrix} 1 & 0 & 0 \\ 0 & 1 & 0 \\ 0 & 0 & 1 \end{pmatrix} \begin{pmatrix} -2 & -1 & -2 \\ 1 & 0 & -5 \\ 3 & 1 & -1 \end{pmatrix}$, 即 $(\boldsymbol{\alpha}_1, \boldsymbol{\alpha}_2, \boldsymbol{\alpha}_3) = (\varepsilon_1, \varepsilon_2, \varepsilon_3)\boldsymbol{A}$, 其中 $\boldsymbol{A} = \begin{pmatrix} -2 & -1 & -2 \\ 1 & 0 & -5 \\ 3 & 1 & -1 \end{pmatrix}$, 就是由标准 $\varepsilon_1, \varepsilon_2, \varepsilon_3$ 到基 $\boldsymbol{\alpha}_1, \boldsymbol{\alpha}_2, \boldsymbol{\alpha}_3$ 的过渡矩阵.

设 $\boldsymbol{\beta}$ 关于基 $\boldsymbol{\alpha}_1, \boldsymbol{\alpha}_2, \boldsymbol{\alpha}_3$ 的坐标为 $(x_1, x_2, x_3)$, 则有

$$\begin{pmatrix} x_1 \\ x_2 \\ x_3 \end{pmatrix} = \boldsymbol{A}^{-1} \begin{pmatrix} 4 \\ 12 \\ 6 \end{pmatrix} = \begin{pmatrix} 5/2 & -3/2 & 5/2 \\ -7 & 4 & -6 \\ 1/2 & -1/2 & 1/2 \end{pmatrix} \begin{pmatrix} 4 \\ 12 \\ 6 \end{pmatrix} = \begin{pmatrix} 7 \\ -16 \\ -1 \end{pmatrix},$$

即 $\boldsymbol{\beta}$ 关于基 $\boldsymbol{\alpha}_1, \boldsymbol{\alpha}_2, \boldsymbol{\alpha}_3$ 的坐标为 $(7, -16, -1)^{\mathrm{T}}$.

**例 3** 在 $P[x]_3$ 中取两个基

$$\boldsymbol{\alpha}_1 = x^3 + 2x^2 - x, \quad \boldsymbol{\alpha}_2 = x^3 - x^2 + x + 1,$$
$$\boldsymbol{\alpha}_3 = -x^3 + 2x^2 + x + 1, \quad \boldsymbol{\alpha}_4 = -x^3 - x^2 + 1,$$

及

$$\boldsymbol{\beta}_1 = 2x^3 + x^2 + 1, \quad \boldsymbol{\beta}_2 = x^2 + 2x + 2,$$
$$\boldsymbol{\beta}_3 = -2x^3 + x^2 + x + 2, \quad \boldsymbol{\beta}_4 = x^3 + 3x^2 + x + 2,$$

设 $P[x]_3$ 中元素在基 $\boldsymbol{\alpha}_1, \boldsymbol{\alpha}_2, \boldsymbol{\alpha}_3, \boldsymbol{\alpha}_4$ 下的坐标为 $(x_1, x_2, x_3, x_4)^{\mathrm{T}}$, 在基 $\boldsymbol{\beta}_1, \boldsymbol{\beta}_2, \boldsymbol{\beta}_3, \boldsymbol{\beta}_4$ 下的坐标为 $(x_1', x_2', x_3', x_4')^{\mathrm{T}}$, 求由 $(x_1, x_2, x_3, x_4)^{\mathrm{T}}$ 到 $(x_1', x_2', x_3', x_4')^{\mathrm{T}}$ 的坐标变换公式.

**解** 将 $\boldsymbol{\beta}_1, \boldsymbol{\beta}_2, \boldsymbol{\beta}_3, \boldsymbol{\beta}_4$ 用 $\boldsymbol{\alpha}_1, \boldsymbol{\alpha}_2, \boldsymbol{\alpha}_3, \boldsymbol{\alpha}_4$ 表示.

因为 $(\boldsymbol{\alpha}_1, \boldsymbol{\alpha}_2, \boldsymbol{\alpha}_3, \boldsymbol{\alpha}_4) = (x^3, x^2, x, 1)\boldsymbol{A}$, $(\boldsymbol{\beta}_1, \boldsymbol{\beta}_2, \boldsymbol{\beta}_3, \boldsymbol{\beta}_4) = (x^3, x^2, x, 1)\boldsymbol{B}$, 其中

$$\boldsymbol{A} = \begin{pmatrix} 1 & 1 & -1 & -1 \\ 2 & -1 & 2 & -1 \\ -1 & 1 & 1 & 0 \\ 0 & 1 & 1 & 1 \end{pmatrix}, \quad \boldsymbol{B} = \begin{pmatrix} 2 & 0 & -2 & 1 \\ 1 & 1 & 1 & 3 \\ 0 & 2 & 1 & 1 \\ 1 & 2 & 2 & 2 \end{pmatrix},$$

得 $(\boldsymbol{\beta}_1, \boldsymbol{\beta}_2, \boldsymbol{\beta}_3, \boldsymbol{\beta}_4) = (\boldsymbol{\alpha}_1, \boldsymbol{\alpha}_2, \boldsymbol{\alpha}_3, \boldsymbol{\alpha}_4)\boldsymbol{A}^{-1}\boldsymbol{B}$. 用初等行变换求 $\boldsymbol{B}^{-1}\boldsymbol{A}$.

$$(\boldsymbol{B}|\boldsymbol{A})=\left(\begin{array}{cccc:cccc}2&0&-2&1&1&1&-1&-1\\1&1&1&3&2&-1&2&-1\\0&2&1&1&-1&1&1&0\\1&2&2&2&0&1&1&1\end{array}\right)$$

$$\xrightarrow{\text{初等行变换}}\left(\begin{array}{cccc:cccc}1&0&0&0&0&1&-1&1\\0&1&0&0&-1&1&0&0\\0&0&1&0&0&0&0&1\\0&0&0&1&1&-1&1&-1\end{array}\right)=(\boldsymbol{E}|\boldsymbol{B}^{-1}\boldsymbol{A}).$$

故所求变换公式为

$$\begin{pmatrix}x_1'\\x_2'\\x_3'\\x_4'\end{pmatrix}=\begin{pmatrix}0&1&-1&1\\-1&1&0&0\\0&0&0&1\\1&-1&1&-1\end{pmatrix}\begin{pmatrix}x_1\\x_2\\x_3\\x_4\end{pmatrix}.$$

## 习 题 6.3

1. 已知 $\mathbf{R}^2$ 的两组基 $\boldsymbol{\alpha}_1=\begin{pmatrix}-9\\1\end{pmatrix},\boldsymbol{\alpha}_2=\begin{pmatrix}-5\\-1\end{pmatrix}$ 和 $\boldsymbol{\beta}_1=\begin{pmatrix}1\\-4\end{pmatrix},\boldsymbol{\beta}_2=\begin{pmatrix}3\\-5\end{pmatrix}$，试求 $\boldsymbol{\alpha}_1,\boldsymbol{\alpha}_2$ 到 $\boldsymbol{\beta}_1,\boldsymbol{\beta}_2$ 的过渡矩阵.

2. 在 $M_{2,2}(\mathbf{R})$ 中, 给定

$$\boldsymbol{\varepsilon}_1=\begin{pmatrix}1&0\\0&0\end{pmatrix},\quad\boldsymbol{\varepsilon}_2=\begin{pmatrix}0&1\\0&0\end{pmatrix},\quad\boldsymbol{\varepsilon}_3=\begin{pmatrix}0&0\\1&0\end{pmatrix},\quad\boldsymbol{\varepsilon}_4=\begin{pmatrix}0&0\\0&1\end{pmatrix},$$

(1) 证明 $\boldsymbol{\varepsilon}_1,\boldsymbol{\varepsilon}_2,\boldsymbol{\varepsilon}_3,\boldsymbol{\varepsilon}_4$ 是 $\mathbf{R}^{2\times2}$ 的一个基;

(2) 证明 $\boldsymbol{\eta}_1=\begin{pmatrix}0&1\\1&1\end{pmatrix},\boldsymbol{\eta}_2=\begin{pmatrix}1&0\\1&1\end{pmatrix},\boldsymbol{\eta}_3=\begin{pmatrix}1&1\\0&1\end{pmatrix},\boldsymbol{\eta}_4=\begin{pmatrix}1&1\\1&0\end{pmatrix}$ 也是 $\mathbf{R}^{2\times2}$ 的一个基;

(3) 求由 $\boldsymbol{\varepsilon}_1,\boldsymbol{\varepsilon}_2,\boldsymbol{\varepsilon}_3,\boldsymbol{\varepsilon}_4$ 到 $\boldsymbol{\eta}_1,\boldsymbol{\eta}_2,\boldsymbol{\eta}_3,\boldsymbol{\eta}_4$ 的过渡矩阵;

(4) 求 $\boldsymbol{\alpha}=\begin{pmatrix}0&1\\2&3\end{pmatrix}$ 在两个基下的坐标.

3. 在 $\mathbf{R}^3$ 中取两个基

$$\boldsymbol{\alpha}_1=(1,2,1)^{\mathrm{T}},\quad\boldsymbol{\alpha}_2=(2,3,3)^{\mathrm{T}},\quad\boldsymbol{\alpha}_3=(3,7,-2)^{\mathrm{T}};$$

$$\boldsymbol{\beta}_1=(3,1,4)^{\mathrm{T}},\quad \boldsymbol{\beta}_2=(5,2,1)^{\mathrm{T}},\quad \boldsymbol{\beta}_3=(1,1,-6)^{\mathrm{T}},$$

试求坐标变换公式.

4. 在 $\mathbf{R}^4$ 中取两个基

$$\begin{cases} \boldsymbol{e}_1=(0,0,1,0)^{\mathrm{T}}, \\ \boldsymbol{e}_2=(0,0,0,1)^{\mathrm{T}}, \\ \boldsymbol{e}_3=(1,0,0,0)^{\mathrm{T}}, \\ \boldsymbol{e}_4=(0,1,0,0)^{\mathrm{T}}, \end{cases}\qquad \begin{cases} \boldsymbol{\alpha}_1=(1,1,1,1)^{\mathrm{T}}, \\ \boldsymbol{\alpha}_2=(1,1,-1,-1)^{\mathrm{T}}, \\ \boldsymbol{\alpha}_3=(1,-1,1,-1)^{\mathrm{T}}, \\ \boldsymbol{\alpha}_4=(1,-1,-1,1)^{\mathrm{T}}. \end{cases}$$

(1) 求由前一个基到后一个基的过渡矩阵;

(2) 求向量 $(x_1,x_2,x_3,x_4)^{\mathrm{T}}$ 分别在这两个基下的坐标.

## 6.4 线 性 变 换

线性变换是与线性空间的线性运算有一定关系的变换, 它是线性空间的最简单而又最基本的一种变换.

### 6.4.1 线性变换

**定义 1** 设有两个非空集合 $M,N$, 若对于 $M$ 中任一元素 $\boldsymbol{\alpha}$, 按照一定规则, 总有 $N$ 中一个确定的元素 $\boldsymbol{\beta}$ 和它对应, 则这个对应规则称为从集合 $M$ 到集合 $N$ 的**映射**, 记作

$$\boldsymbol{\beta}=T(\boldsymbol{\alpha})\quad 或\quad \boldsymbol{\beta}=T\boldsymbol{\alpha}\quad (\boldsymbol{\alpha}\in M).$$

设 $\boldsymbol{\alpha}\in M$, $T(\boldsymbol{\alpha})=\boldsymbol{\beta}$, 则说变换 $T$ 把元素 $\boldsymbol{\alpha}$ 变为 $\boldsymbol{\beta}$, $\boldsymbol{\beta}$ 称为 $\boldsymbol{\alpha}$ 在变换 $T$ 下的象, $\boldsymbol{\alpha}$ 称为 $\boldsymbol{\beta}$ 在变换 $T$ 下的源, $M$ 称为变换 $T$ 的源集, 象的全体所构成的集合称为象集, 记作 $T(M)$. 即

$$T(M)=\{\boldsymbol{\beta}=T(\boldsymbol{\alpha})\,|\,\boldsymbol{\alpha}\in M\},$$

显然 $T(M)\subset N$.

显然, 映射的概念实际上是函数概念的推广.

**定义 2** 设 $V_n,U_m$ 分别是实数域 $\mathbf{R}$ 上的 $n$ 维和 $m$ 维线性空间, $T$ 是一个从 $V_n$ 到 $U_m$ 的映射, 如果映射 $T$ 满足:

(1) 任给 $\boldsymbol{\alpha}_1,\boldsymbol{\alpha}_2\in V_n$, 有 $T(\boldsymbol{\alpha}_1+\boldsymbol{\alpha}_2)=T(\boldsymbol{\alpha}_1)+T(\boldsymbol{\alpha}_2)$;

(2) 任给 $\boldsymbol{\alpha}\in V_n,\lambda\in\mathbf{R}$, 都有 $T(\lambda\boldsymbol{\alpha})=\lambda T(\boldsymbol{\alpha})$.

那么, 就称 $T$ 为从 $V_n$ 到 $U_m$ 的**线性映射**, 或称为**线性变换**.

实际上, 线性变换就是保持线性组合的对应的变换.

一般我们用大写字母 $T,A,B,\cdots$ 表示线性变换, $T(\boldsymbol{\alpha})$ 或 $T\boldsymbol{\alpha}$ 代表元素 $\boldsymbol{\alpha}$ 在变换下的象.

特别地, 若 $U_m = V_n$, 则 $T$ 是一个从线性空间 $V_n$ 到其自身的线性变换, 称为线性空间 $V_n$ 中的线性变换.

下面我们重点讨论线性空间 $V_n$ 中的线性变换.

**例 1** 试证线性空间 $V$ 中的零变换 $O: O(\boldsymbol{\alpha}) = \mathbf{0}$ 是线性变换.

**证明** 设 $\boldsymbol{\alpha}, \boldsymbol{\beta} \in V, \lambda \in \mathbf{R}$, 则有

$$O(\boldsymbol{\alpha}+\boldsymbol{\beta}) = \mathbf{0} = \mathbf{0}+\mathbf{0} = O(\mathbf{0}) + O(\mathbf{0}), \quad O(\lambda\boldsymbol{\alpha}) = \mathbf{0} = \lambda O(\boldsymbol{\alpha}).$$

所以零变换是线性变换.

**例 2** 旋转变换——$\mathbf{R}^2$($xOy$ 平面上以原点为始点的全体向量) 中每个向量绕原点按逆时针方向旋转 $\theta$ 角的变换 $R_\theta$ 是 $\mathbf{R}^2$ 的一个线性变换. 即 $\forall \boldsymbol{\alpha} = (x, y) \in \mathbf{R}^2$,

$$R_\theta(x, y) = R_\theta(\alpha) = \alpha' = (x', y'), \tag{6.6}$$

其中, $|\boldsymbol{\alpha}| = r$, 则 $x = r\cos\beta, y = r\sin\beta, \beta$ 为 $\boldsymbol{\alpha}$ 与 $x$ 轴的夹角, 而

$$x' = r\cos(\beta+\theta) = r\cos\beta\cos\theta - r\sin\beta\sin\theta = x\cos\theta - y\sin\theta,$$

$$y' = r\sin(\beta+\theta) = r\sin\beta\cos\theta + r\cos\beta\sin\theta = y\cos\theta + x\sin\theta.$$

于是, $\forall \boldsymbol{\alpha}_1 = (x_1, y_1), \boldsymbol{\alpha}_2 = (x_2, y_2) \in \mathbf{R}^2$ 和 $\forall \lambda, \mu \in \mathbf{R}$, 由 (6.6) 式即得

$$\begin{aligned} R_\theta(\lambda\boldsymbol{\alpha}_1 + \mu\boldsymbol{\alpha}_2) =& R_\theta(\lambda x_1 + \mu x_2, \lambda y_1 + \mu y_2) \\ =& ((\lambda x_1 + \mu x_2)\cos\theta - (\lambda y_1 + \mu y_2)\sin\theta, \\ & (\lambda x_1 + \mu x_2)\sin\theta + (\lambda y_1 + \mu y_2)\cos\theta) \\ =& \lambda(x_1\cos\theta - y_1\sin\theta, x_1\sin\theta + y_1\cos\theta) + \\ & + \mu(x_2\cos\theta - y_2\sin\theta, x_2\sin\theta + y_2\cos\theta) \\ =& \lambda R_\theta(x_1, y_1) + \mu R_\theta(x_2, y_2) \\ =& \lambda R_\theta(\boldsymbol{\alpha}_1) + \mu R_\theta(\boldsymbol{\alpha}_2). \end{aligned}$$

故 $R_\theta$ 是 $\mathbf{R}^2$ 的一个线性变换.

**例 3** 在 $\mathbf{R}^3$ 中定义变换

$$T(x_1, x_2, x_3) = (x_1 + x_2, x_2 - 4x_3, 2x_3),$$

则 $T$ 是 $\mathbf{R}^3$ 的一个线性变换, 这是因为对于任意的 $\boldsymbol{\alpha} = (a_1, a_2, a_3), \boldsymbol{\beta} = (b_1, b_2, b_3) \in \mathbf{R}^3$, 有

$$T(\boldsymbol{\alpha}+\boldsymbol{\beta}) = T(a_1 + b_1, a_2 + b_2, a_3 + b_3)$$

$$
\begin{aligned}
&= (a_1 + a_2 + b_1 + b_2, a_2 + b_2 - 4a_3 - 4b_3, 2a_3 + 2b_3) \\
&= (a_1 + a_2, a_2 - 4a_3, 2a_3) + (b_1 + b_2, b_2 - 4b_3, 2b_3) \\
&= T(\boldsymbol{\alpha}) + T(\boldsymbol{\beta}).
\end{aligned}
$$

同理, 对于任意的 $\boldsymbol{\alpha} \in \mathbf{R}^3, k \in \mathbf{R}$, 也有 $T(k\boldsymbol{\alpha}) = kT(\boldsymbol{\alpha})$.

**例 4**　在 $\mathbf{R}^3$ 中定义变换

$$
T(x_1, x_2, x_3) = \left(x_1^2, x_2 + x_3, x_2\right),
$$

则 $T$ 不是 $\mathbf{R}^3$ 的一个线性变换.

因为对于任意的 $\boldsymbol{\alpha} = (a_1, a_2, a_3), \boldsymbol{\beta} = (b_1, b_2, b_3) \in \mathbf{R}^3$,

$$
\begin{aligned}
T(\boldsymbol{\alpha} + \boldsymbol{\beta}) &= T(a_1 + b_1, a_2 + b_2, a_3 + b_3) \\
&= \left((a_1 + b_1)^2, a_2 + a_3 + b_2 + b_3, a_2 + b_2\right) \\
&\neq \left(a_1^2, a_2 + a_3, a_2\right) + \left(b_1^2, b_2 + b_3, b_2\right) \\
&= T(\boldsymbol{\alpha}) + T(\boldsymbol{\beta}).
\end{aligned}
$$

故 $T$ 不是 $\mathbf{R}^3$ 的一个线性变换. 此例也可用检验 $T(\lambda\boldsymbol{\alpha}) \neq \lambda T(\boldsymbol{\alpha})$ 来说明 $T$ 不是 $\mathbf{R}^3$ 的一个线性变换.

由例 3 可见, $\mathbf{R}^n$ 的变换

$$
T(x_1, x_2, \cdots, x_n) = (y_1, y_2, \cdots, y_n),
$$

当 $y_i\,(i = 1, 2, \cdots, n)$ 都是 $x_1, x_2, \cdots, x_n$ 的线性组合时, $T$ 是 $\mathbf{R}^n$ 的线性变换, 例 4 中 $y_1 = x_1^2$, 所以不是线性变换, 如果 $y_1 = x_1 x_2$, 也不是线性变换.

**例 5**　在线性空间 $P[x]_3$ 中, 任取

$$
\begin{aligned}
\boldsymbol{p} &= a_3x^3 + a_2x^2 + a_1x + a_0 \in P[x]_3, \\
\boldsymbol{q} &= b_3x^3 + b_2x^2 + b_1x + b_0 \in P[x]_3,
\end{aligned}
$$

证明: (1) 微分运算 $D$ 是一个线性变换;

(2) 如果 $T(\boldsymbol{p}) = a_0$, 那么 $T$ 也是一个线性变换.

(3) 如果 $T_1(\boldsymbol{p}) = 1$, 那么 $T_1$ 是个变换, 但不是线性变换.

**证明**　(1) $\forall \boldsymbol{p} = a_3x^3 + a_2x^2 + a_1x + a_0 \in P[x]_3$, $\boldsymbol{q} = b_3x^3 + b_2x^2 + b_1x + b_0 \in P[x]_3$,

$$
D(\boldsymbol{p}) = 3a_3x^2 + 2a_2x + a_1, \quad D(\boldsymbol{q}) = 3b_3x^2 + 2b_2x + b_1,
$$

所以

$$
\begin{aligned}
D(\boldsymbol{p}+\boldsymbol{q}) &= D[(a_3+b_3)x^3+(a_2+b_2)x^2+(a_1+b_1)x+(a_0+b_0)] \\
&= 3(a_3+b_3)x^2+2(a_2+b_2)x+(a_1+b_1) \\
&= (3a_3x^2+2a_2x+a_1)+(3b_3x^2+2b_2x+b_1) \\
&= D(\boldsymbol{p})+D(\boldsymbol{q});
\end{aligned}
$$

$$D(\boldsymbol{p}+\boldsymbol{q}) = D(\boldsymbol{p})+D(\boldsymbol{q});$$

$$D(k\boldsymbol{p}) = D(ka_3x^3+ka_2x^2+ka_1x+ka_0) = k(3a_3x^2+2a_2x+a_1) = kD(\boldsymbol{p}).$$

故 $D$ 是 $P[x]_3$ 中的线性变换.

(2) $T(\boldsymbol{p}+\boldsymbol{q}) = a_0+b_0 = T(\boldsymbol{p})+T(\boldsymbol{q}); T(k\boldsymbol{p}) = ka_0 = kT(\boldsymbol{p})$. 故 $T$ 是 $P[x]_3$ 中的线性变换.

(3) $T_1(\boldsymbol{p}+\boldsymbol{q}) = 1$, 但 $T_1(\boldsymbol{p})+T_1(\boldsymbol{q}) = 1+1 = 2$, 所以 $T_1(\boldsymbol{p}+\boldsymbol{q}) \neq T_1(\boldsymbol{p})+T_1(\boldsymbol{q})$. 故 $T_1$ 不是 $P[x]_3$ 中的线性变换.

**例 6** 设 $T$ 是 $\mathbf{R}^3$ 的一个变换, 对任意 $\boldsymbol{\alpha} = \begin{pmatrix} a_1 \\ a_2 \\ a_3 \end{pmatrix} \in \mathbf{R}^3$, 定义 $T(\boldsymbol{\alpha}) = T\begin{pmatrix} a_1 \\ a_2 \\ a_3 \end{pmatrix} = \begin{pmatrix} a_1 \\ a_2 \\ -a_3 \end{pmatrix}$, 试证明 $T$ 是 $\mathbf{R}^3$ 的一个线性变换, 并分析其几何意义.

**证明** 设 $V$ 中任意两个向量 $\boldsymbol{\alpha} = \begin{pmatrix} a_1 \\ a_2 \\ a_3 \end{pmatrix}, \boldsymbol{\beta} = \begin{pmatrix} b_1 \\ b_2 \\ b_3 \end{pmatrix}, \lambda \in \mathbf{R}$, 则有

$$T(\boldsymbol{\alpha}+\boldsymbol{\beta}) = \begin{pmatrix} a_1+b_1 \\ a_2+b_2 \\ -(a_3+b_3) \end{pmatrix} = \begin{pmatrix} a_1 \\ a_2 \\ -a_3 \end{pmatrix} + \begin{pmatrix} b_1 \\ b_2 \\ -b_3 \end{pmatrix} = T(\boldsymbol{\alpha})+T(\boldsymbol{\beta}),$$

又

$$T(\lambda\boldsymbol{\alpha}) = \begin{pmatrix} \lambda a_1 \\ \lambda a_2 \\ -\lambda a_3 \end{pmatrix} = \lambda\begin{pmatrix} a_1 \\ a_2 \\ -a_3 \end{pmatrix} = T(\boldsymbol{\alpha}).$$

故 $T$ 是一个线性变换.

变换 $T$ 的几何意义是: 将 $xOy$ 平面作为一面镜子, $T(\boldsymbol{\alpha})$ 就是 $\boldsymbol{\alpha}$ 对于这面镜子反射所成的像.

**例 7** 定义在闭区间上的全体连续函数组成实数域 $\mathbf{R}$ 上的一个线性空间 $V$, 在这个空间中定义变换 $T(f(x))=\int_a^x f(t)\mathrm{d}t$, 试证 $T$ 是线性变换.

**证明** 设 $f(x)\in V, g(x)\in V, k\in\mathbf{R}$, 则有

$$\begin{aligned}T[f(x)+g(x)]&=\int_a^x [f(t)+g(t)]\mathrm{d}t\\&=\int_a^x f(t)\mathrm{d}t+\int_a^x g(t)\mathrm{d}t=T[f(x)]+T[g(x)],\end{aligned}$$

$$T[kf(x)]=\int_a^x kf(t)\mathrm{d}t=k\int_a^x f(t)\mathrm{d}t=kT[f(x)].$$

故命题得证.

### 6.4.2 线性变换的性质

设 $T$ 是 $V_n$ 中的线性变换, 则

(1) $T(\mathbf{0})=\mathbf{0}, T(-\boldsymbol{\alpha})=-T(\boldsymbol{\alpha})$.

(2) 如果 $\boldsymbol{\beta}=k_1\boldsymbol{\alpha}_1+k_2\boldsymbol{\alpha}_2+\cdots+k_m\boldsymbol{\alpha}_m$, 则

$$T(\boldsymbol{\beta})=k_1T(\boldsymbol{\alpha}_1)+k_2T(\boldsymbol{\alpha}_2)+\cdots+k_mT(\boldsymbol{\alpha}_m).$$

(3) 若 $\boldsymbol{\alpha}_1,\boldsymbol{\alpha}_2,\cdots,\boldsymbol{\alpha}_m$ 线性相关, 则 $T(\boldsymbol{\alpha}_1),T(\boldsymbol{\alpha}_2),\cdots,T(\boldsymbol{\alpha}_m)$ 亦线性相关.

注意结论 (3) 对线性无关的情形不一定成立.

(4) 线性变换 $T$ 的像集 $T(V_n)$ 是一个线性空间.

**证明** 设 $\boldsymbol{\beta}_1,\boldsymbol{\beta}_2\in T(V_n)$, 则有 $\boldsymbol{\alpha}_1,\boldsymbol{\alpha}_2\in V_n$, 使 $T(\boldsymbol{\alpha}_1)=\boldsymbol{\beta}_1, T(\boldsymbol{\alpha}_2)=\boldsymbol{\beta}_2$, 于是

$$\boldsymbol{\beta}_1+\boldsymbol{\beta}_2=T(\boldsymbol{\alpha}_1)+T(\boldsymbol{\alpha}_2)=T(\boldsymbol{\alpha}_1+\boldsymbol{\alpha}_2)\in T(V_n),$$

$$k\boldsymbol{\beta}_1=kT(\boldsymbol{\alpha}_1)=T(k\boldsymbol{\alpha}_1)\in T(V_n).$$

由上述证明知它对 $V_n$ 中的线性运算封闭, 故它是一个线性空间.

(5) 记 $S_T=\{\boldsymbol{\alpha}\,|\,\boldsymbol{\alpha}\in V_n, T(\boldsymbol{\alpha})=\mathbf{0}\}$, 则 $S_T$ 称为线性变换 $T$ 的核. $S_T$ 也是一个线性空间.

**证明** 若 $\boldsymbol{\alpha}_1,\boldsymbol{\alpha}_2\in S_T$, 即 $T(\boldsymbol{\alpha}_1)=\mathbf{0}, T(\boldsymbol{\alpha}_2)=\mathbf{0}$, 则 $T(\boldsymbol{\alpha}_1+\boldsymbol{\alpha}_2)=T(\boldsymbol{\alpha}_1)+T(\boldsymbol{\alpha}_2)=\mathbf{0}$, 所以 $\boldsymbol{\alpha}_1+\boldsymbol{\alpha}_2\in S_T$;

若 $\boldsymbol{\alpha}_1\in S_T, k\in\mathbf{R}$, 于是 $T(k\boldsymbol{\alpha}_1)=kT(\boldsymbol{\alpha}_1)=k\mathbf{0}=\mathbf{0}$, 所以 $k\boldsymbol{\alpha}_1\in S_T$.

故 $S_T$ 是一个线性空间.

**例 8** 设有 $n$ 阶矩阵

$$\boldsymbol{A}=\begin{pmatrix} a_{11} & a_{12} & \cdots & a_{1n} \\ a_{21} & a_{22} & \cdots & a_{2n} \\ \vdots & \vdots & & \vdots \\ a_{n1} & a_{n2} & \cdots & a_{nn} \end{pmatrix}=(\boldsymbol{\alpha}_1,\boldsymbol{\alpha}_2,\cdots,\boldsymbol{\alpha}_m),\quad \boldsymbol{\alpha}_i=\begin{pmatrix} a_{1i} \\ a_{2i} \\ \vdots \\ a_{ni} \end{pmatrix},$$

定义 $\mathbf{R}^n$ 中的变换为 $T(x)=\boldsymbol{A}\boldsymbol{x}(\boldsymbol{x}\in\mathbf{R}^n)$, 试证 $T$ 为线性变换.

**证明** 设 $\boldsymbol{a},\boldsymbol{b}\in\mathbf{R}^n$, 则

$$T(\boldsymbol{a}+\boldsymbol{b})=\boldsymbol{A}(\boldsymbol{a}+\boldsymbol{b})=\boldsymbol{A}\boldsymbol{a}+\boldsymbol{A}\boldsymbol{b}=T(\boldsymbol{a})+T(\boldsymbol{b});$$

$$T(k\boldsymbol{a})=\boldsymbol{A}(k\boldsymbol{a})=k\boldsymbol{A}\boldsymbol{a}=kT(\boldsymbol{a}).$$

则 $T$ 为 $\mathbf{R}^n$ 中的线性变换.

又 $T$ 的像空间就是由 $\boldsymbol{\alpha}_1,\boldsymbol{\alpha}_2,\cdots,\boldsymbol{\alpha}_m$ 所生成的向量空间

$$T(\mathbf{R}^n)=\{y=x_1\boldsymbol{\alpha}_1+x_2\boldsymbol{\alpha}_2+\cdots+x_n\boldsymbol{\alpha}_n|x_1,x_2,\cdots,x_n\in\mathbf{R}\};$$

$T$ 的核 $S_T$ 就是齐次线性方程组 $\boldsymbol{A}\boldsymbol{x}=\boldsymbol{0}$ 的解空间.

## 习 题 6.4

1. 说明 $xOy$ 平面上变换 $T\begin{pmatrix} x \\ y \end{pmatrix}=\boldsymbol{A}\begin{pmatrix} x \\ y \end{pmatrix}$ 的几何意义, 其中

(1) $\boldsymbol{A}=\begin{pmatrix} -1 & 0 \\ 0 & 1 \end{pmatrix}$;

(2) $\boldsymbol{A}=\begin{pmatrix} 0 & 0 \\ 0 & 1 \end{pmatrix}$;

(3) $\boldsymbol{A}=\begin{pmatrix} 0 & 1 \\ 1 & 0 \end{pmatrix}$;

(4) $\boldsymbol{A}=\begin{pmatrix} 0 & 1 \\ -1 & 0 \end{pmatrix}$.

2. 判断下列变换是否为线性变换:

(1) 在 $\mathbf{R}^3$ 中定义变换 $T\begin{pmatrix} x_1 \\ x_2 \\ x_3 \end{pmatrix}=\begin{pmatrix} x_1^2 \\ x_2+x_3 \\ 0 \end{pmatrix}$;

(2) 线性空间 $V$ 中的恒等变换 (或称单位变换)$E:E(\boldsymbol{\alpha})=\boldsymbol{\alpha},\boldsymbol{\alpha}\in V$;

(3) 在 $\mathbf{R}^4$ 中定义变换 $T\begin{pmatrix} \alpha_1 \\ \alpha_2 \\ \alpha_3 \\ \alpha_4 \end{pmatrix}=\begin{pmatrix} \alpha_1+\alpha_2 \\ \alpha_2+\alpha_3 \\ \alpha_1+\alpha_4 \\ \alpha_2-\alpha_4 \end{pmatrix}$.

3. $n$ 阶对称矩阵的全体 $V$ 对于矩阵的线性运算构成一个 $\dfrac{n(n+1)}{2}$ 维的线性空间. 给出 $n$ 阶可逆矩阵 $\boldsymbol{P}$, 以 $\boldsymbol{A}$ 表示 $V$ 中的任一元素, 试证合同变换 $T(\boldsymbol{A})=\boldsymbol{P}^{\mathrm{T}}\boldsymbol{A}\boldsymbol{P}$ 是 $V$ 中的线性变换.

## 6.5 线性变换的矩阵表示

### 6.5.1 线性变换在给定基下的矩阵

**定义 1** 设 $T$ 是线性空间 $V_n$ 中的线性变换, 在 $V_n$ 中取定一个基 $\boldsymbol{\alpha}_1,\boldsymbol{\alpha}_2,\cdots,\boldsymbol{\alpha}_m$ 如果这个基在变换 $T$ 下的像为

$$\begin{cases}T(\boldsymbol{\alpha}_1)=a_{11}\boldsymbol{\alpha}_1+a_{21}\boldsymbol{\alpha}_2+\cdots+a_{n1}\boldsymbol{\alpha}_n,\\ T(\boldsymbol{\alpha}_2)=a_{12}\boldsymbol{\alpha}_1+a_{22}\boldsymbol{\alpha}_2+\cdots+a_{n2}\boldsymbol{\alpha}_n,\\ \qquad\qquad\cdots\cdots\\ T(\boldsymbol{\alpha}_n)=a_{1n}\boldsymbol{\alpha}_1+a_{2n}\boldsymbol{\alpha}_2+\cdots+a_{nn}\boldsymbol{\alpha}_n,\end{cases}$$

记 $T(\boldsymbol{\alpha}_1,\boldsymbol{\alpha}_2,\cdots,\boldsymbol{\alpha}_n)=(T(\boldsymbol{\alpha}_1),T(\boldsymbol{\alpha}_2),\cdots,T(\boldsymbol{\alpha}_n))$, 则上式可表示为

$$T(\boldsymbol{\alpha}_1,\boldsymbol{\alpha}_2,\cdots,\boldsymbol{\alpha}_n)=(\boldsymbol{\alpha}_1,\boldsymbol{\alpha}_2,\cdots,\boldsymbol{\alpha}_n)\boldsymbol{A},$$

其中

$$\boldsymbol{A}=\begin{pmatrix}a_{11}&a_{12}&\cdots&a_{1n}\\ a_{21}&a_{22}&\cdots&a_{2n}\\ \vdots&\vdots&&\vdots\\ a_{n1}&a_{n2}&\cdots&a_{nn}\end{pmatrix},\tag{6.7}$$

那么, 则称 $\boldsymbol{A}$ 为线性变换 $T$ 在基 $\boldsymbol{\alpha}_1,\boldsymbol{\alpha}_2,\cdots,\boldsymbol{\alpha}_n$ 下的矩阵.

显然, 矩阵 $\boldsymbol{A}$ 由基的像 $T(\boldsymbol{\alpha}_1),T(\boldsymbol{\alpha}_2),\cdots,T(\boldsymbol{\alpha}_n)$ 唯一确定.

### 6.5.2 线性变换与其矩阵的关系

设 $\boldsymbol{A}$ 是线性变换 $T$ 在基 $\boldsymbol{\alpha}_1,\boldsymbol{\alpha}_2,\cdots,\boldsymbol{\alpha}_m$ 下的矩阵, 即基 $\boldsymbol{\alpha}_1,\boldsymbol{\alpha}_2,\cdots,\boldsymbol{\alpha}_m$ 在变换 $T$ 下的像为

$$T(\boldsymbol{\alpha}_1,\boldsymbol{\alpha}_2,\cdots,\boldsymbol{\alpha}_m)=(\boldsymbol{\alpha}_1,\boldsymbol{\alpha}_2,\cdots,\boldsymbol{\alpha}_m)\boldsymbol{A}.$$

下面我们根据变换 $T$ 保持线性关系的特性, 来推导变换 $T$ 必须满足的关系式.

对于 $V_n$ 任意元素 $\boldsymbol{\alpha}$, 设

$$\boldsymbol{\alpha}=\sum_{i=1}^{n}x_i\boldsymbol{\alpha}_i,\quad T(\boldsymbol{\alpha})=\sum_{i=1}^{n}y_i\boldsymbol{\alpha}_i.$$

有

$$T(\boldsymbol{\alpha})=T\left(\sum_{i=1}^{n}x_i\boldsymbol{\alpha}_i\right)=\sum_{i=1}^{n}x_iT(\boldsymbol{\alpha}_i)$$

$$=(T(\boldsymbol{\alpha}_1),T(\boldsymbol{\alpha}_2),\cdots,T(\boldsymbol{\alpha}_n))\begin{pmatrix}x_1\\x_2\\\vdots\\x_n\end{pmatrix}$$

$$=(\boldsymbol{\alpha}_1,\boldsymbol{\alpha}_2,\cdots,\boldsymbol{\alpha}_n)\boldsymbol{A}\begin{pmatrix}x_1\\x_2\\\vdots\\x_n\end{pmatrix},$$

即

$$T(\boldsymbol{\alpha})=(\boldsymbol{\alpha}_1,\boldsymbol{\alpha}_2,\cdots,\boldsymbol{\alpha}_n)\begin{pmatrix}y_1\\y_2\\\vdots\\y_n\end{pmatrix}=(\boldsymbol{\alpha}_1,\boldsymbol{\alpha}_2,\cdots,\boldsymbol{\alpha}_n)\boldsymbol{A}\begin{pmatrix}x_1\\x_2\\\vdots\\x_n\end{pmatrix}. \tag{6.8}$$

这个关系式唯一地确定了一个以 $\boldsymbol{A}$ 为矩阵的线性变换 $T$.

根据关系式 (6.8) 和上面的讨论, 有下面的结论, 在 $V_n$ 中取定一个基后, 由线性变换 $T$ 可唯一地确定一个矩阵 $\boldsymbol{A}$, 由一个矩阵 $\boldsymbol{A}$ 也可唯一地确定一个线性变换 $T$. 故在给定基的条件下, 线性变换与矩阵是一一对应的.

由关系式 (6.8) 可知, $\boldsymbol{\alpha}$ 与 $T(\boldsymbol{\alpha})$ 在基 $\boldsymbol{\alpha}_1,\boldsymbol{\alpha}_2,\cdots,\boldsymbol{\alpha}_m$ 下的坐标分别为

$$\begin{pmatrix}x_1\\x_2\\\vdots\\x_n\end{pmatrix},\quad \boldsymbol{A}\begin{pmatrix}x_1\\x_2\\\vdots\\x_n\end{pmatrix},$$

按坐标表示有 $T(\boldsymbol{\alpha})=A\boldsymbol{\alpha}$, 即

$$\begin{pmatrix}y_1\\y_2\\\vdots\\y_n\end{pmatrix}=\boldsymbol{A}\begin{pmatrix}x_1\\x_2\\\vdots\\x_n\end{pmatrix}.$$

**例 1**　在 $P[x]_3$ 中, 取基 $\boldsymbol{p}_1=x^3,\boldsymbol{p}_2=x^2,\boldsymbol{p}_3=x,\boldsymbol{p}_4=1$, 求微分运算 D 的矩阵.

**解**
$$\begin{cases}\mathrm{D}(\boldsymbol{p}_1)=3x^2=0\boldsymbol{p}_1+3\boldsymbol{p}_2+0\boldsymbol{p}_3+0\boldsymbol{p}_4,\\ \mathrm{D}(\boldsymbol{p}_2)=2x=0\boldsymbol{p}_1+0\boldsymbol{p}_2+2\boldsymbol{p}_3+0\boldsymbol{p}_4,\\ \mathrm{D}(\boldsymbol{p}_3)=1=0\boldsymbol{p}_1+0\boldsymbol{p}_2+0\boldsymbol{p}_3+1\boldsymbol{p}_4,\\ \mathrm{D}(\boldsymbol{p}_4)=0=0\boldsymbol{p}_1+0\boldsymbol{p}_2+0\boldsymbol{p}_3+0\boldsymbol{p}_4,\end{cases}$$

所以 D 在这组基下的矩阵为

$$\boldsymbol{A}=\begin{pmatrix}0&0&0&0\\3&0&0&0\\0&2&0&0\\0&0&1&0\end{pmatrix}.$$

**例 2**　求旋转变换 $R_\theta$ 在 $\mathbf{R}^2$ 的标准正交基 $\boldsymbol{\varepsilon}_1=(1,0)^{\mathrm{T}},\boldsymbol{\varepsilon}_2=(0,1)^{\mathrm{T}}$ 下的矩阵.

**解**　由于

$$\begin{cases}R_\theta(\boldsymbol{\varepsilon}_1)=(\cos\theta)\boldsymbol{\varepsilon}_1+(\sin\theta)\boldsymbol{\varepsilon}_2,\\ R_\theta(\boldsymbol{\varepsilon}_2)=(-\sin\theta)\boldsymbol{\varepsilon}_1+(\cos\theta)\boldsymbol{\varepsilon}_2.\end{cases}$$

即

$$R_\theta(\boldsymbol{\varepsilon}_1,\boldsymbol{\varepsilon}_2)=(R_\theta(\boldsymbol{\varepsilon}_1),R_\theta(\boldsymbol{\varepsilon}_2))=(\boldsymbol{\varepsilon}_1,\boldsymbol{\varepsilon}_2)\begin{pmatrix}\cos\theta&-\sin\theta\\ \sin\theta&\cos\theta\end{pmatrix}.$$

故初等旋转变换 $R_\theta$ 在 $\mathbf{R}^2$ 的标准正交基 $\boldsymbol{\varepsilon}_1,\boldsymbol{\varepsilon}_2$ 下的矩阵为

$$\boldsymbol{R}=\begin{pmatrix}\cos\theta&-\sin\theta\\ \sin\theta&\cos\theta\end{pmatrix}.$$

**例 3**　实数域 $\mathbf{R}$ 上所有一元多项式的集合, 记作 $P[x]$, $P[x]$ 中次数小于 $n$ 的所有一元多项式 (包括零多项式) 组成的集合记作 $P[x]_n$, 它对于多项式的加法和数与多项式的乘法, 构成 $\mathbf{R}$ 上的一个线性空间. 在线性空间 $P[x]_n$ 中, 定义变换

$$\sigma(f(x))=\frac{\mathrm{d}}{\mathrm{d}x}f(x),\quad f(x)\in P[x]_n.$$

则由导数性质可以证明：$\sigma$ 是 $P[x]_n$ 上的一个线性变换, 这个变换也称为微分变换. 现取 $P[x]_n$ 的基为 $1,x,x^2,\cdots,x^{n-1}$, 则有

$$\sigma(1)=0,\sigma(x)=1,\sigma(x^2)=2x,\cdots,\sigma(x^{n-1})=(n-1)x^{n-2},$$

因此, $\sigma$ 在基 $1, x, x^2, \cdots, x^{n-1}$ 下的矩阵为

$$\boldsymbol{A}=\begin{pmatrix} 0 & 1 & 0 & \cdots & 0 \\ 0 & 0 & 2 & \cdots & 0 \\ \vdots & \vdots & \vdots & & \vdots \\ 0 & 0 & 0 & \cdots & n-1 \\ 0 & 0 & 0 & \cdots & 0 \end{pmatrix}.$$

**例 4** 在 $\mathbf{R}^3$ 中,$T$ 表示将向量投影到 $xOy$ 平面的线性变换, 即

$$T(x\boldsymbol{i}+y\boldsymbol{j}+z\boldsymbol{k})=x\boldsymbol{i}+y\boldsymbol{j}.$$

(1) 取基为 $\boldsymbol{i},\boldsymbol{j},\boldsymbol{k}$, 求 $T$ 的矩阵;

(2) 取基为 $\boldsymbol{\alpha}=\boldsymbol{i}$, $\boldsymbol{\beta}=\boldsymbol{j}$, $\boldsymbol{\gamma}=\boldsymbol{i}+\boldsymbol{j}+\boldsymbol{k}$, 求 $T$ 的矩阵.

**解** (1) $\begin{cases} T\boldsymbol{i}=\boldsymbol{i}, \\ T\boldsymbol{j}=\boldsymbol{j}, \\ T\boldsymbol{k}=\boldsymbol{0}, \end{cases}$ 即 $T(\boldsymbol{i},\boldsymbol{j},\boldsymbol{k})=(\boldsymbol{i},\boldsymbol{j},\boldsymbol{k})\begin{pmatrix} 1 & 0 & 0 \\ 0 & 1 & 0 \\ 0 & 0 & 0 \end{pmatrix}$.

(2) $\begin{cases} T\boldsymbol{\alpha}=\boldsymbol{i}=\boldsymbol{\alpha}, \\ T\boldsymbol{\beta}=\boldsymbol{j}=\boldsymbol{\beta}, \\ T\boldsymbol{\gamma}=\boldsymbol{i}+\boldsymbol{j}=\boldsymbol{\alpha}+\boldsymbol{\beta}, \end{cases}$ 即 $T(\boldsymbol{\alpha},\boldsymbol{\beta},\boldsymbol{\gamma})=(\boldsymbol{\alpha},\boldsymbol{\beta},\boldsymbol{\gamma})\begin{pmatrix} 1 & 0 & 1 \\ 0 & 1 & 1 \\ 0 & 0 & 0 \end{pmatrix}$.

由此可见: 同一个线性变换在不同的基下一般有不同的矩阵.

**例 5** 设 $T$ 是 $\mathbf{R}^3$ 的一个线性变换, $\boldsymbol{\alpha}_1,\boldsymbol{\alpha}_2,\boldsymbol{\alpha}_3$ 是 $\mathbf{R}^3$ 的一组基, 已知

$$\boldsymbol{\alpha}_1=(1,0,0)^{\mathrm{T}},\quad \boldsymbol{\alpha}_2=(1,1,0)^{\mathrm{T}},\quad \boldsymbol{\alpha}_3=(1,1,1)^{\mathrm{T}},$$

$$T(\boldsymbol{\alpha}_1)=(1,-1,0)^{\mathrm{T}},\quad T(\boldsymbol{\alpha}_2)=(-1,1,-1)^{\mathrm{T}},\quad T(\boldsymbol{\alpha}_3)=(1,-1,2)^{\mathrm{T}}.$$

(1) 求 $T$ 在基 $\boldsymbol{\alpha}_1,\boldsymbol{\alpha}_2,\boldsymbol{\alpha}_3$ 下对应的矩阵;

(2) 求 $T^2(\boldsymbol{\alpha}_1), T^2(\boldsymbol{\alpha}_2), T^2(\boldsymbol{\alpha}_3)$;

(3) 已知 $T(\boldsymbol{\beta})$ 在基 $\boldsymbol{\alpha}_1,\boldsymbol{\alpha}_2,\boldsymbol{\alpha}_3$ 下的坐标为 $(2,1,-2)^{\mathrm{T}}$, 问 $T(\beta)$ 的原像 $\beta$ 是否唯一? 并求 $\boldsymbol{\beta}$ 在基 $\boldsymbol{\alpha}_1,\boldsymbol{\alpha}_2,\boldsymbol{\alpha}_3$ 下的坐标.

**解** (1) 方法 1: 根据已知条件, 得

$$\begin{pmatrix} 1 & -1 & 1 \\ -1 & 1 & -1 \\ 0 & -1 & 2 \end{pmatrix}=\begin{pmatrix} 1 & 1 & 1 \\ 0 & 1 & 1 \\ 0 & 0 & 1 \end{pmatrix}\boldsymbol{A}.$$

因此, $T$ 在基 $\boldsymbol{\alpha}_1,\boldsymbol{\alpha}_2,\boldsymbol{\alpha}_3$ 下的矩阵为

$$\boldsymbol{A}=\begin{pmatrix}1&1&1\\0&1&1\\0&0&1\end{pmatrix}^{-1}\begin{pmatrix}1&-1&1\\-1&1&-1\\0&-1&2\end{pmatrix}=\begin{pmatrix}2&-2&2\\-1&2&-3\\0&-1&2\end{pmatrix}.$$

方法 2: 将 $T(\boldsymbol{\alpha}_1),T(\boldsymbol{\alpha}_2),T(\boldsymbol{\alpha}_3)$ 用基 $\boldsymbol{\alpha}_1,\boldsymbol{\alpha}_2,\boldsymbol{\alpha}_3$ 线性表示, 这里容易看出

$$\begin{cases}T(\boldsymbol{\alpha}_1)=2\boldsymbol{\alpha}_1-\boldsymbol{\alpha}_2,\\T(\boldsymbol{\alpha}_2)=-2\boldsymbol{\alpha}_1+2\boldsymbol{\alpha}_2-\boldsymbol{\alpha}_3,\\T(\boldsymbol{\alpha}_3)=2\boldsymbol{\alpha}_1-3\boldsymbol{\alpha}_2+2\boldsymbol{\alpha}_3.\end{cases}$$

上述向量方程组右端系数矩阵的转置, 就是 $T$ 在基 $\alpha_1,\alpha_2,\alpha_3$ 下的矩阵.

(2) 方法 1: 先求得 $(T(\boldsymbol{\alpha}_1))_A=(x_1,x_2,x_3)^{\mathrm{T}}=(2,-1,0)^{\mathrm{T}}$, 又由前文知 $T(\boldsymbol{\alpha})=A\boldsymbol{\alpha}$, 即得 $T^2(\boldsymbol{\alpha})=T(T(\boldsymbol{\alpha}))$ 在基 $\boldsymbol{\alpha}_1,\boldsymbol{\alpha}_2,\boldsymbol{\alpha}_3$ 下的坐标向量为

$$\begin{pmatrix}y_1\\y_2\\y_3\end{pmatrix}=\begin{pmatrix}2&-2&2\\-1&2&-3\\0&-1&2\end{pmatrix}\begin{pmatrix}2\\-1\\0\end{pmatrix}=\begin{pmatrix}6\\-4\\1\end{pmatrix},$$

所以 $T^2(\boldsymbol{\alpha}_1)=6\boldsymbol{\alpha}_1-4\boldsymbol{\alpha}_2+\alpha_3=(3,-3,1)^{\mathrm{T}}$. 同理可求 $T^2(\boldsymbol{\alpha}_2),T^2(\boldsymbol{\alpha}_3)$.

方法 2: 利用

$$T(\boldsymbol{\alpha}_1,\boldsymbol{\alpha}_2,\boldsymbol{\alpha}_3)=(T(\boldsymbol{\alpha}_1),T(\boldsymbol{\alpha}_2),T(\boldsymbol{\alpha}_3))=(\boldsymbol{\alpha}_1,\boldsymbol{\alpha}_2,\boldsymbol{\alpha}_3)\boldsymbol{A},$$

将等式两边再用 $T$ 作用, 就有

$$\begin{aligned}T(T(\boldsymbol{\alpha}_1),T(\boldsymbol{\alpha}_2),T(\boldsymbol{\alpha}_3))&=T((\boldsymbol{\alpha}_1,\boldsymbol{\alpha}_2,\boldsymbol{\alpha}_3)\boldsymbol{A})\\&=(T(\boldsymbol{\alpha}_1,\boldsymbol{\alpha}_2,\boldsymbol{\alpha}_3))\boldsymbol{A}=(\boldsymbol{\alpha}_1,\boldsymbol{\alpha}_2,\boldsymbol{\alpha}_3)\boldsymbol{A}^2\\&=(\boldsymbol{\alpha}_1,\boldsymbol{\alpha}_2,\boldsymbol{\alpha}_3)\begin{pmatrix}6&-10&14\\-4&9&-14\\1&-4&7\end{pmatrix}.\end{aligned}$$

由此得

$$\begin{cases}T(\boldsymbol{\alpha}_1)=T(T(\boldsymbol{\alpha}_1))=6\boldsymbol{\alpha}_1-4\boldsymbol{\alpha}_2+\boldsymbol{\alpha}_3=(3,-3,1)^{\mathrm{T}},\\T(\boldsymbol{\alpha}_2)=T(T(\boldsymbol{\alpha}_2))=-10\boldsymbol{\alpha}_1+9\boldsymbol{\alpha}_2-4\boldsymbol{\alpha}_3=(-5,5,-4)^{\mathrm{T}},\\T(\boldsymbol{\alpha}_3)=T(T(\boldsymbol{\alpha}_3))=14\boldsymbol{\alpha}_1-14\boldsymbol{\alpha}_2+7\boldsymbol{\alpha}_3=(7,-7,7)^{\mathrm{T}}.\end{cases}$$

(3) 设 $\boldsymbol{\beta}$ 在基 $\boldsymbol{\alpha}_1,\boldsymbol{\alpha}_2,\boldsymbol{\alpha}_3$ 下的坐标为 $(x_1,x_2,x_3)^{\mathrm{T}}$, 则

$$\begin{pmatrix} 2 & -2 & 2 \\ -1 & 2 & -3 \\ 0 & -1 & 2 \end{pmatrix}\begin{pmatrix} x_1 \\ x_2 \\ x_3 \end{pmatrix}=\begin{pmatrix} 2 \\ 1 \\ -2 \end{pmatrix},$$

解此线性方程组得

$$(x_1,x_2,x_3)^{\mathrm{T}}=(3,2,0)^{\mathrm{T}}+k\,(1,2,1)^{\mathrm{T}}.$$

其中 $k$ 为任意常数, 故 $T\,(\beta)$ 的原像 $\beta$ 不唯一.

### 6.5.3 线性变换在不同基下的矩阵

由上例可见, 同一个线性变换在不同的基下有不同的矩阵, 那么这些矩阵之间有什么关系呢?

**定理 1** 设线性空间 $V_n$ 中取定两个基 $\boldsymbol{\alpha}_1,\boldsymbol{\alpha}_2,\cdots,\boldsymbol{\alpha}_m$; $\boldsymbol{\beta}_1,\boldsymbol{\beta}_2,\cdots,\boldsymbol{\beta}_n$, 由基 $\boldsymbol{\alpha}_1,\boldsymbol{\alpha}_2,\cdots,\boldsymbol{\alpha}_m$ 到基 $\boldsymbol{\beta}_1,\boldsymbol{\beta}_2,\cdots,\boldsymbol{\beta}_n$ 的过渡矩阵为 $\boldsymbol{P}$,$V_n$ 中的线性变换 $T$ 在这两个基下的矩阵依次为 $\boldsymbol{A}$ 和 $\boldsymbol{B}$, 则

$$\boldsymbol{B}=\boldsymbol{P}^{-1}\boldsymbol{A}\boldsymbol{P}.$$

**证明** 根据假设, 有

$$(\boldsymbol{\beta}_1,\boldsymbol{\beta}_2,\cdots,\boldsymbol{\beta}_n)=(\boldsymbol{\alpha}_1,\boldsymbol{\alpha}_2,\cdots,\boldsymbol{\alpha}_m)\,\boldsymbol{P},$$

$$T\,(\boldsymbol{\alpha}_1,\boldsymbol{\alpha}_2,\cdots,\boldsymbol{\alpha}_m)=(\boldsymbol{\alpha}_1,\boldsymbol{\alpha}_2,\cdots,\boldsymbol{\alpha}_m)\,\boldsymbol{A},$$

$$T\,(\boldsymbol{\beta}_1,\boldsymbol{\beta}_2,\cdots,\boldsymbol{\beta}_n)=(\boldsymbol{\beta}_1,\boldsymbol{\beta}_2,\cdots,\boldsymbol{\beta}_n)\,\boldsymbol{B},$$

于是

$$\begin{aligned}(\boldsymbol{\beta}_1,\boldsymbol{\beta}_2,\cdots,\boldsymbol{\beta}_n)\,\boldsymbol{B}=T\,(\boldsymbol{\beta}_1,\boldsymbol{\beta}_2,\cdots,\boldsymbol{\beta}_n)&=T\,[(\boldsymbol{\alpha}_1,\boldsymbol{\alpha}_2,\cdots,\boldsymbol{\alpha}_m)\,\boldsymbol{P}]\\&=[T\,(\boldsymbol{\alpha}_1,\boldsymbol{\alpha}_2,\cdots,\boldsymbol{\alpha}_m)]\,\boldsymbol{P}=(\boldsymbol{\alpha}_1,\boldsymbol{\alpha}_2,\cdots,\boldsymbol{\alpha}_m)\,\boldsymbol{A}\boldsymbol{P}\\&=(\boldsymbol{\beta}_1,\boldsymbol{\beta}_2,\cdots,\boldsymbol{\beta}_n)\,\boldsymbol{P}^{-1}\boldsymbol{A}\boldsymbol{P},\end{aligned}$$

由于 $\boldsymbol{\beta}_1,\boldsymbol{\beta}_2,\cdots,\boldsymbol{\beta}_n$ 线性无关, 故

$$\boldsymbol{B}=\boldsymbol{P}^{-1}\boldsymbol{A}\boldsymbol{P}.$$

定理 1 表明 $\boldsymbol{B}$ 与 $\boldsymbol{A}$ 相似, 且两个矩阵之间的过渡矩阵 $\boldsymbol{P}$ 就是相似变换矩阵.

**定义 2**　线性变换 $T$ 的像空间 $T(V_n)$ 的维数, 称为线性变换 $T$ 的秩.

**结论**　(i) 若 $\boldsymbol{A}$ 是 $T$ 的矩阵, 则 $T$ 的秩就是 $R(\boldsymbol{A})$.

(ii) 若 $T$ 的秩为 $r$, 则 $T$ 的核 $S_r$ 的维数为 $n-r$.

**例 6**　设 $T$ 是 $V_2$ 中的线性变换, 在基 $\boldsymbol{\alpha}, \boldsymbol{\beta}$ 下的矩阵为 $\boldsymbol{A}=\begin{pmatrix} a_{11} & a_{12} \\ a_{21} & a_{22} \end{pmatrix}$, 求 $T$ 在基 $\boldsymbol{\beta}, \boldsymbol{\alpha}$ 下的矩阵.

**解**　$(\boldsymbol{\beta},\boldsymbol{\alpha})=(\boldsymbol{\alpha},\boldsymbol{\beta})\begin{pmatrix} 0 & 1 \\ 1 & 0 \end{pmatrix}$, 即 $\boldsymbol{P}=\begin{pmatrix} 0 & 1 \\ 1 & 0 \end{pmatrix}$, 求得 $\boldsymbol{P}^{-1}=\begin{pmatrix} 0 & 1 \\ 1 & 0 \end{pmatrix}$, 于是 $T$ 在基 $\boldsymbol{\beta},\boldsymbol{\alpha}$ 下的矩阵为

$$\begin{aligned} \boldsymbol{B} &= \begin{pmatrix} 0 & 1 \\ 1 & 0 \end{pmatrix}\begin{pmatrix} a_{11} & a_{12} \\ a_{21} & a_{22} \end{pmatrix}\begin{pmatrix} 0 & 1 \\ 1 & 0 \end{pmatrix} \\ &= \begin{pmatrix} a_{21} & a_{22} \\ a_{11} & a_{12} \end{pmatrix}\begin{pmatrix} 0 & 1 \\ 1 & 0 \end{pmatrix}=\begin{pmatrix} a_{22} & a_{21} \\ a_{12} & a_{11} \end{pmatrix}. \end{aligned}$$

**例 7**　设 $\mathbf{R}^3$ 的线性变换 $T$ 在自然基 $\boldsymbol{\varepsilon}_1,\boldsymbol{\varepsilon}_2,\boldsymbol{\varepsilon}_3$ 下的矩阵为

$$\boldsymbol{A}=\begin{pmatrix} 2 & -1 & -1 \\ -1 & 2 & -1 \\ -1 & -1 & 2 \end{pmatrix}.$$

(1) 求 $T$ 在基 $\boldsymbol{\beta}_1,\boldsymbol{\beta}_2,\boldsymbol{\beta}_3$ 下的矩阵, 其中 $\boldsymbol{\beta}_1=(1,1,1)^{\mathrm{T}},\boldsymbol{\beta}_2=(-1,1,0)^{\mathrm{T}},\boldsymbol{\beta}_3=(-1,0,1)^{\mathrm{T}}$;

(2) $\boldsymbol{\alpha}=(1,2,3)^{\mathrm{T}}$, 求 $T(\boldsymbol{\alpha})$ 在基 $\boldsymbol{\beta}_1,\boldsymbol{\beta}_2,\boldsymbol{\beta}_3$ 下的坐标向量 $(y_1,y_2,y_3)^{\mathrm{T}}$ 及 $T(\boldsymbol{\alpha})$.

**解**　(1) 先求自然基 $\boldsymbol{\varepsilon}_1,\boldsymbol{\varepsilon}_2,\boldsymbol{\varepsilon}_3$ 到基 $\boldsymbol{\beta}_1,\boldsymbol{\beta}_2,\boldsymbol{\beta}_3$ 的过渡矩阵 $\boldsymbol{C}$, 根据

$$(\boldsymbol{\beta}_1,\boldsymbol{\beta}_2,\boldsymbol{\beta}_3)=(\boldsymbol{\varepsilon}_1,\boldsymbol{\varepsilon}_2,\boldsymbol{\varepsilon}_3)\boldsymbol{C},$$

得

$$\boldsymbol{C}=(\boldsymbol{\beta}_1,\boldsymbol{\beta}_2,\boldsymbol{\beta}_3)=\begin{pmatrix} 1 & -1 & -1 \\ 1 & 1 & 0 \\ 1 & 0 & 1 \end{pmatrix},$$

则

$$\boldsymbol{C}^{-1}=\frac{1}{3}\begin{pmatrix} 1 & 1 & 1 \\ -1 & 2 & -1 \\ -1 & -1 & 2 \end{pmatrix}.$$

$T$ 在基 $\boldsymbol{\beta}_1,\boldsymbol{\beta}_2,\boldsymbol{\beta}_3$ 下的矩阵为

$$\begin{aligned}\boldsymbol{B}&=\boldsymbol{C}^{-1}\boldsymbol{A}\boldsymbol{C}\\&=\frac{1}{3}\begin{pmatrix}1&1&1\\-1&2&-1\\-1&-1&2\end{pmatrix}\begin{pmatrix}2&-1&-1\\-1&2&-1\\-1&-1&2\end{pmatrix}\begin{pmatrix}1&-1&-1\\1&1&0\\1&0&1\end{pmatrix}\\&=\begin{pmatrix}0&0&0\\0&3&0\\0&0&3\end{pmatrix}.\end{aligned}$$

(2) 先求 $\boldsymbol{\alpha}$ 在基 $\boldsymbol{\beta}_1,\boldsymbol{\beta}_2,\boldsymbol{\beta}_3$ 下的坐标向量 $(x_1,x_2,x_3)^{\mathrm{T}}$，由于 $\boldsymbol{\alpha}$ 在自然基 $\boldsymbol{\varepsilon}_1,\boldsymbol{\varepsilon}_2,\boldsymbol{\varepsilon}_3$ 下的坐标向量就是 $\boldsymbol{\alpha}$ 自身, 即 $(1,2,3)^{\mathrm{T}}$, 因此, 根据坐标变换公式, 得

$$\begin{pmatrix}x_1\\x_2\\x_3\end{pmatrix}=\boldsymbol{C}^{-1}\begin{pmatrix}1\\2\\3\end{pmatrix}=\frac{1}{3}\begin{pmatrix}1&1&1\\-1&2&-1\\-1&-1&2\end{pmatrix}\begin{pmatrix}1\\2\\3\end{pmatrix}=\begin{pmatrix}2\\0\\1\end{pmatrix}.$$

则 $T(\boldsymbol{\alpha})$ 在基 $\boldsymbol{\beta}_1,\boldsymbol{\beta}_2,\boldsymbol{\beta}_3$ 下的坐标向量为

$$\begin{pmatrix}y_1\\y_2\\y_3\end{pmatrix}=\boldsymbol{B}\begin{pmatrix}x_1\\x_2\\x_3\end{pmatrix}=\begin{pmatrix}0&0&0\\0&3&0\\0&0&3\end{pmatrix}\begin{pmatrix}2\\0\\1\end{pmatrix}=\begin{pmatrix}0\\0\\3\end{pmatrix},$$

从而

$$T(\boldsymbol{\alpha})=0\cdot\boldsymbol{\beta}_1+0\cdot\boldsymbol{\beta}_2+0\cdot\boldsymbol{\beta}_3=\begin{pmatrix}-3\\0\\3\end{pmatrix}^{\mathrm{T}}.$$

## 习 题 6.5

1. 函数集合 $V_3=\left\{\boldsymbol{\alpha}=\left(a_2x^2+a_1x+a_0\right)\mathrm{e}^x\,|a_2,a_1,a_0\in\mathbf{R}\right\}$ 对于函数的线性运算构成三维线性空间. 在 $V_3$ 中取一个基

$$\boldsymbol{\alpha}_1=x^2\mathrm{e}^x,\quad \boldsymbol{\alpha}_2=x\mathrm{e}^x,\quad \boldsymbol{\alpha}_3=\mathrm{e}^x,$$

求微分运算 D 在这个基下的矩阵.

2. 二阶对称矩阵的全体

$$V_3=\left\{\boldsymbol{A}=\begin{pmatrix}x_1&x_2\\x_2&x_3\end{pmatrix}\middle|x_1,x_2,x_3\in\mathbf{R}\right\}$$

对于矩阵的线性运算构成三维线性空间. 在 $V_3$ 中取一个基

$$\boldsymbol{A}_1=\begin{pmatrix}1&0\\0&0\end{pmatrix},\quad \boldsymbol{A}_2=\begin{pmatrix}0&1\\1&0\end{pmatrix},\quad \boldsymbol{A}_3=\begin{pmatrix}0&0\\0&1\end{pmatrix},$$

在 $V_3$ 中定义合同变换

$$T(\boldsymbol{A})=\begin{pmatrix}1&0\\1&1\end{pmatrix}\boldsymbol{A}\begin{pmatrix}1&1\\0&1\end{pmatrix},$$

求 $T$ 在基 $\boldsymbol{A}_1,\boldsymbol{A}_2,\boldsymbol{A}_3$ 下的矩阵.

3. 设 $\boldsymbol{\alpha}_1=\begin{pmatrix}-1\\0\\-1\end{pmatrix},\boldsymbol{\alpha}_2=\begin{pmatrix}0\\1\\1\end{pmatrix},\boldsymbol{\alpha}_3=\begin{pmatrix}1\\-1\\1\end{pmatrix}$ 是 $\mathbf{R}^3$ 的一个基. 求满足

$$T(\boldsymbol{\alpha}_1)=\begin{pmatrix}-5\\0\\3\end{pmatrix},\quad T(\boldsymbol{\alpha}_2)=\begin{pmatrix}0\\-1\\6\end{pmatrix},\quad T(\boldsymbol{\alpha}_3)=\begin{pmatrix}-5\\-1\\9\end{pmatrix}$$

的线性变换 $T$ 在基 $\boldsymbol{\alpha}_1,\boldsymbol{\alpha}_2,\boldsymbol{\alpha}_3$ 下的矩阵.

4. 设在 $\mathbf{R}^3$ 中, 线性变换 $T$ 关于 $\boldsymbol{\alpha}_1,\boldsymbol{\alpha}_2,\boldsymbol{\alpha}_3$ 的矩阵为

$$\begin{pmatrix}1&2&3\\-1&0&3\\2&1&5\end{pmatrix},$$

求 $T$ 在新基 $\boldsymbol{\beta}_1=\boldsymbol{\alpha}_1,\boldsymbol{\beta}=\boldsymbol{\alpha}_1+\boldsymbol{\alpha}_2,\boldsymbol{\beta}_3=\boldsymbol{\alpha}_1+\boldsymbol{\alpha}_2+\boldsymbol{\alpha}_3$ 下的矩阵.

5. 在 $\mathbf{R}^2$ 中, 线性变换 $\boldsymbol{A}$ 在基 $\boldsymbol{\alpha}_1=\begin{pmatrix}1\\2\end{pmatrix},\boldsymbol{\alpha}_2=\begin{pmatrix}2\\3\end{pmatrix}$ 下的矩阵是 $\begin{pmatrix}3&5\\4&3\end{pmatrix}$, 线性变换 $\boldsymbol{B}$ 在基 $\boldsymbol{\beta}_1=\begin{pmatrix}3\\1\end{pmatrix},\boldsymbol{\beta}_2=\begin{pmatrix}4\\2\end{pmatrix}$ 下的矩阵是 $\begin{pmatrix}4&6\\6&9\end{pmatrix}$, 求变换 $\boldsymbol{A}+\boldsymbol{B}$ 在基 $\boldsymbol{\beta}_1,\boldsymbol{\beta}_2$ 下的矩阵,$\boldsymbol{AB}$ 在基 $\boldsymbol{\alpha}_1,\boldsymbol{\alpha}_2$ 下的矩阵.

# 第 7 章　MATLAB 简介及综合应用

MATLAB 源于 Matrix Laboratory (矩阵实验室), 是由美国 Mathworks 公司发布的主要面对科学计算、可视化以及交互式程序设计的高科技计算环境. 它将数值分析、矩阵计算、科学数据可视化以及非线性动态系统的建模和仿真等诸多强大功能集成在一个易于使用的视窗环境中, 为科学研究、工程设计以及必须进行有效数值计算的众多科学领域提供了一种全面的解决方案, 并在很大程度上摆脱了传统非交互式程序设计语言 (如 C 语言) 的编辑模式, 代表了当今国际科学计算软件的先进水平.

MATLAB 可以进行矩阵运算、绘制函数和数据、实现算法、创建用户界面、连接其他编程语言的程序等, 主要应用于工程计算、控制设计、信号处理与通信、图像处理、信号检测、金融建模设计与分析等领域. MATLAB 的基本数据单位是矩阵, 是一个强大的数学软件, 它的指令表达式与数学、工程中常用的形式十分相似, 故用 MATLAB 来解算问题要比用其他软件简捷的多. 用户可以将自己编写的实用程序导入到函数库中方便以后调用, 此外许多的 MATLAB 爱好者所编写的经典程序, 也可以直接进行下载使用.

MATLAB 的主要功能包括数值分析、数值和符号计算、工程与科学绘图、控制系统的设计与仿真、数字图像处理、数字信号处理、通信系统设计与仿真、财务与金融工程 (运筹学) 等等. 其优势特点有: ① 高效的数值计算及符号计算功能, 能使用户从繁杂的数学运算分析中解脱出来; ② 具有完备的图形处理功能, 实现计算结果和编程的可视化; ③ 友好的用户界面及接近数学表达式的自然化语言, 使学者易于学习和掌握; ④ 功能丰富的应用工具箱 (如信号处理工具箱、通信工具箱等), 为用户提供了大量方便实用的处理工具.

在本章中, 我们主要介绍一下 MATLAB 入门的一些基本知识, 以及在矩阵运算方面的一些综合应用实例.

## 7.1　MATLAB 入门

MATLAB 窗口介绍

### 7.1.1 MATLAB 简介

1. 指令行的编辑

启动 MATLAB 后, 就可以利用 MATLAB 工作. 由于 MATLAB 是一种交互式语言, 随时输入指令, 即时给出运算结果是它的工作方式.

```
2*sin(0.3*pi)/(1+sqrt(5))
ans=
0.5000 (ans 是一个保留的MATLAB 字符串, 它表示上面一个式子的返回
    结果, 用于结果的缺省变量名)
```

2. 入门演示

```
intro demo
```

3. 帮助

1) help %帮助总揽

```
help elfun %关于基本函数的帮助信息
help exp %指数函数exp的详细信息
```

2) lookfor 指令

当要查找具有某种功能但又不知道准确名字的指令时, help 的能力就不够了, lookfor 可以根据用户提供的完整或不完整的关键词, 去搜索出一组与之相关的指令.

```
lookfor integral            %查找有关积分的指令
lookfor fourier             %查找能进行傅里叶变换的指令
```

3) 超文本格式的帮助文件

在 MATLAB 中, 关于一个函数的帮助信息可以用 doc 命令以超文本的方式给出, 如

```
doc
doc doc
doc eig             %eig 求矩阵的特征值和特征向量
```

4. 简单的矩阵输入

1) 矩阵的直接输入

要直接输入矩阵时, 矩阵元素用空格或逗号分隔; 矩阵行用分号 “;” 隔离, 整个矩阵放在方括号 “[ ]” 里.

```
A=[1,2,3;4,5,6;7,8,9]
```

说明：指令执行后, 矩阵 $A$ 被保存在 MATLAB 的工作间 (workspace) 中, 以备后用. 如果用户不用 clear 指令清除它, 或对它进行重新赋值, 那么该矩阵会一直保存在工作间中, 直到本 MATLAB 指令窗关闭为止.

2) 矩阵的分行输入

```
A=[1,2,3
   4,5,6
   7,8,9]
```

5. 语句与变量

1) MATLAB 语句有两种最常见的形式

(i) 表达式;

(ii) 变量 = 表达式.

**例 1** 表达式的计算结果.

```
1996/18
ans=
110.8889
```

**例 2** 计算结果的赋值.

```
s=1-1/2+1/3-1/4+1/5-1/6+...
1/7-1/8;
```

说明：三个小黑点是 "连行号", 常在语句行中字符过多时使用. 分号 "; " 作用是：指令执行结果将不显示在屏幕上, 但变量 $s$ 将驻留在内存中. 若用户想看 $s$ 的值, 可键入以下命令：

```
s
  s=
  0.6345
```

2) 特殊变量

| | |
|---|---|
| ans | 用于结果的缺省变量名 |
| pi | 圆周率 |
| eps | 计算机的最小数 |
| flops | 浮点运算次数 |
| inf | 无穷大, 如 1/0 |
| NaN | 不定量, 如 0/0 |

i(j)　　虚数单位, $i^2 = j^2 = -1$
nargin　　所用函数的输入变量数目
nargout　　所用函数的输出变量数目
realmin　　最小可用正实数
realmax　　最大可用正实数

6. 数据结构: 向量、矩阵、结构数组和细胞数组

1) 向量的转置

```
z=[1+j,2+pi*i,-sqrt(-1)]'
z =
   1.0000 - 1.0000i
   2.0000 - 3.1416i
        0 + 1.0000i
```

当对复数向量进行转置操作时, 可以得到其共轭转置向量.

```
z.' (非共轭转置向量)
```

2) 产生一个行向量

```
t=[0:0.1:10]             %产生从0 到10 的行向量, 元素之间间隔为0.1
t=linspace(n1,n2,n)      %产生 n1 和 n2 之间线性均匀分布的 n 个数
    (缺省 n 时,产生 100 个数)
t=logspace(n1,n2,n)      %(产生 10^n1 和 10^n2 之间按对数等分的 n
    个数缺省 n 时,产生 50 个点)
```

3) 工作空间变量信息
who,whos,size 和 length 是对提供工作空间变量信息很有用处的四个命令.
who　　执行该命令可列出储存空间的所有变量
whos　　显示所有的变量, 变量所占的字节数及该变量是否是实数
size(a)　　执行该命令可以得到矩阵 a 的行数与列数
length(a)　　执行该命令后, 屏幕上显示出向量 a 的长度. 如果 a 是矩阵, 则显示的参数为行数列数中的最大数

4) 矩阵的标号
A(m,n) 表示矩阵 A 的第 m 行, 第 n 列的元素;
A(1:2,1:3) 表示矩阵 A 的从第一行到第二行, 从第一列到第三列的所有元素;
A(:) 可以得到一个长向量, 该向量的元素是按列一一叠加在一起的. 例如

```
a=[1 2;3 4]; a(: )
ans=
```

```
1
3
2
4
```

矩阵的下标也可以是向量. 例如

b=a(x,y); 提取矩阵 a 中的第 x 行与第 y 列交叉位置的元素赋给矩阵 b, 其中 x, y 可以是数, 也可以是坐标向量.

例如, 矩阵 a 有 n 列, 那么

```
b=a(:,n:$-1$:1)
```

将使矩阵 a 按列的逆序排列.

5) 特殊矩阵

(i) 单位矩阵.

eye(m),eye(size(a)) 可以得到与矩阵 a 同样大小的单位矩阵, eye(m,n) 可得到一个可允许的最大单位矩阵而其余处补 0.

(ii) 所有元素为 1 的矩阵.

ones(n), ones(size(a)), ones(m, n)

(iii) 所有元素为 0 的矩阵.

zeros(n), zeros(m,n)

(iv) 空矩阵.

空矩阵是一个特殊矩阵, 这在线性代数中是不存在的.

例如 q=[ ].

矩阵 q 在工作空间之中, 但它的大小为零. 通过空阵的办法可以删去行与列. 例如

```
a=rand(5);  a(:,1:3)=[]
```

第一条指令执行后得到一个 5×5 的矩阵; 第二条指令将矩阵 a 的前三列删除.

(v) 对角矩阵.

当 v 是向量时, diag(v) 得到以 v 的元素为对角线上元素的对角矩阵;

当 v 是矩阵时, diag(v) 得到一个列向量, 其元素为矩阵 v 对角线上的元素, diag(v,1) 得到矩阵 v 对角线上移一行的元素组成的列向量, diag(v,-1) 得到矩阵 v 对角线下移一行的元素组成的列向量.

6) 字符串

字符串要用单引号. 例如

```
disp('text string')          % disp 显示命令
```

还有几个字符串命令可以作为文字说明和绘图标题说明等, 如 num2str, int2str, fprintf 和 sprintf. 同样, 可以借助于 help 命令了解它们的具体用法.

7) 结构数组

有时需要将不同的数据类型组合成一个整体, 以便于引用. 这些组合在一个整体中的数据是相互联系的. 例如, 一个学生的学号、姓名、性别、年龄、成绩、家庭地址等项都是和该学生有联系的.

下面简单介绍结构体的定义与引用.

(i) 结构数组的定义.

定义结构数组可以采用两种方法：用赋值语句定义和用函数 struct 定义.

用赋值语句定义结构时, 只要给出结构的属性赋值, MATLAB 就会自动把该属性增加到结构中, 赋值时, 结构名和属性名用 "." 分开. 例如, 下面三条语句将定义一个 1×1 的结构数组, 结构名为 student, 有三个属性：name, num, test. 该结构数组只有一个元素, 在命令窗口中键入结构名 student, 将显示该元素所有属性的属性值的特性.

```
student.name='John Doe';
student.num=123456;
student.test=[79 75 73;80 78 79;90 85 80];
```

再键入以下三行可给该结构数组增加一个元素.

```
student(2).name='Ann Lane';
student(2).num=123422;
student(2).test=[70 76 73;80 99 79;90 85 80;80 85 86];
```

现在结构数组 student 的维数为 1×2. 当结构数组的元素超过 1 个时, MATLAB 的帮助信息中, 不再显示不同属性的值, 而只显示数组名、属性名和维数大小.

函数 struct 也可用来定义结构数组, 其调用格式为

结构数组名＝ struct('属性 1','属性值 1', '属性 2','属性值 2', $\cdots$).

(ii) 结构数组属性值的修改、设置和获取.

结构数组一旦形成, 就可取出数组中的某个元素并修改该元素的某个属性的值. 以上面建立的 student 数组为例, 命令

```
str=student(2).name
```

可取出第二个元素的 name 属性的值.

命令

```
n=student(2).test(4,2)
```

取出第二个元素 test 的值中第四行第二列上的数.

同理, 可用命令

```
student(2).test(4,2)=0
```

修改第二个元素 test 的值中第四行第二列上的数的值.

关于结构数组有如下函数:

| | |
|---|---|
| struct | 生成和转换为结构数组 |
| fieldnames | 查询结构数组的属性名 |
| getfield | 查询结构数组的属性值 |
| setfield | 设置结构数组的属性值 |
| rmfield | 删除属性 |
| isfield | 检查是否为数组的属性 |
| isstruct | 检查数组是否为结构型 |

8) 细胞数组

细胞数组也是 MATLAB 里的一类特殊的数组. 在 MATLAB 里, 由于有细胞数组这个数据类型, 才能把不同类型、不同维数的数组组成为一个数组.

细胞数组的每一个元素可为类型不同、维数不同的矩阵、向量、标量或多维数组, 所有元素用大括号括起来. 如矩阵 A=[1 2 3 4;2 3 4 5;3 4 5 6], 则命令

```
c={A,sum(A),sum(sum(A))}
```

得到一个 1×3 的细胞数组.

关于细胞数组有如下函数:

| | |
|---|---|
| celldisp | 显示细胞数组的内容 |
| cell | 生成细胞数组 |
| cellplot | 用图形方式显示细胞数组 |
| num2cell | 把数值型转换为细胞型 |
| deal | 输入和输出的匹配 |
| cell2struct | 把细胞数组转换为结构数组 |
| struct2cell | 把结构数组转换为细胞数组 |
| iscell | 检验数组是否为细胞型 |

(i) 细胞数组的生成.

有两种方法可以生成细胞数组：用赋值语句直接生成; 先用 cell 函数预分配数组, 然后再对每个元素赋值.

有两种方法可对元素赋值：一种方法采用数组元素的下标赋值. 下面四句命令将建立一个 2×2 的细胞数组.

```
A(1,1)={[1:5;6:10]};
A(1,2)={'Anne cat'};
A(2,1)={3+7i};
A(2,2)={0:pi/10:pi};
```

在大括号中, 逗号或者空格表示每行元素之间的分割, 分号表示不同行之间的分割.

另一种方法则把细胞数组的元素用大括号括起来, 而所赋的值采用其他数组的形式. 例如下面四句生成的细胞数组和上面所生成的完全一样.

```
A{1,1}=[1:5;6:10];
A{1,2}='Anne cat';
A{2,1}=3+7i;
A{2,2}=0:pi/10:pi;
```

命令

```
B=cell(3,4)
```

创建一个 $3\times 4$ 的细胞矩阵.

(ii) 细胞数组内容的查看.

对于上面建立的数组 A, 在 MATLAB 命令窗口键入变量名 A, 将显示数组的简要信息.

函数 celldisp 用来显示细胞数组的每个元素的值. 函数 cellplot 将画出细胞数组的每个元素的结构图.

当给已经定义的细胞数组下标范围外的元素赋值时, MATLAB 自动扩维, 对于没有赋值的元素, 赋值为空矩阵.

### 7. 数学运算与函数

(1) 基本代数运算操作 +, −, *, \, /, ^.

(2) 矩阵运算函数: 求行列式 (det), 矩阵求逆 (inv), 求秩 (rank), 求迹 (trace), 求模 (norm),d=eig(A) 求矩阵 A 的特征值, [v,d]=eig(A) 求矩阵 A 的特征向量和特征值, 这里 v 的列向量是对应的特征向量.

矩阵基本运算:

```
A\B, B/A, A.*B, A./B, A.\B, A.^B.
```

(3) 基本数学函数.

常用的数学函数有 sin, cos, tan, abs, min, sqrt, log, log10, sign, asin, acos, atan, max, sum, exp, fix 等.

常用的矩阵函数有 expm, logm, sqrtm 和 funm, funm 函数可计算任何一个基本数学函数的矩阵函数. 它可以表示为

```
fa=funm(a,'fun')
```

式中, fun 可以是任意一个基本函数, 如 sin, cos, log10 等.

(4) 多项式.

任意多项式都可以用一个行向量来表示, 即 $n$ 维的向量 $a$ 表示多项式 $y(x) = a(1)x^{n-1} + a(2)x^{n-2} + \cdots + a(n-1)x + a(n)$, 反过来, 任意一个向量就可以作为多项式.

**例 3**

```
p=[1  -6 11 -6]; poly2sym(p,'x')
ans =
     x^3-6*x^2+11*x-6
```

求 $s^3 + 2s^2 + 3s + 4 = 0$ 的根可用如下命令.

```
A=[1 2 3 4];roots(A)
```

(i) poly 函数.

p=poly(A), A 是一个 $n\times n$ 的矩阵时, 此函数返回矩阵 A 的特征多项式 p, p 是 $n$+1 维向量; A 是向量时, 此函数返回以向量中的元素为根的多项式.

(ii) 多项式的数组运算.

y=polyval(p,x) 计算多项式在 x 处的值, x 可以是矩阵或向量, 此时函数计算多项式在 x 的每个元素处的值.

(iii) 多项式的矩阵运算.

y=polyvalm(p,x) 相当于用矩阵 x 代替多项式的变量来对矩阵而不是对数组进行运算, x 必须是方阵. 例如

$$\boldsymbol{A} = \begin{pmatrix} 1 & 2 \\ 3 & 4 \end{pmatrix}, \quad p(\boldsymbol{A}) = \boldsymbol{A}^2 + 3\boldsymbol{A} + 2\boldsymbol{I}.$$

可采用如下的命令进行计算

```
p=[1 3 2];
a=[1 2; 3 4];
polyvalm(p,a)
```

(iv) 多项式的乘法和除法运算.

w=conv(u,v) 此函数求多项式 u 和 v 的乘积, 即求向量 u 和 v 的卷积. 如果 m=length(u), n=length(v), 则 w 的长度为 m+n-1.

[q,r]=deconv(u,v) 此函数表示多项式 u 除以多项式 v 得到商多项式 q 和余数多项式 r, 如果 r 的元素全部为零, 则表示多项式 v 可以整除多项式 u.

### 7.1.2　程序设计

1. 关系和逻辑运算

关系运算符有以下 6 种

<, <=, >, >=, ==, ~=,

关系成立时结果为 1, 否则为 0.

逻辑运算符有

&, |, ~, xor,

分别代表逻辑运算中的与、或、非、异或. 0 的逻辑量为 “假”, 而任意非零数的逻辑量为 “真”.

**例 4**

```
a=[1,2,3,4];
b=[0,1,0,2];
a&b,a|b,~a,xor(a,b)
```

2. 关系和逻辑函数

除了关系和逻辑运算符, MATLAB 提供了关系和逻辑函数.

any(x) 如果在向量 x 中, 至少有一个非零元素, 则 any(x) 返回 1; 矩阵 x 的每一列有非零元素, 返回 1.

all(x) 如果在一个向量 x 中, 所有元素非零, 则 all(x) 返回 1; 矩阵 x 中的每一列所有元素非零, 则返回 1.

find：找出向量或矩阵中非零元素的位置标识.

find 函数在对数组元素进行查找、替换和修改等操作中占有非常重要的地位, 熟练运用可以方便而灵活地对数组进行操作.

find(a) 返回由矩阵 a 的所有非零元素的位置标识组成的向量 (元素的标识是按列进行的), 如果没有非零元素则会返回空值.

**例 5**

```
a=[0,1;0,2]
b=zeros(1,5)
find(a),find(b)
[i,j,v]=find(a)
```

此函数返回矩阵 a 的非零元素的行和列的标识, 其中 i 代表行标而 j 代表列标, 同时, 将相应的非零元素的值放于列向量 v 中.

**例 6**

```
a=[0,5;0,7]
[i,j,v]=find(a)
```

**例 7** 找出 a 中不等于 7 的元素的位置.

```
a=[0,5;0,7]
find(a~=7)
```

**例 8** 将矩阵 a 中等于 7 的元素的值换成矩阵 c 中相应位置上的元素.

```
a=[0,5;0,7]
c=rand(2,2)
a(find(a==7))=c(find(a==7))
```

**例 9** 将矩阵 a 中等于 0 的元素删除.

```
a=[1,0,5;0,2,7]
a(find(a==0))=[]
b=reshape(a,[2,2])
b(:,2)=[]
```

3. 流程控制语句

计算机程序通常都是从前到后逐条执行的. 但往往也需要根据实际情况, 中途改变执行的次序, 称为流程控制. MATLAB 设有 4 种流程控制的语句结构, 即 if 语句、while 语句、for 语句和 switch 语句.

(i) if 语句.

根据复杂程度, if 语句有 3 种基本形式

```
①  if 逻辑变量
      条件语句组
    end
②  if 条件式
      条件语句组 1
    else
      条件语句组 2
    end
③  if 条件式 1
      条件语句组 1
    elesif 条件式 2
      条件语句组 2
    ……
    else
      条件语句组 n
    end
```

(ii) while 语句.

while 语句的结构形式为

```
while 逻辑循环变量        (逻辑循环变量真循环体)
    循环体语句
```

end

**例 10** 求 MATLAB 中的一个充分大的实数.

设定一个数 x, 让它不断增大, 直到 MATLAB 无法表示它的值, 只能表示为 Inf 为止.

```
x=rand;
while x~=Inf
      x1=x;x=2*x;
end
x1
```

(iii) for 语句.

for 语句的结构形式为

for 循环变量 =s1:s2:s3

(循环变量初值 s1, 步长 s2, 终值 s3, 循环变量在循环体语句 s1 与 s3 之间执行循环体)

end

(iv) switch 语句.

switch—case—otherwise 语句可用来实现均衡的多分支语句, 其基本语句结构可表示为

switch 表达式 (标量或字符串)

case 值 1

  语句组 1

case 值 2

  语句组 2

  ……

otherwise

  语句组 n

end

**例 11** 判断输入数 n 的奇偶性.

```
n=input('n=')
switch mod(n,2)
  case 1, a='奇'
  case 0, a='偶'
otherwise,a='非整数'
end
```

**例 12** 运输公司计算运费时, 距离 (s) 越远, 每公里运费越低. 标准如下表, 编写一个求折扣的 M 文件函数.

| 里程 (km) | 折扣 |
|---|---|
| s<250 | 0 |
| 250<=s<500 | 2% |
| 500<=s<1000 | 5% |
| 1000<=s<2000 | 8% |
| 2000<=s<3000 | 10% |
| 3000<=s | 15% |

本例采用两种算法编写 M 函数:

```
function g=zhekou(s)
if s<250
   g=0;
elseif s<500
   g=0.02;
elseif s<1000
   g=0.05;
elseif s<2000
   g=0.08;
elseif s<3000
   g=0.1;
else
   g=0.15;
end

function g=zhekou1(s)
switch fix(s/250)
case {0}
   g=0;
case {1}
   g=0.02;
case {2,3}
   g=0.05;
case {4,5,6,7}
   g=0.08;
case {8,9,10,11}
   g=0.1;
```

```
otherwise
    g=0.15;
end
```

4. M 文件与 M 函数

由 MATLAB 语句构成的程序文件称作 M 文件, 它将.m 作为文件的扩展名. M 文件可分为程序文件和函数文件两种.

程序文件一般是由用户为解决特定的问题而编制的程序, 函数文件也称为子程序, 它必须由 MATLAB 程序来调用. 函数文件往往具有一定的通用性, 并且可以进行递归调用.

1) 程序文件

程序文件的格式特征如下.

(1) 前面的若干行通常是程序的注释, 每行以 "%" 开始, 当然注释可以放在程序的任何部分. 注释可以是汉字, 注释是对程序的说明, 它增加了程序的可读性. 在执行程序时, MATLAB 将不理会 "%" 后直到行末的全部文字.

(2) 然后是程序的主体. 如果文件中有全局变量, 即子程序和主程序共用的变量, 应在程序的起始部分注明. 其语句是

global 变量名 1 变量名 2 ······

(3) 整个程序应按 MATLAB 标识符的要求起文件名, 文件名不能以数字开始, 不允许用汉字.

2) 函数文件

函数文件是用来定义子程序的. 它与程序文件的主要区别有 3 点:

(1) 由 function 起头, 后跟的函数名要与文件名相同.

(2) 有输入输出变量, 可进行变量传递.

(3) 除非用 global 声明, 程序中的变量均为局部变量, 不保存在工作空间中.

**例 13**　编写求阶乘的函数.

```
function y=fac(n);
if n<0
    error('n is smaller than 0,error input.');
    return;
end
if n==0|n==1
    y=1;
else
    y=n*fac(n-1);
end
```

并把上述文件命名为 fac.m, 调用函数时实际上是调用文件名.

5. 利用字符串模拟运算式

利用字符串建立表达式后, 再用 eval 命令执行它, 可以使程序设计更加灵活. 但是注意表达式一定要是字符串. 其命令格式为

```
eval('字符串')
```

**例 14** 先定义字符串 t 为平方根运算, 再用 eval 求出 1 到 10 的平方根.

```
clear,clc
t='sqrt(i)';
for i=1:10
    s(i)={char(['The square root of ', int2str(i), ' is ',...
                num2str(eval(t))])};  %上面大括号{}代表建立数组
end
s(:)
```

**例 15** 如果要输入几十个甚至上百个文件, 用手工操作十分繁琐, 然而灵活运用 eval 函数可以自动完成这一工作. 假设数据文件名从 data1.dat—data10.dat, 放在 D:\MATLAB\chp 目录下, 操作如下:

```
for i=1:10
    eval(['load d:\MATLAB\chp\data',int2str(i),'.dat'])
end
```

函数 feval 用于执行字符串代表的文件或函数.

**例 16**

```
fun=['sin';'cos';'log'];
k=input('选择第几个函数:');
x=input('输入数值:');
feval(fun(k,:),x)
```

**例 17** 当前 MATLAB\work 目录下有三个图形文件 hlpstep1.gif—hlpstep3.gif, 分别打开这三个文件.

```
clear,clc
fun='imread';
for i=1:3
    str=char(['hlpstep',int2str(i),'.gif']);
    x=feval(fun,str)
end
```

### 7.1.3　文件

根据数据的组织形式, MATLAB 中的文件可分为 ASCII 文件和二进制文件. ASCII 文件又称文本文件, 它的每一个字节放一个 ASCII 代码, 代表一个字符. 二进制文件是把内存中的数据按其在内存中的存储形式原样输出到磁盘上存放.

MATLAB 中的关于文件方面的函数和 C 语言相似.

| 函数分类 | 函数名 | 作用 |
|---|---|---|
| 打开和关闭文件 | fopen | 打开文件 |
| | fclose | 关闭文件 |
| 读写二进制文件 | fread | 读二进制文件 |
| | fwrite | 写二进制文件 |
| 格式 I/O | fscanf | 从文件中读格式数据 |
| | fprintf | 写格式数据 |
| | fgetl | 从文件中读行, 不返回行结束符 |
| | fgets | 从文件中读行, 返回行结束符 |
| 读写字符串 | sprintf | 把格式数据写入字符串 |
| | sscanf | 格式读入字符串 |
| 文件定位 | feof | 检验是否为文件结尾 |
| | fseek | 设置文件定位器 |
| | ftell | 获取文件定位器 |
| | frewind | 返回到文件的开头 |

1. 文件的打开和关闭

对文件读写之前应该 “打开” 该文件, 在使用结束之后应 “关闭” 该文件.

函数 fopen 用于打开文件, 其调用格式为

```
fid=fopen('filename','permission')
```

fid 是文件标识符 (file identifier), fopen 指令执行成功后就会返回一个正的 fid 值, 如果 fopen 指令执行失败, fid 就返回 $-1$.

filename 是文件名.

permission 是文件允许操作的类型, 可设为以下几个值:

‘r’　　只读

‘w’　　只写

‘a’　　只能追加 (append)

‘r+’　　可读可写

与 fopen 对应的指令为 fclose, 它用于关闭文件, 其指令格式为

```
status=fclose(fid)
```

如果成功关闭文件, status 返回的值就是 0.

2. 读写操作

(i) fwrite 的指令格式.

```
fid=fopen('filename','permission')
fwrite(fid, 要保存的数据矩阵, '精度格式')
```

执行 help fread 即可查到精度格式的设定.

(ii) fprintf 的指令格式.

```
fprintf(fid, '数据格式', 需要保存的数据矩阵)
```

**例 18** 产生 10 个随机数, 并保存到一个纯文本文件 data1.txt 中.

```
clear,clc
a=rand(1,10)
fid=fopen('data1.txt','w');
fprintf(fid,'%8.4f',a);
fclose(fid);
load data1.txt
data1
```

(iii) save 的指令格式.

save filename 变量 1 变量 2 ⋯

使用 load filename 即可把变量 1, 变量 2, ⋯ 调出来.

如果要保存为 ASCII 码, 就要在后面加上-ascii

```
save  filename  变量1  变量2 …  -ascii
```

对于 save 指令, 处理大量数据存取有一个技巧非常有用, 即

```
save('filename', '变量1', '变量2', …)
```

由于 filename 是用字符串表示的, 所以可以使用程序进行控制, 使其每处理完一次就存一个不同的文件名称.

**例 19**

```
clear,clc
m=1:10;
for i=1:length(m)
   n=m.^2;
   nf=[m',n'];
   t=char(['nf',int2str(i),'=nf'])
   eval(t)
   save(['data',int2str(i)],['nf',int2str(i)])
end
```

(iv) load 纯文本文件.

```
load filename.txt
```

就建立了变量名为 filename 的数据.

**例 20**　现有一纯文本数据文件 caipao.txt, 保存了山东省 65 期的福利彩票中奖号码, 试对中奖号码给出一些统计, 并按一定的规则产生两组彩票号码.

```
clc,clear
load caipiao.txt;
cp=caipiao;
for i=1:30
    b(i)=length(find(cp==i));
end
[b,id]=sort(b);
mai1=sort(id(1:7)), mai2=sort(id(24:30))
fid1=fopen('cpsj.txt','w');
fprintf(fid1,'%6d %6d %6d %6d %6d %6d %6d %6d\n',caipiao');
fclose(fid1);
```

## 7.2　综合应用：昆虫繁殖问题

昆虫繁殖问题

1. 问题简介

有一种昆虫, 最长寿命为六周, 将其分为三组: 第一组 0—2 周龄; 第二组 2—4 周龄; 第三组 4—6 周龄. 第一组为幼虫 (不产卵), 第二组每个成虫在两周内平均产卵 100 个, 第三组每个成虫在两周内平均产卵 150 个. 假设每个卵的成活率为 0.09, 第一组和第二组的昆虫能顺利进入下一个成虫组的存活率分别为 0.1 和 0.2. 设现有三个组的昆虫各 100 只, 计算第 2 周、第 4 周、第 6 周后各个周龄的昆虫数目, 并考虑下面问题:

(1) 以两周为一时间段, 分析这种昆虫各周龄组数目演变趋势. 昆虫数目是无限增长还是趋于灭亡?

(2) 如果使用一种除虫剂可以控制昆虫的数目, 使得各组昆虫的成活率减半, 问这种除虫剂是否有效?

2. 符号与假设

以两周为一个时间段, 某一时刻各周龄组的昆虫数量用一个三维向量表示. 由题设, 初始时刻 0—2 周龄、2—4 周龄、4—6 周龄的昆虫数量分别为

$$x_1^{(0)}=100,\quad x_2^{(0)}=100,\quad x_3^{(0)}=100.$$

记 $\boldsymbol{X}^{(k)}=(x_1^{(k)},\ x_2^{(k)},\ x_3^{(k)})^{\mathrm{T}}$ 为第 $k$ 个时间段昆虫数分布向量. 当 $k=0, 1, 2, 3$ 时, $\boldsymbol{X}^{(k)}$ 分别表示现在第 0 周后, 2 周后, 4 周后, 6 周后的昆虫数分布向量.

如果有矩阵 $\boldsymbol{L}$ 存在, 使得 $\boldsymbol{X}^{(k+1)}=\boldsymbol{L}\boldsymbol{X}^{(k)}$, 则称 $\boldsymbol{L}$ 为莱斯利矩阵.

3. 建立数学模型

并写出 $\boldsymbol{X}^{(k)}$ 和 $\boldsymbol{X}^{(k+1)}$ 的递推关系式, 以及莱斯利矩阵 $\boldsymbol{L}$ (未加入除虫剂时, 图 7.1)

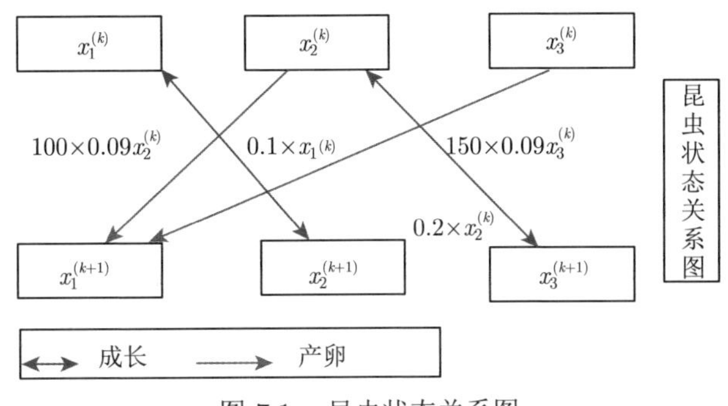

图 7.1 昆虫状态关系图

显然

$$\begin{cases} x_1^{(k+1)}=100\times0.09x_2^{(k)}+150\times0.09x_3^{(k)}, \\ x_2^{(k+1)}=0.1\cdot x_1^{(k)}, \\ x_3^{(k+1)}=0.2\cdot x_2^{(k)} \end{cases}\qquad (k=0,1,2,3).$$

则

$$\boldsymbol{L}=\begin{pmatrix} 0 & 9 & 13.5 \\ 0.1 & 0 & 0 \\ 0 & 0.2 & 0 \end{pmatrix},\quad \boldsymbol{X}^{(k+1)}=\boldsymbol{L}\boldsymbol{X}^{(k)}\quad (k=0,1,2,3).$$

程序键入:

```
L=[0 9 13.5;0.1 0 0;0 0.2 0];
X(:,1)=[100 100 100]';
```

```
  for k=1:3
       X(:,k+1)=L^k*X(:,1);
end
X                    %求出各阶段的昆虫数目
```

其计算结果见表 7.1.

**表 7.1**

| $k$ | (现在) | $k=1$ (2 周后) | $k=2$ (4 周后) | $k=3$ (6 周后) | $k=100$ |
|---|---|---|---|---|---|
| $x_1$ | 100 | 2250 | 360 | 2052 | $1.2731\times10^6$ |
| $x_2$ | 100 | 10 | 225 | 36 | $1.186\times10^5$ |
| $x_3$ | 100 | 20 | 2 | 45 | $2.21\times10^4$ |

修改循环次数 (如 $k=100$), 可以发现昆虫的数目一直在增加, 并且增加很多. 则昆虫数目是无限增长的, 这对环境相当不利, 需要加入除虫剂.

4. 加入除虫剂后 (图 7.2)

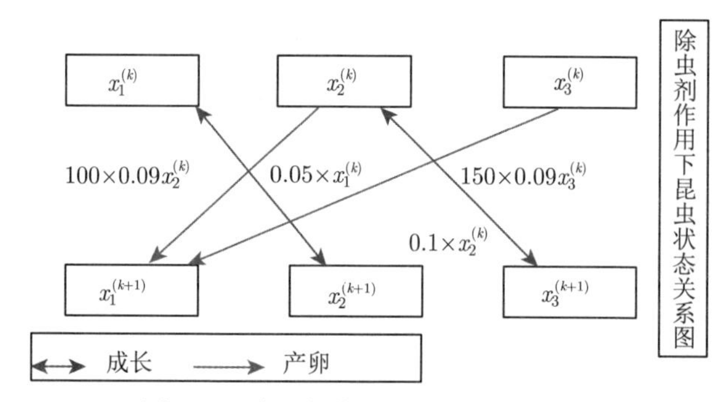


图 7.2　除虫剂作用下昆虫状态关系图

显然

$$\begin{cases} x_1^{(k+1)}=100\times0.09x_2^{(k)}+150\times0.09x_3^{(k)}, \\ x_2^{(k+1)}=0.05\cdot x_1^{k}, \\ x_3^{(k+1)}=0.1\cdot x_2^{(k)} \end{cases} \qquad (k=0,1,2,3).$$

则

$$\boldsymbol{L}=\begin{pmatrix} 0 & 9 & 13.5 \\ 0.05 & 0 & 0 \\ 0 & 0.1 & 0 \end{pmatrix}, \quad \boldsymbol{X}^{(k+1)}=\boldsymbol{L}\boldsymbol{X}^{(k)} \quad (k=0,1,2,3).$$

键入程序:

```
format long
L=[0,9,13.5;0.05,0,0;0,0.1,0];
X(:,1)=[100,100,100]';
for i=1:30
    X(:,i+1)=L^i*X(:,1);
end
X
```

其结果如表 7.2 所示.

**表 7.2**

| $k$ | (现在) | $k=1$ | $k=2$ | $k=3$ | $k=30$ |
|---|---|---|---|---|---|
| $x_1$ | 100 | 2250 | 180 | 1019.25 | 0.159250 |
| $x_2$ | 100 | 5 | 112.5 | 9 | 0.010840 |
| $x_3$ | 100 | 10 | 0.5 | 11.25 | 0.001469 |

显然 60 周后, 这种昆虫将全部灭绝.

5. *后续思考*

考虑到环境保护, 如果使用的除虫剂使昆虫存活率为零, 将产生负面影响. 那么有效的除虫剂应该至少使昆虫存活率减少到多少为好？此时莱斯利矩阵的正特征值为多大？

我们希望的是昆虫稳定在某一数值范围内, 最好 $\boldsymbol{X}^{(k+1)}=\boldsymbol{X}^{(k)}$, 那么必然出现这样一个结果 $\boldsymbol{X}=\boldsymbol{L}\boldsymbol{X}$, 即此时莱斯利矩阵的正特征值为 1 最好. 假设有效的除虫剂应该至少使昆虫存活率减少到 $r$, 此时莱斯利矩阵

$$\boldsymbol{L}=\begin{pmatrix}0 & 9 & 13.5\\ 0.1r & 0 & 0\\ 0 & 0.2r & 0\end{pmatrix}.$$

我们的目标即为寻找一个适当的 $r$, 使得莱斯利矩阵的正特征值为 1.

程序如下：

```
clc,clear
for r=0.5:0.0001:1
    L=[0 9 13.5;0.1*r 0 0;0 0.2*r 0];
    R=max(eig(L));
    if abs(R-1)<=0.0001
       break
    end
end
r
```

最后我们得到, 有效的除虫剂应该至少使昆虫存活率减少到 0.8791 为好. 而昆虫数量的变化如表 7.3 所示.

**表 7.3**

| $k$ | (现在) | $k=1$ (2 周后) | $k=2$ (4 周后) | $k=3$ (6 周后) | $k=30$ 以后 |
| --- | --- | --- | --- | --- | --- |
| $x_1$ | 100 | 2250 | 316.476 | 1801.0435 | 1160.29 |
| $x_2$ | 100 | 8.791 | 197.7975 | 27.8214 | 102.78 |
| $x_3$ | 100 | 17.582 | 1.54563362 | 34.7767 | 18.076 |

其 60 周以后, 三个年龄段的昆虫数目基本维持在 $(1160, 102, 18)$ 这一水平上, 其对环境的保护是相当有利的.

## 7.3　综合应用：碎纸片的拼接复原

碎纸片的拼接复原

### 1. 问题简介

破碎文件的拼接在司法物证复原、历史文献修复以及军事情报获取等领域都有着重要的应用. 传统上, 拼接复原工作需由人工完成, 准确率较高, 但效率很低. 特别是当碎片数量巨大, 人工拼接很难在短时间内完成任务. 随着计算机技术的发展, 人们试图开发碎纸片的自动拼接技术, 以提高拼接复原效率. 请讨论以下问题.

(1) 对于给定的来自同一页印刷文字文件的碎纸机破碎纸片 (仅纵切部分图片见图 7.3), 建立碎纸片拼接复原模型和算法, 并针对题目附件所给出的中、英文各一页文件的碎片数据进行拼接复原. 如果复原过程需要人工干预, 请写出干预方式及干预的时间节点.

(2) 对于碎纸机既纵切又横切的情形, 请设计碎纸片拼接复原模型和算法, 并针对题目附件给出的中、英文各一页文件的碎片数据进行拼接复原. 如果复原过程需要人工干预, 请写出干预方式及干预的时间节点.

(3) 上述问题所给碎片数据均为单面打印文件, 从现实情形出发, 还可能有双面打印文件的碎纸片拼接复原问题需要解决. 题目附件将给出的是一页英文印刷文字双面打印文件的碎片数据. 请尝试设计相应的碎纸片拼接复原模型与算法, 并给出拼接复原结果.

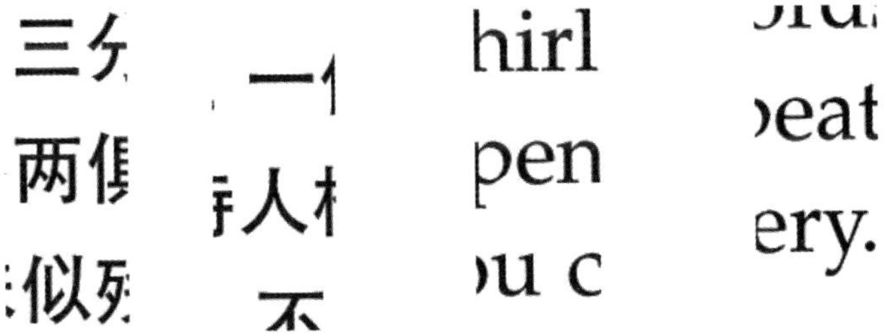

图 7.3　部分碎纸片示意图

2. 图片预处理

因为颜色在计算机中用数值表示, 故将附件中的每张 bmp 图片用一个矩阵来表示. 又因为图片的颜色只有黑白灰三种, 故建立的矩阵即为灰度矩阵, 只要对每张图片的灰度矩阵做处理即可.

问题 (1) 为一维复原问题, 仅考虑碎片左右端的特征即可 (问题 (2) 和问题 (3) 是二维的还原, 还需另外考虑上下特征).

设碎片为 1 (左)、2 (右) 相邻, 则 1 的右边缘的所有残缺文字就可以与 2 的左边缘的所有残缺文字组成一列完整的文字. 若用灰度矩阵描述此现象, 如下.

将汉字"掌"一分为二, 得到两张分别存放"掌"左右两半的图片. 图 7.4 左列向量为左半"掌"最后一列像素的灰度值; 图 7.4 右列向量为右半"掌"最前一列像素的灰度值. 其中 0 为黑色像素, 255 为白色像素, 1—254 为灰色像素. 显然, 如果两张相邻的图片能够拼接, 那么相邻边缘像素列的灰度值存在较高的匹配度, 即绝大部分行的灰度值相等.

根据以上思想建立最优化模型, 寻找与被匹配度对应最高的图片, 即可判定为被匹配图的相邻的图片.

3. 问题 (1) 模型的建立

将碎片 bmp1, bmp2, $\cdots$, bmp19 对应的灰度矩阵分别为 $\boldsymbol{F}=\{\boldsymbol{A}_1,\boldsymbol{A}_2,\cdots,\boldsymbol{A}_{19}\}$, 特征因子 $\boldsymbol{x}_1^j,\boldsymbol{x}_2^j(j=1,2,\cdots,19)$ 分别为 $\boldsymbol{A}_j$ 的左、右端的列向量, 可看作 1980 维空间内的点, 则共有 $19\times 2$ 个列向量.

在 $\boldsymbol{A}_i$ (左)、$\boldsymbol{A}_j$ (右) $(i,j=1,2,\cdots,19)$ 且 $(i\neq j)$ 的两点 $\boldsymbol{x}_1^j,\boldsymbol{x}_2^i$ 间定义欧氏距离:

$$\operatorname{dist}\left(\boldsymbol{x}_1^j,\boldsymbol{x}_2^i\right)=\left\|\boldsymbol{x}_1^j-\boldsymbol{x}_2^i\right\|^2=\sum_{m=1}^{1980}\left(\boldsymbol{x}_1^j(m)-\boldsymbol{x}_2^i(m)\right)^2,$$

其中, $\boldsymbol{x}_1^j(m)$ 表示向量 $\boldsymbol{x}_1^j$ 的第 $m$ 个元素, $\boldsymbol{x}_2^i(m)$ 表示向量 $\boldsymbol{x}_2^i$ 的第 $m$ 个元素, $m=1,2,\cdots,1980$.

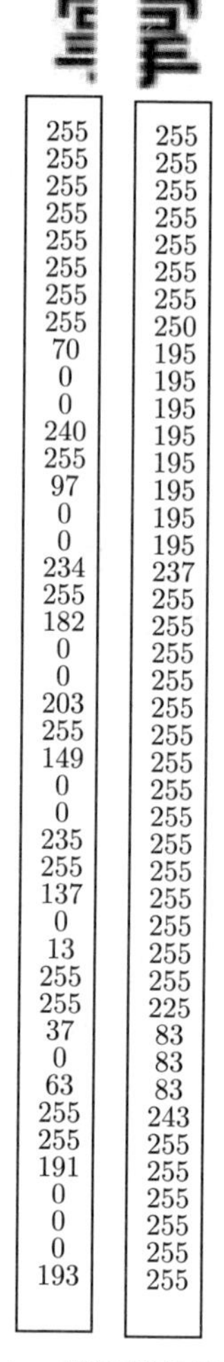


图 7.4　拼接原理示例图

利用两点间距离的大小来判断 $\boldsymbol{A}_i$ (左)、$\boldsymbol{A}_j$ (右) 边缘的匹配程度, 距离越大代表匹配程度越低, 距离越小代表匹配程度越高.

TSP 问题是图论中最著名的问题之一, 即 “已给一个 $n$ 个点的完全图, 每条边都有一个长度, 求总长度最短的经过每个顶点正好一次的封闭回路”. 若将每个碎纸看成一个点, 由前面所定义的欧氏距离可知, 点与点之间存在距离, 可以看出, 两张碎纸如果吻合度低, 那对应的距离也大, 所以寻找吻合率最高的组合方式, 实质就是寻找总距离最小的路径, 也就是寻找一条最佳 TSP 路径, 复原步骤见

图 7.5.

将碎纸复原抽象成复原 TSP 问题, 即

$$\min D = \sum_{i \neq j} \operatorname{dist}\left(\boldsymbol{x}_1^j, \boldsymbol{x}_2^i\right),$$

$$\text{s.t.} \begin{cases} \operatorname{dist}\left(\boldsymbol{x}_1^j, \boldsymbol{x}_2^i\right) = \sum_{m=1}^{1980} \left(\boldsymbol{x}_1^j(m) - \boldsymbol{x}_2^i(m)\right)^2, \\ \boldsymbol{A}_i \in F. \end{cases}$$

通过求解复原 TSP 问题, 可以得到每个点的访问顺序, 即碎纸片的拼接序列, 最后利用 MATLAB 图像拼接, 得到复原了的纸片. 对中文附件的分析精度达到为 97.5%, 对英文附件的分析精度为 97.1%.

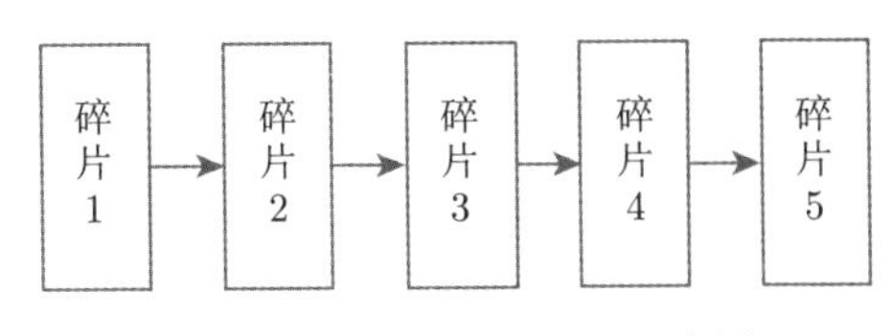

图 7.5 复原 TSP 问题示意图

[第一问的 MATLAB 程序与结果]

```
clc,clear,format
files=dir('C:\Program Files\MATLAB\R2009a\work\*.bmp'); %读取纸
    片像素矩阵
for i=1:size(files,1)
filename=files(i,1).name;
imfile=strcat('C:\Program Files\MATLAB\R2009a\work','\',
    filename);
a(:,:,i)=imread(imfile);
end
MM=a;
a=double(a);
for i=1:19
    x(:,i)=a(:,1,i);
    y(:,i)=a(:,end,i);
end
T=1:19;
t=min(x);
A=find(t==255),T(A)=[];
X0=x(:,A);
X=x(:,T);
Y0=y(:,A);
Y=y(:,T);
err=0;e=255*ones(1980,1);e0=(sum(e.*e));
for i=2:19
```

```
    t1=(X-repmat(Y0,[1,20-i]));
    k1=(sum(t1.*t1));
    c1=min(k1);
    j1=find(k1==c1);
    A=[A,T(j1)];
    Y0=y(:,T(j1));
    T(j1)=[];
    X=x(:,T);
    Y=y(:,T);
    err=c1/e0+err;
end
A,err=err/18
f=[];
for i=1:19
    k=A(i);
    f=[f,MM(:,:,k)];
end
imshow(f)
```

运行结果见图 7.6.

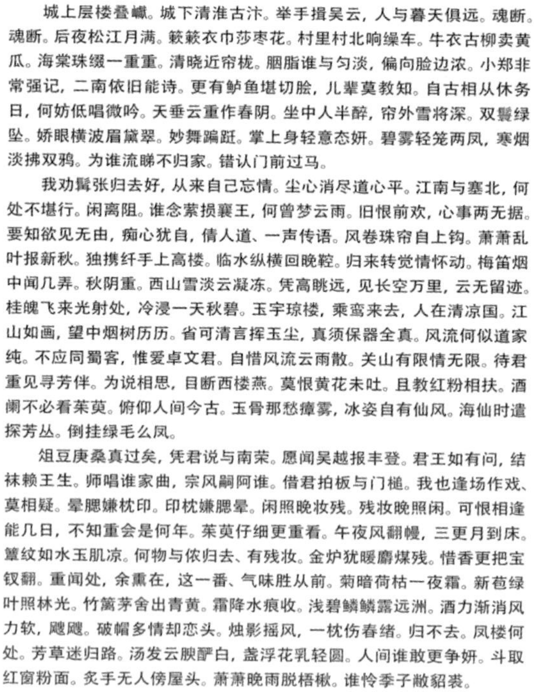

城上层楼叠巘。城下清淮古汴。举手揖吴云，人与暮天俱远。魂断。魂断。后夜松江月满。簌簌衣巾莎枣花。村里村北响缫车。牛衣古柳卖黄瓜。海棠珠缀一重重。清晓近帘栊。胭脂谁与匀淡，偏向脸边浓。小郑非常强记，二南依旧能诗。更有鲈鱼堪切脍，儿辈莫教知。自古相从休务日，何妨低唱微吟。天垂云重作春阴。坐中人半醉，帘外雪将深。双鬟绿坠。娇眼横波眉黛翠。妙舞蹁跹。掌上身轻意态妍。碧雾轻笼两凤，寒烟淡拂双鸦。为谁流睇不归家。错认门前过马。

我劝髯张归去好，从来自己忘情。尘心消尽道心平。江南与塞北，何处不堪行。闲离阻。谁念萦损襄王，何曾梦云雨。旧恨前欢，心事两无据。要知欲见无由，痴心犹自，倩人道、一声传语。风卷珠帘自上钩。萧萧乱叶报新秋。独携纤手上高楼。临水纵横回晚鞚。归来转觉情怀动。梅笛烟中闻几弄。秋阴重。西山雪淡云凝冻。凭高眺远，见长空万里，云无留迹。桂魄飞来光射处，冷浸一天秋碧。玉宇琼楼，乘鸾来去，人在清凉国。江山如画，望中烟树历历。省可清言挥玉尘，真须保器全真。风流何似道家纯。不应同蜀客，惟爱卓文君。自惜风流云雨散。关山有限情无限。待君重见寻芳伴。为说相思，目断西楼燕。莫恨黄花未吐。且教红粉相扶。酒阑不必看茱萸。俯仰人间今古。玉骨那愁瘴雾，冰姿自有仙风。海仙时遣探芳丛。倒挂绿毛么凤。

俎豆庚桑真过矣，凭君说与南荣。愿闻吴越报丰登。君王如有问，结袜赖王生。师唱谁家曲，宗风嗣阿谁。借君拍板与门槌。我也逢场作戏、莫相疑。晕腮嫌枕印。印枕嫌腮晕。闲照晚妆残。残妆晚照闲。可恨相逢能几日，不知重会是何年。茱萸仔细更重看。午夜风翻幔，三更月到床。簟纹如水玉肌凉。何物与侬归去、有残妆。金炉犹暖麝煤残。惜香更把宝钗翻。重闻处，余熏在，这一番、气味胜从前。菊暗荷枯一夜霜。新苞绿叶照林光。竹篱茅舍出青黄。霜降水痕收。浅碧鳞鳞露远洲。酒力渐消风力软，飕飕。破帽多情却恋头。烛影摇风，一枕伤春绪。归不去。凤楼何处。芳草迷归路。汤发云腴酽白，盏浮花乳轻圆。人间谁敢更争妍。斗取红窗粉面。炙手无人傍屋头。萧萧晚雨脱梧楸。谁怜季子敝貂裘。

图 7.6　中文拼接结果一览

4. 问题 (2)、(3) 的主要解决思想

与一维碎纸相比, 二维的碎纸经过横切和纵切, 可以视为是一维碎纸再切割形成的, 而再切割会降低碎纸的特征值, 如问题 (2) 相当于将问题一的一维碎纸片被切割为 11 份, $\boldsymbol{A}_j$ 的左、右端的列向量变为 180 维空间内的点, 导致特征值仅为原有的十一分之一, 且 TSP 问题的节点由 19 个变为 208 个 (问题 (3) 变为 416 个), 除了左右拼接, 还需要上下拼接, 算法复杂度大大增加, 原有算法难以解决, 需要通过降低维数来减低算法复杂度, 以便求解.

算法主要思想如下 (计算机程序略):

Step1. 按照问题 (1) 的模型, 由于信息的缺失, 计算机很容易造成误判. 首先找出能够两两左右配对的图片, 通过人工干预, 找出如图 7.7 中被计算机误判的图片, 仅保留正确的配对序号.

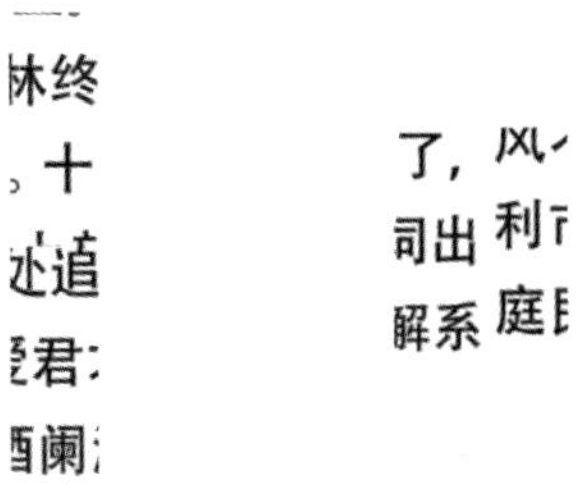

如此, 可构造单项的网络图, 两点之间存在路径, 说明两图可以配对; 没有路径, 说明两图无法配对.

图 7.7 计算机误判图

Step2. 找出该图中每一条可以连通的最长链条, 即可得出拼接片段, 见表 7.4.

表 7.4 问题 (2) 的中文附件匹配图像的串连筛选结果

| 序号 | 片段 | 序号 | 片段 |
|---|---|---|---|
| 1 | 139, 159, 127, 69, 176, 46, 175, 1, 138, 54, 57, 94, 154, 71, 167, 33, 197 | 2 | 183, 110, 198, 17, 185, 11, 188, 67, 107, 151, 22, 174, 158, 182, 205, 140, 146 |
| 3 | 144, 187, 3, 58, 193, 179, 119, 191, 96 | 4 | 64, 117, 164, 73, 7, 178, 21, 53, 37 |
| 5 | 5, 102, 114, 195, 120, 124 | 6 | 12, 23, 130, 29, 92, 189, 142 |
| 7 | 15, 129, 4, 160, 83, 200 | 8 | 8, 209 |
| 9 | 168, 26, 9 | 10 | 10, 106, 75 |
| 11 | 56, 45, 207, 11, 105, 99, 173, 172, 60 | 12 | 30, 65, 112, 202, 6, 93, 181, 49, 38, 76 |
| 13 | 136, 13, 74, 161 | 14 | 126, 14 |
| 15 | 81, 34, 203, 199, 16, 134, 171, 206, 86, 153, 166, 28, 61 | 16 | 63, 143, 31, 42, 24, 148, 192, 51, 180, 121, 87, 196, 27, 2 |
| 17 | 133, 201, 18 | 18 | 62, 20, 79 |
| 19 | 145, 78, 113, 150, 98, 137, 165, 128 | 20 | 204, 170, 135, 40, 32, 52, 108, 116 |
| 21 | 95, 35, 85 | 22 | 39, 149 |
| 23 | 103, 155, 115, 41, 152 | 24 | 184, 91, 48, 122, 43, 125 |
| 25 | 50, 55, 66 | 26 | 68, 70, 100, 163, 97, 132, 80 |
| 27 | 72, 157 | 28 | 169, 101, 77 |
| 29 | 162, 25, 36, 82, 190, 123, 104 | 30 | 131, 194, 89 |
| 31 | 90, 147 | 32 | 208, 156, 141, 186, 109, 118 |

Step3. 在每条链条中, 选出部分图片, 再按照问题 (1) 的模型, 进行上下配对, 即可得出较为完整的图片.

实际运算过程来看, 前三步操作, 对 208 个图片的附件, 通过计算机共拼凑出 202 个碎片, 完成率达到 97.12%; 对 416 个图片的附件, 通过计算机共拼凑出 407 个碎片, 完成率达到 97.83%.

Step4. 对于琐碎的剩余图片, 进行简单的手工拼接即可.

运行结果见图 7.8.

便邮。温香熟美。醉慢云鬟垂两耳。多谢春工。不是花红是玉红。一颗樱桃樊素口。不爱黄金，只爱人长久。学画鸦儿犹未就。眉尖已作伤春皱。清泪斑斑，挥断柔肠寸。嗔人问。背灯偷揾拭尽残妆粉。春事阑珊芳草歇。客里风光，又过清明节。小院黄昏人忆别。落红处处闻啼鴂。岁云暮，须早计，要褐裘。故乡归去千里，佳处辄迟留。我醉歌时君和，醉倒须君扶我，惟酒可忘忧。一任刘玄德，相对卧高楼。记取西湖西畔，正暮山好处，空翠烟霏。算诗人相得，如我与君稀。约他年、东还海道，愿谢公、雅志莫相违。西州路，不应回首，为我沾衣。料峭春风吹酒醒。微冷。山头斜照却相迎。回首向来萧瑟处。归去。也无风雨也无晴。紫陌寻春去，红尘拂面来。无人不道看花回。惟见石榴新蕊、一枝开。

九十日春都过了，贪忙何处追游。三分春色一分愁。雨翻榆荚阵，风转柳花球。白雪清词出坐间。爱君才器两俱全。异乡风景却依然。团扇只堪题往事，新丝那解系行人。酒阑滋味似残春。

缺月向人舒窈窕。三星当户照绸缪。香生雾縠见纤柔。搔首赋归欤。自觉功名懒更疏。若问使君才与术，何如。占得人间一味愚。海东头，山尽处。自古空槎来去。槎有信，赴秋期。使君行不归。别酒劝君君一醉。清润潘郎，又是何郎婿。记取钗头新利市。莫将分付东邻子。西塞山边白鹭飞。散花洲外片帆微。桃花流水鳜鱼肥。主人嗔小。欲向东风先醉倒。已属君家。且更从容等待他。愿我已无当世望，似君须向古人求。岁寒松柏肯惊秋。

水涵空，山照市。西汉二疏乡里。新白发，旧黄金。故人恩义深。谁道东阳都瘦损，凝然点漆精神。瑶林终自隔风尘。试看披鹤氅，仍是谪仙人。三过平山堂下，半生弹指声中。十年不见老仙翁。壁上龙蛇飞动。暖风不解留花住。片片著人无数。楼上望春归去。芳草迷归路。犀钱玉果。利市平分沾四坐。多谢无功。此事如何到得侬。元宵似是欢游好。何况公庭民讼少。万家游赏上春台，十里神仙迷海岛。

虽抱文章，开口谁亲。且陶陶、乐尽天真。几时归去，作个闲人。对一张琴，一壶酒，一溪云。相如未老。梁苑犹能陪俊少。莫惹闲愁。且折

bath day. No news is good news.

Procrastination is the thief of time. Genius is an infinite capacity for taking pains. Nothing succeeds like success. If you can't beat em, join em. After a storm comes a calm. A good beginning makes a good ending.

One hand washes the other. Talk of the Devil, and he is bound to appear. Tuesday's child is full of grace. You can't judge a book by its cover. Now drips the saliva, will become tomorrow the tear. All that glitters is not gold. Discretion is the better part of valour. Little things please little minds. Time flies. Practice what you preach. Cheats never prosper.

The early bird catches the worm. It's the early bird that catches the worm. Don't count your chickens before they are hatched. One swallow does not make a summer. Every picture tells a story. Softly, softly, catchee monkey. Thought is already is late, exactly is the earliest time. Less is more.

A picture paints a thousand words. There's a time and a place for everything. History repeats itself. The more the merrier. Fair exchange is no robbery. A woman's work is never done. Time is money.

Nobody can casually succeed, it comes from the thorough self-control and the will. Not matter of the today will drag tomorrow. They that sow the wind, shall reap the whirlwind. Rob Peter to pay Paul. Every little helps. In for a penny, in for a pound. Never put off until tomorrow what you can do today. There's many a slip twixt cup and lip. The law is an ass. If you can't stand the heat get out of the kitchen. The boy is father to the man. A nod's as good as a wink to a blind horse. Practice makes perfect. Hard work never did anyone any harm. Only has compared to the others early, diligently

图 7.8 问题 (2) 的两个附件复原图

5. 模型的推广

本节解决的平行或垂直规则切割的碎纸片拼接复原问题. 但在现实生活中, 扫描文档碎片的时候, 可能不是水平扫描而是倾斜的扫描, 或者切割文档文件的时候是倾斜切割的, 导致得到的碎纸片图片是倾斜的. 为了解决这类更为贴近现实的问题, 我们对模型做了推广. 我们可先将碎纸片方向进行调整, 再利用本节建立的模型完成碎纸片的重构. 故我们设计算法如下.

Step1. 找到平行于碎片中文字的直线的斜率：找到图片 1 至 $x$ 列, 每一列最上面像素值为 0 的点, 从 $x$ 个点中选出最上面的点. 同理得到 $(m-x)$ 至 $m$ ($m$ 为碎片图片的宽度) 列中处于最上面像素值为 0 的点. 使用这两个点得到平行于碎片中文字方向的直线;

Step2. 根据找到直线的斜率对碎片进行碎片角度的调整;

Step3. 根据前面所建立的模型拼接复原碎纸片.

# 习题参考答案

## 第 1 章

### 习题 1.1

1. (1) 13; (2) 0; (3) 1; (4) $(a-b)^2$; (5) 0; (6) 1; (7) 1.

2. 计算下列三阶行列式的值.

(1) $-1$; (2) 0; (3) $-18$; (4) $(1-w^3)^2$;

(5) $2x^3-6x^2+6$; (6) $a^2+b^2+c^2+1$;

(7) $(a+2b)(a-b)^2$; (8) $abc(c-b)(b-a)(c-a)$.

3. $\lambda=0$ 或 $\lambda=3$.

4. $x=2$ 或 $x=3$ 或 $x=6$.

5. $a=0, b=0$ 时成立.

6. $a>1$ 或 $a<-1$.

7. $\lambda=1-a$, 或 $\lambda=a-3$, 或 $\lambda=a+4$.

8. $x_1=\dfrac{D_1}{D}=\dfrac{16}{9}, x_2=\dfrac{D_2}{D}=\dfrac{-2}{9}$.

9. $x_1=\dfrac{D_1}{D}=\dfrac{-1}{4}, x_2=\dfrac{D_2}{D}=\dfrac{23}{4}, x_3=\dfrac{D_3}{D}=\dfrac{-5}{4}$.

10. 1.

### 习题 1.2

1. (1) A; (2) D.

2. (1) 14, 为偶排列; (2) 7, 为奇排列;

(3) $\dfrac{n(n+1)}{2}$;

(4) $\dfrac{n(n-1)}{2}$.

所以 (3), (4) 当 $n=4k, n=4k+3$ 时为偶排列; 当 $n=4k+1, n=4k+2$ 时为奇排列.

3. 当 $i=4, j=8, k=5$ 时, $N(214368597)=6$, 为偶排列; 当 $i=5, j=4, k=8$ 时, $N(215364897)=6$, 为偶排列; 当 $i=8, j=5, k=4$ 时, $N(218365497)=10$, 为偶排列.

## 习题 1.3

1. $a_{12}a_{23}a_{35}a_{41}a_{54}$ 应取符号为正号; $a_{12}a_{21}a_{35}a_{43}a_{54}$ 应取符号为负号.

2. 当 $i=1, j=3, k=5$ 时, 该项的符号是负; 当 $i=5, j=3, k=1$ 时, 该项的符号是正.

3. (1) A; (2) C; (3) C; (4) D.

4. (1) $-1$; (2) $abcd$; (3) $adfh-bdfg$.

5. (1) 原行列式 $=(-1)^{N(n,n-1,\cdots,2,1)}n!=(-1)^{\frac{n(n-1)}{2}}n!$; (2) 原行列式 $=(-1)^{n-1}n!$; (3) 原行列式 $=(-1)^{\frac{(n-1)(n-2)}{2}}n!$.

6. 4.

7. $x^4$ 与 $x^3$ 的系数分别为 2 与 $-1$.

## 习题 1.4

1. (1) 35; (2) $-7$; (3) 14.

2. 1. 3. C. 4. B. 5. $-3M$. 6. $-160$. 7. 证明略.

8. (1) $-7$; (2) 1; (3) 160; (4) 0; (5) $-\dfrac{13}{12}$.

9. (1) 当 $n=1$ 时, 为 $a_1-b_1$; 当 $n=2$ 时, 为 $(a_1-a_2)(b_1-b_2)$; 当 $n\geqslant 3$ 时, 为零.

(2) $-2\cdot(n-2)!$ (利用第 2 行 (列) 的特点).

(3) $(-1)^{n-1}\dfrac{(n+1)!}{2}$ (从左起, 依次将前一列加到后一列).

## 习题 1.5

1. C. 2. D. 3. B. 4. $-2$. 5. 0. 6. 0. 7. $12, -9$.

8. (1) $A_{11}=-6, A_{12}=A_{13}=A_{14}=0; A_{21}=-12, A_{22}=6, A_{23}=A_{24}=0;$
$A_{31}=15, A_{32}=-6, A_{33}=-3, A_{34}=0; A_{41}=7, A_{42}=0, A_{43}=1, A_{44}=-2.$

(2) $A_{11}=7, A_{12}=-12, A_{13}=3; A_{21}=6, A_{22}=4, A_{23}=-1; A_{31}=-5, A_{32}=5, A_{33}=5.$

(3) $A_{11}=-55, A_{12}=40, A_{13}=40, A_{21}=20, A_{22}=1, A_{23}=-56, A_{31}=-35, A_{32}=-16, A_{33}=41.$

9. 0. 10. 0.

11. (1) 0; (2) 144.

12. $\prod\limits_{i=1}^{n}a_i+(-1)^{n+1}\prod\limits_{i=1}^{n}b_i$.

13. $a_1a_2\cdots a_n\left(1+\sum\limits_{i=1}^{n}\dfrac{1}{a_i}\right)$.

14. 证明略.

### 习题 1.6

1. B.

2. 因为 $D=-28$, $D_1=-28$, $D_2=-28$, $D_3=-56$, 所以 $x_1=1, x_2=1, x_3=2$.

3. $ab\neq -10$, $\begin{cases} x=\dfrac{-(b+20)}{3(ab+10)}, \\ y=\dfrac{2a-1}{ab+10}, \\ z=\dfrac{-4a+ab+12}{3(ab+10)}. \end{cases}$

4. $ab\neq 12, x=\dfrac{2(b-4)}{ab-12}, y=\dfrac{ab-10b+28}{2(ab-12)}, z=\dfrac{4a-12}{ab-12}$.

5. (1) $x_1=x_2=x_3=x_4=1$;

(2) $x_1=1,\quad x_2=2,\quad x_3=3,\quad x_4=-1$;

(3) $x_1=\dfrac{1507}{665},\quad x_2=-\dfrac{1145}{665},\quad x_3=\dfrac{703}{665},\quad x_4=-\dfrac{395}{665},\quad x_5=\dfrac{212}{665}$.

6. 4 或 $-1$.

7. $\mu=0$ 或 $\lambda=1$.

8. $\lambda=0, \lambda=2$ 或 $\lambda=3$.

### 习题 1.7

1. $-a_1a_2\cdots a_n\left(\displaystyle\sum_{i=1}^{n}\frac{1}{a_i}\right)$.

2. $(x-a)^{n-2}\left[y(x+(n-2)a)-(n-1)bc\right]$.

# 第 2 章

### 习题 2.1

1. $\boldsymbol{A}=\begin{pmatrix} -1 & -3 & -5 \\ 0 & -2 & -4 \end{pmatrix}$.　　2. 略.

### 习题 2.2

1. (1) D;　(2) C;　(3) C;　(4) A.

2. (1) $\begin{pmatrix} 20 \\ 2 \\ 19 \end{pmatrix}$;　(2) 10;　(3) $\begin{pmatrix} 3 & 6 & 9 \\ 2 & 4 & 6 \\ 1 & 2 & 3 \end{pmatrix}$;　(4) $A=\begin{pmatrix} 1 & -1 & 8 \\ 0 & 5 & 5 \\ 1 & 5 & 2 \\ 4 & -4 & 2 \end{pmatrix}$;

(5) $a_{11}x_1^2+a_{22}x_2^2+a_{33}x_3^2+2a_{12}x_1x_2+2a_{13}x_1x_3+2a_{23}x_2x_3$.

3. $2\boldsymbol{A}-3\boldsymbol{B}=\begin{pmatrix}-7&6\\1&-8\end{pmatrix}$; $\boldsymbol{A}^2+\boldsymbol{B}^2=\begin{pmatrix}16&0\\5&11\end{pmatrix}$; $\boldsymbol{AB}-\boldsymbol{BA}=\begin{pmatrix}3&-3\\0&-3\end{pmatrix}$; $(\boldsymbol{AB})^2=\begin{pmatrix}66&24\\20&34\end{pmatrix}$; $\boldsymbol{A}^2\boldsymbol{B}^2=\begin{pmatrix}63&0\\35&28\end{pmatrix}$.

4. $\boldsymbol{X}=\dfrac{1}{2}\begin{pmatrix}8&3&-2\\-2&5&2\\7&11&5\end{pmatrix}$.　　5. $\boldsymbol{A}^n=\begin{pmatrix}1&0\\n\lambda&1\end{pmatrix}$;　　$\boldsymbol{B}^n=\begin{pmatrix}1&n&0\\0&1&0\\0&0&1\end{pmatrix}$.

6. 略.　　7. 略.

8. $|\boldsymbol{A}|=-2$, $\boldsymbol{A}^*=\begin{pmatrix}4&-2\\-3&1\end{pmatrix}$, $|\boldsymbol{B}|=5, \boldsymbol{B}^*=\begin{pmatrix}0&-2&1\\5&6&-3\\-10&-9&7\end{pmatrix}$.

## 习题 2.3

1. (1) C;　　(2) D;　　(3) B;　　(4) C.

2. (1) $\begin{pmatrix}5&-2\\2&-1\end{pmatrix}$;　　(2) $\dfrac{1}{ad-bc}\begin{pmatrix}d&-b\\-c&a\end{pmatrix}$;　　(3) $\begin{pmatrix}-2&1&0\\-\dfrac{13}{2}&3&-\dfrac{1}{2}\\-16&7&-1\end{pmatrix}$;

(4) $\begin{pmatrix}1&0&0&0\\-\dfrac{1}{2}&\dfrac{1}{2}&0&0\\-\dfrac{1}{2}&-\dfrac{1}{6}&\dfrac{1}{3}&0\\\dfrac{1}{8}&-\dfrac{5}{24}&-\dfrac{1}{12}&\dfrac{1}{4}\end{pmatrix}$;　　(5) $\begin{pmatrix}\dfrac{1}{a_1}&&&0\\&\dfrac{1}{a_2}&&\\&&\ddots&\\0&&&\dfrac{1}{a_n}\end{pmatrix}$.

3. 略.

4. (1) $\begin{pmatrix}2&-8\\0&3\end{pmatrix}$;　　(2) $\begin{pmatrix}-\dfrac{2}{3}&1&\dfrac{1}{3}\end{pmatrix}$;

(3) $\begin{pmatrix}\dfrac{2}{3}\\-\dfrac{4}{3}\\-1\end{pmatrix}$;　　(4) $\begin{pmatrix}2&-1&0\\1&3&-4\\1&0&-2\end{pmatrix}$.

5. (1) $\begin{cases}x_1=1,\\x_2=0,\\x_3=0;\end{cases}$　　(2) $\begin{cases}x_1=5,\\x_2=0,\\x_3=3.\end{cases}$

6. 略.　　7. 略.

8. $-\dfrac{16}{27}$.

9. 略.　　10. 略.

11. $\begin{pmatrix} 0 & 3 & 3 \\ -1 & 2 & 3 \\ 1 & 1 & 0 \end{pmatrix}$.

### 习题 2.4

1. 略.　　2. 略.

3. $\begin{pmatrix} 1 & 0 & 1 & 0 \\ -1 & 2 & 0 & 1 \\ -2 & 4 & 3 & 3 \\ -1 & 1 & 3 & 1 \end{pmatrix}$.

4. $\begin{pmatrix} 1 & -2 & 0 & 0 \\ 2 & -5 & 0 & 0 \\ 0 & 0 & 3 & -2 \\ 0 & 0 & -1 & 1 \end{pmatrix}$.

### 习题 2.5

1. $\boldsymbol{E}$.

2. $\boldsymbol{O}$.

3. $\dfrac{\sqrt{3}}{3}$.

## 第 3 章

### 习题 3.1

1. (1) $\begin{pmatrix} 1 & -1 & 2 \\ 0 & 1 & -1 \\ 0 & 0 & -3 \end{pmatrix}$.　(2) $\begin{pmatrix} 1 & -1 & 2 \\ 0 & 0 & -5 \\ 0 & 0 & 0 \end{pmatrix}$.　(3) $\begin{pmatrix} 1 & 0 & 2 & -1 \\ 0 & 0 & -1 & 3 \\ 0 & 0 & 0 & -6 \end{pmatrix}$.

2. (1) $\begin{pmatrix} 1 & -1 & 0 & 2 & -3 \\ 0 & 0 & 1 & -2 & 2 \\ 0 & 0 & 0 & 0 & 0 \\ 0 & 0 & 0 & 0 & 0 \end{pmatrix}$;　(2) $\begin{pmatrix} 1 & 0 & 2 & 0 & 0 \\ 0 & 1 & -1 & 0 & 0 \\ 0 & 0 & 0 & 1 & 0 \\ 0 & 0 & 0 & 0 & 1 \end{pmatrix}$;

(3) $\begin{pmatrix} 1 & 0 & 0 & 0 \\ 0 & 1 & 0 & 0 \\ 0 & 0 & 1 & 0 \\ 0 & 0 & 0 & 1 \end{pmatrix}$.

3. (1) $\begin{pmatrix} 1 & 0 & 0 \\ -\frac{1}{2} & \frac{1}{2} & 0 \\ 0 & -\frac{1}{3} & \frac{1}{3} \end{pmatrix}$;　(2) $\begin{pmatrix} \frac{2}{3} & \frac{2}{9} & -\frac{1}{9} \\ -\frac{1}{3} & -\frac{1}{6} & \frac{1}{6} \\ -\frac{1}{3} & \frac{1}{9} & \frac{1}{9} \end{pmatrix}$;　(3) $\begin{pmatrix} \frac{7}{6} & \frac{2}{3} & -\frac{3}{2} \\ -1 & -1 & 2 \\ -\frac{1}{2} & 0 & \frac{1}{2} \end{pmatrix}$.

4. (1) $\begin{pmatrix} 38 & 30 \\ 11 & 7 \\ -21 & -17 \end{pmatrix}$.　(2) $\begin{pmatrix} 2 & -1 & -1 \\ -4 & 7 & 4 \end{pmatrix}$.　(3) $\begin{pmatrix} 0 & 1 & -1 \\ -1 & 0 & 1 \\ 1 & -1 & 0 \end{pmatrix}$.

## 习题 3.2

1. 3.　2. $r(\boldsymbol{A}) \leqslant r(\boldsymbol{A}\ \boldsymbol{b}) \leqslant r(\boldsymbol{A})+1$.　3. $r(\boldsymbol{A}) \geqslant r(\boldsymbol{B})$.

4. (1) $r(\boldsymbol{A})=2$;　(2) $r(\boldsymbol{A})=2$;　(3) $r(\boldsymbol{A})=3$.

5. 当 $\lambda=3$ 时, $r(\boldsymbol{A})=2$; 当 $\lambda\neq 3$ 时, $r(\boldsymbol{A})=3$.

6. 当 $\lambda=5$ 且 $\mu=-4$ 时, $r(\boldsymbol{A})=2$; 当 $\lambda\neq 5$ 且 $\mu=-4$ 时, $r(\boldsymbol{A})=3$;
当 $\lambda=5$ 且 $\mu\neq-4$ 时, $r(\boldsymbol{A})=3$; 当 $\lambda\neq 5$ 且 $\mu\neq -4$, $r(\boldsymbol{A})=4$.

## 习题 3.3

1. (1) D;　(2) D;　(3) C.

2. (1) 无解;

(2) $\boldsymbol{x}=k_1\begin{pmatrix} -\frac{1}{2} \\ 1 \\ 0 \\ 0 \end{pmatrix}+k_2\begin{pmatrix} \frac{1}{2} \\ 0 \\ 1 \\ 0 \end{pmatrix}+\begin{pmatrix} \frac{1}{2} \\ 0 \\ 0 \\ 0 \end{pmatrix}$ ($k_1, k_2$ 为任意常数).

(3) $\boldsymbol{x}=k_1\begin{pmatrix} \frac{1}{7} \\ \frac{5}{7} \\ 1 \\ 0 \end{pmatrix}+k_2\begin{pmatrix} \frac{1}{7} \\ -\frac{9}{7} \\ 0 \\ 1 \end{pmatrix}+\begin{pmatrix} \frac{6}{7} \\ -\frac{5}{7} \\ 0 \\ 0 \end{pmatrix}$ ($k_1, k_2$ 为任意常数).

3. (1) 当 $\begin{cases} a\neq 0, \\ b\neq \pm 1 \end{cases}$ 时, 有唯一解: $\begin{cases} x_1=\dfrac{5-b}{a(b+1)}, \\ x_2=\dfrac{-2}{b+1}, \\ x_3=\dfrac{2(b-1)}{b+1}; \end{cases}$

当 $\begin{cases} a\neq 0, \\ b=1 \end{cases}$ 时, $\begin{cases} x_1=\dfrac{1}{a}(1-k), \\ x_2=k, \\ x_3=0; \end{cases}$　当 $\begin{cases} a=0, \\ b=1 \end{cases}$ 时, $\begin{cases} x_1=k, \\ x_2=1, \\ x_3=0; \end{cases}$

当 $\begin{cases} a=0, \\ b=5 \end{cases}$ 时, $\begin{cases} x_1=k, \\ x_2=-\dfrac{1}{3}, \\ x_3=\dfrac{4}{3} \end{cases}$ ($k$ 为任意常数).

(2) 当 $\begin{cases} a=1, \\ b=-1 \end{cases}$ 时, 有无穷多解, $\boldsymbol{x}=k_1\begin{pmatrix}0\\1\\1\\0\end{pmatrix}+k_2\begin{pmatrix}-4\\1\\0\\1\end{pmatrix}+\begin{pmatrix}0\\1\\0\\0\end{pmatrix}$ ($k_1,k_2$ 为任意常数).

4. (1) 只有零解, 即 $\boldsymbol{x}=\begin{pmatrix}0\\0\\0\\0\end{pmatrix}$; (2) $\boldsymbol{x}=k\begin{pmatrix}\frac{4}{3}\\-3\\\frac{4}{3}\\1\end{pmatrix}$ ($k$ 为任意常数);

(3) $\boldsymbol{x}=k_1\begin{pmatrix}-2\\1\\0\\0\end{pmatrix}+k_2\begin{pmatrix}1\\0\\0\\1\end{pmatrix}$ ($k_1,k_2$ 为任意常数).

# 第 4 章

## 习题 4.1

1. $(1,0,-1)^{\mathrm{T}},(0,1,2)^{\mathrm{T}}$. 2. $(1,2,3,4)^{\mathrm{T}}$. 3. $(-15,-6,-8)^{\mathrm{T}}$.

4. (1) $\boldsymbol{b}=2\boldsymbol{a}_1-\boldsymbol{a}_2+\boldsymbol{a}_3$; (2) $\boldsymbol{b}=0\boldsymbol{a}_1+\dfrac{8}{3}\boldsymbol{a}_2+\dfrac{1}{3}\boldsymbol{a}_3$.

5. (1) 当 $\lambda\neq0$且$\lambda\neq-3$ 时, $\boldsymbol{\beta}$ 可由 $\boldsymbol{\alpha}_1,\boldsymbol{\alpha}_2,\boldsymbol{\alpha}_3$ 线性表示, 且表示方法唯一;

(2) 当 $\lambda=0$ 时, $\boldsymbol{\beta}$ 可由 $\boldsymbol{\alpha}_1,\boldsymbol{\alpha}_2,\boldsymbol{\alpha}_3$ 线性表示, 且表达式不唯一;

(3) 当 $\lambda=-3$ 时, $\boldsymbol{\beta}$ 不能由 $\boldsymbol{\alpha}_1,\boldsymbol{\alpha}_2,\boldsymbol{\alpha}_3$ 线性表示.

## 习题 4.2

1. D. 2. C. 3. B. 4. C. 5. B. 6. $k=2$. 7. $a=-1$. 8. $abc\neq0$.

9. (1) 线性无关; (2) 线性相关; (3) 线性相关; (4) 线性相关; (5) 线性无关.

10. $\boldsymbol{\alpha}_1,\boldsymbol{\alpha}_2,\boldsymbol{\alpha}_3$ 线性相关. 11. 略.

## 习题 4.3

1. C. 2. C. 3. 3. 4. 2. 5. 2, 5.

6. (1) $\boldsymbol{\alpha}_1,\boldsymbol{\alpha}_2,\boldsymbol{\alpha}_3$ 为极大无关组; (2) 当 $d=6$ 时, $\boldsymbol{\beta}=2\boldsymbol{\alpha}_1-4\boldsymbol{\alpha}_2+4\boldsymbol{\alpha}_3$.

7. (1) $\begin{pmatrix} 0 & 0 & 0 \\ 1 & 0 & 3 \\ 0 & 1 & -1 \end{pmatrix}$; (2) $|\boldsymbol{A}| = |\boldsymbol{PBP}^{-1}| = |\boldsymbol{P}||\boldsymbol{B}||\boldsymbol{P}^{-1}| = |\boldsymbol{B}| = 0$.

8. 设 $\boldsymbol{a}_i(i=1,2,\cdots,5)$ 为原矩阵的第 $i$ 列, 则 (1) $\boldsymbol{a}_1,\boldsymbol{a}_2,\boldsymbol{a}_3$ 或 $\boldsymbol{a}_1,\boldsymbol{a}_2,\boldsymbol{a}_4$ 是极大无关组; (2) $\boldsymbol{a}_1,\boldsymbol{a}_2,\boldsymbol{a}_3$ 或 $\boldsymbol{a}_1,\boldsymbol{a}_2,\boldsymbol{a}_4$ 或 $\boldsymbol{a}_1,\boldsymbol{a}_2,\boldsymbol{a}_5$ 是极大无关组.

9. (1) $a_1, a_2$ 或 $a_2, a_3$ 都是极大无关组; (2) $a_1$, $a_2$ 或 $a_1, a_3$ 或 $a_2, a_3$ 都是极大无关组.

## 习题 4.4

1. D. 2. D. 3. A. 4. B.

5. (1) 通解 $\boldsymbol{X} = c\left(-\dfrac{11}{2}, -\dfrac{7}{2}, 1\right)^{\mathrm{T}}$, $c$ 为任意常数;

(2) 通解 $\boldsymbol{X} = c_1(-2,0,1,0,0)^{\mathrm{T}} + c_2(-1,-1,0,1,0)^{\mathrm{T}}$, $c_1, c_2$ 为任意常数;

(3) 通解 $\boldsymbol{X} = c_1(-1,1,1,0,0)^{\mathrm{T}} + c_2\left(\dfrac{7}{6}, \dfrac{5}{6}, 0, \dfrac{1}{3}, 1\right)^{\mathrm{T}}$, $c_1, c_2$ 为任意常数.

6. 当 $\lambda = 0$ 和 $\lambda = -3 \pm 2\sqrt{21}$ 时方程组有非零解.

7. (1) 通解 $\boldsymbol{X} = (0,0,0,1)^{\mathrm{T}} + c_1(2,1,0,0)^{\mathrm{T}} + c_2(-1,0,1,0)^{\mathrm{T}}$, $c_1, c_2$ 为任意常数;

(2) 通解 $\boldsymbol{X} = (-1,-3,0,0)^{\mathrm{T}} + c_1(-8,-13,1,0)^{\mathrm{T}} + c_2(5,9,0,1)^{\mathrm{T}}$, $c_1, c_2$ 为任意常数;

(3) 方程组无解.

8. 当 $\lambda \neq 0$ 且 $\lambda \neq 1$ 时, 方程组有唯一解; 当 $\lambda = 0$ 时, 无解; 当 $\lambda = 1$ 时, 有无穷多解, 通解为 $\boldsymbol{\eta} = \boldsymbol{\eta}_0 + k\boldsymbol{\xi} = (1,-3,0)^{\mathrm{T}} + k(-1,2,1)^{\mathrm{T}}$, 其中 $k$ 为任意常数.

9. 证明略.

## 习题 4.5

1. (1) $V$ 是向量空间; (2) $V$ 不是向量空间; (3) $V$ 是向量空间.

2. $\begin{pmatrix} 2 & 3 \\ -1 & -2 \end{pmatrix}$.

3. $\begin{pmatrix} 2 & 3 & 4 \\ 0 & -1 & 0 \\ -1 & 0 & -1 \end{pmatrix}$.

4. 略.

5. $\boldsymbol{\alpha}$ 在基 $\boldsymbol{\alpha}_1, \boldsymbol{\alpha}_2, \boldsymbol{\alpha}_3$ 下的坐标是 (2, 3, $-1$).

# 第 5 章

## 习题 5.1

1. (1) $\gamma_1=\left(\frac{1}{3},-\frac{2}{3},\frac{2}{3}\right)^{\mathrm{T}},\gamma_2=\left(-\frac{2}{3},-\frac{2}{3},-\frac{1}{3}\right)^{\mathrm{T}},\gamma_3=\left(\frac{2}{3},-\frac{1}{3},-\frac{2}{3}\right)^{\mathrm{T}}$;

(2) $\gamma_1=\left(\frac{1}{2},\frac{1}{2},\frac{1}{2},\frac{1}{2}\right)^{\mathrm{T}},\gamma_2=\left(\frac{1}{2},\frac{1}{2},-\frac{1}{2},-\frac{1}{2}\right)^{\mathrm{T}},\gamma_3=\left(-\frac{1}{2},\frac{1}{2},-\frac{1}{2},\frac{1}{2}\right)^{\mathrm{T}}$.

2—6. 略.

7. (1) 当 $a^2+b^2+c^2+d^2=1$ 时, $\boldsymbol{A}$ 为正交矩阵; 当 $a^2+b^2+c^2+d^2\neq 1$ 时, $\boldsymbol{A}$ 不是正交矩阵; (2) $|\boldsymbol{A}|=\left(a^2+b^2+c^2+d^2\right)^2$.

8. $\gamma_1=\frac{1}{\sqrt{3}}(-1,1,0,1,0)^{\mathrm{T}},\gamma_2=\frac{1}{\sqrt{42}}(4,-5,0,0,1)^{\mathrm{T}}$. 9. 略.

## 习题 5.2

1. (1) 错; (2) 错; (3) 对; (4) 错; (5) 对. 2. $\alpha_1=(1,0,1)^{\mathrm{T}}$.

3. $\boldsymbol{\lambda}_2=3,\boldsymbol{\lambda}_3=4$. 4. $\boldsymbol{B}$ 特征值为 $-2,-4,-10$, $\det(\boldsymbol{B})=-80$.

5. 略.

6. (1) $\lambda_1=6,\lambda_2=-1$, 特征向量为 $c_1(-1,1)^{\mathrm{T}}$($c_1$ 为不等于零的任意常数), $c_2(4,3)^{\mathrm{T}}$ ($c_2$ 为不等于零的任意常数).

(2) $\lambda_1=\lambda_2=2,\lambda_3=1$, 特征向量为 $c_1(1,0,0)^{\mathrm{T}}+c_2(0,-1,1)^{\mathrm{T}}$ ($c_1,c_2$ 为不全等于零的常数), $c_3(-1,0,1)^{\mathrm{T}}$ ($c_3$ 为不等于零的常数).

(3) $\lambda_1=\lambda_2=-2,\lambda_3=4$, 特征向量为 $c_1(1,1,0)^{\mathrm{T}}+c_2(0,1,1)^{\mathrm{T}}$ ($c_1,c_2$ 为不全等于零的常数), $c_3(1,1,2)^{\mathrm{T}}$ ($c_3$ 为不等于零的常数).

(4) $\lambda_1=\lambda_2=1,\lambda_3=-1$, 特征向量为 $c_1(0,1,0)^{\mathrm{T}}+c_2(1,0,1)^{\mathrm{T}}$ ($c_1,c_2$ 为不全等于零的常数), $c_3(-1,0,1)^{\mathrm{T}}$ ($c_3$ 为不等于零的常数).

## 习题 5.3

1. (1) 错; (2) 错; (3) 错; (4) 对.

2. (1) $a=5,b=6$; (2) $\boldsymbol{P}=\begin{pmatrix}1&1&1\\-1&0&-2\\0&1&3\end{pmatrix}$. 3. 39.

4. (1) $\lambda_1=\lambda_2=\cdots=\lambda_{n-1}=0,\lambda_n=na,\boldsymbol{\alpha}_1=(-1,1,0,\cdots,0)^{\mathrm{T}},\boldsymbol{\alpha}_2=(-1,0,1,0,\cdots,0)^{\mathrm{T}},\cdots,\boldsymbol{\alpha}_{n-1}=(-1,0,0,\cdots,0,1)^{\mathrm{T}}$, $\alpha_n=(1,1,1,\cdots,1)^{\mathrm{T}}$;

$$(2)\ \boldsymbol{P}=\begin{pmatrix} -1 & -1 & \cdots & -1 & -1 & 1 \\ 1 & 0 & \cdots & 0 & 0 & 1 \\ 0 & 1 & \cdots & 0 & 0 & 1 \\ 0 & 0 & \cdots & \vdots & \vdots & \vdots \\ \vdots & \vdots & & 1 & 0 & 1 \\ 0 & 0 & \cdots & 0 & 1 & 1 \end{pmatrix}.$$

5. (1) $y=2$; (2) $\boldsymbol{P}=\begin{pmatrix} 1 & 0 & 0 & 0 \\ 0 & 1 & 0 & 0 \\ 0 & 0 & -\frac{1}{\sqrt{2}} & \frac{1}{\sqrt{2}} \\ 0 & 0 & \frac{1}{\sqrt{2}} & \frac{1}{\sqrt{2}} \end{pmatrix}$.　　6. $-2\begin{pmatrix} 1 & 1 \\ 1 & 1 \end{pmatrix}$.

## 习题 5.4

1. (1) $\boldsymbol{Q}=\begin{pmatrix} 0 & \frac{1}{\sqrt{2}} & -\frac{1}{\sqrt{2}} \\ 1 & 0 & 0 \\ 0 & \frac{1}{\sqrt{2}} & \frac{1}{\sqrt{2}} \end{pmatrix}$; (2) $\boldsymbol{Q}=\begin{pmatrix} \frac{2}{3} & \frac{2}{3} & \frac{1}{3} \\ \frac{2}{3} & -\frac{1}{3} & -\frac{2}{3} \\ \frac{1}{3} & \frac{2}{3} & \frac{2}{3} \end{pmatrix}$.

2. $\boldsymbol{A}=\begin{pmatrix} 1 & -1 & 1 \\ -2 & 1 & 2 \\ -2 & -1 & 4 \end{pmatrix}$; $\boldsymbol{A}^3=\begin{pmatrix} 1 & -7 & 7 \\ -26 & 1 & 26 \\ -26 & -7 & 34 \end{pmatrix}$.

## 习题 5.5

1. (1) $\begin{cases} x_1=\frac{1}{3}y_1+\frac{2}{3}y_2+\frac{2}{3}y_3, \\ x_2=\frac{2}{3}y_1+\frac{1}{3}y_2-\frac{2}{3}y_3, \\ x_3=\frac{2}{3}y_1-\frac{2}{3}y_2+\frac{1}{3}y_3, \end{cases}$　$-2y_1^2+y_2^2+4y_3^2$;

(2) $\boldsymbol{P}=\begin{pmatrix} \frac{1}{\sqrt{2}} & -\frac{1}{2} & -\frac{1}{2} \\ 0 & -\frac{1}{\sqrt{2}} & \frac{1}{\sqrt{2}} \\ \frac{1}{\sqrt{2}} & \frac{1}{2} & \frac{1}{2} \end{pmatrix}$,　$\sqrt{2}y_2^2-\sqrt{2}y_3^2$;

(3) $\boldsymbol{P}=\begin{pmatrix}\frac{2}{3} & \frac{1}{3} & \frac{2}{3}\\ -\frac{1}{3} & -\frac{2}{3} & \frac{2}{3}\\ -\frac{2}{3} & \frac{2}{3} & \frac{1}{3}\end{pmatrix}$, $2y_1^2+5y_2^2-y_3^2$.

2. $a=2$.

## 习题 5.6

(1) $\begin{pmatrix}\frac{1}{3} & -\frac{1}{3} & \frac{2}{3}\\ \frac{2}{3} & -\frac{2}{3} & \frac{1}{3}\\ -\frac{1}{3} & -\frac{1}{3} & \frac{1}{3}\end{pmatrix}, y_1^2+y_2^2+y_3^2$; (2) $\begin{pmatrix}1 & 1 & -2\\ 1 & -1 & 2\\ 0 & 0 & 1\end{pmatrix}, z_1^2-z_2^2$;

(3) $-4z_1^2+4z_2^2+z_3^2$.

## 习题 5.7

1. (1) $-\frac{4}{5}<t<0$; (2) $-\sqrt{2}<t<\sqrt{2}$. 2. 略. 3. 略.

## 习题 5.8

1. (i) $\lambda=-1, a=-3, b=0$; (ii) $\boldsymbol{A}$ 不能相似于对角阵.

2. $\boldsymbol{X}=\frac{1}{2}\begin{pmatrix}1 & -1 & 1\\ 1 & 1 & -1\\ -1 & 1 & 1\end{pmatrix}^{-1}=\frac{1}{4}\begin{pmatrix}1 & 1 & 0\\ 0 & 1 & 1\\ 1 & 0 & 1\end{pmatrix}$.

3. 特征值为 9, 9, 3. $k_1\eta_1+k_2\eta_2=k_1(1,1,0)^{\mathrm{T}}+k_2(0,0,1)^{\mathrm{T}}$, 其中 $k_1,k_2$ 是不全为零的任意数. $k_3\eta_3=k_3(-2,1,1)^{\mathrm{T}}$, 其中 $k_3$ 是不为零的任意数.

4. $a=0$. $\boldsymbol{P}=\begin{pmatrix}0 & 1 & 1\\ 0 & 2 & -2\\ 1 & 0 & 0\end{pmatrix}$, 则 $\boldsymbol{P}$ 可逆, 并有 $\boldsymbol{P}^{-1}\boldsymbol{A}\boldsymbol{P}=\boldsymbol{\Lambda}$.

5. $a=3, b=1. \boldsymbol{P}=\begin{pmatrix}\frac{1}{\sqrt{2}} & \frac{1}{\sqrt{3}} & \frac{1}{\sqrt{6}}\\ 0 & -\frac{1}{\sqrt{3}} & \frac{2}{\sqrt{6}}\\ -\frac{1}{\sqrt{2}} & \frac{1}{\sqrt{3}} & \frac{1}{\sqrt{6}}\end{pmatrix}$.

6. (1) $a=-2$; (2) $\boldsymbol{Q}=\left(\left(\frac{1}{\sqrt{3}},\frac{1}{\sqrt{3}},\frac{1}{\sqrt{3}}\right)^{\mathrm{T}},\left(\frac{1}{\sqrt{6}},-\frac{2}{\sqrt{6}},\frac{1}{\sqrt{6}}\right)^{\mathrm{T}},\left(\frac{1}{\sqrt{2}},0,-\frac{1}{\sqrt{2}}\right)^{\mathrm{T}}\right)\Rightarrow$ $\boldsymbol{Q}^{\mathrm{T}}\boldsymbol{A}\boldsymbol{Q}=\boldsymbol{\Lambda}=\mathrm{diag}(0,-3,3)$.

7. (1) $a=1,b=2$. (2) $\boldsymbol{p}_1=(0,1,0)^{\mathrm{T}},\boldsymbol{p}_2=\left(\frac{2}{\sqrt{5}},0,\frac{1}{\sqrt{5}}\right)^{\mathrm{T}},\boldsymbol{p}_3=\left(\frac{1}{\sqrt{5}},0,-\frac{2}{\sqrt{5}}\right)^{\mathrm{T}}$.
令正交矩阵 $\boldsymbol{P}=(\boldsymbol{p}_1,\boldsymbol{p}_2,\boldsymbol{p}_3)$, 得正交变换 $\boldsymbol{x}=\boldsymbol{P}\boldsymbol{y}$, 且二次型的标准形 $f=2y_1^2+2y_2^2-3y_3^2$.

# 第 6 章

## 习题 6.1

1. (1) 是线性空间; (2) 不是线性空间; (3) 是线性空间;
(4) 不是线性空间; (5) 不是线性空间.

2. 略.

3. (1) 不是; (2) 是.

4. (1) 不是; (2) 是.

5. $\boldsymbol{p}_1=\begin{pmatrix}7\\2\\0\end{pmatrix},\boldsymbol{p}_2=\begin{pmatrix}4\\0\\1\end{pmatrix}$.

## 习题 6.2

1. 基为: $\begin{pmatrix}1&0\\0&0\end{pmatrix},\begin{pmatrix}0&1\\0&0\end{pmatrix},\begin{pmatrix}0&1\\1&0\end{pmatrix}$; 坐标为: $(a,c,b)^{\mathrm{T}}$.

2. $(3,4,1)^{\mathrm{T}}$.

3. $\left(f(a),f'(a),\frac{f''(a)}{2!},\cdots,\frac{f^{(n-1)}(a)}{(n-1)!}\right)^{\mathrm{T}}$.

4. $(a_1-a_2,a_2-a_3,a_3)^{\mathrm{T}}$.

5. $\left(\frac{1}{2},1,-1,\frac{1}{2}\right)^{\mathrm{T}}$.

6. 略.

## 习题 6.3

1. $\boldsymbol{P}=\begin{pmatrix}-\frac{3}{2}&-2\\\frac{5}{2}&3\end{pmatrix}$.

2. (1) 略; (2) 略; (3) $\begin{pmatrix}0&1&1&1\\1&0&1&1\\1&1&0&1\\1&1&1&0\end{pmatrix}$; (4) $\begin{pmatrix}0\\1\\2\\3\end{pmatrix},\begin{pmatrix}2\\1\\0\\-1\end{pmatrix}$.

3. 设 $\boldsymbol{\alpha}$ 在 $\boldsymbol{\alpha}_1,\boldsymbol{\alpha}_2,\boldsymbol{\alpha}_3$ 下的坐标是 $(x_1,x_2,x_3)^{\mathrm{T}}$, 在 $\boldsymbol{\beta}_1,\boldsymbol{\beta}_2,\boldsymbol{\beta}_3$ 下的坐标是 $(x_1',x_2',x_3')^{\mathrm{T}}$, 有

$$\begin{pmatrix} x_1 \\ x_2 \\ x_3 \end{pmatrix} = \begin{pmatrix} -12 & -26 & -11 \\ 6 & 11 & 3 \\ 1 & 3 & 2 \end{pmatrix} \begin{pmatrix} x_1' \\ x_2' \\ x_3' \end{pmatrix},$$

或

$$\begin{pmatrix} x_1' \\ x_2' \\ x_3' \end{pmatrix} = \begin{pmatrix} 13 & 19 & 43 \\ -9 & -13 & -30 \\ 7 & 10 & 24 \end{pmatrix} \begin{pmatrix} x_1 \\ x_2 \\ x_3 \end{pmatrix}.$$

4. (1) 过渡矩阵为 $\begin{pmatrix} 1 & -1 & 1 & -1 \\ 1 & -1 & -1 & 1 \\ 1 & 1 & 1 & 1 \\ 1 & 1 & -1 & -1 \end{pmatrix}$;

(2) $\boldsymbol{\alpha}$ 在基 $\boldsymbol{e}_1,\boldsymbol{e}_2,\boldsymbol{e}_3,\boldsymbol{e}_4$ 及 $\boldsymbol{\alpha}_1,\boldsymbol{\alpha}_2,\boldsymbol{\alpha}_3,\boldsymbol{\alpha}_4$ 下的坐标分别为

$$\begin{pmatrix} x_3 \\ x_4 \\ x_1 \\ x_2 \end{pmatrix}, \frac{1}{4}\begin{pmatrix} x_1+x_2+x_3+x_4 \\ x_1+x_2-x_3-x_4 \\ x_1-x_2+x_3-x_4 \\ x_1-x_2-x_3+x_4 \end{pmatrix}.$$

## 习题 6.4

1. (1) 关于 $y$ 轴对称; (2) 投影到 $y$ 轴;
   (3) 关于直线 $y=x$ 对称; (4) 顺时针方向旋转 $90°$.
2. (1) 不是线性变换; (2) 是线性变换; (3) 是线性变换.
3. 略.

## 习题 6.5

1. $\begin{pmatrix} 1 & 0 & 0 \\ 2 & 1 & 0 \\ 0 & 1 & 1 \end{pmatrix}$.

2. $\begin{pmatrix} 1 & 0 & 0 \\ 1 & 1 & 0 \\ 1 & 2 & 1 \end{pmatrix}$.

3. $\begin{pmatrix} 13 & 7 & 20 \\ 8 & 6 & 14 \\ 8 & 7 & 15 \end{pmatrix}$.

4. $\begin{pmatrix} 2 & 4 & 4 \\ -3 & -4 & -6 \\ 2 & 3 & 8 \end{pmatrix}$.

5. $\begin{pmatrix} 44 & 44 \\ -\dfrac{59}{2} & -25 \end{pmatrix}, \begin{pmatrix} 39 & 65 \\ -102 & -170 \end{pmatrix}$.

# 参考文献


居余马, 等. 2002. 线性代数. 2 版. 北京: 清华大学出版社

李继根. 2017. 线性代数及其 MATLAB 实验. 上海: 华东师范大学出版社

史彦丽, 金玉子. 2020. 线性代数与上机实验. 2 版. 北京: 化学工业出版社

同济大学数学系. 2014. 工程数学线性代数. 6 版. 北京: 高等教育出版社

吴赣昌. 2017. 线性代数 (理工类). 5 版. 北京: 中国人民大学出版社